绵羊生产

郎 侠 吴建平 王彩莲 主编

中国农业科学技术出版社

图书在版编目（CIP）数据

绵羊生产／郎侠，吴建平，王彩莲主编．—北京：中国农业科学技术出版社，2017.11

ISBN 978-7-5116-3274-6

Ⅰ．①绵… Ⅱ．①郎…②吴…③王… Ⅲ．①绵羊-饲养管理 Ⅳ．①S826

中国版本图书馆 CIP 数据核字（2017）第 235342 号

责任编辑	徐　毅
责任校对	贾海霞

出 版 者　中国农业科学技术出版社
　　　　　北京市中关村南大街 12 号　邮编：100081
电　　话　（010）82106631（编辑室）　（010）82109702（发行部）
　　　　　（010）82109709（读者服务部）
传　　真　（010）82106631
网　　址　http：//www.castp.cn
经 销 者　各地新华书店
印 刷 者　北京富泰印刷有限责任公司
开　　本　787mm×1 092mm　1/16
印　　张　24
字　　数　360 千字
版　　次　2017 年 11 月第 1 版　2017 年 11 月第 1 次印刷
定　　价　70.00 元

资助项目

1. 国家现代农业产业技术体系：国家绒毛用羊产业技术体系饲养管理与圈舍环境岗位（CARS-39-18）

2. 国家自然科学基金-地区科学基金项目：冷季补饲对欧拉型藏羊瘤胃发酵及瘤胃微生物区系的调控（31760683）

3. 甘肃省农业生物技术研究与应用开发项目：含盘羊基因的藏羊杂种群生物学特性及其遗传标记研究（GNSW-2016-21）

4. 白银市引进急需紧缺高层次人才（团队）创新创业项目：平川区旱区舍饲型现代肉羊生产技术示范推广（2016GR-1Z）

5. 甘肃省农业科学院农业科技创新专项学科团队项目：动物遗传育种与草食畜生产体系

《绵羊生产》
编委会

内容简介

　　全书包括 14 章内容：第一章绵羊在动物分类学上的地位、演进及生物学特性；第二章绵羊的畜牧学类型及常见品种；第三章生态环境与绵羊生产；第四章绵羊的生理及解剖学特性；第五章绵羊的遗传育种理论、技术和方法；第六章绵羊繁殖技术；第七章绵羊品种遗传多样性保护；第八章养羊设施及环境控制；第九章绵羊饲养管理技术；第十章绵羊的疾病防治；第十一章绵羊屠宰加工与质量安全检验；第十二章羊肉的加工；第十三章绵羊副产品加工；第十四章绵羊生产经营管理要点。

　　本书可供畜牧科技工作者参考，也适用于从事生物多样性保护和绵羊遗传育种相关研究的人士拓展视野。

前　言

　　我国绵羊存栏1.5亿只，绵羊产业是我国畜牧业的主要组成部分。大力发展绵羊产业，可以更科学地配置农业资源，有效地转化粮食和其他副产品，带动种植业和相关产业发展，实现农产品多次增值，促进农业向深度和广度进军；大力发展绵羊产业，可大量吸纳农村富余劳动力，广开生产门路，增加农民收入；大力发展绵羊产业，可以改善人们的食物结构和营养结构，提高人民生活水平。因此，发展绵羊产业是推进农业现代化、全面建设小康社会和建设社会主义新农村的必然要求。

　　发展草食家畜是我国农业产业结构和畜牧业结构战略性调整的重要组成部分，节粮、高效、优质、环保、安全的绵羊生产，符合我国国情，具有良好的发展前景。因此，只有发展绵羊产业，才能保证经济效益、社会效益和生态效益同步发展，真正提高我国畜产品的质量和档次，促进我国畜牧业的可持续发展。绵羊产业不但顺应当前退耕还林、还草和农业产业结构调整的形势，而且也是现代养羊优质高效生产的根本出路。

　　本书引用了许多专家、学者的研究成果，鉴于文献庞杂，未一一列出，恳请谅解。谨致以诚挚的谢意！

　　在书稿的出版过程中，中国农业科学技术出版社的徐毅老师夜以继日的辛勤工作，才使本书得以与读者见面，谨致以衷心的感谢。

　　由于作者业务水平有限，书中难免存在不妥之处，敬请广大读者批评指正。

编者

2017年9月于兰州

目　　录

第一章 绵羊在动物分类学上的地位、演进及生物学特性

一、绵羊在动物分类学上的地位

绵羊是长期自然和人工选择的产物，在动物分类学上属于脊椎动物亚门、哺乳纲、真兽亚纲、有蹄目、偶蹄亚目、反刍类、洞角科、绵羊亚科、绵羊属的动物。绵羊在动物分类学上的地位和牛及山羊相近似，都属于洞角科的动物。现将绵羊在动物分类学上的地位列述如下。

界（Regnum）：动物界（Animale）。

门（Phylum）：脊索动物门（Chordata）。

亚门（Subphylum）：脊椎动物亚门（Vertebrata）。

纲（Classis）：哺乳纲（Mammalia）。

亚纲（Subclassis）：真兽亚纲（Eutheria）或有胎盘亚纲（Placentalia）。

目（Order）：偶蹄目（Artiodactyla）。

亚目（Suborder）：反刍亚目（Ruminantia）。

科（Familiar）：牛科（Bovidae）或洞角科（Cavicornia）。

亚科（Sub-familia）：绵羊与山羊亚科（Caprinae）。

属（Genus）：绵羊属（Ovis）。

种（Species）：家绵羊（Ovis aries）。

二、绵羊与山羊的区别

绵羊和山羊都属于牛科（洞角科）动物，齿式为 0.0 .3.3/3.1.3.3，上腭无门齿和犬齿，下颚的犬齿与门齿形状相似，臼齿非常发达。第二和第五趾都退化而不触地，或者没有，第三和第四趾很发达。胃分瘤胃、网胃、瓣胃和皱胃四室，能反刍。绵羊和山羊的不同特征如表1-1所示。

表 1-1 绵羊和山羊的区别特征

特征 \ 羊类	绵羊	山羊
面形	面隆起呈罗马鼻	面平或略呈碟形
眼眶腺	有	无
角	有角种多呈螺旋形，回旋向上或向下	有角种呈弓形或镰刀形，向外侧或后方伸展
髯	颚上无髯	颚上有髯
肉垂	颈上无肉垂	颈上多有肉垂一对
体型	丰满	干燥、清瘦
趾间腺	前后蹄都有	前后蹄都没有；或只前蹄有；或只后蹄有
毛	细软、有毡性，富油脂	粗、油脂少
公羊气味	没有	有，在配种期非常强烈
皮肤	薄、柔软	较粗硬
尾	长，下垂，或肥大下垂	短，呈水平状或竖直
性情	温驯	活泼，有时粗野（尤其公羊）
发情特征	不明显	明显
发情周期	17 天	18~20 天
发情持续时间	36 小时	12~24 小时
行为	怯弱、合群	活泼
分类学地位	绵羊属	山羊属
染色体数	54	60

三、绵羊的起源与进化

绵羊在动物分类学上属偶蹄目（Artiodactyla）、牛科（Bovidae）、羊亚科（Caprinae）、绵羊属（Ovis），染色体数目是 27 对。根据考古学、形态学、生态学、解剖学和细胞学等方面的考证，有几种野绵羊种或亚种对现代家绵羊的形成产生过重要影响，其中，包括盘羊（O. ammon）、摩佛伦羊（O. musimon）、赤盘羊（O. orientalis）和大角羊（O. canadensis）等。

家绵羊源于野生绵羊是不争的事实，但是关于家绵羊（Ovis aries）是由何种野绵羊驯化而来，及驯化的时间和地点，目前尚无定论。许多学者认为绵羊的驯化地点位于世界上动物驯养和植物栽培的最大中心之一，即近东地区以肥沃月湾而著称的半月形区域，距今 8 000~9 000 年（Ryder，1984）。据考古学、解剖学证据及外貌形态特征，有学者认为中国也可能是家绵羊的起源中心之一（谢成侠，1985；薄吾成，1987）。在中国河北武安磁山遗址出土了迄今中国最早的羊骨，根据此羊骨的碳元素测定将中国羊的驯化上溯到8 000年前的新石器时期（谢崇安，1985）。据不完全统计，中国考古发掘的羊遗存，包括羊骨、陶羊、羊头饰、羊圈等，遍及中国22个省区，广泛分布于中国黄河、长江、珠江、黑龙江流域和西北、西南地区（陈文华，1985）。Wood（1995）测定了新西兰家养绵羊mtDNA控制区全序列，他们发现了2种主要的单倍型（定义为A和B），从而证明新西兰家养绵羊有两个不同的母系起源。Hiendleder等（1998）对线粒体控制区序列的研究表明绵羊有两个母系起源，其中，欧洲的摩佛伦羊为家绵羊的母系始祖之一，其分化时间距今37.5万~75.0万年；同时，排除了赤羊和盘羊作为家绵羊祖先的可能性（Hiendleder etal，1998，2002）。关于中国绵羊起源的研究主要依据考古发掘、外貌形态和解剖形态学研究。贾永红等（1998）采用15种限制性内切酶对贵州省威宁绵羊和六盘水绵羊各5只个体的mtDNA多态性进行研究，得到了17种限制性态型，可归结为3种mtDNA单倍型。李祥龙等（2001）利用1种限制性内切酶研究了蒙古羊、乌珠穆沁羊、湖羊和小尾寒羊mtDNA的RFLP，结果检测到了16种限制性酶切多态型，可归结为2种基因单倍型，即单倍型Ⅰ和单倍型Ⅱ，受试绵羊品种的mtDNA多态性比较贫乏。赵兴波等（2001）利用PCR－SSCP及对mtDNA5'端终止序列分析的方法研究了来自不同品种的202个绵羊个体，研究提示现代绵羊品种在起源上存在2种主要的进化途径，即现代家绵羊来源于两个不同的祖先。陈玉林（2000）通过对中国8个地方绵羊品种mtDNA D-loop区的比较分析，发现中国绵羊群体单倍型多样性较高，达88.7%；而且还发现中国绵羊群体存在A、B、C 3种mtDNA D-loop主要单倍型。Guo（2005）对中国地方绵羊品种的线粒体DNA的序列分析发现中国绵羊存在一种新的单倍型，即单倍型C。最新对欧洲、高加索及中亚地区的绵羊的mtDNA控制区序列分析发现现代家绵羊存在4个支系，其中，在高加索地区绵羊发现了4种单倍型组，中亚地区的绵羊发现3种单倍型组，而在欧洲北部绵羊群体中未检测到C单倍型组，揭示欧洲不是唯一的绵羊驯化地，近东也可能是驯化地区，推测可能存在由近东经俄罗斯抵达欧洲这一绵羊母系迁移路线。目前至于支系C和支系D是母系起源、还是基因渗入形成，还需进行深入研究（Tapio et al，2006）。

中国绵羊的起源，根据国内外学者的研究认为，中国现有绵羊品种与野生绵羊最有血缘关系的应属阿卡尔羊和源羊及其若干亚种。我国的西藏绵羊起源很可能是属于源羊中的西藏亚种（O. a. hadgsoni）。源羊亦名盘羊，迄今尚有少数野生种存在且常被捕获。在20世纪50—60年代，科学工作者就曾取其精液与当地西藏绵羊杂交，能产生发育正常的后代。

现代绵羊是由野生的绵羊经人类长期驯化而来的。远在旧石器时代末期和新石器时代初期，原始人类以渔猎为生，在长期狩猎过程中，逐渐掌握了野羊的特性并改进了狩猎的工具，捕得的活羊越来越多，发现其中幼龄羊更易于驯服，于是便把它留养起来，这便是驯化的开始。家畜驯化的早晚，也同人类文化的发展历史有密切的关系，中国是古文化的较早发源地，故所驯化的家畜种类繁多，时间也较早。河北省武安磁山遗址出土的大量羊骨，经放射性碳测试表明，中国养羊业历史当在8 000年前。由此推定，羊的驯化时间，至少也应在这个时期或更早些。一般说来，山羊的驯化略早于绵羊而晚于狗，绵羊的驯化早于猪和牛，黄河流域是中国最早驯养绵山羊的地区之一（涂友仁，1989）。

绵羊、山羊在古代统称为羊，但为了区别起见，绵羊亦称为羊、白羊；山羊称为羊、黑羊、投羊。直到宋代，羊种才逐渐明确分出绵羊和山羊 2 个名称，但至今我国仍习惯统称羊。家绵羊经过人类长期的饲养和选择，逐渐分化成各种类型，成为人类生活中的主要畜种之一。

四、绵羊的野生近缘种

现在的绵羊是由野生绵羊驯养而成的，这是不争的事实，有几种野绵羊种或亚种对现代家绵羊的形成产生过重要影响，绵羊的野生近缘种见表 1-2。

表 1-2 绵羊的野生近缘种

中文名	英文名	拉丁名	分布地区	染色体数
羱羊，也称盘羊、阿尔哈尔羊、阿尔噶里羊	Argali	*Ovis ammon*	中亚山区，包括阿尔泰山、天山、喜马拉雅山、帕米尔高原和系在高原	56
阿尔卡尔羊，也称乌利阿尔羊、东方盘羊	Urial	*Ovis vignei*	分布于盘羊分布区的西部，从伊朗的东北部到阿富汗斯坦、印度西北部地区	58
亚洲摩佛伦羊	Asian mouflon	*Ovis osientalis*	阿尔卡尔羊的西部，可能是家养绵羊及欧洲摩佛伦羊的祖先	54
欧洲摩佛伦羊	European mouflon	*Ovis musimon*	欧洲，主要在撒丁岛和科西嘉岛	54
加拿大盘羊	Bighorn	*Ovis anadensis*	北美洲	52
雪羊	Snow sheep	*Ovis nivieola*	西伯利亚	52
大白羊	Thinhorn	*Ovis dalli*	阿拉斯加	54

1. 盘羊（O. ammon）

盘羊，英文名为 Argali sheep，中文名称大角羊、大头羊、盘角羊、蟠羊。羱羊，也称盘羊、阿尔哈尔羊、阿尔噶里羊，分布于亚洲中部广阔地区，包括中国、苏联和蒙古国。中国主要分布在新疆维吾尔自治区（以下简称新疆）、青海、甘肃、西藏自治区（以下简称西藏）、四川、内蒙古自治区（以下简称内蒙古）等省区。盘羊有 6 个亚种：①阿尔泰山亚种（O. a. ammon），分布于新疆北部和蒙古交界的青河附近的阿尔泰山的低山和坡地地区；②戈壁亚种（O. a. darwini），分布于从新疆准噶尔盆地东部的克拉麦里山，将军庙的东北，经与蒙古交界的北塔山、甘肃的哈布底克山、苏海图山、北山，到内蒙古的大青山；③西藏亚种 [O. a. hodgsoni（含 O. a. dalai-lamae）]，分布最广的一个亚种，主要分布于西藏，但雅鲁藏布江以南，延展到西藏西南部山区较罕见；④华北亚种（O. a. jubata），分布于从内蒙古的亚布兰山、贺兰山到陕西的横山；⑤天山亚种

[O. a. karelini（含 O. a. adametzi；O. a. littledalei；O. a. sairensis）]，分布于新疆北部和中北部，从西部喀什邻近的天山到东部博斯腾湖的邻近地带，包括伊犁盆地和乌尔都斯盆地的周围山地；⑥帕米尔亚种（O. a. polii），分布于沿与哈萨克斯坦接壤的中国西部边境的帕米尔高原，从新疆的考克塔尔西部，到昆仑山最西边，红旗拉甫走廊的东南，南边和东边与阿富汗接壤。

盘羊躯体粗壮，体长 150～180cm，肩高 50～70cm，体重 110kg 左右。雄羊体长可达 1.89m，雌羊体长可达 1.59m，肩高等于或低于臀高。

头大颈粗，尾短小。四肢粗短，蹄的前面特别陡直，适于攀爬于岩石间。有眶下腺及蹄腺。乳头 1 对，位于鼠蹊部。

通体被毛粗而短，唯颈部披毛较长。盘羊体色一般为褐灰色或污灰色，脸面、肩胛、前背呈浅灰棕色，耳内白色部浅黄色，胸、腹部、四肢内侧和下部及臀部均呈污白色。前肢前面毛色深暗于其他各处，尾背色调与体背相同，通常母羊的毛色比公羊的深暗，个别盘羊全身毛色为一致的灰白色。

公母均有角但形状和大小均明显不同。公羊角特别大，呈螺旋状扭曲一圈多，角外侧有明显而狭窄的环棱，角自头顶长出后，两角略微向外侧后上方延伸，随即再向后下方及前方弯转，角尖最后又微微往外上方卷曲，故形成明显螺旋状角形，角基一般特别粗大而稍呈浑圆状，至角尖段则又呈刀片状，角长可达 1.45m 上下，巨大的角和头及身体显得不相称。公羊角形简单，角体也明显较雄羊短细，角长不超过 0.5m，角形呈镰刀状。但比起其类型的羊，母盘羊角明显粗大。

2. 摩佛伦羊（*O. musimon*）

该动物为略似山羊的小型野绵羊，体高约 70cm，体重 50～60kg。母羊无角，公羊角很大，卷成圆盘状，长约 70cm，角基部为三角形。颌与喉部有长髯，全身被毛灰褐色，腹部和腿部为淡灰色。摩佛伦羊原产于希腊、科西嘉、意大利、撒丁尼亚等地区的山地。

摩佛伦羊善于爬山越岩，羔羊生后几天即会攀登峻岭。常成群出游，视觉和嗅觉灵敏。难驯养。

3. 加拿大盘羊（*Ovis anadensis*）

加拿大盘羊分布在加拿大南部和美国的蒙大拿州，内布拉斯加州，南北科他地区和怀俄明州。

加拿大荒地盘羊的毛较短，在夏季呈现为褐色，而且富有光泽，但在冬季来临之后，毛很快就变得稀疏，颜色也成了灰色。加拿大荒地公盘羊的体重为 119～127kg，体长 1.6～1.8m（包括尾长），母羊体重 53～91kg，体长约 1.5m 包括尾长。加拿大荒地盘羊的最显著的特点就是它们长有巨大的角。它们的角一生都在生长，羊角记载了它们的年龄，健康状况和战斗历史。

加拿大荒地盘羊在秋冬季发情，这个季节对于强壮的公羊来说显然是荣耀和幸运，但对于那些弱小的公羊而言意味着屈辱和死亡。两只公羊为了争夺交配权往往拼得你死我活。母羊受孕后经过 150～180 天，到了第二年春天，生下 1～4 只小盘羊，它们的平均寿命为 6～7 年。

4. 雪羊 （*Ovis nivieola*）

雪羊称石山羊、洛矶山羊，产在北美洛矶山脉自阿拉斯加向南至美国俄勒冈、爱达荷及蒙大拿州。栖居在树木线以上的陡峭山坡和悬崖上，甚至冬天也不下到山谷去。

雪羊体长 1.3~1.6m，尾长 15~20cm，体重约 140kg。雌性比雄性躯体略小。肩部像肿瘤般突起。四肢短小。颌下有须，与山羊相似。浑身披着一层茂密的白色长毛。吻边有小的鼻镜，上唇中央无沟。雌兽有 4 个乳头。眼睛前面没有臭腺，但雄兽的耳后有一对大臭腺，与臆羚相似。雌、雄均生有黑色短角，角呈圆形，弯曲度不大，没有明显的皱纹和肿瘤，长 20~30cm。

公雪羊单独或组成小群，母雪羊和羔羊结群，白天活动，吃各种生长在高山的植物，如草、灌木以及苔藓等。它们行动缓慢，但步伐稳健，非常善于在悬崖峭壁间攀爬、跳跃，只要有可踏之处，不论如何陡峭的悬崖都可以轻易地上下。它们夏季一般在林线以上生活，冬季雪深时下到较低的地方。在气候严寒时往往到洞穴中去躲避。蹲坐的姿势很像狗，这是它独特的姿势，这样，可以观察敌情。美洲狮、狼和熊及金雕虽然有时猎杀幼雪羊，但其栖息地带本身就保证它们很少有自然敌害。有时它们可以用角与敌害战斗，甚至杀死对方。它们最大的敌害不是动物而是雪崩。

雪羊在每年 10—12 月交配，公羊用角腺的分泌物或尿液做标记吸引母羊，然后压低身体接近母羊，以博取母羊的欢心。母羊的怀孕期为 147~178 天。次年 4—6 月份母羊离开群体去产仔，生产后再回到群体中。也有个别的雄兽和雌兽在交配期后仍然成对生活。每胎产 1~2 羔，偶产 3 羔。每 2 年生 1 胎。幼羔出生后 10 分钟即可站立，20 分钟吮乳，30 分钟即可蹦跳。数天后便能跟随母羊攀登崎岖的山路。其寿命为 10~15 年。

五、绵羊的生物学特性

在长期的自然和人工选择下，绵羊逐渐形成了许多特殊的习性。

1. 合群性强

绵羊有较强的合群性，受到侵扰时，互相依靠和拥挤在一起。驱赶时，有跟"头羊"的行为和发出保持联系的叫声。但由于群居行为强，羊群间距离近时，容易混群。所以，在管理上应避免混群。不同绵羊品种群居行为的强弱有别，粗毛羊品种最强，毛用比肉毛兼用品种强，培育品种的合群性较原始品种弱。

2. 觅食能力强，饲料利用范围广

羊嘴较窄、嘴唇薄而灵活、牙齿锋利，能啃食接触地面的短草，利用许多其他家畜不能利用的饲草饲料。而且羊四肢强健有力，蹄质坚硬，能边走边采食。利用饲草饲料资源广泛，如多种牧草、灌木、农副产品以及禾谷类籽实等。试验表明，绵羊可采食占给饲植物种类 80% 的植物，对粗纤维的利用率可达 50%~80%。

3. 爱清洁

绵羊具有爱清洁的习性。羊喜吃干净的饲料，饮清凉卫生的水。草料、饮水一经污染或有异味，就不愿采食、饮用。因此，在舍内补饲时，应少喂勤添，以免造成草料浪费。

平时要加强饲养管理，注意绵羊的饲草饲料清洁卫生，饲槽要勤扫，饮水要勤换。

4. 喜干燥，怕湿热

绵羊适宜在干燥、凉爽的环境中生活。羊舍潮湿、闷热，牧地低洼潮湿，容易使羊感染寄生虫病和传染病，导致羊毛品质下降，腐蹄病增多，影响羊的生长发育。绵羊汗腺不发达，散热机能差，在炎热天气应避免湿热对羊体的影响，尤其在我国南方地区，高温高湿是影响养羊生产发展的一个重要原因。除应将羊舍尽可能修建在地势高燥、通风良好、排水通畅的坡地上外，还应在羊圈内修建羊床或将羊舍建成带漏缝地面的楼圈。

5. 性情温驯，胆小易惊

绵羊性情温驯，在各种家畜中是最胆小的畜种，自卫能力差。突然的惊吓，容易"炸群"。羊一受惊就不易上膘，管理人员平常对羊要和蔼，不应高声吆喝、扑打，以免引起惊吓。

6. 嗅觉和听觉灵敏

绵羊嗅觉灵敏，母羊主要凭嗅觉鉴别自己的羔羊，视觉和听觉起辅助作用。分娩后，母羊会舔干羔羊体表的羊水，并熟悉羔羊的气味。羔羊吮乳时母羊总要先嗅一嗅羔羊后躯部，以气味识别是不是自己的羔羊。利用这一特点，寄养羔羊时，只要在被寄养的孤羔和多胎羔羊身上涂抹保姆羊的羊水，寄养多会成功。个体羊有其自身的气味，一群羊有群体气味，一旦两群羊混群，羊可由气味辨别出是否是同群的羊。在放牧中，一旦离群或与羔羊失散，靠长叫声互相呼应。

7. 扎窝特性

由于羊毛被较厚、体表散热较慢故怕热不怕冷。夏季炎热时，常有"扎窝子"现象。即羊将头部扎在另一只羊的腹下乘凉，互相扎在一起，越扎越热，越热越扎挤在一起，很容易伤羊。所以，夏季应设置防暑措施，防止扎窝子，要使羊休息乘凉，羊场要有遮阴设备，可栽树或搭遮阴棚。

8. 抗病力强

羊的抗病力较强。其抗病力强弱，因品种而异。一般来说，粗毛羊的抗病力比细毛羊和肉用品种羊强，山羊的抗病力比绵羊强。体况良好的羊只对疾病有较强的耐受能力，病情较轻一般不表现症状，有的甚至临死前还能勉强跟群吃草。因此，在放牧和舍饲管理中必须细心观察，才能及时发现病羊。如果等到羊只已停止采食或反刍时再进行治疗，疗效往往不佳，会给生产带来很大损失。

9. 羊的调情特点

公羊对发情母羊分泌的激素很敏感。公羊追嗅母羊外阴部的尿水，并发生反唇卷鼻行为，有时用前肢拍击母羊并发出求爱的叫声，同时，作出爬胯动作。母羊在发情旺盛时，有的主动接近公羊，或公羊追逐时站立不动，小母羊胆子小，公羊追逐时惊慌失措，在公羊竭力追逐下才接受交配。因此，由于母羊发情不明显，在进行人工辅助交配或人工授精时，要使用试情公羊发现发情母羊。

第二章 绵羊的畜牧学类型及常见品种

一、绵羊品种的动物学分类

品种是畜牧生产实践中对家养动物的分类单位，是一种生产资料，是人类进行长期选育的劳动成果。品种是种质基因库的重要保存单位。《遗传学名词》第二版对"品种"的释义：variety，breed（动物），cultivar（植物），是在一定的生态和经济条件下，经自然或人工选择形成的动、植物群体。具有相对的遗传稳定性和生物学及经济学上的一致性，并可以用普通的繁殖方法保持其恒久性。

绵羊品种是家养绵羊在长期的人工干预，如饲养、选种选配等条件下发生内部分化，形成表型一致并具有稳定遗传的生态、生理特征，在产量和品质上比较符合人类要求的群体。一个绵羊品种应具备的条件是：具有共同的来源；具有能稳定遗传的、有别于其他品种的共同表型特征和相似生产性能；具有一定的、现实或潜在的经济价值和文化价值；具有一定的结构；具有足够的数量。在品种内部，一些有突出优点的并能稳定遗传的亲缘个体所形成的类群称为品系（line，strain）。可见品种是人类劳动的产物，是畜牧业生产的工具，它是一个具有较高经济价值和种用价值，又有一定结构的较大的家畜群体。由于具有共同的血统来源和遗传基础，其成员间在生产性能、形态特征和适应性上都极为相似，并能将其重要的特征、特性稳定地遗传给后代。

绵羊品种的动物学分类方法由德国自然科学家伯拉斯最早提出，后经不断的补充和完善形成。其分类依据是绵羊尾巴的形状和大小。尾的形状由脂肪沿尾椎沉积的程度及沉积的外形来决定。尾的大小，即其长度，以尾尖是否达到飞节或超过飞节为标准区分。绵羊的动物学分类标准见表 2-1。

表 2-1　绵羊的动物学分类标准

尾巴类型	尾巴特征	实例
短瘦尾羊	尾短、尖，不及飞节，脂肪沉积不显著	西藏羊
长瘦尾羊	尾长超过飞节，脂肪沉积不明显	细毛羊、半细毛羊及英国肉用羊
短脂尾羊	尾较短，不及飞节，有尾部脂肪沉积不多的脂肪枕	蒙古羊、滩羊等

（续表）

尾巴类型	尾巴特征	实例
长脂尾羊	尾长，多数个体尾尖达到或超过飞节，脂肪沉积明显，有时尾尖部无脂肪沉积，尾尖或直或呈"S"形弯曲	小尾寒羊、同羊、卡拉库尔羊
肥尾/臀羊	尾部不显著，极短瘦，呈"W"形。脂尾是指在臀部尾根上脂肪沉积的脂肪枕	哈萨克羊

资料来源：甘肃农业大学畜牧系羊猪家禽教研组主编（张松荫）. 养羊学 . 1959，112-113.

　　绵羊品种的动物学分类不能说明绵羊的生产性能，就是同一类绵羊，在不同的自然气候和饲养管理条件下，尾的形状和大小变化很大，特别是不同类型的品种进行杂交时，其后代尾形的变化更加显著。另外，在动物分类学上，属于同一类型的各品种，其产品方向也有很大的差异。因此，在生产实践中，仅用这种分类方法实用价值不大。

二、绵羊的驯养

（一）动物驯化

　　对野生动物的驯化是人类利用自然资源的一种特殊手段，通过驯化达到对野生动物的全面控制并进行再生产。根据不同的目的和要求，驯经的方式、方法也有所不同。

1. 驯化的基本概念

　　驯化是通过对各种野生动物创造新的环境，保证给予食物及其他必要的生活条件而达到的。最重要的时期是在个体发育早期阶段，通过人工饲养管理而创造出特殊的水与热量代谢的条件，并使被驯化动物不受敌害的侵袭，不受寄生虫及传染病的感染。另外，驯化是对动物行为的控制与运用。由于动物行为与生产性能之间有密切的联系，掌握动物的行为规律和特点，通过人工定向驯化，可以促进生产性能的提高并产生明显的经济效果。长期以来，由于人类掌握了对动物驯化的手段，有了使动物按照人类要求的方向产生变异的可能性。截至目前，全驯化的动物种类有哺乳类、鸟类、鱼类及昆虫等几千个品种，半驯化的有毛皮兽类、鹿类、试验动物及噬食昆虫等。实践证明，对动物的驯化是完全可能的，根据人类经济生活的不断发展，对动物驯化与养殖的种类不断增多。

2. 驯化的理论与方法

　　驯化是在动物先天的本能行为基础上而建立起来的人工条件反射，是动物个体后天获得的行为。这种人工条件反射可以不断强化，也可以消退，它标志着驯化程度的加强或减弱。所以，不能把人工驯化看成一劳永逸，而需要不断地巩固和加强。

　　（1）早期发育阶段的驯化。这种驯化方法是利用幼龄动物可塑性大的特点，进行人工驯化，其效果普遍较好。如产后 30 日龄以内未开眼的黄鼬，通过与母兽隔离而人工饲养，在开眼以后即接触人为环境，于是能很好地接受人工饲养管理。如仔兽在产后受母鼬哺乳的则往往经过几年人工驯化，也改变不了其野性行为。又如从产后吃初乳起即进行人工哺乳的仔鹿，其驯化基础都很好，长大之后在鹿群放牧活动中都是核心群中的骨干鹿。而产后接受母鹿哺乳的仔鹿，数日之后再想进行人工哺乳已很困难。这样的仔鹿在接受其他方式驯化，或在长大后的放牧活动中都表现出驯化基础较差，一般不能成为骨干鹿。

（2）个体驯化与集群驯化。个体驯化是对每一个动物个体的单独驯化。如马戏团的每一个动物都要训练出一套独特的表演技能，动物园中单独生活的大型兽类克服受惊和易激怒的训练，役用幼畜的使役训练都属于这种驯化。在野生动物饲养业上，对个别集群活动性能较差（即驯化程度不够）的个体，也需要进行补充性个体驯化。但是，在野生动物养殖场，集群驯化具有更大的实用意义。集群驯化是在统一的信号指引下，使每一个动物都建立起共有的条件反射，产生一致性群体活动。如摄食、饮水和放牧等都在统一信号指引下定时地共同活动，给饲养管理工作带来很大方便。

（3）直接驯化与间接驯化。前面所述的个体驯化和集群驯化皆属于直接驯化。间接驯化与之不同，它是利用同种的或异种的个体之间在驯化程度上的差异，或已驯化动物对未驯化动物之间的差异而进行的。这种驯化也就是在不同驯化程度的动物中，建立起行为上的联系，而产生统一性活动的效果。例如，利用驯化程度很高的母鹿带领着未经驯化的仔鹿群去放牧，这是利用幼龄动物具有"仿随学习"的行为特点而形成的"母带仔鹿放牧法"。在放牧过程中又不断地提高了仔鹿的驯化程度。再如，利用驯化程度很高的牧犬协助人去放牧鹿群，是一种很得力的工具，在人—犬—鹿之间形成一条"行为链"，会取得很好的放牧效果。另外，训练家鸡孵育野鸡，乌鸡孵育鹌鹑，水獭捕鱼，母犬哺虎，这样的成功事例在我国都已出现。

（4）性活动期的驯化。性活动期是动物行为活动的特殊时期，由于体内性激素水平的增高，出现了易惊恐、激怒、求偶、殴斗、食欲降低、离群独走等行为特点，给饲养管理工作带来很多困难。必须根据这个时期的生理上和行为上的特点，进行特别的针对性驯化工作才能避免生产损失。如保持环境安静，控制光照，对初次参加配种的动物进行配种训练，防止拒配和咬伤，特别是利用灯光、音响或其他信号，在配种期建立起新的条件反射，指引动物定时交配、饮食、休息等，形成规律性活动。不仅可以保证成年动物避免伤亡，而且可以提高繁殖率。

3. 药用动物人工驯化的几个关键问题

人工驯化的总目标是促使产品的增加，动物在驯化过程中生活习性、生理机能和形态构造的改变都是在人工控制下朝着这个方向发展。由于动物种类繁多，进化水平不一致，在变野生为家养的过程中所遇到的问题也不同，综合各种动物人工养殖情况，在动物训化上有以下几个关键问题。

（1）人工环境的创造。动物在野生状态下，根据其生活要求，可以主动地选择适合生存的环境，也可以在一定程度上创造环境。人工环境是人类给动物提供的各种生活条件的总和，与野生环境不可能完全一致，要求动物必须被动地适应人工环境。良好人工环境的产生是在模拟野生环境的基础上，又根据生产要求而加以创造。由于气候稳定，食物充足和敌害减少，动物的繁殖成活率会明显提高。但是，当前有些动物饲养场仅是单纯形式上的模仿，由于对该动物生物学特性了解不够，在人工环境的提供上不能满足其在主要生活条上的要求，于是出现了当代不能存活，不能繁殖或后代发育不良等现象，导致工作失败。

（2）食性的训练。动物的食性是在长期地系统发育过程中形成的，在不同的季节，不同的生长发育阶段动物的食物也有所改变。人工提供的食物既要满足动物的营养需要，又要符合其适口性。但是，食性又是可以在一定范围内改变的。一个优秀的动物饲养者就是善于从饲料组合，食性训练工作中降低生产成本，提高产品质量。

（3）群性的形成。动物在野生条件下有的种类群体生活，也有很多种类独居生活。人工饲养实践证明，独居生活的动物也可以人工驯化而产生群居性。如麝在野生时是独居的，在人工饲养过程中通过群性驯化，可以做到集群饲喂，定点排泄，将来有可能像鹿一样集群放牧。群性的形成给人工饲养管理带来很多方便，有些动物种类成体集群较困难，但可以在幼体时期集群饲养。

（4）打破休眠期。很多变温动物具有休眠习性，这是对逆境条件的一种保护性适应。在人工饲养条件下，通过对气温的控制，食物的供应等措施，不使动物进入休眠状态而继续生长、发育和繁殖，可以达到缩短生产周期，增加产量的目的。如土鳖虫的快速繁育法就是打破一个世代中的 2 次休眠，而使生产周期缩短一半，产量成倍地增加；人工养蝎在打破休眠上也出现了可喜的成就；其他变温动物的养殖都有可能从这方面获得成功。

（5）克服就巢性。就巢性是鸟类的一种生物学特性。野生鸟类就巢性强，在家养条件下随着产卵率的提高，就巢性逐渐降低，如野生鹌鹑就巢性较强，每年仅能产卵 20 枚左右。经过人工驯养的鹌鹑已克服了就巢性，产卵量提高到每年 300 枚以上。乌骨鸡属于肉用型，虽经数百年驯养，由于长期以来没有以克服就巢性为主要选择目标，就巢性依然很强，每产 10 枚卵左右就出现"抱窝"行为，长达 20 天以上。所以，每年仅产卵 50 枚左右。近年来，各地乌骨鸡饲养场在研究克服就巢性方面，探讨出许多有效方法，可以使就巢期缩短到 1~2 天，使年产卵量提高到 100~120 枚。

（6）改变刺激发情、排卵和缩短胚胎潜伏期。在野生哺乳动物中，很多种动物具有刺激发情、刺激排卵和具有胚胎潜伏期的生物学特性，限制了人工授精技术的应用和使妊娠期拖得很长。如紫貂的妊娠期为 9 个月左右，而真正的胚胎发育时期仅为 28~30 天。小灵猫的妊娠期变动在 80~116 天，都说明具有很长时间的胚胎潜伏期。由于上述原因会造成不孕，胚胎吸收或早期流产，对繁殖效果影响很大。随着逐代的人工驯化，上述情况会不断改变，但对这方面的研究还远远不够，还没有使动物在家养条件下的繁殖力比野生状态有明显的提高。

（二）绵羊驯化的起源地与年代

世界农业的起源地是多中心的，概括起来有三大中心，其中，旧大陆有 2 个中心，即西亚和东亚；新大陆有 1 个中心，即中美洲。

由于研究和推测家养动物驯化的起源地及驯化起始年代非常困难，仅依靠考古学证据还难以清晰地描绘出绵羊驯化的历史。多数情况下，人们依据羊属于小型动物，易被捕获且常被用作狩猎时的诱饵等属性来推断羊最初被驯化的情形。所以，绵羊驯化起源地目前尚无统一认识。

同农业起源地的多中心观点一样，目前，对绵羊起源地普遍的看法是：绵羊驯化始于

"肥沃的新月形地区"，包括巴基斯坦、土耳其南部及伊拉克、伊朗分界处的扎格罗斯山脉在内的水草茂盛地区，并以此为驯化中心向周围区域传播扩撒，先是中东广大地区，后传入欧洲、非洲、大洋洲、美洲。可以简单地认为中东地区是绵羊驯化的起源地。

羊是从野羊驯化而来的。家羊分化为绵羊和山羊。根据中国的考古学证据，中国也可能是绵羊的驯化中心之一。河北省武安市磁山、河南省新郑县裴李岗、陕西省西安市半坡、陕西省临潼县姜寨等新石器时代遗址都出土过羊骨或陶羊，说明中国北方养羊的历史有可能早到 6 000~7 000年以前。到了龙山文化时期，出土羊骨的遗址已分布南北各地。北方有内蒙古、甘肃、陕西、山西、山东、河南、河北、辽宁以及安徽等省区；南方有江苏、浙江、湖北、湖南、广西壮族自治区（以下简称广西）、云南等省区，说明养羊业有所发展。一般来说，南方养羊的历史应晚于北方，但是浙江省余姚市河姆渡遗址出土的陶羊，塑造得甚为逼真，显系家羊无疑。看来南方驯养家羊的历史有可能比人们所料想的早得多。

商周时期，羊已成为主要的肉食用畜之一，也经常用于祭祀和殉葬。卜辞记载祭祀时用羊多达数百，甚至上千。《诗经·小雅·无羊》："谁谓尔无羊？三百维群。"每群羊数量达到 300 只，可见商周养羊业甚为发达。商代青铜器常用羊首作为装饰，如湖南等地出土的二羊尊、四羊尊等，铸造极为精美，亦反映出南方养羊业的兴盛。春秋战国时期，养羊业更为发达。"四海之内，粒食人民，莫不犓牛羊。"（《墨子·天志篇》）"今之人生也……又畜牛羊。"（《荀子·荣辱篇》）秦汉时期，西北地区"水草丰美，土宜产牧"，出现"牛马衔尾，群羊塞道"的兴旺景象（《后汉书·西羌传》）。中原及南方地区的养羊业也有发展，各地汉墓中常用陶羊和陶羊圈随葬。魏晋南北朝时期，养羊已成为农民的重要副业，《齐民要术》专立一篇《养羊》，总结当时劳动人民的养羊经验。从甘肃省嘉峪关市魏晋壁画墓中的一些畜牧图，可见，当时放牧羊群的具体情形。唐代的养羊业亦取得相当成就，已培育出许多优良品种，如河西羊、河东羊、濮固羊、沙苑羊、康居大尾羊、蛮羊等。各地的魏晋南北朝和隋唐墓葬中，也经常用陶羊、青瓷羊及羊圈随葬。

据推测，绵羊驯化于 11 000年前的旧石器时代末期。

驯化、驯养后的绵羊有 3 条发展传播路线，即从小亚细亚上行至多瑙河流域；从希腊穿过 Axios 流域；凭借海岸贸易经由地中海、欧洲太平洋海岸到达不列颠群岛，自东向西、向北向南缓慢进行。至 7 500年前，绵羊传播到法国的科西嘉岛。

（三）中国绵羊品种的形成

绵羊的野生祖先只有种和亚种的区分，没有品种。野生绵羊在人类驯养、驯化后，逐渐分化形成家养绵羊品种。家养绵羊品种又随着社会经济的发展、生态条件的变化而不断的发展变化。所以，现代家养绵羊品种的形成是人工选育的结果。

根据各种历史证据，在汉代，中国就已形成了体形外貌一致、结构匀称的绵羊品种。唐代及其以后时期，由于各地自然生态环境的影响和人类对绵羊产品需求的不同，在中国的一些地区形成了不同类型的绵羊，如北方脂尾羊（今内蒙古一带）、河东羊（今陕西、山西一带）、河西羊（今甘肃一带）、康居大尾羊（今中亚和近东地区）、沙菀羊（今陕西一带，也就是现今的同羊）、蛮羊（也称为吐蕃样、羌羊，是现今藏绵羊的古称）、饕羊（今中亚细亚一带，推测可能是哈萨克羊）、吴羊（即现今的湖羊）等，这些绵羊类群成为以后绵羊品种形成的基础，即中国现在绵羊品种或类群的原始素材。

例如，对康居大尾羊的考证资料如下：《酉阳杂俎》卷16记载，"康居出大尾羊，尾上弯广，重十斤"；晋朝郭恭义《广志》记载，"细毛薄皮，尾上弯广，重十斤，出康居"；《本草纲目》记载，"哈密和大食有大尾羊，尾重十斤。并引《凉州异物志》道：有羊大尾，车推乃行"。推测这种大尾羊是从异域引入，经由新疆哈密进入甘肃境内，然后又达陕西大荔和中原地带。该羊与现今陕西的同羊和河北、河南、山东一带的大尾寒羊外貌相似。可以推断，古代的康居大尾羊引入中国后，经过当地群众的长期选育，形成了同羊和大尾寒羊。

另外，从中国古代曾编写的《相羊经》（已失传）、《诗经》《卜式养羊法》《齐民要术》等经典著作中也反映了古代中国养羊业的发达和研究水平。贾思勰在《齐民要术》养羊篇中系统总结了牧羊人的选择、牧地的选择、羊只的选种和繁殖、羊舍及管理、剪毛法、饲料生产、防病治病等，对指导中国养羊生产发挥了重要作用。

在古代绵羊类群、品种形成和逐渐传播的基础上，经过传播区群众的长期选育，形成了用途广泛的现代各种家养绵羊品种。我国现有绵羊品种50个，其中，地方品种31个，培育品种9个和引入品种10个（中国畜禽遗传资源状况编委会，2004）。

常洪等（1995）根据地域及民族文化渊源、自然生态条件的无霜期和干燥指数、养羊方式和耕作制度及绵羊的生态类型，将中国的绵羊品种划分在8个文化区域。

（1）东北文化区。地方绵羊品种有蒙古羊，选育品种有东北细毛羊、中国美利奴。

（2）内蒙古文化区。地方绵羊品种有蒙古羊、乌珠穆沁羊、内蒙古大尾羊等；选育品种有内蒙古细毛羊、敖汉细毛羊等。

（3）新疆文化区。地方绵羊品种有哈萨克羊、阿勒泰羊、和田羊等；选育品种有新疆细毛羊、中国美利奴等。

（4）华北文化区。地方绵羊品种有大尾寒羊、小尾寒羊等。

（5）甘宁过渡文化区。地方绵羊品种有滩羊、兰州大尾羊、岷县黑裘皮羊、藏羊、蒙古羊；选育品种有甘肃高山细毛羊。

（6）青藏高原文化区。地方绵羊品种有藏羊等；选育品种有青海高原半细毛羊等。

（7）东南文化区。地方绵羊品种有湖羊。

（8）西南文化区。地方绵羊品种有昭通羊等。

三、绵羊品种的生产性能分类

绵羊品种的生产性能分类，是根据绵羊的经济价值来分类的。这一方法的优点是把同一生产方向的许多绵羊品种或类群概括在一起，便于说明，便于品种选择。但该方法也存在缺点，就是对于多种用途的绵羊，如毛肉乳兼用的绵羊，往往在不同的国家，由于使用的重点不同，归类的方法也不同。

（一）根据绵羊所产羊毛类型分类

此种分类方法，是由 M. E. Ensminger 提出的。根据绵羊所产羊毛类型的不同，将绵羊品种分成六大类：

1. 细毛型品种

如澳洲美利奴羊、中国美利奴羊等。

2. 中毛型品种

这一类型品种主要用于产肉，羊毛品质居于长毛型与细毛型之间。如南丘羊、萨福克羊等。它们一般都产自英国南部的丘陵地带，故又有丘陵品种之称。

3. 长毛型品种

原产于英国，体格大，羊毛粗长，主要用于产肉，如林肯羊、罗姆尼羊、边区莱斯特羊等。

4. 杂交型品种

杂交型品种是指长毛型品种与细毛型品种为基础杂交所形成的品种，如考力代羊、波尔华斯羊、北高加索羊等。

5. 地毯毛型品种

如德拉斯代、黑面羊等。

6. 羔皮用型品种

如卡拉库尔羊等。

上述绵羊品种分类方法，目前在西方国家广泛采用。

（二）根据生产方向分类

此种分类方法是根据绵羊主要的生产方向来分类的。它把同一生产方向的绵羊品种概括在一起，便于说明，便于选择和利用。但这一方法亦有缺点，就是对于多种用途的绵羊，如毛肉乳兼用的绵羊，在不同的国家，往往由于使用的重点不同，归类亦不同。这种分类方法，目前在中国、俄罗斯等国普遍采用。主要分为以下几类。

1. 细毛羊

（1）毛用细毛羊。如澳洲美利奴羊等。

（2）毛肉兼用细毛羊。如新疆细毛羊、高加索羊等。

（3）肉毛兼用细毛羊。如德国美利奴羊等。

2. 半细毛羊

（1）毛肉兼用半细毛羊。如茨盖羊等。

（2）肉毛兼用半细毛羊。如边区莱斯特羊、考力代羊等。

3. 粗毛羊

如西藏羊、蒙古羊、哈萨克羊等。

4. 肉脂兼用羊

如阿勒泰羊、吉萨尔羊等。

5. 裘皮羊

如滩羊、罗曼诺夫羊等。

6. 羔皮羊

如湖羊、卡拉库尔羊等。

7. 乳用羊

如东佛里生羊等。

（三）中国绵羊的分类

关于中国固有绵羊品种的分类，是根据产地和尾形、牧业生产区域、经济类型和产品用途来分类的。

1. 产地分类

根据产地分类，中国的绵羊分为三大系，即蒙古羊系、藏绵羊系和哈萨克绵羊系。

（1）蒙古羊系。蒙古羊产于蒙古高原，是一个十分古老的地方品种，也是在中国分布最广的一个绵羊品种，除分布在内蒙古自治区外，东北、华北、西北均有分布。

蒙古羊属短脂尾羊，其体形外貌由于所处自然生态条件、饲养管理水平不同而有较大差别。一般表现为体质结实，骨骼健壮，头略显狭长。公羊多有角，母羊多无角或有小角，鼻梁隆起，颈长短适中，胸深，肋骨不够开张，背腰平直，四肢细长而强健。体躯被毛多为白色，头、颈与四肢则多有黑或褐色斑块。繁殖力不高，产羔率低，一般 1 胎1 羔。

蒙古羊被毛属异质毛，一年春秋共剪两次毛，成年公羊剪毛量 1.5～2.2kg，成年母羊为 1～1.8kg。春毛毛丛长度为 6.5～7.5cm。各类型纤维重量比，不同地区差异较大，无髓毛和两型毛的重量比从东北向西南逐渐递增，而干、死毛的重量比则相反。呼伦贝尔高原区蒙古羊的有髓毛、两型毛和干、死毛的重量比相应为 52.41%、5.16%、0% 和42.43%；乌兰察布高原区相应为 59.24%、3.65%、3.45%和 33.66%；阿拉善高原区相应为 58.56%、15.09%、5.87%和 24.38%；河套平原区相应为 76.83%、3.02%、15.53%和 4.56%。

蒙古羊从东北向西南体形由大变小。苏尼特左旗成年公、母羊平均体重为 99.7kg 和54.2kg；乌兰察布盟公、母羊为 49kg 和 38kg；阿拉善左旗成年公、母羊为 47kg 和 32kg。

蒙古羊的产肉性能较好。据 1981 年苏尼特左旗家畜改良站测定，成年羯羊屠宰前体重为 67.6kg，胴体重 36.8kg，屠宰率 54.3%，净肉重 27.5kg，净肉率 40.7%；1.5 岁羯羊分别为 51.6kg、26.0kg、50.6%、19.5kg、37.7%。

蒙古羊无髓毛平均细度为 $19.34～22.27\mu m$，有髓毛平均细度为 $39.50～48.21\mu m$。

（2）西藏羊系。西藏羊又称藏羊，藏系羊，是中国三大粗毛绵羊品种之一。西藏羊产于青藏高原的西藏和青海，四川、甘肃，云南和贵州等省区也有分布。

由于藏羊分布面积很广，各地的海拔、水热条件差异大，在长期的自然和人工选择下，形成了一些各具特点的自然类群。主要有高原型（草地型）和山谷型两大类型。各省、区根据本地的特点，又将藏羊分列出一些中间或独具特点的类型。如西藏将藏羊分为雅鲁藏布型藏羊、三江型西藏羊；青海省分出欧拉型藏羊；甘肃省将草地型西藏羊分成甘加型、欧拉型和乔科型 3 个型；云南省分出一个腾冲型；四川省又分出一个山地型西藏羊。

高原型（草地型）藏羊：这一类型是藏羊的主体，数量最多。西藏境内主要分布于冈底斯山、念青唐古拉山以北的藏北高原和雅鲁藏布江地带；青海省境内主要分布在海北、海南、海西、黄南、玉树、果洛 6 州的广阔高寒牧区；甘肃省境内，80%的羊分布在甘南藏族自治州的各县；四川省境内分布在甘孜、阿坝州北部牧区。

产区海拔 2 500~5 000m，多数地区年均气温−1.9~6℃，年降水量 300~800mm，相对湿度 40%~70%。草场类型有高原草原草场、高原荒漠草场、亚高山草甸草场、半干旱草场等。

高原型藏羊体质结实，体格高大，四肢较长，体躯近似方形。公、母羊均有角，公羊角长而粗壮，呈螺旋状向左右平伸，母羊角细而短，多数呈螺旋状向外上方斜伸。鼻梁隆起，耳大。前胸开阔，背腰平直，十字部稍高，紧贴臀部有扁锥形小尾。体躯被毛以白色为主，被毛异质，毛纤维长，两型毛含量高，光泽和弹性好，强度大，两型毛和有髓毛较粗，绒毛比例适中，因此，由它织成的产品有良好的回弹力和耐磨性，是织造地毯、提花毛毯等的上等原料。这一类型藏羊所产羊毛，即为著名的"西宁毛"。

高原型藏羊成年公、母羊体重约为 51.0kg 和 43.6kg，公羊、母羊剪毛量分别为 1.40~1.72kg 和 0.84~1.20kg，净毛率 70%左右。被毛纤维类型组成中，按重量百分比计，无髓毛占 53.59%，两型毛占 30.57%，有髓毛占 15.03%，干死毛占 0.81%。无髓毛羊毛细度为 20~22μm，两型毛为 40~45μm，有髓毛为 70~90μm，体侧毛辫长度 20~30cm。

高原型藏羊繁殖力不高，母羊 11 羔，双羔率极少。屠宰率 43.0%~47.5%。藏羊的小羔皮、二毛皮和大毛皮为制裘的良好原料。

山谷型藏羊：主要分布在青海省南部的班玛、昂欠 2 县的部分地区，四川省阿坝南部牧区，云南的昭通、曲靖、丽江等地区及保山市腾冲县等。

产区海拔在 1 800~4 000m，主要是高山峡谷地带，气候垂直变化明显。年平均气温 2.4~13℃，年降水量为 500~800mm。草场以草甸草场和灌丛草场为主。

山谷型藏羊体格较小，结构紧凑，体躯呈圆桶状，颈稍长，背腰平直。头呈三角形，公羊多有角，短小，向后上方弯曲，母羊多无角，四肢矫健有力，善爬山远牧。被毛主要有白色、黑色和花色，多呈毛丛结构，被毛中普遍有干死毛，毛质较差。剪毛量一般 0.8~1.5kg。成年公羊体重 40.65kg，成年母羊为 31.66kg。屠宰率约为 48%。

欧拉型藏羊：欧拉型藏羊是藏系绵羊的一个特殊生态类型，主产于甘肃省的玛曲县及毗邻地区，青海省的河南县和久治县也有分布。

欧拉型羊具有草地型藏羊的外形特征，体格高大粗壮，头稍狭长，多数具肉髯。公羊前胸着生黄藏褐色毛，而母羊不明显。被毛短，死毛含量很高，头、颈、四肢多为黄褐色花斑，全白色羊极少。成年公羊体重 75.85kg，剪毛重 1.08kg，成年母羊体重 58.51kg，剪毛量 0.77kg。欧拉型藏羊产肉性能较好，成年羯羊宰前活重 76.55kg，胴体重 35.18kg，屠宰率为 50.18%。

藏羊对高寒地区恶劣气候环境和粗放的饲养管理条件，具有良好的适应能力，是产区人民赖以为生的重要畜种之一。

（3）哈萨克羊系。哈萨克羊主要分布在新疆天山北麓、阿尔泰山南麓和塔城等地，甘肃、青海、新疆3省（区）交界处亦有少量分布。

产区气候变化剧烈，夏热冬寒。1月平均气温为－15～－10℃，7月平均气温为22～26℃。年降水量为200～600mm，年蒸发量1 500～2 300mm，无霜期102～185天。草地类型主要有高寒草甸草场、山地草甸草场、山地草原草场和山地荒漠草原草场等。

哈萨克羊的饲养管理粗放，终年放牧，很少补饲，一般没有羊舍。因而形成了哈萨克羊结实的体格，四肢高，善于行走爬山，在夏、秋较短暂的季节具有迅速积聚脂肪的能力。

哈萨克羊体质结实，公羊多有粗大的螺旋形角，母羊多数无角，鼻梁明显隆起，耳大下垂。背腰平直，四肢高、粗壮结实。异质被毛，毛色棕褐色，纯白或纯黑的个体很少。脂肪沉积于尾根而形成肥大椭圆形脂臀，称为"肥臀羊"，属肉脂兼用品种，具有较高的肉脂生产性能。

成年公羊、母羊春季平均体重分别为60.34kg和44.90kg，周岁公羊、母羊分别为42.95kg和35.80kg。成年公羊、母羊剪毛量分别为2.03kg和1.88kg，净毛率分别为57.8%和68.9%。成年公羊体侧部毛股自然长度约为13.57cm。哈萨克羊肌肉发达，后躯发育好，产肉性能高，屠宰率45.5%。初产母羊平均产羔率为101.24%，成年母羊为101.95%，双羔率很低。

2. 畜牧产区分类

根据畜牧业生产区域，中国绵羊品种分为3类。

（1）牧区绵羊。如蒙古羊、藏羊等。

（2）农牧交错区绵羊。如滩羊。

（3）农区绵羊。如兰州大尾羊等。

3. 经济类型和产品用途分类

根据经济类型和产品用途，中国绵羊分为六类。

（1）粗毛羊。如蒙古羊、藏羊、哈萨克羊等。

（2）肉脂羊。如兰州大尾羊等。

（3）裘皮羊。如滩羊、岷县黑裘皮羊等。

（4）羔皮羊。如湖羊等。

（5）细毛羊。如甘肃高山细毛羊、新疆细毛羊等。

（6）半细毛羊。如青海高原半细毛羊等。

四、绵羊常见品种

（一）中国地方绵羊品种

1. 蒙古羊

蒙古羊产于蒙古高原，是一个十分古老的地方品种，也是在中国分布最广的一个绵羊品种,除分布在内蒙古自治区外,东北、华北、西北均有分布。

蒙古羊属短脂尾羊,其体形外貌由于所处自然生态条件、饲养管理水平不同而有较大差别。一般表现为体质结实,骨骼健壮,头略显狭长。公羊多有角,母羊多无角或有小角,鼻梁隆起,颈长短适中,胸深,肋骨不够开张,背腰平直,四肢细长而强健。体躯被毛多为白色,头、颈与四肢则多有黑或褐色斑块。繁殖力不高,产羔率低,年产1羔。

蒙古羊被毛属异质毛,一年春秋共剪2次毛,成年公羊剪毛量1.5~2.2kg,成年母羊为1~1.8kg。春毛毛丛长度为6.5~7.5cm。各类型纤维重量比,不同地区差异较大,无髓毛和两型毛的重量比从东北向西南逐渐递增,而干、死毛的重量比则相反。呼伦贝尔高原区蒙古羊的有髓毛、两型毛和干、死毛的重量比相应为52.41%、5.16%、0%和42.43%;乌兰察布高原区相应为59.24%、3.65%、3.45%和33.66%;阿拉善高原区相应为58.56%、15.09%、5.87%和24.38%;河套平原区相应为76.83%、3.02%、15.53%和4.56%。

蒙古羊从东北向西南体形由大变小。苏尼特左旗成年公、母羊平均体重分别为99.7kg和54.2kg;乌兰察布盟公、母羊分别为49kg和38kg;阿拉善左旗成年公、母羊分别为47kg和32kg。

蒙古羊的产肉性能较好。据1981年苏尼特左旗家畜改良站测定,成年羯羊屠宰前体重为67.6kg,胴体重36.8kg,屠宰率54.3%,净肉重27.5kg,净肉率40.7%;1.5岁羯羊分别为51.6kg、26.0kg、50.6%、19.5kg、37.7%。

蒙古羊无髓毛平均细度为19.34~22.27μm,有髓毛平均细度为39.50~48.21μm。

2. 西藏羊

西藏羊又称藏羊,藏系羊,是中国三大粗毛绵羊品种之一。西藏羊产于青藏高原的西藏和青海,四川、甘肃,云南和贵州等省区也有分布。

由于藏羊分布面积很广,各地的海拔、水热条件差异大,在长期的自然和人工选择下,形成了一些各具特点的自然类群。主要有高原型(草地型)和山谷型两大类型。各省、区根据本地的特点,又将藏羊分列出一些中间或独具特点的类型。如西藏将藏羊分为雅鲁藏布型藏羊、三江型西藏羊;青海省分出欧拉型藏羊;甘肃省将草地型西藏羊分成甘加型、欧拉型和乔科型3个型;云南省分出一个腾冲型;四川省又分出一个山地型西藏羊。

高原型(草地型)藏羊:这一类型是藏羊的主体,数量最多。西藏境内主要分布于冈底斯山、念青唐古拉山以北的藏北高原和雅鲁藏布江地带;青海省境内主要分布在海北、海南、海西、黄南、玉树、果洛6州的广阔高寒牧区;甘肃省境内,80%的羊分布在甘南藏族自治州的各县;四川省境内分布在甘孜、阿坝州北部牧区。

产区海拔2 500~5 000m,多数地区年均气温-1.9~6℃,年降水量300~800mm,相对湿度40%~70%。草场类型有高原草原草场、高原荒漠草场、亚高山草甸草场、半干旱草场等。

高原型藏羊体质结实,体格高大,四肢较长,体躯近似方形。公、母羊均有角,公羊角长而粗壮,呈螺旋状向左右平伸,母羊角细而短,多数呈螺旋状向外上方斜伸。鼻梁隆起,耳大。前胸开阔,背腰平直,十字部稍高,紧贴臀部有扁锥形小尾。体躯被毛以白色为主，被毛异质，毛纤维长，两型毛含量高，光泽和弹性好，强度大，两型毛和有髓毛较粗，绒毛比例适中，因此由它织成的产品有良好的回弹力和耐磨性，是织造地毯、提花毛毯等的上等原料。这一类型藏羊所产羊毛，即为著名的"西宁毛"。

高原型藏羊成年公、母羊体重分别为 51.0kg 和 43.6kg，公羊、母羊剪毛量分别为 1.40~1.72kg 和 0.84~1.20kg，净毛率 70% 左右。被毛纤维类型组成中，按重量百分比计，无髓毛占 53.59%，两型毛占 30.57%，有髓毛占 15.03%，干、死毛占 0.81%。无髓毛羊毛细度为 20~22μm，两型毛为 40~45μm，有髓毛为 70~90μm，体侧毛辫长度 20~30cm。

高原型藏羊繁殖力不高，母羊每年产羔 1 次，每次产羔 1 只，双羔率极少。屠宰率 43.0%~47.5%。藏羊的小羔皮、二毛皮和大毛皮为制裘的良好原料。

山谷型藏羊：主要分布在青海省南部的班玛、昂欠 2 县的部分地区，四川省阿坝南部牧区，云南省的昭通、曲靖、丽江等地区及保山市腾冲县等。

产区海拔在 1 800~4 000m，主要是高山峡谷地带，气候垂直变化明显。年平均气温 2.4~13℃，年降水量为 500~800mm。草场以草甸草场和灌丛草场为主。

山谷型藏羊体格较小，结构紧凑，体躯呈圆桶状，颈稍长，背腰平直。头呈三角形，公羊多有角，短小，向后上方弯曲，母羊多无角，四肢矫健有力，善爬山远牧。被毛主要有白色、黑色和花色，多呈毛丛结构，被毛中普遍有干死毛，毛质较差。剪毛量一般 0.8~1.5kg。成年公羊体重 40.65kg，成年母羊为 31.66kg。屠宰率约为 48%。

欧拉型藏羊：欧拉型藏羊是藏系绵羊的一个特殊生态类型，主产于甘肃省的玛曲县及毗邻地区，青海省的河南县和久治县也有分布。

欧拉型羊具有草地型藏羊的外形特征，体格高大粗壮，头稍狭长，多数具肉髯。公羊前胸着生黄褐色毛，而母羊不明显。被毛短，死毛含量很高，头、颈、四肢多为黄褐色花斑，全白色羊极少。成年公羊体重 75.85kg，剪毛重 1.08kg，成年母羊体重 58.51kg，剪毛量 0.77kg。欧拉型藏羊产肉性能较好，成年羯羊宰前活重 76.55kg，胴体重 35.18kg，屠宰率为 50.18%。

藏羊对高寒地区恶劣气候环境和粗放的饲养管理条件具有良好的适应能力，是产区人民赖以为生的重要畜种之一。

3. 哈萨克羊

哈萨克羊主要分布在新疆天山北麓、阿尔泰山南麓和塔城等地，甘肃、青海、新疆 3 省（区）交界处亦有少量分布。

产区气候变化剧烈，夏热冬寒。1 月平均气温为 -15~-10℃，7 月平均气温为 22~26℃。年降水量为 200~600mm，年蒸发量 1 500~2 300mm，无霜期 102~185 天。草地类型主要有高寒草甸草场、山地草甸草场、山地草原草场和山地荒漠草原草场等。

哈萨克羊的饲养管理粗放，终年放牧，很少补饲，一般没有羊舍。因而形成了哈萨克羊结实的体格，四肢高，善于行走爬山，在夏、秋较短暂的季节具有迅速积聚脂肪的能力。

哈萨克羊体质结实，公羊多有粗大的螺旋形角，母羊多数无角，鼻梁明显隆起，耳大下垂。背腰平直，四肢高、粗壮结实。异质被毛，毛色棕褐色，纯白或纯黑的个体很少。

脂肪沉积于尾根而形成肥大椭圆形脂臀，称为"肥臀羊"，属肉脂兼用品种，具有较高的肉脂生产性能。

成年公、母羊春季平均体重为 60.34kg 和 44.90kg，周岁公、母羊为 42.95kg 和 35.80kg。成年公、母羊剪毛量 2.03kg 和 1.88kg，净毛率分别为 57.8% 和 68.9%。成年公羊体侧部毛股自然长度约为 13.57cm。哈萨克羊肌肉发达，后躯发育好，产肉性能高，屠宰率 45.5%。初产母羊平均产羔率为 101.24%，成年母羊为 101.95%，双羔率很低。

4. 大尾寒羊

大尾寒羊主要分布于河北南部的邯郸、邢台和沧州地区的部分县，山东省的聊城市、临清市、冠县、高唐县以及河南的郏县等地。

产区为华北平原腹地，土壤肥沃，水利资源丰富，气候温暖，是比较发达的农业区。除有丰富的农副产品外，还可利用小片休闲地、路旁、河堤以及相当面积的草滩和荒地进行放牧。

大尾寒羊头稍长，鼻梁隆起，耳大下垂，公、母羊均无角。体躯矮小，颈细长，胸窄，前躯发育差，后肢发育良好，尻部倾斜，乳房发育良好。尾大肥厚，超过飞节，有的接近或拖及地面。被毛白色，少数羊头、四肢及体躯有色斑。

成年公、母羊平均体重为 72.0kg 和 52.0kg，周岁公、母羊为 41.6kg 和 29.2kg。一般成年母羊尾重 10kg 左右，种公羊最重者达 35kg。成年公、母羊年平均剪毛量为 3.30kg 和 2.70kg，毛长约为 10.40cm 和 10.20cm。毛纤维类型重量比无髓毛和两型毛约占 95%，粗毛约占 5%。净毛率为 45.0%～63.0%。早熟，肉用性能好，6～8 月龄公羊屠宰率 52.23%，2～3.5 岁公羊为 54.76%。

大尾寒羊性成熟早，母羊一般为 5～7 月龄，公羊为 6～8 月龄，母羊初配年龄为 10～12 月龄，公羊 1.5～2 岁开始配种。一年四季均可发情配种，可年产 2 胎或 2 年 3 产。产羔率 185%～205%。

大尾寒羊所产羔皮和二毛皮，毛色洁白，毛股一般有 6～8 个弯曲，花穗清晰美观，弹性、光泽均好，既轻便又保暖。

5. 小尾寒羊

小尾寒羊主要分布在山东省西南部，河南省新乡、开封地区，河北省南部、东部和东北部，安徽省、江苏省北部等。小尾寒羊是我国著名的地方优良品种。

产区属黄淮冲积平原比较发达的农业区，也是我国小麦、杂粮和经济作物主产区之一。海拔低，土质肥沃，气候温和。年平均气温为 13～15℃，1 月为 -14～0℃，7 月为 24～29℃，年降水量为 500～900mm，无霜期为 160～240 天。

小尾寒羊体质结实，身躯高大，四肢较长。短脂尾，尾长在飞节以上。鼻梁隆起，耳大下垂，公羊有螺旋形角，母羊有小角。公羊前胸较深，背腰平直。毛色多为白色，少数在头部及四肢有黑褐色斑块。

小尾寒羊生长发育快，3 月龄断奶公、母羔平均体重即可达到 20.8kg 和 17.20kg，周岁公、母羊体重为 60.8kg 和 4l.3kg，成年公、母羊为 94.1kg 和 48.7kg。小尾寒羊产肉性能好，3 月龄羔羊屠宰率为 50.60%，净肉率为 39.21%，周岁公羊为 55.60% 和 45.89%。公、母羊年平均剪毛量为 3.5kg 和 2.1kg，净毛率为 63.0%。

小尾寒羊全年发情，性成熟早，母羊 5~6 月龄即可发情，公羊 7~8 月龄可配种。母羊可 1 年 2 胎或 2 年 3 胎。每胎多产 2~3 羔，最多可产 7 羔，产羔率为 270% 左右。

6. 同羊

同羊又名同州羊，据考证该羊已有 1 200 多年的历史。主要分布在陕西省渭南、咸阳两地区北部各县，延安市南部和秦岭山区有少量分布。

产区属半干旱农区，地形多为沟壑纵横山地，海拔 1 000m 左右。年平均气温为 9.1~14.3℃，最高气温 36.3~43℃，最低气温 -24.3~-20.1℃，年平均降水量为 550~730mm，无霜期为 150~240 天。

同羊有"耳茧、尾扇、角栗、肋筋"四大外貌特征。耳大而薄（形如茧壳），向下倾斜。公、母羊均无角，部分公羊有栗状角痕。颈较长，部分个体颈下有一对肉垂。胸部较宽深，肋骨细如筋，拱张良好。背部公羊微凹，母羊短直较宽，腹部圆大。尾大如扇，按其长度是否超过飞节，可分为长脂尾和短脂尾两大类型，90% 以上为短脂尾。全身被毛洁白，中心产区 59% 的羊只产同质毛和基本同质毛，其他地区同质毛羊只较少。腹毛着生不良，多由刺毛覆盖。

周岁公、母羊平均体重为 33.10kg 和 29.14kg；成年公、母羊体重为 44.0kg 和 36.2kg。剪毛量成年公、母羊为 1.40kg 和 1.20kg，周岁公、母羊为 1.00kg 和 1.20kg。毛纤维类型重量百分比：绒毛 81.12%~90.77%，两型毛占 5.77%~17.53%，粗毛占 0.21%~3.00%，死毛占 0%~3.60%。羊毛细度，成年公、母羊为 23.61μm 和 23.05μm。周岁公、母羊羊毛长度均在 9.0cm 以上。净毛率平均为 55.35%。同羊肉肥嫩多汁，瘦肉绯红，肌纤维细嫩，烹之易烂，食之可口。具有陕西关中独特地方风味的"羊肉泡馍""腊羊肉"和"水盆羊肉"等食品，皆以同羊肉为上选。周岁羯羊屠宰率为 51.75%，成年羯羊为 57.64%，净肉率 41.11%。

同羊生后 6~7 月龄即达性成熟，1.5 岁配种。全年可多次发情、配种，一般 2 年 3 胎，但产羔率很低，一般 1 胎 1 羔。

7. 乌珠穆沁羊

乌珠穆沁羊主产于内蒙古自治区锡林郭勒盟东北部乌珠穆沁草原，主要分布在东乌珠穆沁旗和西乌珠穆沁旗以及毗邻的阿巴哈纳尔旗、阿巴嘎旗部分地区。是肉脂兼用短脂尾粗毛羊品种。

产区处于蒙古高原东南部，海拔 800~1 200m。气候寒冷，年平均气温 0~1.4℃，1 月平均气温 -24℃，最低温度达 -40℃，7 月平均气温 20℃，最高温度 39℃。年降水量 250~300mm，无霜期 90~120 天。草原类型为森林草原、典型草原、干旱草原，牧草以菊科和禾本科为主，羊群终年放牧。

乌珠穆沁羊体质结实，体格高大，体躯长，背腰宽平，肌肉丰满。公羊多数有角，呈螺旋形，母羊多数无角。耳大下垂，鼻梁隆起。胸宽深，肋骨开张良好，背腰宽平，后躯发育良好，有较好的肉用羊体型。尾肥大，尾中部有一纵沟，将尾分成左右两半。毛色全身白色者较少，约 10%，体躯花色者约 11%，体躯白色，头颈黑色者占 62% 左右。

乌珠穆沁成年公、母羊年平均剪毛量为 1.9kg 和 1.4kg，周岁公、母为 1.4kg 和 1.0kg，为异质毛，各类型毛纤维重量百分比为：成年公羊绒毛占 52.98%，粗毛 1.72%，干毛占 27.9%，死毛占 17.4%，成年母羊相应为 31.65%、12.5%、26.4% 和 29.5%。净毛率 72.3%。产羔率 100.69%。

乌珠穆沁羊生长发育较快，早熟，肉用性能好。6~7 月龄的公、母羊体重达 39.6kg 和 35.9kg。成年公羊体重 74.43kg，成年母羊为 58.4kg，屠宰率 50.0%~51.4%。

8. 阿勒泰羊

阿勒泰羊是哈萨克羊中的一个优良分支，属肉脂兼用粗毛羊。主要分布在新疆维吾尔自治区北部阿勒泰地区。

阿勒泰羊体格大，体质结实。公羊鼻梁隆起，具有较大的螺旋形角，母羊 60% 以上的个体有角，耳大下垂。胸宽深，背平直，肌肉发育良好。四肢高而结实，股部肌肉丰满，沉积在尾根基部的脂肪形成方圆形大尾，下缘正中有一浅沟将其分成对称的两半。母羊乳房大，发育良好。背毛 41.0% 为棕褐色，头为黄色或黑色，体躯为白色的占 27%，其余的为纯白、纯黑羊，比例相当。

成年公、母羊平均体重为 85.6kg 和 67.4kg；1.5 岁公、母羊为 61.1kg 和 52.8kg；4 月龄断奶公、母羔为 38.93kg 和 36.6kg。3~4 岁羯羊屠宰率 53.0%，1.5 岁羯羊为 50.0%。

阿勒泰羊毛质较差，用以擀毡。成年公、母羊剪毛量为 2.4kg 和 1.63kg，毛纤维类型的重量百分比为：绒毛占 59.55%，两型毛占 3.97%，粗毛占 7.75%，干死毛占 28.73%。无髓毛的平均细度为 21.03μm，长度为 9.8cm，有髓毛的平均细度为 41.89μm，长度为 14.3cm。净毛率为 71.24%。产羔率为 110.0%。

9. 兰州大尾羊

兰州大尾羊主要分布在甘肃省兰州市郊区及毗邻县的农村，具有生长发育快，易肥育，肉脂率高，肉质鲜嫩等特点。

兰州大尾羊头大小适中，公母羊均无角，鼻梁隆起，眼大，颈粗长，胸宽深，肋骨开张良好，背腰平直，四肢高，脂尾肥大达飞节。成年公羊体高 70.5cm，体长 73.7cm，体重 58.9kg；成年母羊体高 63.6cm，体长 67.4cm，体重 44.4kg。被毛异质纯白色，纤维类型重量百分比中，公羊绒毛 67.2%，两型毛 17.72%，粗毛 4.4%，干死毛 10.7%；母羊绒毛 65.0%，两型毛 17.5%，干死毛 17.5%。成年公羊剪毛量 2.5kg，成年母羊 1.3kg。产羔率 117.0%。10 月龄羯羊屠宰率 60.3%，成年羯羊 63.1%。

10. 广灵大尾羊

广灵大尾羊主要分布在山西省广灵、浑源、阳高、怀仁和大同等地区。成年公羊体重 51.9kg，成年母羊 43.4kg。被毛白色异质，但干死毛含量很低，剪毛量成年公羊 1.39kg，成年母羊 0.83kg，净毛率 68.6%。成熟早，产肉性能好，10 月龄羯羊屠宰率 54.0%，脂尾重 3.2kg，占胴体重的 15.4%，成年羯羊的上述指标相应为 52.3%、2.8kg 和 11.7%。产羔率为 102%。

11. 巴音布鲁克羊

巴音布鲁克羊又称茶腾羊，属肉脂兼用粗毛羊，主要分布在新疆维吾尔自治区和静县的巴音布鲁克区。

巴音布鲁克羊体质结实，体格中等，头窄长，耳大下垂，公羊多有螺旋形角，母羊无角。后躯发达，四肢较高，脂尾不超过飞节。异质粗毛被，头颈毛黑色，体躯白色。干死毛含量较多。成年公羊体高 78.7cm，体长 78.5cm，体重 69.5kg；成年母羊体高 71.7cm，体长 71.1cm，体重 43.2kg。成年公羊剪毛量 2.9kg，成年母羊 1.6kg。成年羯羊屠宰率 46.6%，净肉率 33.7%。产羔率 102%~103%。

巴音布鲁克羊对产区严酷的生态条件适应性强。

12. 湖羊

湖羊产于太湖流域，分布在浙江省的湖州市（原吴兴县）、桐乡、嘉兴、长兴、德清、余杭、海宁和杭州市郊，江苏省的吴江等县以及上海的部分郊区县。湖羊以生长发育快、成熟早、四季发情、多胎多产、所产羔皮花纹美观而著称，为我国特有的羔皮用绵羊品种，也是目前世界上少有的白色羔皮品种。

产区为蚕桑和稻田集约化的农业生产区，气候湿润，雨量充沛。年平均气温为 15~16℃。1 月最冷，月平均气温在 0℃ 以上，最低气温 −7~−3℃，7 月最热，月平均气温 28℃ 左右，最高气温达 40℃。年降水量 1 006~1 500mm，年平均相对湿度高达 80%，无霜期 260 天。

湖羊头狭长，鼻梁隆起，眼大突出，耳大下垂（部分地区湖羊耳小，甚至无突出的耳），公、母羊均无角。颈细长，胸狭窄，背平直，四肢纤细。短脂尾，尾大呈扁圆形，尾尖上翘。全身白色，少数个体的眼圈及四肢有黑、褐色斑点。成年公羊体重为 42~50kg，成年母羊为 32~45kg。湖羊生长发育快，在较好饲养管理条件下，6 月龄羔羊体重可达到成年羊体重的 87.0%。湖羊毛属异质毛，成年公、母羊年平均剪毛量为 1.7kg 和 1.2kg。净毛率 50% 左右。成年母羊的屠宰率为 54%~56%。

羔羊生后 1~2 天内宰剥的羔皮称为"小湖羊皮"，为我国传统出口商品。羔皮毛色洁白光润，有丝一般光泽，皮板轻柔，花纹呈波浪形，紧贴皮板，扑而不散，在国际市场上享有很高的盛誉，有"软宝石"之称。

羔羊生后 60 天以内时屠剥的皮称为"袍羔皮"，皮板轻薄，毛细柔，光泽好，也是上好的裘皮原料。

湖羊繁殖能力强，母性好，泌乳性能高，性成熟很早，母羊 4~5 月龄性成熟。公羊一般在 8 月龄、母羊在 6 月龄配种。四季发情，可年产 2 胎或 2 年 3 胎，每胎多产，产羔率平均为 229%，产单羔的可占 17.35%，2~3 羔的 79.56%，4 羔的占 3.03%，6 羔的占 0.06%。

湖羊对潮湿，多雨的亚热带产区气候和长年舍饲的饲养管理方式适应性强。

13. 和田羊

和田羊是短脂尾粗毛羊，以产优质地毯毛著称，主要分布在新疆维吾尔自治区南部的和田地区。根据考古出土文物，和田地区在东汉时期就饲养有可供手工织制毛织品的白羊。

产区属大陆性荒漠气候，干旱炎热多风，光热资源丰富。主要养羊区在南部高山区、中低山草场区及中部平原耕作区。南部高山区 4 000m 以下的河谷灌丛和河谷草甸可以放牧；南部中低山草场区，属夏牧场，海拔 1 440~2 500m 的山地荒漠草场，牧草产量和质量低，作为冬春草场。中部平原耕作区海拔 1 300m，植被类型以盐化草甸为主。

和田羊头部清秀，额平，脸狭长，鼻梁隆起，耳大下垂，公羊多数有螺旋形角，母羊多数无角。胸深而窄，肋骨不够开张。四肢细长，蹄质结实，短脂尾。毛色杂，全白占21.86%，体白而头肢杂色的占55.54%，全黑或体躯有色的占22.60%。组成被毛纤维类型中，以无髓毛和两型毛为主，干死毛少，是制造地毯的优良原料。成年公羊剪毛量1.62kg，成年母羊1.22kg，净毛率70%。成年公羊体重38.95kg，成年母羊33.76kg。和田羊春毛生长期7～8个月，毛辫长17.97cm；秋毛生长期4～5个月，毛辫长11.35cm。净毛率为78.52%。屠宰率37.2%～42.0%，产羔率101.52%。

和田羊对荒漠、半荒漠草原的生态环境及低营养水平的饲养条件，具有较强的适应能力。

14. 滩羊

滩羊是我国独特的裘皮用绵羊品种，主要生产二毛皮。分布于宁夏和甘肃、内蒙古、陕西与宁夏毗邻等省区，但以宁夏回族自治区境内的黄河以西，贺兰山以东的平罗、贺兰和银川等地所产二毛皮质量最好。

产区海拔1 000～2 000m。气候干旱，年降水量为180～300mm。热量资源丰富，年日照时数为2 180～3 390小时，年平均气温为7～8℃，夏季中午炎热，早晚凉爽，昼夜温差大。产区植被稀疏低矮，产草量低，但干物质含量高，蛋白质丰富，饲用价值较高。

滩羊体格中等，体质结实。公羊鼻梁隆起，有螺旋形大角向外伸展，母羊一般无角或有小角。背腰平直，体躯窄长，四肢较短，尾长下垂，尾根宽阔，尾尖细长呈"S"状弯曲或钩状弯曲，达飞节以下。被毛绝大多数为白色，头部、眼周围和两颊多有褐色、黑色、黄色斑块或斑点，两耳、嘴端、四蹄上部也有类似的色斑，纯黑、纯白者极少。成年公羊体重47.0kg，成年母羊35.0kg。被毛异质，成年公羊剪毛量1.6～2.65kg，成年母羊0.7～2.0kg，净毛率65%左右。成年羯羊的屠宰率为45.0%，成年母羊为40.0%。滩羊一般年产一胎，产双羔者很少。产羔率101.0%～103.0%。

二毛皮是滩羊主要产品，是羔羊生后30天左右（一般在24～35天）宰杀剥取的羔皮。这时平均活重6.51kg，毛股长度达8～9cm。皮板面积平均为2 029cm²，鲜皮重0.84kg。生干皮皮板厚度0.5～0.9mm。鞣制好的二毛皮平均重为0.35kg，毛股紧实，有美丽的花穗，毛色洁白，光泽悦目，毛皮轻便，十分美观，具有保暖、结实、轻便和不毡结等特点。

二毛皮的毛纤维较细而柔软，有髓毛平均细度为26.6μm，无髓毛为17.4μm，两者的重量百分比为15.3%和84.7%。

15. 岷县黑裘皮羊

岷县黑裘皮羊产于甘肃省洮河和岷江上游一带，主要分布在岷县境内洮河两岸及其毗邻县区。该品种又称"岷县黑紫羔羊"，以生产黑色二毛裘皮著称。

岷县黑裘皮羊体质细致，结构紧凑。头清秀，公羊有角，母羊多数无角，少数有小角。背平直，全身被毛黑色。成年公羊体高56.2cm，体长58.7cm，体重31.1kg；成年母羊体高54.3cm，体长55.7cm，体重27.5kg；平均剪毛量0.75kg。成年羯羊屠宰率44.2%。繁殖力差，一般1年1胎，多产单羔。

岷县黑二毛皮的特点是毛长不少于7cm，毛股明显呈花穗，尖端呈环形或半环形，有

3~5 个弯曲裘皮羊，毛纤维从尖到根全黑，光泽悦目，皮板较薄，面积 1 350cm²。

16. 贵德黑裘皮羊

贵德黑裘皮羊，亦称"贵德黑紫羔羊"或"青海黑藏羊"，以生产黑色二毛皮著称。主要分布在青海省海南藏族自治州的贵南、贵德、同德等县。

贵德黑裘皮羊所处环境条件与草原型白藏羊基本相似，其外貌特征，除毛色及皮肤为黑色外，其他与白藏羊相同。毛色初生时为纯黑色，随年龄增长，逐渐发生变化。成年羊的毛色，黑微红色占 18.18%，黑红色占 46.59%，灰色占 35.22%。成年公羊体高 75cm，体长 75.5cm，体重 56.0kg；成年母羊体高 70.0cm，体长 72.0cm，体重 43.0kg；成年公羊剪毛量 1.8kg，成年母羊 1.6kg，净毛率 70%，屠宰率 43%~46%。产羔率 101.0%。

贵德黑紫羔皮，主要是指羔羊生后 1 个月左右所产的二毛皮。其特点是，毛股长 4~7cm，每 1cm 上有弯曲 1.73 个，分布于毛股的上 1/3 或 1/4 处。毛黑艳，光泽悦目，图案美观，皮板致密，保暖性强，干皮面积为 1 765cm²。

17. 叶城羊

叶城羊主要分布于新疆维吾尔自治区叶城，是在产区特殊的生态环境和长期的人工选育而形成的一个地方绵羊品种。

该品种羊体质结实，头清秀略长。鼻梁隆起，耳长下垂（有小耳）；公羊多数有螺旋形角，少数无角，母羊多数无角，少数有小弯角；胸较窄而浅，背腰平直，十字部略高于肩胛部，四肢端正蹄质致密；短脂尾，尾形有下歪、上翘、直尾尖、无尾尖四种类型；被毛全白或头肢杂毛（头部不超过耳根，肢部不超过腕关节和飞节），被毛有光泽，并具有丝光感，呈毛辫结构，毛辫细长，具有明显的波状弯曲，毛丛层次分明，似排须垂于体侧，达腹线以下，头肢为短刺毛。成年公羊体重 43kg，母羊 32kg；周岁公羊体重 30kg，母羊 25kg。母羊全年发情，在正常饲养条件下，双羔率 8%~10%。

叶城羊放牧舍饲育肥性能良好，春毛剪后，在正常饲养管理条件下，育肥满膘，可增重 30%，屠宰率达 45%。

18. 内蒙古大尾羊

内蒙古大尾羊是内蒙古自治区锡林郭勒盟草原上经长期选育逐渐形成的蒙古系统的优良类型，目前有 500 多万只，中心产区在苏尼特草原和东、西乌旗。

该羊具有体格大，体质结构丰满，背腰平宽，生长发育快，适应性强，产肉多，瘦肉率高，肉质细嫩，高蛋白，低脂肪，多汁味美，无膻味等生物学特性，是中国少有的绵羊品种资源，特别是该品种的"涮羊肉"闻名全中国，颇受国内外消费者的欢迎，并且具备"绿色食品"和有机"天然"食品的基本条件。

内蒙古大尾羊公母羊多无角，头颈部以黑、黄为主，体躯白色，背腰平直，脂尾肥厚，尾尖细小。种公羊平均 69.74kg，最大 84kg；母羊体重平均 54.24kg；羯羊 69.24kg，最大 81kg；周岁羯羊平均 56.61kg，母羊 48.22kg。羔羊年生长发育快，6~7 月龄羔羊平均 38.2kg，最大 47.5kg。屠宰率成年羯羊 58.58%，净肉率 38.05%，公羔可达成年公羊的 51.9%，初生至 6 个月龄母羊羔体重可达成年母羊的 63.3%，公羔可达成年公羊的 51.9%，初生至 6 个月龄羔羊平均日增重母羔为 172.2g，公羔为 167.5g。

内蒙古大尾羊羊肉是属于低脂肪高蛋白质的肉品，粗蛋白质含量平均在 19.59%，高于一般杂种羊（林肯杂交一代羊粗蛋白质含量 17.28%，小尾寒羊粗蛋白质含量 17.06%）。因此，羊肉吃起来脂肪少，瘦肉多，是人体必需的高营养的肉品。羊肉中脂肪碘价较低，平均为 27.96，这就说明脂肪酸的不饱和程度低，脂肪品质好，经检验，不同年龄的羊各种氨基酸的含量都不同，在个体间的差异程度却很小，变异系数范围一般在 10%以内。

（二）中国培育绵羊品种

1. 新疆细毛羊

1954 年育成于新疆维吾尔自治区巩乃斯种羊场，是我国育成的第一个细毛羊品种。

新疆细毛羊的育种工作始于 1934 年。当时从苏联引入一批高加索、泊列考斯等绵羊品种，分别饲养在伊犁、塔城、巴里坤、乌鲁木齐和喀什等地，主要用来对当时属于牧主、商人和国民党政府土产公司的哈萨克羊和蒙古羊进行杂交改良。巩乃斯种羊场的羊群是 1939 年从乌鲁木齐南山种畜场迁去的，主要是 1~2 代杂种母羊及少量 3 代母羊，还从民间收集了部分杂种羊，共有 2 600 多只，在此基础上，继续用高加索羊、泊列考斯细毛公羊分两个父系进行级进杂交，比重以高加索公羊为主，1942 年开始试行少量的 4 代横交。1944 年以后，由于纯种公羊大部分损失或老死，绝大部分杂种羊不得不转入无计划的横交。从 1946 年开始，又加入少数哈萨克粗毛母羊，并用高代杂种公羊交配。因此，巩乃斯种羊场 1949 年的羊群是以 4 代为主（包括少部分级进到 5~6 代的杂种自交群），还有少数用杂种公羊配哈萨克母羊的后代，共 9 000 余只，当时称为"兰哈羊"。这些羊群饲养管理相当粗放，缺乏系统的育种工作和必要的育种记载，生产性能较低，品质很不整齐。但在新中国成立前后，已有部分"兰哈羊"作为细毛种羊推广。

新疆解放后，各级畜牧业务领导部门抓了以巩乃斯种羊场为重点的细毛羊育种工作。1950—1953 年，对巩乃斯种羊场进行了整顿，加强了领导和技术力量，初步建立了饲料生产基地，逐步改善了饲养管理，建立了初步的育种记载系统，加强了羊群的选种选配等育种工作，大幅度淘汰品质差的个体，从而使羊群趋于整齐，品质得到迅速提高。与此同时，还扩大了羊群的繁育区，增建了新的育种基地，相继建立了霍城、察布查尔、塔城和乌鲁木齐南山等种羊场，共同进行细毛羊新品种的培育工作，使"兰哈羊"的质量有了较大的提高，数量有了较大增加，分布地区更加广泛。1953 年由农业部、西北畜牧部和新疆畜牧厅联合组成鉴定工作组，对巩乃斯种羊场的羊群进行现场鉴定。1954 年经农业部批准成为新品种，命名为"新疆毛肉兼用细毛羊"，简称"新疆细毛羊"。

新疆细毛羊育成后，针对该品种羊存在的问题，为进一步提高质量，1954—1957 年，巩乃斯羊场从全场 7 000 只基础母羊中挑出 700 只优秀母羊组成育种核心群，进行较为细致的育种工作。育种核心群又根据品质特点的不同分成毛长组、毛密组、体重组和毛重组 4 个组。然后，为每组母羊选配符合其特点的公羊，目的在于巩固各组特点，再采用不同组之间交配的办法来达到提高新疆羊羊毛品质的目的。但育种结果除毛长组和毛密组的效果突出外，其他两组特点并不显著，说明按组的同质选配没有达到预期效果。

1958—1962 年育种期间，改变了按组选配的方法，明确提出了新疆细毛羊的理想型，最低生产性能指标和鉴定分级标准，并以提高羊毛长度、产毛量和改善腹毛着生和覆盖为中心任务。在这一阶段工作中，细致地进行了等级群的选配。羊群被分为Ⅰ、Ⅱ、Ⅲ和Ⅳ个级别，其中，Ⅰ、Ⅱ、Ⅲ级羊各分成2个类型：生产性能较高的属于A型，生产性能较低的属于B型（Ⅳ级羊本身没有一致的品质特点，个体差异大），然后为每个类型的母羊选配能改善其缺点的公羊。在这一阶段的育种工作中，还特别重视对后备种公羊的培育以及种公羊的后裔测验工作。

在1963—1967年的育种计划期间，主要任务是巩固已有的适应能力和放牧性能，继续改进和提高羊毛长度、产毛量、活重及腹毛覆盖，同时，着手建立新品系等工作。通过以上几个阶段有目的、有计划的育种提高工作，使巩乃斯种羊场的新疆细毛羊在各个方面，与品种形成时相比，得到了比较显著的提高。与此同时，其他饲养新疆细毛羊的种羊场亦都加强了育种工作，引进了巩乃斯种羊场培育的优秀种公羊，使羊群的品质有较大幅度的提高。1966—1970年，在农业部、新疆畜牧厅和伊犁哈萨克自治州的组织领导下，开展了"伊犁—博尔塔拉地区百万细毛羊样板"工作，大大推进了这一地区新疆细毛羊和绵羊改良的发展，使羊群质量发生了很大的变化。到1970年，伊博地区12个县的同质细毛羊达到了150.9万只，其中，纯种新疆细毛羊为23.5万只。

为了迅速改进和提高新疆细毛羊的被毛品质和净毛产量，巩乃斯、南山及霍城等种羊场，在加强纯种繁育工作的同时，曾分别在部分羊群中导入阿尔泰、苏联美利奴、斯塔夫洛波、哈萨克和波尔华斯等品种的血液，后因未获得预期效果而中止，但对这些羊场的部分羊群产生了一定的影响。从1972年起，巩乃斯和乌鲁木齐南山种羊场的新疆细毛羊导入澳洲美利奴羊的血液，结果得到：新疆细毛羊导入适量的澳洲美利奴羊的血液以后，在基本保持体重或稍有下降的情况下，可以显著提高羊毛长度、净毛率、净毛量和改善羊毛的光泽及油汗颜色，经毛纺工业大样试纺，认为羊毛品质已达到进口澳毛的水平。

1981年国家标准局正式颁布了《新疆细毛羊国家标准（GB 2426—81）》。

新疆细毛羊体质结实，结构匀称。公羊鼻梁微有隆起，母羊鼻梁呈直线或几乎呈直线。公羊大多数有螺旋形角，母羊大部分无角或只有小角。公羊颈部有1~2个完全或不完全的横皱褶，母羊有一个横皱褶或发达的纵皱褶，体躯无皱，皮肤宽松。胸宽深，背直而宽，腹线平直，体躯深长，后躯丰满。四肢结实，肢势端正。有的个体的眼圈、耳、唇部皮肤有小的色斑。毛被闭合性良好。羊毛着生头部至两眼连线，前肢到腕关节，后肢至飞节或以下，腹毛着生良好。成年公羊平均体高75.3cm，成年母羊为65.9cm；成年公羊体长平均81.9cm，成年母羊为72.6cm；成年公羊胸围平均101.7cm，成年母羊为86.7cm。

新疆细毛羊在全年以四季轮换放牧为主，部分羊群在冬春季节少量补饲条件下，较之一些外来品种更能显示出其善牧耐粗、增膘快、生活力强和适应严峻气候的品种特色。以巩乃斯种羊场为例，该场海拔900~2 900m，每年11月降雪，3月融雪，积雪期130~150天，最低气温-34℃，积雪厚度阴山谷地70~120cm，阳山坡地为50~60cm，该羊在冬季扒雪采食，夏季高山放牧，每年四季牧场的驱赶往返路程250km左右，羊群依靠夏季放牧抓膘，从6月剪毛后到9月配种前，75天个体平均增重10kg以上。现新疆细毛羊的主要生产性能如下：周岁公羊剪毛后体重42.5kg，最高100.0kg；周岁母羊35.9kg，最高69.0kg；成年公羊88.0kg，最高143.0kg；成年母羊48.6kg，最高94.0kg。周岁公羊剪毛量 4.9kg，最高 17.0kg，周岁母羊 4.5kg，最高 12.9kg；成年公羊 11.57kg，最高 21.2kg；成年母羊 5.24kg，最高 12.9kg。净毛率 48.06%~51.53%。12 个月羊毛长度周岁公羊 7.8cm，周岁母羊 7.7cm；成年公羊 9.4cm，成羊母羊 7.2cm。羊毛主体细度 64 支，据毛纺厂对几只羊场的新疆细毛羊羊毛分选结果，64~66 支的羊毛占 80%以上，66 支毛的平均直径 21.0μm，断裂强度 6.8g，伸度 41.6%。64 支毛的平均直径 22.2μm，断裂强度 8.1g，伸度 41.6%。羊毛油汗主要为乳白色及淡黄色，含脂率 12.57%~14.96%。经产母羊产羔率 130%左右。2.5 岁以上的羯羊经夏季牧场放牧后的屠宰率为 49.47%~51.39%。

新疆细毛羊自育成以来，向全国 20 多个省（区）大量推广。经长期饲养和繁殖实践证明，在全国大多数饲养绵羊的省（区），都表现出较好的适应性，获得了良好的效果。

新疆细毛羊是我国育成历史最久，数量最多的细毛羊品种，具有较高的毛肉生产性能及经济效益。它的适应性强，抗逆性好，具有许多外来品种所不及的优点。但新疆细毛羊若与居于世界首位的澳洲美利奴羊相比，还有相当差距。主要表现在个体平均净毛产量低，毛长不足，羊毛的光泽、弹性、白度不理想；在体型结构方面，后躯不够丰满，背线不够宽平，胸围偏小等。因此，新疆细毛羊今后的发展方向应当是：在保持生活力强，适应性广的前提下，坚持毛肉兼用方向，既要提高净毛产量、羊毛长度和改善羊毛品质，又要重视改善体型结构，提高体重和产肉性能。

2. 中国美利奴羊

中国美利奴羊是 1972—1985 年，在新疆的巩乃斯种羊场、紫泥泉种羊场、内蒙古嘎达苏种畜场和吉林查干花种畜场联合育成，1985 年经鉴定验收正式命名。它是我国细毛羊中的一个高水平新品种。它的育成，标志着我国细毛羊养羊业进入一个新的阶段。

（1）育种工作简况。新中国成立以来，我国的细毛养羊业有了较大发展，但细毛及改良毛的产量和质量远远不能满足毛纺工业对细毛原料的需要。毛纺工业上使用外毛的比例已超过国毛。由于我国原有培育的细毛羊品种及其改良羊的羊毛品质较差，普遍存在羊毛偏短，净毛量和净毛率低的缺点，羊毛强度、弯曲、油汗、色泽和羊毛光泽都不及澳毛。因此，培育我国具有产毛量高、羊毛品质好、遗传性稳定的细毛羊新品种，提高现有细毛羊及改良羊羊毛品质，是自力更生地解决毛纺工业优质细毛原料的关键，也是我国细毛养羊业上的一个迫切任务。

1972 年，国家克服了种种困难，从澳大利亚引进 29 只澳洲美利奴品种公羊，分配给新疆、吉林、内蒙古和黑龙江等省（区）饲养。1975 年，农业部多次召开会议，研究并组织良种细毛羊的培育工作。1976 年将良种细毛羊培育工作列为国家重点科学技术研究项目。1977 年农业部成立良种细毛羊培育领导小组和技术小组，并确定在新疆巩乃斯种羊场、柴泥泉种羊场、内蒙古嘎达苏种羊场、吉林查干花种羊场进行有计划、有组织的联合育种工作，并组织有关科研单位和高等院校协作。1982 年，国家科委攻关局为了加快良种细毛羊的培育工作，在北京市 2 次召开该课题的论证会。1983 年将"良种细毛羊的选育"列为国家"六·五"期间科技攻关项目，由国家经委与承担单位内蒙古畜牧科学院、新疆紫泥泉绵羊研究所、吉林农业科学院畜牧所、北京农业大学畜牧系签订专项合同（以后又增加新疆巩乃斯协作组），明确规定了 4 个育种场完成的良种细毛羊数量和质量攻关指标。1986 年 5—6 月，3 省（区）科委和畜牧主管部门及邀请的专家教授组成鉴定委员会，分别对本省（区）的良种细毛羊按攻关指标进行鉴定验收。结果表明，4 个育种场提前一年超额完成各项攻关指标。1985 年 8 月在新疆紫泥泉绵羊研究所召开课题总结会上，提请国家正式验收时，将新品种命名为"中国美利奴羊"。1985 年 12 月由国家经委和农牧渔业部在石家庄召开鉴定验收会议，鉴于良种细毛羊的生产性能和羊毛品质已达到国际上同类细毛羊的先进水平，由国家经委负责同志在会上正式宣布命名为"中国美利奴羊"。中国美利奴羊再按育种场所在地区区分为中国美利奴新疆型、军垦型、内蒙古科尔沁型和吉林型。各型内各场还可以培育不同品系。中国美利奴羊的育成历时 13 年。

（2）育种方法。在农业部畜牧局的直接领导下，制订了良种细毛羊的育种目标，确定了理想型的外貌特征和育成羊与成年羊剪毛后体重、净毛量、净毛率和毛长 4 项指标。总体上，类型应一致，被毛密度大，毛丛长度在 9.0cm 以上，羊毛细度 60～64 支，腹毛着生良好，油汗白色或乳白色，大弯曲，羊毛光泽好，并要求适应性强，遗传性能稳定。

1972 年引进的澳洲美利奴公羊属中毛型，体型结构良好，4 个育种场主要用的 9 只公羊，剪毛后体重在 90kg 以上，净毛产量在 8kg 以上，净毛率在 50% 以上，毛长在 11cm 以上，羊毛细度 60～64 支，符合育种目标的要求。

4 个育种场的基础母羊分别有波尔华斯羊和澳美与波尔华斯的杂交羊、新疆细毛羊、军垦细毛羊。一般剪毛后平均体重 40kg 左右，净毛产量 2.5～2.7kg，净毛率 50% 左右，毛长 7.5～10cm，羊毛细度以 64 支为主体。

根据不同杂交代数和育种工作的分析，以 2～3 代中出现的理想型羊只较多，既具有澳洲美利奴羊羊毛品质好的特点，又具有原有细毛羊品种适应性强的优点。经过严格选择，各场都选择出一些优良的种公羊，并与理想型母羊进行横交固定，经进一步选择和淘汰不符合要求的个体后，所留羊只不仅类型一致，而且主要经济性状都能达到要求。采用复杂育成杂交方法，后代的遗传性稳定，各项主要经济性能指标均超过原有母本，也出现一批优良种公羊，其个体品质超过引进的种公羊，因此，有的种羊场的这些公羊，已成为育成新品种的核心和建立新品系的基础。

（3）中国美利奴羊的生产性能。根据 1985 年 6 月鉴定时统计，4 个育种场羊只总数达 4.6 万余只，其中，基础母羊 18 万只左右。4 个育种场达到攻关指标的特级母羊，剪毛后平均体重 45.84kg，毛量 7.21kg，体侧净毛率 60.87%，平均毛长 10.5cm。一级母羊平均剪毛后体重 40.9kg，剪毛量 6.4kg，体侧净毛率 60.84%，平均毛长 10.2cm，这一生产水平已达到国际同类羊的先进水平。

羊毛经过试纺，64 支的羊毛平均细度 22μm，单纤维强度在 8.4g 以上，伸度 46% 以上，卷曲弹性率 92% 以上，净毛率 55% 左右，比 56 型澳毛低 10% 左右。毛纤维长度在 8.5cm 以上，比 56 型澳毛低 0.5cm 左右。油汗呈白色，油汗高度占毛丛长度 2/3 以上。单位长度弯曲数与进口 56 型澳毛相似，经过试纺证明，产品的各项理化性能指标与进口 56 型澳毛接近，可做高档精纺产品衣料。

根据嘎达苏种羊场屠宰试验的结果（1979—1980 年），淘汰公羔去势后单独组群饲养，常年放牧，不补精料，仅在 12 月至翌年 3 月末补喂野干草 90kg，2.5 岁羊屠宰前平均体重 42.8kg，胴体重 18.5kg，净肉重 15.2kg，屠宰率 43.4%，净肉率 35.5%，骨肉比为 1∶4.5；3.5 岁的分别为 50.6kg，22.2kg，19.0kg，43.9%，37.5% 和 1∶5.82。

各场经产母羊产羔率120%以上。

根据各场羊只主要经济性状的分析，遗传力都在中等以上，主要经济性状的遗传变异基本处于稳定状态，个体表型选择获得良好效果，适合在干旱草原地区饲养。

近年来，根据各地引用中国美利奴羊与细毛羊进行大量杂交试验证明，平均可提高毛长1.0cm，净毛量300~500g，净毛率5%~7%，大弯曲和白油汗比例在80%以上，羊毛品质显著改善，由于净毛产量的增加和羊毛等级的提高，经济效益也显著提高。

（4）建立繁育体系，加速转化为生产力。中国美利奴羊的培育成功，标志着我国细毛养羊业进入一个新的阶段。不仅可以节省购买国外种羊的大量外汇，也可以减少优质细毛的进口量。为加速这一成果转化成生产力，1992年10月，正式成立了中国美利奴羊品种协会。在品种协会领导下，进行有组织、有计划、有步骤地开展选育提高工作和推广工作。首先是在已有的4个中心育种场的基础上，分别在四片地区组织二级场和三级场，并组织科研单位和院校、地方业务部门和畜牧兽医站等，充分发挥各方面的力量，把繁育体系建立了起来。

在繁育体系内，首要的是培育生产性能高的优良种公羊，组织好人工授精工作，扩大优良种公羊的利用，每年按中国美利奴羊的标准鉴定整群，根据各场具体情况建立核心群和育种群，为了缩短世代间隔，加速遗传进展，要精心培育羔羊以补充母羊群，要组织好冬春季节绵羊的饲养。为了节省冬春草场，合理利用天然草场和建立人工草场，繁育体系内中国美利奴羊数量越多，特级、一级比例越大，育种工作水平就越高。中国美利奴羊的大量推广已产生了巨大的经济效益和社会效益，对我国养羊业的发展产生了深远影响。

3. 东北细毛羊

东北细毛羊是在东北3省的辽宁小东种畜场、吉林双辽种羊场、黑龙江银浪种羊场等育种基地采取联合育种育成的。1967年由农业部组织鉴定验收，定名为"东北毛肉兼用细毛羊"，简称"东北细毛羊"。1981年国家标准局颁布了《东北细毛羊（GB 2416—81）》国家标准。

（1）产区自然条件。产区位于东北3省的西北部平原和部分丘陵地区，海拔150~500m。冬季漫长寒冷，冬、夏温差大，年均气温4~6℃，绝对最高温39℃，绝对最低温-40℃，无霜期为90~180天，年降水量450~1 000mm，一般11月至翌年4月降雪，雪厚20~40cm。草原面积大，牧草种类繁多，农副产品丰富。

（2）育成过程。1947年东北解放后，在东北各地先后建立了一批种羊场，并从沈阳郊区，辽宁省部分地区的农村收集了一些兰布列美利奴羊与蒙古羊杂交的杂种公、母羊，集中饲养，以开展繁育工作。当时，这些杂种羊被称为"东北改良羊"，品质差，仅有半数为同质毛，毛长也只有5.0cm左右，产毛量一般为1.5~2.0kg，体重也较小。为改进这些羊的缺点，提高其生产性能，从1952年开始，各场都引用了苏联美利奴羊进行杂交。1954年又分别引用了斯达夫洛波羊、高加索羊、新疆细毛羊和极少数的阿斯卡尼羊进行杂交改良，从而出现了不同品种的1~2代或几个品种复杂杂交的后代。到1958年各场共有羊19 163只，产毛量比杂交初期有了很大提高，成年母羊平均可达4.5kg，毛长为6.5cm，剪毛后体重平均为42.2kg。但羊只体形外貌不一致，毛长度短，腹毛着生不良。与此同时，在产区的广大农村也引用上述品种公羊与本地蒙古羊杂交，扩大了东北细毛羊的繁育基地。为加速育种工作，1959 年农业部组织了东北 3 省的农业行政部门、主要育种场、社和科研院校等单位成立了东北细毛羊育种委员会，制定了统一的育种规划和选育指标，开展联合育种工作，促进了羊只的数量与质量的不断增加和提高。

1974 年以后，东北细毛羊又导入澳洲美利奴羊和当时的良种细毛羊（中国美利奴羊前身）的血液，改善了饲养管理条件，使东北细毛羊的质量获得较大改进。

（3）体形外貌与生产性能。东北细毛羊体质结实，结构匀称。公羊有螺旋形角，颈部有 1~2 个完全或 2 个不完全的横皱褶，母羊无角；颈部有发达的纵皱褶，体躯无皱褶。被毛白色，毛丛结构良好，呈闭合型。羊毛密度大，弯曲正常，油汗适中。羊毛覆盖头部至两眼连线，前肢达腕关节，后肢达飞节。

育成公、母羊体重为 43.0kg 和 37.81kg，成年公羊体重 83.7kg，成年母羊 45.4kg。剪毛量成年公羊 13.4kg，成年母羊 6.1kg，净毛率 35%~40%。成年公羊毛丛长度 9.3cm，成年母羊 7.4cm，羊毛细度 60~64 支。64 支的羊毛强度为 7.2g，伸度为 36.9%；60 支的羊毛相应为 8.2g 和 40.5%。油汗颜色，白色占 10.2%，乳白色占 23.8%，淡黄色占 55.1%，黄油汗占 10.8%。

成年公羊（1.5~5 岁）的屠宰率平均为 43.6%，净肉率为 34.0%，同龄成年母羊相应为 52.4% 和 40.8%。初产母羊的产羔率为 111%，经产母羊为 125%。

4. 内蒙古细毛羊

内蒙古细毛羊育成于内蒙古自治区锡林郭勒盟的典型草原地带。产区位于内蒙古高原北部，海拔 1 200~1 500m，属中温带半干旱大陆性气候。年平均气温为 0~3℃，极端最低为-34℃，年降水量 200~400mm，，无霜期为 100~120 天。

内蒙古细毛羊是以苏联美利奴羊、高加索羊、新疆细毛羊和德国美利奴羊与当地蒙古羊母羊，采用育成杂交方法育成。杂交改良工作始于 1952 年，以"五一"种畜场和白音锡勒牧场为核心，附近牧民羊群为基础，实行场社联合育种。1963 年以后，以 4 代杂种为主，转入横交阶段。1967 年以后，育种工作完全转向自群繁育和提高阶段。1976 年经内蒙古自治区政府正式批准命名为"内蒙古毛肉兼用细毛羊"，简称"内蒙古细毛羊"。

内蒙古细毛羊体质结实，结构匀称。公羊大部分有螺旋形角，颈部有 1~2 个完全或不完全的横皱褶，母羊无角。颈部有发达的纵皱褶，体躯皮肤宽松无皱褶。被毛闭合良好，油汗为白色或浅黄色，油汗高度占毛丛 1/2 以上。细毛着生头部至眼线，前肢至腕关节，后肢至飞节。

育成公、母羊平均体重为 41.2kg 和 35.4kg，剪毛量平均为 5.4kg 和 4.7kg。成年公、母羊平均体重为 91.4kg 和 45.9kg，剪毛量 11.0kg 和 6.6kg，平均毛长为 8 ~ 9cm 和 7.2cm。羊毛细度 60 ~ 64 支，64 支为主。64 支的毛纤维断裂强度为 6.8g，伸度为 39.7%~44.7%，净毛率 36%~45%。1.5 岁羯羊屠宰前平均体重为 49.98kg，屠宰率为 44.9%；4.5 岁羯羊相应为 80.8kg 和 48.4%；5 月龄放牧肥育的羯羔相应为 39.2kg 和 44.1%。经产母羊的产羔率为 110%~123%。

内蒙古细毛羊适应性很强，在产区冬、春严酷的条件下，只要适当补饲，幼畜保育率能达 95% 以上。今后应进一步提高被毛综合品质。内蒙古自治区人民政府标准局于 1982 年颁布了《内蒙古细毛羊（蒙 Q1-82）内蒙古自治区企业标准》。

5. 甘肃高山细毛羊

甘肃高山细毛羊育成于甘肃皇城绵羊育种试验场皇城区和天祝藏族自治县境内的场、社。1981 年甘肃省人民政府正式批准为新品种，命名为"甘肃高山细毛羊"，属毛肉兼用细毛羊品种。

育种区内属高寒牧区，海拔 2 400~4 070m，年平均气温 1.9℃，最低为−30℃，最高为 31℃，年降水量为 257~461.1mm，无霜期 60~120 天。农作物主要为青稞、大麦、燕麦。天然草场分高山草甸草场、干旱草场和森林灌丛草场三大类型。羊只终年放牧，冬春补饲少量精料和饲草。

甘肃高山细毛羊的育成主要经历了 3 个阶段。即自 1950 年开始的杂交改良阶段，此阶段共进行了 6 个杂交组合的实验，以"新×蒙"和"新×高蒙"的杂交组合后代较理想，藏系羊的杂交后代不佳；自 1957 年起开始的横交固定阶段，此阶段以杂种 3 代羊为主，选择具有良好生产性能和坚强适应性能的 2~3 代中的理想型羊全面开展了横交固定工作；自 1974 年开始的选育提高阶段，此阶段成立了甘肃细毛羊领导小组，统一了育种计划和指标，制订了鉴定标准，实行了场、社联合育种，此期间还着重抓了改善羊群饲养管理条件，严格鉴定，建立和扩大育种核心群，加强种公羊的选择和培育，提高优良种公羊的利用率，建立品系，少量导入外血等措施，收到了统一羊群类型、提高生产性能、扩大理想型羊数量和稳定遗传性的良好效果。

甘肃高山细毛羊体格中等，体质结实，结构匀称，体躯长，胸宽深，后躯丰满。公羊有螺旋形大角，母羊无角或有小角。公羊颈部有 1~2 个横皱，母羊颈部有发达的纵垂皮，被毛闭合良好，密度中等。细毛着生于头部至两眼连线，前肢至腕关节，后肢至飞节。

成年公、母羊剪毛后体重为 80.0kg 和 42.91kg，剪毛量为 8.5kg 和 4.4kg，平均毛丛长度 8.24cm 和 7.4cm。主体细度 64 支，其断裂强度为 6.0~6.83g，伸度为 36.2%~45.7%。净毛率为 43%~45%。油汗多白色和乳白色，黄色较少。经产母羊的产羔率为 110%。

本品种羊产肉和沉积脂肪能力良好，肉质鲜嫩，膻味较轻。在终年放牧条件下，成年羯羊宰前活重 57.6kg，胴体重 25.9kg，屠宰率为 44.4%~50.2%。

甘肃高山细毛羊对海拔 2 600m 以上的高寒山区适应性良好。

6. 山西细毛羊

山西细毛羊是用高加索、波尔华斯和德国美利奴公羊与蒙古母羊杂交，于 1983 年育成的细毛羊品种。主要育种单位是山西省介休种羊场及寿阳县和襄垣县的广大农村。成年公羊体重 94.7kg，成年母羊 54.9kg；成年公羊剪毛量 10.2kg，成年母羊 6.64kg，净毛率 40%。成年公羊毛丛长度 8.97cm，成年母羊 7.63cm；羊毛细度 60~64 支，以 64 支为主。产羔率 102%~103%，屠宰率 45.0%。

7. 敖汉细毛羊

敖汉细毛羊育成于内蒙古自治区的赤峰市，中心产区为敖汉旗。1982 年内蒙古自治区人民政府正式验收批准为新品种，并颁布了《敖汉细毛羊（蒙 Q2−82）内蒙古自治区企业标准》。

敖汉旗南部草场为森林植被草场，中部和北部为干旱草场。羊只终年放牧，冬春大多有一定的补饲条件。海拔 350~800m，属大陆性气候。冬季严寒少雪，春季干旱风沙多。年平均气温 4.9~7.4℃，最低-26.1℃。年降水量 218~595mm，无霜期平均 140 天左右。

敖汉细毛羊有计划的育种工作开始于 1959 年，1960 年成立了育种委员会，制订了育种方案。整个育种过程分为 3 个阶段：第一阶段为杂交阶段（1951—1958 年），以当地蒙古羊和少量低代杂种羊为母本，苏联美利奴、斯达夫洛波羊和高加索等品种为父本进行。此阶段明确提出了改进羊毛品质和提高剪毛量的同时，要注意保持良好的适应性；第二阶段为横交阶段（1959—1963 年），为及时巩固杂交效果，根据理想型的要求选出了杂种公、母羊进行横交，效果良好，1963 年敖汉种羊场横交所产母羊的剪毛后平均体重为46.37kg，剪毛量 5.39kg；第三阶段为自群繁育阶段（1964—1981 年），此阶段经过逐年鉴定整群、严格淘汰、加强幼龄羊的培育，使羊只的体型外貌渐趋一致，羊毛品质和生产性能得到改善和提高。此过程中，为改进羊毛长度和腹毛着生情况，于 1969 年引用波尔华斯种公羊，1972 年又引用澳洲美利奴种公羊进行导入杂交。经过 10 多年的育种提高工作，在羊毛长度、腹毛着生情况、羊毛弯曲和油汗质量等方面均得到明显改善，同时，仍保持了敖汉细毛羊原有的外貌及体大、繁殖率高和适应性强等优良特性。

敖汉细毛羊体质结实，结构匀称，体躯宽深而长。公羊有螺旋形角，母羊多无角。公母羊颈部有宽松的纵皱褶，公羊有 1~2 个完全或不完全的横皱褶。被毛闭合良好，头部细毛着生至眼线，前肢达腕关节，后肢达飞节，腹毛着生良好。

成年公、母羊剪毛后平均体重为 91kg 和 50kg；剪毛量为 16.2kg 和 6.9kg，毛丛长度为 9.8cm 和 7.5cm，羊毛细度 60~64 支。60 支毛纤维的断裂强度为 9.24g，伸度为44.70%；64 支者分别为 9.41~9.80g 和 40.6%~47.30%。净毛率为 34%左右。油汗乳白色和白色的占 97%。8 月龄羯羊宰前活重平均为 34.2kg，屠宰率为 41.4%；成年羯羊相应分别为 63.7kg 和 46%。成年母羊的产羔率为 132.75%。

敖汉细毛羊适应恶劣的风沙地区，抓膘能力强。成年母羊经 5 个月的青草期放牧，可增重 13kg 以上。

8. 鄂尔多斯细毛羊

鄂尔多斯细毛羊是在内蒙古伊克昭盟境内毛乌素地区以新疆细毛羊为主，少量苏联美利奴和茨盖羊等品种为父系，当地蒙古羊为母系培育而成。在杂交育种过程中曾导入过波尔华斯羊的血液。1985 年内蒙古自治区政府正式命名，1986 年后导入澳洲美利奴羊血液。

鄂尔多斯细毛羊体质结实，结构匀称，个体中等大小。公羊多数有螺旋形角，颈部有1~2 个完整或不完整的皱褶；母羊无角，颈部有纵皱褶或宽松的皮肤。颈肩结合良好，胸深而宽，背腰平直，四肢坚实，姿势端正。被毛闭合性良好，密度大，腹毛着生良好，呈毛丛结构。细度以 64 支为主，有明显的正常弯曲，油汗适中，呈白色。成年公羊体重平均 64kg，成年母羊 38kg。12 个月公羊毛长 9.5cm，母羊 8.0cm。成年公羊剪毛量11.4kg，母羊 5.6kg，净毛率 38.0%。产羔率为 105%~110%。

鄂尔多斯细毛羊体格健壮，剪毛量高，羊毛品质好。以终年放牧为主，冬春辅以少量补饲。对育成地区风大沙多、气候干旱、草场生产力低等恶劣自然条件有较强的适应能力，具有耐粗放饲料管理、耐干旱、抓膘复壮快等特点。

9. 青海细毛羊

青海细毛羊是自 20 世纪 50 年代开始，由位于青海省刚察县境内的青海省三角城种羊场，用新疆细毛羊、高加索细毛羊、萨尔细毛羊为父系，西藏羊为母系，进行复杂育成杂交于 1976 年育成的，全名为"青海毛肉兼用细毛羊"，简称"青海细毛羊"。

成年公羊剪毛后体重 72.2kg，成年母羊 43.02kg；成年公羊剪毛量 8.6kg，成年母羊 4.96kg，净毛率 47.3%。成年公羊羊毛长度 9.62cm，成年母羊 8.67cm，羊毛细度 60~64 支。产羔率 102%~107%，屠宰率 44.41%。

青海毛肉兼用细毛羊体质结实，对高寒牧区自然条件有很好的适应能力，善于登山远牧，耐粗放管理，在终年放牧冬春少量补饲情况下，具有良好的忍耐力和抗病力，对海拔 3 000m 左右的高寒地区有良好的适应性。

10. 青海高原半细毛羊

青海高原半细毛羊于 1987 年育成，经青海省政府批准命名，是"青海高原毛肉兼用半细毛羊品种"的简称。育种基地主要分布于青海的海南藏族自治州、海北藏族自治州和海西蒙古族、藏族、哈萨克族自治州的英德尔种羊场、河卡种羊场、海晏县、乌兰县巴音乡、都兰县巴隆乡和格尔木市乌图美仁乡等地。

产区地势高寒，冬春营地在海拔 2 700~3 200m，夏季牧地在 4 000m 以上。因地区不同，年平均气温为 0.3~3.6℃，最低月均温（1 月）为 -20.4~-13℃，最高月均温（7 月）为 11.2~23.7℃。年相对湿度为 37%~65%，年平均降水量为 41.5~434mm。枯草期 7 个月左右。羊群终年放牧。

该品种羊育种工作于 1963 年开始。先用新疆细毛羊和茨盖羊与当地的藏羊和蒙古羊杂交，后又引入罗姆尼羊增加羊毛的纤维直径，然后在海北、海南地区用含有 1/2 罗姆尼羊血液，海西地区含 1/4 罗姆尼羊血液的基础上横交固定而成。因含罗姆尼羊血液不同，青海高原半细毛羊分为罗茨新藏和茨新藏两个类型。罗茨新藏型头稍宽短，体躯粗深，四肢稍矮，蹄壳多为黑色或黑白相间，公、母羊均无角。茨新藏型体型外貌近似茨盖羊，体躯较长，四肢较高，蹄壳多为乳白色或黑白相间，公羊多有螺旋形角，母羊无角或有小角。成年公羊剪毛后体重 70.1kg，成年母羊为 35.0kg。剪毛量成年公羊 5.98kg，成年母羊 3.10kg。净毛率 60.8%。成年公羊羊毛长度 11.7cm，成年母羊 10.01cm。羊毛细度 50~56 支，以 56~58 支为主。羊毛弯曲呈明显或不明显的波状弯曲。油汗多为白色或乳黄色。公母羊一般都在 1.5 岁时第一次配种，多产单羔，繁殖成活率 65%~75%。成年羯羊屠宰率 48.69%。

青海高原半细毛羊对海拔 3 000m 左右的青藏高原严酷的生态环境，适应性强，抗逆性好。

11. 阿勒泰肉用细毛羊

阿勒泰肉用细毛羊是在新疆自 1987 年开始，在原杂种细毛羊的基础上，引入国外肉用品种羊（林肯羊、德国美利奴羊）血液而选育成功的肉用型细毛羊。1993 年 9 月通过农业部鉴定。1994 年由新疆生产建设兵团正式命名为"阿勒泰肉用细毛羊"，1997 年自治区制定了地方标准《阿勒泰肉用细毛羊 DB65/T2579—1997》。

阿勒泰肉用细毛羊体质健壮，体格大，结构匀称，胸宽深，背腰平直，体躯深长，发育良好。公母羊均无角，公羊鼻梁微微隆起，母羊鼻梁呈直线，眼圈、耳、肩部等有小色斑，颈部皮肤宽松或有纵皱褶，四肢结实，蹄质致密坚实，尾长。成年公羊剪毛后体重107.4kg，毛长9.4cm，净毛量5.12kg，体高75.3cm，体长90.4cm；成年母羊剪毛后体重55.5kg，毛长7.3cm，净毛量2.2kg，体高69.5cm，体长76.8cm。羊毛细度22.74μm，主体细度64支。

该羊生长发育快，公羔初生重4.86kg，母羔4.52kg；断奶公羊体重平均为29.9kg，母羊25.61kg；周岁公羊体重平均为48.4kg，母羊34.1kg。舍饲6.5月龄羔羊屠宰率52.9%，成年羯羊屠宰率56.7%。肉品质好，羔羊肉质细嫩，脂肪少，且均匀分布于肌肉间，使肌肉呈大理石状。产羔率128%～152%。

该羊对高纬度寒冷地区、冷季饲料不足的地区具有良好的适应性。

12. 凉山半细毛羊

凉山半细毛羊是在原有细毛羊与本地山谷型藏羊杂交改良基础上，引进边区莱斯特羊和林肯羊与之进行复杂杂交，于1997年培育成的长毛型半细毛羊新品种，属毛肉兼用羊。1995年年底通过国家科委组织的鉴定验收，并由四川省品种资源委员会正式命名。主要分布在昭觉、会东、金阳、美姑、越西、布拖等县。具有成熟早、肉用性能好、适应性强、耐粗放饲养等特点。

凉山半细毛羊体质结实，结构匀称，体格大小中等。公母羊均无角，头毛着生至两眼连线；前额有小绺毛。四肢坚实，具有良好的肉用体型。被毛白色同质，光泽强，匀度好。羊毛呈较大波浪形，辫型毛丛结构，腹毛着生良好。胸部宽深，背腰平直，体躯呈圆筒状，姿势端正。全身被毛呈辫状。成年公羊体重83.6kg，成年母羊45.2kg；成年公羊毛长17.1cm，母羊14.6cm；成年公羊剪毛量6.49kg，母羊平均3.96kg。羊毛细度48～50支，净毛率66.7%。肥育性能好，6～8月龄肥羔胴体重可达30～33kg，屠宰率50.7%。产羔率105.7%。

凉山半细毛羊在我国南方中、高山及海拔2 000m的温暖湿润型农区和半农半牧区可进行放牧饲养或半放牧半舍饲饲养，而且适应性良好。

13. 云南半细毛羊

云南半细毛羊是在云南省的昭通地区，自20世纪60年代后期，用长毛种半细毛羊（罗姆尼、林肯等）为父系，当地粗毛羊为母系，级进杂交再横交固定而育成。1996年5月正式通过国家新品种委员会鉴定验收，2000年7月被国家畜禽品种委员会正式命名为"云南半细毛羊"。主要分布在云南昭通的永善、巧家等地。具有生产性能好，羊毛品质优良，适应性强等特点。

云南半细毛羊是国内培育的第一个粗档半细毛羊新品种，羊毛细度48～50支。云南半细毛羊头中等大小，羊毛覆盖至两眼连线，背腰平直，肋骨开张良好，四肢短，羊毛覆盖至飞节以上。成年公羊平均体重65kg，剪毛量6.55kg，成年母羊平均体重47kg，剪毛量4.84kg。毛丛长度14～16cm。母羊集中在春秋两个季节发情，产羔率106%～118%。10月龄羯羊屠宰率55.76%，净肉率41.2%。

14. 中国卡拉库尔羊

中国卡拉库尔羊是以卡拉库尔羊为父系，库车羊、哈萨克羊及蒙古羊为母系，采用级进杂交方法于1982年育成的羔皮羊品种。主要分布在新疆的库车、沙雅、新和、尉犁、轮台、阿瓦提等县和北疆准噶尔盆地莫索湾地区的新疆生产建设兵团农场，在内蒙古主要分布于伊克昭盟鄂托克旗、准格尔旗、阿拉善盟的阿拉善左、右旗和巴彦淖尔盟的乌拉特后旗等地。

主产区主要为荒漠、半荒漠地区。新疆主产区位于塔里木河流域的塔克拉玛干沙漠北缘，年平均气温10℃左右，绝对最低气温为-28.7℃，绝对最高气温41.5℃，年降水量40~60mm，无霜期为191~249天。内蒙古主产区年平均气温6.3℃，绝对最低气温-32.4℃，绝对最高气温35℃，年平均降水量276.7mm，无霜期120~150天。

中国卡拉库尔羊头稍长，耳大下垂，公羊多有螺旋形向外伸展的角，母羊多无角。胸深体宽，四肢结实，长肥尾羊。毛色主要为黑色、灰色、金色，银色较少。

成年公羊体重77.3kg，成年母羊46.3kg。异质被毛，成年公羊剪毛量3.0kg，成年母羊2.0kg，净毛率65.0%。产羔率105%~115%，屠宰率51.0%。种羊羔皮光泽正常或强丝性正常，毛卷多以平轴卷、鬣形卷为主，毛色99%为黑色，极少数为灰色和苏尔色。被毛纤维类型重量百分比：绒毛占20.79%，粗毛占63.43%，两型毛占15.78%。

15. 科尔沁细毛羊

科尔沁细毛羊体质结实，结构匀称，体格中等大小。胸宽深，背腰平直，四肢结实，公羊有螺旋形角或无角，母羊无角。公羊颈部有1~2个横皱褶，母羊颈部有纵皱褶或宽松的皮肤，体躯无明显的皱褶。被毛呈闭合型，头毛至两眼连线，前肢至腕关节，后肢至飞节均有绒毛着生。被毛密度适中，12月龄体侧毛长公羊，育成公羊9.0cm，成年母羊，育成母羊8.5cm，细度均匀，以60~64支为主。油汗白色或乳白色，含量适中，分布均匀，以大、中弯曲为主。腹毛着生良好，呈毛丛结构。科尔沁细毛羊个体净毛率在36%~40%。产羔率110%以上。

（三）引进国外绵羊品种

1. 澳洲美利奴羊

从1797年开始，由英国及南非引进的西班牙美利奴、德国萨克逊美利奴、法国和美国的兰布列品种杂交育成，是世界上最著名的细毛羊品种。

澳洲美利奴羊体型近似长方形，腿短，体宽，背部平直，后躯肌肉丰满；公羊颈部有1~3个发育完全或不完全的横皱褶，母羊有发达的纵皱褶。该品种羊的毛被，毛丛结构良好，毛密度大，细度均匀，油汗白色，弯曲均匀整齐而明显，光泽良好。羊毛覆盖头部至两眼连线，前肢至腕关节或腕关节以下，后肢至飞节或飞节以下。在澳大利亚，美利奴羊被分为3种类型，它们是超细型和细毛型，中毛型及强毛型。其中，又分为有角系与无角系2种。无角是由隐性基因控制的，通过选择无角公羊与母羊交配而培育出美利奴羊无角系（表2-2）。

表 2-2   不同类型的澳洲美利奴羊的生产性能

类型	体重（kg）		产毛量（kg）		细度（支）	净毛率（%）	毛长（cm）
	公	母	公	母			
超细型	50~60	34~40	7~8	4~4.5	70	65~70	7.0~8.7
细毛型	60~70	34~42	7.5~8	4.5~5	64~66	63~68	8.5
中毛型	65~90	40~44	8~12	5~6	60~64	62~65	9.0
强毛型	70~100	42~48	8~14	5~6.3	58~60	60~65	10.0

　　超细型和细毛型美利奴羊主要分布于澳大利亚新南威尔士州北部和南部地区，维多利亚州的西部地区和塔斯马尼亚的内陆地区，饲养条件相对较好。其中，超细型美利奴羊体型较小，羊毛颜色好，手感柔软，密度大，纤维直径 18μm，毛丛长度 7.0~8.7cm。细毛型美利奴羊中等体型，结构紧凑，纤维直径 19μm，毛丛长度 7.5cm。此类型羊毛主要用于制造流行服装。

　　中毛型美利奴是美利奴羊的主要代表，分布于澳大利亚新南威尔士州、昆士兰州、西澳的广大牧区。体型较大，相对无皱，产毛量高，毛手感柔软，颜色洁白，纤维直径为 20~23μm，毛丛长度接近 9.0cm。此类型羊毛占澳大利亚产毛量的 70%，主要用于制造西装等织品。

　　强毛型美利奴羊主要分布于新南威尔士州西部、昆士兰州、南澳和西澳，尤其适应于澳大利亚的炎热、干燥的干旱、半干旱地区。该羊体型大，光脸无皱褶，易管理，纤维直径 23~25μm，毛丛长度约 10.0cm。此类型羊所产羊毛主要用于制作较重的布料以及运动衫。

　　我国于 1972 年以后开始引入澳洲美利奴羊，对提高和改进我国的细毛羊品质有显著效果。

　　2. 波尔华斯羊

　　波尔华斯羊原产于澳大利亚维多利亚州的西部地区，1880 年育成，是用林肯公羊与美利奴母羊杂交，一代母羊再与美利奴公羊回交育成。该品种对干旱和潮湿的适应性良好，是优良的肉毛兼用品种。

　　波尔华斯羊体质结实，结构良好，有美利奴羊特征。鼻微粉红，无角，脸毛覆盖至两眼连线，背腰平直，全身无皱褶，腹毛着生良好。成年公羊体重 66~80kg，成年母羊 50~60kg。成年公羊剪毛量 5.5~9.0kg，成年母羊 5.0kg，净毛率 65%~70%，毛长 12~15cm，细度 58~60 支，弯曲均匀，羊毛匀度良好。羊肉脂肪少，眼肌面积大，为早熟品种。母羊全年发情，母性好。产羔率 140%~160%，多羔率可达 60%。

　　我国从 1966 年起，先后从澳大利亚引入过，对我国绵羊的改良育种起了积极的作用。

　　3. 考摩羊

　　考摩羊原产于澳大利亚塔斯马尼亚岛，是用考力代羊与超细型美利奴羊杂交，组成封闭的育种核心群，利用选择指数对纤维直径、生长速度、双羔率、产毛量及脸毛覆盖等指标进行选育而成。

该品种羊体质结实，体格大而丰满，胸部宽深，颈部皱褶不太明显，四肢端正。毛被呈闭合型，羊毛洁白柔软，光泽好，羊毛纤维直径 $21 \sim 23 \mu m$，毛长 10.0cm 以上，净毛率高。成年公羊体重 90kg 以上，成年母羊 50kg。成年公羊剪毛量 7.5kg，成年母羊 $4.5 \sim 5.0kg$。该羊繁殖力高，早熟性强，母羊恋羔性好。

20 世纪 70 年代末我国从澳大利亚引入，在我国云南省纯种繁育和杂交改良效果良好。

4. 康拜克羊

康拜克羊原产于澳大利亚的塔斯马尼亚岛，原来是由长毛种羊与美利奴羊杂交育成，后又用考力代羊、波尔华斯羊与美利奴羊杂交，于 20 世纪 80 年代育成的新品种。

该品种羊公、母均无角，成年公羊体重 $80 \sim 95kg$，成年母羊 $45 \sim 60kg$，毛长 $10 \sim 13cm$，细度 $58 \sim 64$ 支，剪毛量 $4.0 \sim 5.5kg$，净毛率 $60\% \sim 70\%$，产羔率 100%。

康拜克羊属于毛肉兼用型，对寒冷潮湿及降水量高于 500mm 的地区有良好的适应性。我国在 20 世纪 80 年代末已有引入。

5. 布鲁拉美利奴羊

布鲁拉美利奴羊来源于澳大利亚新南威尔士州南部高原，Seears 兄弟的牧场"Booroola"中毛型非派平美利奴羊，由布鲁拉羊场的 Seears 兄弟和澳大利亚联邦科学与工业研究组织（CSIRO）共同育成。

Seears 兄弟对美利奴羊的多胎性非常感兴趣，自 1947 年开始选择产 3 胎的母羊组群，到 1958 年有 $200 \sim 300$ 只母羊多胎群体，产羔率高达 190%。1958 年，CSIRO 的动物遗传部接受了 Seears 兄弟捐赠的同胎一产 5 羔的 1 只公羊，随后他们购买了 Seears 兄弟牧场中同胎为 $3 \sim 4$ 羔的周岁母羊 12 只，1 只初产 3 羔的 2 岁母羊。1959—1960 年，CSIRO 又分别接受了 Seears 兄弟捐赠的 1 只同胎为 4 羔的公羊和 1 只同胎为 6 羔的公羊，并从该牧场购买了 $2 \sim 6$ 岁的胎产多羔的 91 只母羊，由此组成了育种群进行育种。CSIRO 发现，布鲁拉美利奴羊的多胎性是由单个主基因 FecB 决定的，因此，选择集中在对排卵率和胎多产性上，从而加快了育种进程。

布鲁拉美利奴羊属于中毛型美利奴羊，具有该型羊的特点，剪毛量和羊毛品质与澳洲美利奴羊相同，所不同的是繁殖率极高。公羊有螺旋形大而外延的角，母羊无角。用腹腔镜观测结果，1.5 岁布鲁拉美利奴母羊的排卵数平均为 3.39 个，$2.5 \sim 6.5$ 岁的母羊为 3.72 个，最大值为 11 个。据对 522 只布鲁拉美利奴母羊（$2 \sim 7$ 岁）统计，一胎产羔平均为 2.29 只。

6. 德国美利奴羊

德国美利奴羊原产于德国，是用泊列考斯和莱斯特品种公羊与德国原有的美利奴羊杂交培育而成。这一品种在原苏联有广泛的分布，原苏联养羊工作者认为，从德国引入苏联的德国美利奴羊与泊列考斯等品种有共同的起源，故他们把这些品种通称为"泊列考斯"。

德国美利奴羊属肉毛兼用细毛羊，其特点是体格大，成熟早，胸宽深，背腰平直，肌肉丰满，后躯发育良好，公、母羊均无角。成年公羊体重 $90 \sim 100kg$，成年母羊 $60 \sim 65kg$，成年公羊剪毛量 $10 \sim 11kg$，成年母羊剪毛量 $4.5 \sim 5.0kg$，毛长 $7.5 \sim 9.0cm$，细度 $60 \sim 64$

支，净毛率 45%～52%，产羔率 140%～175%。早熟，6 月龄羔羊体重可达 40～45kg，比较好的个体可达 50～55kg。

我国 1958 年曾有引入，分别饲养在甘肃、安徽、江苏、内蒙古、山东等省（区），曾参与了内蒙古细毛羊新品种的育成。但据各地反映，各场纯种繁殖后代中，公羊的隐睾率比较高。如江苏铜山种羊场的德美纯繁后代，1973—1983 年统计，公羊的隐睾率平均为 12.72%，这在今后使用该品种时应引起注意。

7. 兰布列羊

兰布列羊原产于法国，由 1786 年及 1799—1803 年引进的西班牙美利奴羊在巴黎附近的"兰布列"农场中培育而成。

兰布列羊体型大，体格强壮，公羊有螺旋形角，母羊无角。根据皮肤皱褶多少分 2 个类型：一种为颈上具有 2～3 个皱褶，腿及胁部有小皱褶，毛密，含脂量高，但毛短；另一类型为颈上具有 2～3 个皱褶，腿及胁部则无皱褶，毛的品质较优，体型倾向肉用型。成年公羊体重 100～125kg，成年母羊为 60～65kg；成年公羊剪毛量 7～13kg，成年母羊 5～9kg。羊毛长度 5.0～7.5cm，细度 64～70 支。这一品种目前在法国已名存实亡，在美国等一些国家还有少量分布，我国在新中国成立前曾少量输入。

8. 苏联美利奴羊

苏联美利奴羊产于俄罗斯，由兰布列、阿斯卡尼、高加索、斯塔夫洛波和阿尔泰等品种公羊改良新高加索和马扎也夫美利奴母羊培育而成。在苏联美利奴羊形成过程中，还包括有美利奴公羊与粗毛母羊杂交的高代杂种羊。

苏联美利奴羊分两种类型：毛用型和毛肉兼用型。现在分布最广的是毛肉兼用型。这个类型的绵羊，成年公羊体重 100～110kg，成年母羊为 55～58kg。成年公羊剪毛量 16～18kg，成年母羊 6.5～7.0kg。毛长公羊为 8.5～9.0cm，母羊为 8.0～8.5cm，净毛率 38%～40%。

1950 年开始苏联美利奴羊输入我国，在许多地区适应性良好，改良粗毛羊效果比较显著，并参与了东北细毛羊、内蒙古细毛羊和敖汉细毛羊新品种的育成。

9. 阿尔泰细毛羊

阿尔泰细毛羊原产于俄罗斯，用美国兰布列、澳洲美利奴和高加索等品种公羊与新高加索和马扎也夫美利奴母羊杂交培育而成。

阿尔泰细毛羊体格大，外形良好，颈部具有 1～3 个皱褶。成年公羊体重 110～125kg，特级成年母羊为 60～65kg，成年公羊剪毛量 12～14kg，成年母羊 6.0～6.5kg，净毛率 42%～45%，公羊毛长 8～9cm，成年母羊为 7.5～8.0cm，羊毛细度以 64 支为主，产羔率 120%～150%。阿尔泰细毛羊新中国成立后输入我国，在西北各省适应性良好，改良粗毛羊效果显著。

10. 阿斯卡尼细毛羊

阿斯卡尼细毛羊原产于乌克兰，用美国兰布列公羊与阿斯卡尼地方细毛母羊杂交，在杂种后代中进行严格选种选配，同时，不断改善饲养管理条件育成。

阿斯卡尼细毛羊体质结实，体格大，体躯结构正常，骨骼发育良好。成年公羊体重 120～130kg，特级成年母羊为 58～62kg，成年公羊剪毛量 16～20kg，成年母羊 6.5～7.0kg，净毛率38%~42%，毛长7.5~8.0cm，细度以64支为主，产羔率125%~130%。新中国成立后曾引入我国，在东北、内蒙古、西北等地均有分布，曾参与了东北细毛羊的育成。

11. 高加索细毛羊

高加索细毛羊产于俄罗斯斯塔夫洛波尔边区。用美国兰布列公羊与新高加索母羊杂交，在改善饲养管理的条件下，用有目的的选种选配方法培育而成。

高加索羊具有大或中等体格，体质结实，体躯长，胸宽，背平，骨骼发育良好，颈部具有1~3个发育良好的横皱褶，体躯有小而不明显的皱褶。被毛呈毛丛结构，毛密，弯曲正常。羊毛细度以64支为主，公羊毛长8~9cm，母羊7~8cm，成年公羊平均剪毛量为12~14kg，成年母羊为6.0~6.5kg，净毛率40%~42%。成年公羊体重90~100kg，成年母羊为50~55kg。产羔率130%~140%。

高加索细毛羊在新中国成立前就输入我国，是育成新疆细毛羊的主要父系，同时，参与了东北细毛羊、内蒙古细毛羊、甘肃高山细毛羊、山西细毛羊和敖汉细毛羊等品种的育成，在改造我国粗毛养羊业成为细毛养羊业的过程中起了重要作用。

12. 斯塔夫洛波尔羊

斯塔夫洛波尔羊产于俄罗斯斯塔夫洛波尔边区。用美国兰布列公羊与新高加索母羊杂交，在一代杂种中导入1/4澳洲美利奴公羊血液培育而成。

斯塔夫洛波尔细毛羊体质结实，外形良好，颈部有1~2个皱褶或发达的垂皮，"苏联毛被"种羊场的4.5万只羊平均剪毛量6.5~7.0kg，或折合成净毛为2.6~2.8kg。其中，种公羊为18~22kg，特级成年母羊为6.3~7.3kg，以64支为主，油汗白色或乳白色，匀度好，强度大。种公羊平均体重110~116kg，成年母羊为50~55kg，产羔率120%~135%。

斯塔夫洛波尔细毛羊自1952年起引入我国，在各地饲养繁殖和参加杂交育种工作效果都比较好。

13. 萨尔细毛羊

萨尔细毛羊产于俄罗斯，用美国兰布列公羊与新高加索和马扎也夫美利奴母羊杂交培育而成。萨尔细毛羊对干旱草原具有较强的适应能力。成年公羊体重95~110kg，成年母羊50~56kg，成年公羊剪毛量16~17kg，成年母羊6.0~7.0kg，毛长8~9cm，细度64~70支，净毛率37%~40%，产羔率120%~140%，育肥后的成年羯羊胴体重为33.5kg，成年母羊为27.2kg，6.5月龄羯羊为14.3kg。

该品种1958年输入我国，曾参加青海细毛羊等品种的育成，效果比较好。

14. 罗姆尼羊

罗姆尼羊原产于英国东南部的肯特郡，故又称肯特（Kent）羊。现除英国以外，罗姆尼羊在新西兰、阿根廷、乌拉圭、澳大利亚、加拿大、美国和俄罗斯等国均有分布，而新西兰是目前世界上饲养罗姆尼羊数量最多的国家。1998年新西兰饲养罗姆尼羊2 770万只，占同年全国绵羊总数的15.24%。

英国罗姆尼羊成年公羊体重90~110kg，成年母羊80~90kg，成年公羊剪毛量4~6kg，成年母羊3~5kg，净毛率60%~65%，毛长11~15cm，细度46~50支，产羔率120%，胴体重成年公羊70kg，成年母羊40kg，4月龄肥育羔羊公羔为22.4kg，母羔为20.6kg。

1966年起，我国先后从英国、新西兰和澳大利亚引入数千只，经过20多年的饲养实践，在云南、湖北、安徽、江苏等省的繁育效果较好，而饲养在甘肃、青海、内蒙古等省（区）的效果则比较差。罗姆尼羊是我国20世纪80年代中期育成的青海高原半细毛羊新品种的主要父系之一。

15. 林肯羊

林肯羊原产于英国东部的林肯郡，1750年开始用莱斯特公羊改良当地的旧型林肯羊，经过长期的选种选配和培育，于1862年育成。

林肯羊体质结实，体躯高大，结构匀称。公、母羊均无角，头长颈短，前额有绺毛下垂；背腰平直，腰臀宽广，肋骨开张良好；四肢较短而端正，脸、耳及四肢为白色，但偶尔出现小黑点。成年公羊平均体重73~93kg，成年母羊为55~70kg。成年公羊剪毛量8~10kg，成年母羊5.5~6.5kg，净毛率60%~65%。毛被呈辫型结构，有大波形弯曲和明显的丝样光泽，毛长17.5~20.0cm，细度36~40支，产羔率120%左右，4月龄肥育羔羊胴体重公羔为22.0kg，母羔为20.5kg。

林肯羊具有抗潮湿能力，曾经广泛分布在世界各地，目前饲养林肯羊最多的国家是阿根廷。由于该品种羊对饲养管理条件要求较高，早熟性也比较差，加上市场销售不稳定，近些年来，英国对繁育林肯羊的兴趣下降，阿根廷饲养林肯羊的数量也急剧减少。

我国从1966年起先后从英国和澳大利亚引入，经过20多年的饲养实践，在江苏、云南等省繁育效果比较好。是培育云南半细毛羊新品种的主要父系之一。

16. 边区莱斯特羊

边区莱斯特羊边区莱斯特羊是19世纪中叶，在英国北部苏格兰，用莱斯特羊与山地雪维特品种母羊杂交培育而成，1860年为与莱斯特羊相区别，称为"边区莱斯特羊"。

边区莱斯特羊体质结实，体型结构良好，体躯长，背宽平。公、母羊均无角，鼻梁隆起，两耳竖立，头部及四肢无羊毛覆盖。成年公羊体重70~85kg，成年母羊为55~65kg。成年公羊剪毛量5~9kg，成年母羊3~5kg，净毛率65%~68%，毛长20~25cm，细度44~48支。该羊早熟性能好，4~5月龄羔羊的胴体重20~22kg。母性强，产羔率高150%~180%。

从1966年起，我国从英国和澳大利亚引入，在四川、云南省繁育效果比较好，而饲养在青海、内蒙古的则比较差。该品种是培育凉山半细毛羊新品种的主要父系之一，也是各省（区）进行羊肉生产杂交组合中重要的参与品种。

17. 考力代羊

考力代羊是在新西兰于1880年开始，用长毛型品种与美利奴进行杂交育成的，于1910年成立品种协会。1920年出版良种册，当年登记羊场21个，其中10个由林肯×美利奴羊育成，6个由英国莱斯特×美利奴羊育成，2个由边区莱斯特×美利奴羊育成，1个由罗姆尼×美利奴羊育成。主要分布在美洲、亚洲和南非，属肉毛兼用型品种。

考力代羊公、母均无角，颈短而宽，背腰宽平，肌肉丰满，后躯发育良好，四肢结实，长度中等。全身被毛白色，羊毛长度9~12cm，羊毛细度50~56支，弯曲明显，匀度良好，强度大，油汗适中。成年公羊体重85~105kg，成年母羊65~80kg。成年公羊剪毛量10~12kg，成年母羊5~6kg，净毛率为60%~65%。产羔率110%~130%。考力代羊具有良好的早熟性，4月龄羔羊体重可达35~40kg，但肉的品质中等。

新中国成立前我国曾经引入过，新中国成立后也先后从新西兰和澳大利亚引入相当数量。考力代羊在我国东部沿海各省、东北和西南等省的适应性较好。过去引入我国西北地区的考力代羊，由于自然气候和饲养管理条件与原产地相差太大，适应性比较差。甘肃饲养的考力代羊被迫转移到贵州。考力代羊是东北半细毛羊、贵州半细毛羊新品种以及山西陵川半细毛羊新类群的主要父系品种之一。

18. 萨福克羊

萨福克羊原产于英国，用南丘羊与黑头有角的诺福克绵羊杂交，于 1859 年培育而成。体格较大，骨骼坚强，头长无角，耳长，胸宽，背腰和臀部长宽而平，肌肉丰满，后躯发育良好。脸和四肢为黑色，头肢无羊毛覆盖。成年公羊 113～159kg，成年母羊为 81～113kg，成年公羊剪毛量 5～6kg，成年母羊 2.5～3.6kg，被毛白色，毛长 8.0～9.0cm，细度 50～58 支。产羔率 130%～140%。4 月龄肥育羔羊胴体重公羔 24.2kg，母羔为 19.7kg。

我国新疆、宁夏等区已引进，适应性和杂交改良地方绵羊效果很好。

19. 无角陶赛特羊

无角陶赛特羊无角陶塞特是在澳大利亚和新西兰用有角陶塞特与考力代羊或雷兰羊杂交，然后回交保持有角陶塞特羊的特点，属肉用型羊。具有生长发育快、易肥育、肌肉发育良好、瘦肉率高的特点。在新西兰，用其作为生产反季节羊肉的专门化品种。

无角陶塞特光脸，羊毛覆盖至两眼连线，耳中等大，体躯长、宽而深，肋骨开张良好，肌肉丰满，后躯发育良好，全身白色，成年公羊体重 90～110kg，成年母羊 65～75kg，成年母羊净毛量为 2.3～2.7kg，毛长 8～10cm，细度 56～58 支，母羊四季发情，产羔率 110%～130%，4～6 月龄肥羔体重可达 38～42kg，胴体重公羔为 19～21kg。

我国新疆、甘肃、北京等省（市、区）已引进，纯种羊适应性和用其改良地方绵羊效果良好。

20. 夏洛莱羊

夏洛莱羊原产于法国，1800 年以后，法国夏洛莱地区农户引入英国莱斯特羊与当地兰德瑞斯羊杂交，形成一个外形外貌比较一致的品种类型，1963 年命名为夏洛莱肉羊，1974 年法国农业部正式承认为品种。该品种在美国、德国、瑞士等国都有饲养，是具有繁殖率高、肉用性能良好的优质肉羊。

夏洛莱羊公、母羊均无角，额宽，耳大，颈短粗，肩宽平，胸宽而深，肋部拱圆，背部肌肉发达，体躯呈圆桶状，四肢较矮，肉用体型良好。被毛同质为白色，毛长 7cm 左右，细度 25.5～29.5μm；成年公羊体重 100～150kg，成年母羊 75～95kg。羔羊生长发育快，6 月龄公羔体重 48～53kg，母羔 38～43kg，7 月龄出售的种羊标准为公羔 50～55kg，母羔 40～45kg。夏洛莱羊胴体质量好，瘦肉多，脂肪少，屠宰率在 55% 以上，产羔率高，经产母羊为 182.37%，初产母羊为 135.32%。

20 世纪 80 年代中期以来，我国河北、河南、山东、内蒙古、辽宁等省（区）已引入，效果良好。

21. 德克塞尔羊

德克塞尔羊源于荷兰北海岸的德克塞尔岛的老德克塞尔羊，19 世纪中期引入林肯和莱斯特与之杂交育成。具有肌肉发育良好，瘦肉多等特点。现在美国、澳大利亚、新西兰等有大量饲养，被用于肥羔生产。

德克塞尔羊公母无角，耳短，头及四肢无羊毛覆盖，仅有白色的发毛，头部宽短，鼻部黑色。背腰平直，肋骨开张良好。羊毛 46～56 支，剪毛量 3.5～4.5kg，毛长 10cm 左右。羔羊生长发育快，4～5 月龄可达 40～50kg。屠宰率 55%～60%，产羔率 150%～160%。该羊一般用于做肥羔生产的父系品种，并有取代萨福克羊地位的趋势。

我国黑龙江、宁夏等省（区）已引进，效果良好。

22. 波德代羊

波德代羊是 20 世纪 30 年代开始在新西兰用边区莱斯特羊和考力代羊杂交，然后横交固定而育成的肉毛兼用型长毛种羊。1972 年成立品种协会。

波德代羊公母无角，耳朵直而平伸，脸部毛覆盖至两眼连线，四肢下部无被毛覆盖。背腰平直，肋骨开张良好。成年公羊 73～95kg，成年母羊体重 55～70kg，纤维直径 30～40μm，毛丛长度 10.0～15.0cm。剪毛量 4.5～6kg，净毛率 72%。产羔率 120%～160%。母羊泌乳量高，羔羊生长发育快，8 月龄体重可达 45kg。适应性强，耐干旱，耐粗饲，羔羊成活率高。

2000 年甘肃省永昌肉用种羊场已引进，纯种繁育和杂交改良地方绵羊效果良好。

23. 兰德瑞斯羊

兰德瑞斯羊又称芬兰羊或芬兰兰得瑞斯羊，原产于芬兰，属于芬兰北方短尾羊，以繁殖率高、母性强、性早熟著名。

公羊有角，母羊大多无角，体格大，但骨骼较细；体长而深，但不宽，腹毛较差。公羊体重 66～93kg，母羊可达 50～70kg。公羊剪毛量 4.0～4.5kg，母羊为 3.0～3.5kg，毛长 7.5～12.5cm，细度公羊为 44～58 支，羊毛匀度，光泽和弯曲良好，净毛率 64%～75%。

兰德瑞斯公羊 4～8 月龄性成熟，母羊 12 月龄可产羔。产羔率 175%～250%，母羊平均 1 胎产羔 2～4 只，最高的 1 胎产羔 8 只。

兰德瑞斯羊在正常饲养管理条件下，5 月龄断奶羔羊体重 32～35kg。所产羊肉鲜嫩多汁，味道好。

24. 柯泊华斯羊

柯泊华斯羊原产于新西兰，是 20 世纪 50 年代起用边区莱斯特与罗姆尼羊杂交育成，1968 年成立品种协会。成年母羊剪毛量 4～5kg，细度 44～48 支，羊毛光泽好。母羊产羔率：山区 100%～120%，平原 130%～150%。适应性强，母羊难产率只有 1.0%，多奶，易管理。羔羊发育快，成熟早，7—8 月龄即可交配，一岁母羊产羔率 80%～90%，二产即达 130%～150%。1998 年全国有 757.2 万只，占新西兰绵羊总数的 15.24%，有逐步取代罗姆尼羊的趋势。澳大利亚从 1976 年开始引入饲养。该羊现还在继续提高当中，利用选择指数对肉用性能、羊毛性能、繁殖性能等进行全面提高。

25. 德拉斯代

德拉斯代羊自 1929 年起在新西兰利用带有显性 N^d 基因突变的罗姆尼种公羊与粗毛罗姆尼母羊交配选育而成。1962 年正式命名为德拉斯代羊，1970 年成立品种协会。属肉毛兼用型地毯毛羊。

德拉斯代羊体格中等大小，脸部和四肢为白色，无羊毛覆盖。公羊长有大角，母羊长有小角。成年公羊体重 66~80kg，成年母羊体重 50~60kg，剪毛量 5~7kg，毛长 20~30cm。一年剪两次毛，毛长为 7.5~13.5cm 时剪毛。被毛白色，由多种纤维类型组成：无髓毛直径 15~40μm，长 8~15cm，占羊毛重量的 25%；有髓毛直径 50~90μm，长 20~30cm，占羊毛重量的 65%；死毛，直径 80~160μm，毛长 5~10cm，占羊毛重量 10%。产羔率 90%~120%，成活率比罗姆尼羊高，是世界上首先培育成的地毯毛专用品种。

26. 罗曼诺夫羊

罗曼诺夫羊产于俄罗斯莫斯科西北部，是在北方短尾羊的基础上，经过长期的定向选择和培育而成的，具有高繁殖率的品种。

罗曼诺夫羊头部小、宽而隆起，耳直立，公羊一般无角。体躯为黑色或灰色被毛，脸、四肢及尾部为有光泽的黑毛所覆盖，颜面上有白色条纹及斑点。肋骨开张良好，四肢高长。被毛由有髓毛和绒毛组成，有髓毛呈黑色，长 3~4cm，细度 60~90μm；绒毛呈白色，长 6~8cm，细度 20~45μm，有髓毛与无髓毛的比例一般为 1：(4~7)。由于上述特点，罗曼诺夫羊生产的裘皮轻暖、美观结实而不擀毡。成年公羊体重 60~70kg，成年母羊为 40~50kg。成年公羊剪毛量 1.5~2.5kg，成年母羊 1.2~1.6kg。

罗曼诺夫羊母性强，性早熟，产奶量高。一般公母羊 3~4 月龄可性成熟，母羊全年发情，怀孕期 144 天左右，产后 30 天左右即可再次发情。自然状态下可两年产 3 胎，产羔率 250%~300%，一般每胎产 3~4 羔，最高可达 9 羔。

27. 东佛里生乳用羊

东佛里生乳用羊原产于德国东北部，是目前世界绵羊品种中产奶性能最好的品种。

该品种体格大，体型结构良好。公、母羊均无角，被毛白色，偶有纯黑色个体出现。体躯宽长，腰部结实，肋骨拱圆，臀部略有倾斜，尾瘦长无毛。乳房结构优良、宽广，乳头良好。成年公羊活重 90~120kg，成年母羊 70~90kg。成年公羊剪毛量 5~6kg，成年母羊 4.5kg 以上，羊毛同质。成年公羊毛长 20cm，成年母羊 16~20cm，羊毛细度 46~56支，净毛率 60%~70%。成年母羊 260~300 天产奶量 500~810kg，乳脂率 6%~6.5%。产羔率 200%~230%。对温带气候条件有良好的适应性。

28. 茨盖羊

茨盖羊属于半细毛羊，是古老的培育品种的后代，曾经被巴尔干半岛和小亚细亚国家的绵羊改良过。由于茨盖羊体质结实，耐苦性强，对饲养管理条件要求不高，加上羊毛又是毛织品和工业用呢的良好原料，因此，近几十年来这一品种获得了广泛的分布。主要饲养茨盖羊的国家有俄罗斯、乌克兰、摩尔达维亚、罗马尼亚、保加利亚、匈牙利和蒙古人民共和国等。

茨盖羊体格较大，公羊有螺旋形的角，母羊无角或只有角痕。胸深，背腰宽直，成年羊皮肤无皱褶。被毛覆盖头部至眼线，前肢达腕关节，后肢达飞节。毛色纯白，但有些个体有时可见到在脸部、耳及四肢有褐色或黑色的斑点。成年公羊平均体重 80~90kg，成年母羊为 50~55kg，成年公羊剪毛量 6~8kg，成年母羊为 3.5~4.0kg，毛长 8~9cm，细度 46~56 支，净毛率 50% 左右。产羔率 115%~120%，屠宰率 50%~55%。

我国自 1950 年起从苏联的乌克兰地区引入，主要饲养在内蒙古、青海、甘肃、四川和西藏等省（区），50 多年的饲养实践证明，茨盖羊对我国多种生态条件都表现出良好的适应性。

29. 卡拉库尔羊

卡拉库尔羊原产于中亚细亚各国贫瘠的荒漠、半荒漠草原，是一个古老的羔皮、乳兼用的优良品种。目前卡拉库尔羊分布在全世界几十个国家，而饲养最多的是乌兹别克斯坦、塔吉克斯坦、土库曼斯坦、哈萨克斯坦、阿富汗、纳米比亚和南非等国家。

卡拉库尔羊头稍长，鼻梁隆起，颈部中等长，耳大下垂（少数为小耳），前额两角之间有卷曲的发毛。公羊大多数有螺旋形的角，角尖稍向两旁伸出，母羊多数无角。体躯较深，臀部倾斜，四肢结实，尾的基部较宽，特别肥大，能贮积大量脂肪，尾尖呈"S"形弯曲并下垂至飞节。毛色以黑色为主，也有部分个体为灰色、彩色（苏尔色）和棕色等。被毛的颜色随年龄的增长而变化，如初生时黑色的羔羊，到断奶时渐渐由黑变褐，当长到1.0~1.5 岁时被毛开始变白，后又转成灰白色，而头、四肢及尾部的毛色不变。由于分布区域辽阔，卡拉库尔羊的生产性能指标有很大的差异。成年公羊体高 72~78cm，体重60~90kg，成年母羊相应为 62~70cm 和 45~70kg。被毛由无髓毛、两型毛和中等细度的有髓毛组成，但有时也能遇见有死毛的个体，毛辫中等长。剪毛量成年公羊 3.0~3.5kg，成年母羊 2.5~3.0kg。产羔率 105%~115%。

在正常饲养条件下，宰羔后的母羊可日挤乳 0.5~1.0kg，泌乳期 122 天，挤乳量可达67kg，含脂率 6%~7%。成年羊肥育后肉用品质良好，屠宰率 50%左右。

我国从 1951 年由苏联引入，分别饲养在新疆、内蒙古、甘肃、宁夏回族自治区（以下简称宁夏）、青海等省（区）。卡拉库尔羊在我国适应性良好，杂交改良效果显著，是育成中国卡拉库尔羔皮新品种的父系。

30. 杜泊羊

杜泊品种绵羊，原产于南非共和国。是该国在 1942—1950 年用从英国引入的有角陶赛特品种公羊与当地的波斯黑头品种母羊杂交，经选择和培育育成的肉用绵羊品种。南非于 1950 年成立杜泊肉用绵羊品种协会，促使该品种得到迅速发展。目前，杜泊绵羊品种已分布到南非各地，主要分布在干旱地区，但在热带地区，如 Kwa-Zulu-Nacal 省也有分布，总数约 700 万只。杜泊绵羊分长毛型和短毛型。长毛型羊生产地毯毛，较适应寒冷的气候条件；短毛型羊毛短，没有纺织价值，但能较好地抗炎热和雨淋。大多数南非人喜欢饲养短毛型杜泊羊，因此，现在该品种的选育方向主要是短毛型。

杜泊绵羊头颈为黑色，体躯和四肢为白色，也有全身为白色群体，但有的羊腿部有时也出现色斑。一般无角，头顶平直，长度适中，额宽，鼻梁隆起，耳大稍垂，既不短也不过宽。颈短粗，肩宽厚，背平直，肋骨拱圆，前胸丰满，后躯肌肉发达。四肢强健，肢势端正。长瘦尾。

杜泊绵羊早熟，生长发育快，100 日龄重：公羔 34.72kg。母羊 31.29kg。成年公羊体重 100~110kg，成年母羊体重 75~90kg；体高：1 岁公羊 72.7cm；3 岁公羊 75.3cm。

杜泊绵羊的繁殖表现主要取决于营养和管理水平，因此，在年度间、种群间和地区之间差异较大。在正常情况下，产羔率为 140%，其中，产单羔母羊占 61%，产双羔母羊占30%，产 3 羔母羊占 4%。但在良好的饲养管理条件下，可进行 2 年产 3 胎，产羔率180%。同时，母羊泌乳力强，护羔性好。

杜泊绵羊体质结实，对炎热、干旱、潮湿、寒冷多种气候条件有良好的适应性。同时，抗病力较强，但在潮湿条件下，易感染肝片吸虫病，羔羊易感球虫病。

31. 澳洲白绵羊

"澳洲白"是澳大利亚第一个利用现代基因测定手段培育的品种。该品种集成了白杜泊绵羊、万瑞绵羊、无角道赛特羊和特克赛尔羊等品种基因，通过对多个品种羊特定肌肉生长基因标记和抗寄生虫基因标记的选择（MyoMAX, LoinMAX, WormSTAR），培育而成的专门用于与杜泊绵羊配套的、粗毛型的中、大型肉羊品种，2009年10月在澳大利亚注册。其特点是体型大、生长快、成熟早、全年发情，有很好的自动换毛能力。在放牧条件下5—6月龄可达到23kg胴体，舍饲条件下，该品种6月龄胴体重可达26kg，且脂肪覆盖均匀，板皮质量具佳。此品种使养殖者能够在各种养殖条件下用作三元配套的终端父本，可以产出在生长速率、个体重量、出肉率和出栏周期短等方面理想的商品羔羊。

头略短小，软质型（，颌下、脑后、颈脂肪多），鼻宽，鼻孔大；皮肤及其附属物色素沉积（嘴唇，鼻镜、眼角无毛处、外阴、肛门、蹄甲）；体高，躯深呈长筒形、腰背平直；皮厚、被毛为粗毛粗发。

头：侧面观，头部呈三角形状，鼻尖钝。下颌宽大，结实，肌肉发达，牙齿整齐。头部宽度适中。鼻梁宽大，略微隆起。额平。公母均无角。耳朵中等大小，半下垂。公羊，头部刚健，雄性特征明显。母羊，头部略窄，清秀。

颈：长短适中，公羊，颈部强壮，宽厚。母羊，颈部结实，但更加精致。

肩：宽度适中，肩胛与背平齐。肩胛骨宽平，附着肌肉发达。肩部紧致，运动时，无耸肩。

胸部：胸深，深度达到肘关节，呈桶状，胸宽适中，利于运动。

前腿：粗大有力，垂直，腕关节以上部分长，腕骨略短，关节大而结合紧凑，趾骨短且直立。

臀部：臀部宽而长，后躯深，肌肉发达饱满，臀部后视，呈方形。

后腿：后腿分开宽度适中。粗壮，垂直于骨盆，没有可辨别的向外或向内弯曲，无镰刀形，后退上部肌肉发达，向外鼓起，腿关节大，飞节上部长，下部短，趾骨短，结构紧致。

被毛和颜色：澳洲白被毛白色，在耳朵和鼻偶见小黑点，季节性换毛，头部和腿被毛短。嘴唇，鼻、眼角无毛处、外阴、肛门，蹄甲有色素沉积，呈暗黑灰色。

第三章 生态环境与绵羊生产

自然生态因素和社会生态因素构成了绵羊生产的生态环境。社会生态因素主要包括社会体制、经济制度、人民的宗教信仰、生产力水平、民族习惯、市场需求、战争等，都对肉羊生产具有直接或间接的影响。在不同的国家、地区、或民族聚居区，社会生态因素对肉羊生产产生重要的作用，甚至决定肉羊生产的方向和类型。本章主要介绍自然生态因素对肉羊生产的作用，自然生态因素包括物理因素、化学因素和生物因素。化学因素主要是通过营养和水来影响羊的活动。生物因素是羊与其体内外寄生生物以及其他生物的相互关系。物理因素包括温度、湿度（降雨、降雪等）、风力、海拔、光照、地形、草质、草量等，这些因素综合起来构成了羊生存和生产的外界环境。

一、不同类型羊对生态条件的要求

生态条件变化太大时，羊则难以适应和保持正常的生产活动，会使羊的生产性能降低，生长发育受阻，性机能减退，给养羊生产造成不必要的损失。了解不同类型羊对生态环境的要求，有利于肉羊生产的良性发展。

根据不同类型羊的品种在世界各地发展的历史及主要分布地区的生态条件，可以归纳出不同类型羊品种对生态条件的大体要求。

1. 细毛羊

细毛羊要求干旱、半干旱的气候条件，对干燥寒冷的地区也可适应，湿热和湿冷对细毛羊的生存和生产都不利。目前，我国的细毛羊主要分布在北方降水量 300~700mm 的区域内。

细毛羊适宜于在中、短草型天然禾本科草场（并伴有部分豆科牧草）上放牧，要求植被覆盖度比较大。饲草料中蛋白质比较丰富，全年营养供应均衡。放牧场的坡度不大于15°，灌木丛不宜过多。

2. 肉毛兼用或毛肉兼用羊

肉毛兼用或毛肉兼用羊要求干旱、半干旱的气候条件及草原性质和植被条件，对干热和干寒也有一定的适应能力。需全年均衡营养和比较丰富的蛋白质。放牧坡度可大。也不宜在多灌木区域放牧。这类羊也适合于舍饲和集约化饲养，能够很好地利用秸秆资源和农作物副产品。

3. 羔皮、裘皮羊

羔皮、裘皮羊要求干旱、半干旱的气候条件，对气温适应的幅度较大，对水分条件要求不严，从湿润到干旱环境都可适应。可在杂草草地上放牧，也可在农作物收获后的留茬地上放牧。能很好地利用秸秆资源和农作物副产品。

4. 兼用型粗毛羊

兼用型粗毛羊，如藏系绵羊、蒙古系绵羊等是在其原产地经过长期的自然和人工选择的产物，已很好地适应了产区的生态环境和饲养管理条件。耐粗饲。对气候的适应幅度大。能很好地适应高寒、干旱气候条件。可以利用贫瘠的草场。

二、自然生态因素对肉羊生产的影响

1. 气温

在自然生态因素中，气温是对绵、山羊影响最大的生态因子，它在绵、山羊生活中起着重要作用，直接或间接地影响着其生长、发育、形态、生活状况、生存、行为、生产力以及地理分布等。在不同纬度，不同海拔高度，甚至在同一地区的不同季节，或在同一天中的不同时间，气温都有差异。气温的变化，在不同程度上影响着绵、山羊的新陈代谢，进而影响着其生长、繁殖以及其他生命活动。

对于绵、山羊生活的最适温度，目前还没有一个非常明确的范围，但可以参考的温度范围为$-3 \sim 23$℃。

当气温比绵、山羊活动的适宜温度稍低时，为了适应低温环境，绵、山羊必须加强体内新陈代谢作用，食欲旺盛，消化能力增强，以提高对外界低温环境的抵抗力，故气温比绵、山羊活动的适宜温度稍低时，对畜体的锻炼有良好的作用。

随着环境温度的升高，绵、山羊的采食行为和采食量随之下降，甚至停止采食、喘息、掉膘、中暑。环境温度对绵、山羊的繁殖也有明显的影响。

2. 降水和空气湿度

降水和空气湿度对绵、山羊的生态作用，首先是空气相对湿度的大小，直接影响着羊只体热的散发。在一般温度条件下，空气湿度对羊体热的调节没有影响，但在高温时，羊主要靠蒸发散热，而蒸发散热量是与畜体蒸发面的水汽与空气水汽压之差成反比的，空气水气压升高，畜体蒸发散热更为困难。当羊散热受到抑制时，引起体温升高，皮肤充血，呼吸困难，中枢神经因受体内高温的影响，机能失调，最后致死。

在低温高湿的情况下，绵、山羊易患各种呼吸道疾病，如感冒、神经痛、风湿痛、关节炎和肌肉炎等。在一般情况下，较干燥的大气环境对于绵羊的健康较为有利，尤其是在低温情况下更是如此。

研究表明，在绵、山羊生活的环境中，湿热和湿寒的环境起主导作用的因子是高湿度，它可以加剧高温或低温对畜体的危害程度；而在干热及干寒环境中，起主导作用的是温度，高温和低温均可左右家畜对干燥环境的适应。对于细毛羊来说，最重要的是应尽可能地避免出现高湿环境的情况。

3. 光辐射

光能影响绵、山羊有机体的物理和化学变化，产生各种各样的生态学反应。光照对绵、山羊的繁殖有明显的影响。羊是短日照繁殖动物，在每年 8 月中旬，日照由长变短、气温开始下降，母羊便大部分开始发情，公羊便大部分进入性欲旺盛期。在自然条件下，一般公羊的精液质量在秋季日照缩短时（秋分）最高，如果人为地增加秋季光照量，能使公羊性活动及精液质量发生改变。母羊的性活动显著受日照长短的影响，配种季节通常是在白昼逐渐变短时开始。

4. 风

在一般情况下，风对绵、山羊的生长发育和繁殖没有直接影响，而是加速羊体内水分的蒸发和热量的散失间接影响羊的热能代谢和水分代谢。在有风或风力较大的条件下，温度和湿度对畜体的影响与无风或风力不大的情况下是不同的。风有助于羊的放牧，也可以影响羊的放牧。据研究，当风力一般在 3 级以下时，有利于羊放牧，夏季气温较高时，羊群可以适应 4~5 级的风力。在冬春秋季节的寒冷时期，羊群如遇上 4 级以上的北风，就有不良的影响；若发生 6~7 级的大风时，羊群就不能在放牧场上正常活动，甚至引起惊慌，使羊群失去控制而发生"炸群"。

如果大风、降温再加降水或降雪，形成冷雨或风雪灾害，特别是在产羔或剪毛抓绒时期，均可导致巨大损失。羊在大风雪侵袭下，容易发生呼吸道、消化道疾病，如肺炎等。

此外，风还是传播羊传染病及寄生虫病的因素之一。大气污染物质还可借助风力扩大污染地区，危害人类及家畜正常的生存环境。

5. 海拔高度

海拔高度对绵、山羊的影响，也就是垂直带引起家畜特征、特性的变化，是因为不同海拔高度上的气温、气压、供氧以及降水和湿度等条件的不同而引起的。海拔高度对绵、山羊的生态作用，首先是影响其品种分布。

长期饲养在低海拔地区的绵、山羊，当向高海拔地区引种时，有的品种或个体由于对高海拔地区大气中含氧量的减少而产生一系列的不适应，主要表现是：皮肤、口腔和鼻腔等黏膜血管扩张，甚至破裂出血，机体疲乏，精神萎靡，呼吸和心跳加快等，这种现象称为"高山反应"或称为"高山病"。高山反应在冬季比夏季多发，而且严重，这与冬季的低温严寒，畜体在寒冷环境中耗氧量增加以及上呼吸道容易感染有关。

6. 地形及土壤

绵羊、山羊是以放牧饲养为主的家畜，放牧效果的好坏，除其他条件以外，与放牧地形特点也有很大关系。平缓的地区有利于放牧，而坡度较大的地区，并不是所有的品种都具有同样的牧食能力。

在我国某些地区，由于土壤中缺乏某种微量元素，从而影响牧草和饲料中该种微量元素的含量，因此，就不能满足该地区绵、山羊对这种微量元素的需要量，因而引起该种元素的缺乏症，进而影响养羊业的发展。

7. 季节

季节不同，气温、降水也不一样，因而牧草和饲料作物的生长、产量和品质也不同。季节这一综合生态因子不仅表现通过食物对绵、山羊的有机体进行影响，而且在确保对羊进行全年均衡饲养的条件下，羊的许多重要经济性状也表现出明显的季节差异。季节对羊的生态作用，主要表现在易出现春乏、夏饱、秋肥和冬饿的现象，草原牧区更为明显。

各个生态单因子之间不是孤立的，而是互相联系、互相制约的，环境中任何一个因子的变化，都必将引起其他因子不同程度的变化，因此，自然生态因子对绵、山羊有机体的生态作用，通常是各个生态因子共同组合在一起的综合作用。

三、家畜与气候

1. 气候变化与草原畜牧业生产

草原畜牧业生产是自然界生物再生产的过程。牧草—家畜—环境条件三者是一个相互影响、相互作用的统一整体。天气、气候条件则是影响和制约牧草、家畜繁衍生息的不可缺少的生态环境条件。甘肃省的草原畜牧业生产，受季风气候影响，形成了季节性草场和家畜膘情的周期性年变化。也就是说，这种干冷、暖湿的季风气候特点，不仅与牧草生长的春少、夏茂、秋黄、冬枯的节奏一致，也与家畜身的夏壮、秋肥、冬瘦、春乏（死）现象相吻合。

不同的气候类型对家畜的自然分布、体尺、皮板、被毛、蹄质及繁衍生息等都有明显影响。如分布在寒冷地区的家畜，具有体格大，皮板厚、被毛长而绒毛多、相对体表面积小的外形结构而生长在暖湿地带的家畜，体格一般较小，具有四肢高、皮板较薄、毛稀、相对体表面积大的体形特征，以利散热降低体温。

2. 优良畜种的生态气候适应性

甘肃省主要以蒙古、西藏两大系家畜居多。蒙古系家畜广泛分布在甘肃省的陇东、陇中和河西走廊；藏系家畜则分布在甘南高原、祁连山及其毗邻地区。

蒙古系家畜长期生活在温带大陆性气候区，牧草生长期短、枯草期长、冬季严寒又缺少补饲条件，因而形成了抗寒、耐热性均较强和增膘屯肥速度快的特点。

藏系家畜的形成和青藏高原（3 000m 以上）的特殊地理环境紧密相连。高原气候寒冷、空气稀薄，使藏系家畜的生理机能、体质结构、外貌形态、被毛特性、生产性能和抗逆性等方面都有别于蒙古系家畜。

四、主要牧事活动与气候

1. 接羔育幼与气候

甘肃省主要牧区多以产冬羔为主，春羔在全省养羊业中也占一定比例。接冬羔正值气候寒冷的 12 月至翌年 1 月，加之初生羔羊的临界温度高，热调节机能差，易患病。但冬天天气变化相对稳定，只要加强产房取暖设备建设即可提高成活率。如肃北县推广的羊粪暖墙技术简便、易行、效果佳，冬羔成活率高。产春羔时母羊处于严重春乏期，且天气变化无常，低温寒潮、连阴雨（雪）天气多，往往引起羔羊痢疾等疾病发生，降低了春羔的成活率，在越冬度春时常有死亡。同时，春羔也不易当年育肥。

2. 转场放牧与气候

家畜转场放牧的必要条件是可食饱青草。据前述，将日平均气温≥5℃初日规定为充分利用草场资源、适宜转场放牧的气候指标，并以≥0℃终日定为撤离夏牧场向冬营地的转场气候指标。

3. 剪毛抓绒与气候

剪毛抓绒适时与否，对毛绒的产量、品质和畜体健康影响较大。如过早剪毛抓绒，当天气变冷时，家畜的热代谢难以平衡而遭受冻害，过迟则不利畜体散热，且当日平均气温≥10℃至≥15℃时，被毛将自行脱落，从而影响毛绒产量。

剪毛抓绒的有利天气是风力小于3级，9：00~14：00，气温8~15℃，剪后5~7天内天气晴好，气温少变。不利天气是剪时阴雨，气温小于6~7℃，风力大于3级，剪毛后5~7天最怕连阴雨和5级以上大风，24小时降温超过6℃。

4. 放牧抓膘与气候

放牧抓膘是畜牧业生产的中心工作。实践证明，终年放牧家畜开始抓膘与能否饱青关系密切，当吃到饱青草，增膘才能迅速。畜种不同，唇齿构造各异，采食能力有别。羊、马啃吃低矮牧草能力强，当春季日平均气温≥0℃积温达250~350℃时，草丛高度3~6cm，羊、马可饱青；牛啃吃低矮牧草能力较差，≥0℃积温需达400~600℃，此时草丛高度7~9cm，才能饱青。

适宜抓膘温度与畜种有关。牦牛、藏羊为日平均气温6~16℃；羊、马为8~20℃，其中，山羊、羔羊为8~22℃，骆驼为8~25℃。据有关研究表明，大部分家畜抓膘的最适温度为8~12℃。一地的实际抓膘期多为日平均气温≥5℃初日至≥0℃终日所经历的天数。

5. 膘情变化与气候

终年放牧的草地型藏系绵羊膘情为一时间函数，其体重的年变化近于正态分布。"夏壮、秋肥、冬瘦、春乏（死）"则是气候周年变化对家畜间接影响的表现形式，膘情变化的年周期性，在草原畜牧中表现尤为突出。

五、绵羊的环境生理特征

绵羊机体是一个非常复杂的生命系统，其生理过程是许多相互联系的反应的总和，包括绵羊自身先天的生理过程和环境作用下产生的生理反应。绵羊机体内部的生理活动全过程，实质是机体对环境中各种因素的应答性反应的结果，是绵羊对环境条件的适应。绵羊生存环境中的物理因素，如温度、湿度、海拔、光照等，化学物质条件的差异，使绵羊生理机能表现出许多不同的特点。

绵羊的正常体温是38.3~39.9℃。在严寒或酷热环境中，体温如果降至36℃或升至42℃，就会危及健康和生命。环境温度超过等热区时，绵羊的体温、心率、呼吸频率、皮肤温度和被毛温度都明显升高。

在炎热环境中，绵羊的采食量和甲状腺分泌量显著下降，饲料消化率降低，瘤胃中的挥发性脂肪酸减少，乙酸同的比率变宽了。

绵羊的汗腺不发达，当环境温度超过或达到体温时，呼吸道蒸发时绵羊进行散热的唯一方式。此时，呼吸频率最高可达 400 次/分钟，换气量达到等热区时（3~5L/分钟）的 10 倍，以保持输向下丘脑血液温度的正常。

生长、妊娠、泌乳、走动，都会增加体内产热量，使绵羊对炎热更加敏感。阴囊、乳房、鼻、口等部位是绵羊皮肤的热感受器集中区，这些部位受热，身体将迅速产生反应。高温高湿环境中，绵羊的被毛容易腐烂。

在炎热的环境中，绵羊的繁殖性能会大幅度的降低。受热应激时，绵羊的精子生长、卵子发育、受精、胚胎成活、胎儿发育、羔羊的成活率都受到影响。

绵羊对寒冷环境也是很敏感的，在寒冷环境中，绵羊会产生一系列生理反应以适应机体代谢，如心脏一博输出血量增多、呼吸次数减少、出现寒战；外周血管收缩，体内血液分布改变；血浆激素水平发生变化；动员和氧化葡萄糖及脂肪以增加体内产热量，羔羊则氧化棕色脂肪。对营养物质的消化率下降。

地方绵羊在长期的进化选择过程中，其生理机能已完全适应当地的环境条件，如滩羊和蒙古羊具有良好的放牧性能和耐粗饲能力；生活在高原地区的藏羊，其头部被毛为黑色或其他深色，可以防止紫外线的辐射，藏羊的机体储积脂肪能力极强，有利于抵御天然草场营养不足的威胁。

第四章　绵羊的生理及解剖学特性

一、绵羊的体表部位

绵羊的外形即绵羊的体型，由骨骼、肌肉和被皮构成。它不仅反映不同类型绵羊的外貌特征，而且还反映绵羊的体质健康状况、生产性能和经济价值。因此，绵羊的外形是育种工作中羊只选择及遗传资源评价的重要依据。

1. 绵羊的体表部位及体尺测量

绵羊体表各部位名称：羊体可分为头、躯干和四肢 3 部分（图 4-1）。

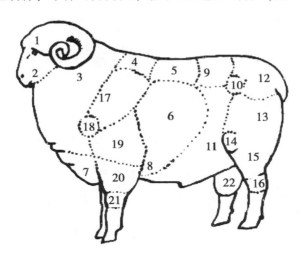

图 4-1　绵羊体表各部位名称

1. 颅部；2. 面部；3. 颈部；4. 鬐甲部；5. 背部；6. 肋部；7. 胸前部；8. 胸骨部；9. 腰部；10. 腰角；11. 腹部；12. 荐臀部；13. 股部；14. 膝部；15. 小腿部；16. 跗部（飞节）；17. 肩部；18. 肩端；19. 臂部；20. 前臂部；21. 腕部；22. 阴囊

（1）头。头包括颅部和面部，前者位于颅腔周围，后者位于口腔和鼻腔周围。

（2）躯干。躯干包括颈部、背胸部、腰腹部、荐臀部和尾部。其中，背胸部分为背侧前方的鬐甲部和后方的背部、两侧的胸侧部（肋部）、腹侧前方的胸前部和后方的胸骨部；腰腹部分为背侧的腰部和两侧及腹侧的腹部。腹部两侧又称肷部；荐臀部分为背侧的荐部和两侧的臀部；尾部分为尾根、尾体和尾尖。

（3）四肢。四肢包括前肢和后肢。前肢自上而下依次分为肩部、臂部、前臂部、腕部、掌部和指部（系部或球节、冠部和蹄部）；后肢自上而下又分为股部（大腿部）、小腿部、跗部（飞节）、跖部和趾部（系部或球节、冠部和蹄部）。

2. 体尺测量与体尺指数

（1）体尺测量。体尺测量主要是度量各部位的长、宽、高、围度和角度，并在此基础上比较各部位间的相互关系。它可以避免肉眼鉴定的主观性。通常应用的测量用具有测杖、圆形测定器、测角计和卷尺。测量时，要使羊只处于自然站立姿势。体尺测量的主要部位及起止点如下。

①体高：鬐甲最高点至地面的垂直距离。

②荐高（十字部高）：荐骨最高点至地面垂直距离。

③体长（体斜长）：从肩端（肱骨大结节前缘）至臀端（坐骨结节后缘）的距离。可用测杖量直线距离，也可用卷尺沿体躯面量曲线距离。但须注明所用测具。

④胸深：从鬐甲经肩胛骨后角至胸骨腹侧缘的直线距离。

⑤胸宽：肩胛骨后角左右两垂直切线间的最大距离。

⑥前胸宽：左右肩端（胯骨大结节外缘）间直线距离。

⑦胸围：肩胛骨后角处胸部的周径。

⑧腰角宽（十字部宽）：左右腰角外缘（髋结节外缘）间的直线距离。

⑨管围：左前肢管部（掌部）上1/3最细处的水平周径。

（2）体尺指数。体尺指数就是任何两种体尺之间的比率，它能够反映体型特征。常用的有以下几种。

①体长指数：用以说明体长和体高的相对发育情况。其计算公式：

$$体长指数(\%) = \frac{体长}{体高} \times 100$$

②胸围指数：用以说明身体的相对发育程度。其计算公式：

$$胸围指数(\%) = \frac{胸围}{体高} \times 100$$

③管围指数：用以说明骨的相对发育情况。其计算公式：

$$管围指数(\%) = \frac{管围}{体高} \times 100$$

④体躯指数：用以说明体躯发育程度。其计算公式：

$$体区指数(\%) = \frac{胸围}{体高} \times 100$$

⑤肢长指数：用以说明四肢的相对发育情况。其计算公式：

$$技长指数(\%) = \frac{体高 - 胸深}{体高} \times 100$$

⑥胸宽指数：用以说明胸部宽度的相对发育情况。其计算公式：

$$\text{胸宽指数}(\%) = \frac{\text{胸宽}}{\text{腰角宽}} \times 100$$

⑦胸指数：用以说明胸部发育情况，但应与胸宽指数共同使用。其计算公式：

$$\text{胸指数}(\%) = \frac{\text{胸宽}}{\text{胸深}} \times 100$$

⑧臀高指数：用以说明幼龄时期的发育情况。其计算公式：

$$\text{臀高指数}(\%) = \frac{\text{荐高}}{\text{体高}} \times 100$$

二、绵羊的解剖生理特点

绵羊的解剖生理特点，仅涉及与养羊有关的羊体部分器官系统的形态结构及其功能活动，为羊的外貌鉴定、繁殖、饲养管理、养羊生产及羊病防治提供必要的科学基础知识。

1. 运动系统

运动系统由骨、骨连结和肌肉组成。全身各骨由骨连结连结成骨骼（图4-2）。

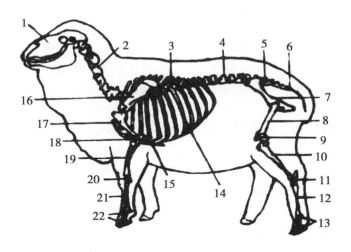

图4-2 羊的全身骨骼

1. 头骨；2. 颈椎；3. 胸椎；4. 腰椎；5. 荐骨；6. 尾椎；
7. 髋骨；8. 股骨；9. 髌骨；10. 胫骨；11. 跗骨；12. 跖骨；
13. 趾骨；14. 肋；15. 胸骨；16. 肩胛骨；17. 肱骨；18. 尺骨；19. 桡骨；20. 腕骨；21. 掌骨；22. 指骨

（1）骨。全身各骨因位置和功能不同，可有长骨、扁骨、短骨和不规则骨之分，但每块骨都是一个生活器官，具有新陈代谢、生长发育等特点，并均由骨膜、骨质、骨髓和血管、神经组成。骨质是骨的主要组成部分，由有机质和无机质两种化学成分构成，前者主要是骨胶原，约占干骨的1/3，决定骨的韧性和弹性；后者主要是磷酸钙和碳酸钙，约占干骨的 2/3，决定骨的坚固性。

羊全身骨可分为中轴骨和四肢骨两大部分。中轴骨包括躯干骨和头骨；四肢骨包括前肢骨和后肢骨。

①躯干骨：包括椎骨、肋和胸骨。一系列椎骨借骨连结顺序相连形成脊柱。脊柱的胸段与肋相连，肋的下端又与胸骨相连，从而形成骨性胸廓。

每个椎骨均由腹侧的椎体、背侧的椎弓和由椎弓向上发出的棘突及向两侧发出的横突构成。由于机能不同，其形态、构造和数目也不同。羊的颈椎有 7 个。第一颈椎称寰椎，与头骨的枕骨髁成关节；胸椎有 13～14 个。每 2～6 胸椎的棘突最高，构成鬐甲的骨质基础；腰椎有 6～7 个，其横突发达。腰椎构成腹腔顶壁的骨质基础；荐椎有 4 个，互相愈合成一块荐骨。互相愈合的横突前部宽称荐骨翼，翼的背外侧有与后肢髋骨相连结的关节面；尾椎数目因品种不同而变化较大，范围为 3～24 个。

羊的肋有 13～14 对。每一肋均由背侧的肋骨和腹侧的肋软骨构成，其中，前 8 对肋以肋软骨直接与胸骨相连，称为真肋；后 5～6 对肋的肋软骨借结缔组织顺次相连形成肋弓；再通过最后一对肋间接连于胸骨上，称为假肋。

羊的胸骨由 6 个胸骨节片以软骨相连而成，两侧有与真肋的肋软骨成关节相连的肋窝。

②头骨：主要由扁骨和不规则骨构成，相邻骨间绝大部分由缔结组织直接相连，仅下颌骨与颞骨以关节相连，以适应咀嚼运动。头骨中某些扁骨的内、外骨板间有含气的空腔，称为窦。因其直接或间接与鼻腔相通，故又称鼻旁窦。鼻旁窦也是羊鼻蝇幼虫寄生的部位。头骨分为颅骨和面骨。颅骨位于后上方，构成颅腔和感觉器官的保护壁；面骨位于前下方，构成口腔、鼻腔、咽、喉和舌的支架。羊面骨中的切齿骨（颌前骨）左、右分开，骨体薄而扁平，无切齿槽。

③前肢骨：由肩胛骨、肱骨（臂骨）前臂骨、腕骨、掌骨、指骨和籽骨组成。肩胛骨为三角形的扁骨，斜位于胸廓两侧的前上方，其背侧有肩胛软骨附着，外侧的纵行隆起称肩胛岗。肩胛骨的远端有与肱骨头成关节的关节盂；肱骨斜位于胸廓两侧的前下方，其近端后方为肱骨头，前外侧的突起为大结节，后者是测量体长的一个定位标志；前臂骨几乎与地面垂直，由桡骨和尺骨组成，尺骨近端特别发达，向后上方突出形成鹰嘴，远端逐渐变细并与桡骨愈合；腕骨为排成两列的 6 块短骨；掌骨由一合并的大掌骨及其外侧的小掌骨组成；羊有 4 个指，前 2 个着地为主指，后 2 个不着地为悬指。每个主指有系、冠、蹄骨 3 个指节和 2 个近籽骨，1 个远籽骨。

④后肢骨：由髋骨、股骨、膑骨（膝盖骨），小腿骨、跗骨、跖骨、趾骨和籽骨组成。髋骨由髂骨、耻骨和坐骨愈合而成。三骨愈合处形成的关节窝称髋臼。髂骨的前外侧角称髋结节。坐骨的后外侧角称坐骨结节。左、右髋骨在腹侧以软骨相连形成骨盆联合。两侧坐骨后缘连成弓形称坐骨弓。左、右髋骨和荐骨、前 3 个尾椎及两侧的荐结节阔韧带共同围成前大后小的锥形腔为骨盆腔；股骨由后上方斜向前下方，其近端内侧有与髋臼成关节的股骨头，远端前方有与膑骨成关节的滑车关节面；小腿骨主要由胫骨组成，腓骨退化；跗骨有 5 块，排成三列，其中近列外侧的一块称跟骨；跖骨、趾骨和籽骨分别与前肢的掌骨、指骨和籽骨相似。

（2）骨连结。骨与骨之间借纤维结缔组织、软骨或骨组织相连形成骨连结。如相连的两骨间没有间隙，称为直接连结；如两骨间有腔隙则称间接连结，又称关节。关节具有关节面、关节软骨、关节囊和关节腔。关节面是骨与骨相接触的光滑面，其表面被覆的薄层透明软骨为关节软骨；关节囊是附着于关节面周缘及其附近骨面上的结缔组织膜，分为外层较厚的纤维层和内层较薄的滑膜层两层。滑膜层能分泌滑液；关节腔是滑膜层和关节软骨共同围成的腔隙，内有滑液。

（3）肌肉。每一块肌肉都是一个器官，一般是由中间的肌腹和两端的肌腱构成。肌腹主要由按一定方向排列的肌纤维构成。肌腱主要由大量紧密排列的腱纤维构成。肌肉通过肌腱附着于骨上。肌肉表面包着的结缔组织膜称肌外膜。肌外膜向内伸入，把肌纤维分割成大小不同的肌束称肌束膜。肌束膜再向肌束内伸入，包在每根肌纤维的外面称肌内膜。营养好的羊只，肌束膜内含有大量脂肪细胞，使肌肉横切面呈大理石花纹状。

肌肉因位置和功能不同，可有板状肌、纺锤形肌、多裂肌和环形肌之分。多裂肌是由许多短肌束组成的肌肉，多沿脊柱分布于椎骨之间，如背腰最长肌。

全身肌肉可分为皮肌、前肢肌、躯干肌、后肢肌和头部肌。

①皮肌：分布于浅筋膜中的板状肌，分为面皮肌、肩臂皮肌和躯干皮肌（胸腹皮肌）。浅筋膜是皮肤下面的疏松结缔组织，又称皮下组织。

②前肢肌：包括连结躯干和前肢的肩带肌和作用于前肢各关节的肌肉。

肩带肌有斜方肌、菱形肌、肩胛横突肌、背阔肌、臂头肌、胸肌和腹侧锯肌。其中斜方肌是位于颈后、鬐甲与肩胛岗之间的三角形肌；臂头肌是连于头与臂之间的带状肌，位于颈侧部，形成颈静脉沟的上界；斜方肌与臂头肌之间的肌肉为肩胛横突肌。

作用于前肢各关节的肌肉，主要有在肩胛骨外侧的岗上肌、岗下肌及其表面的三角肌；在肩胛骨后缘与肱骨所形成的夹角内的臂三头肌；肩关节和肱骨前方的臂二头肌；肌腹集中在前臂的是作用于腕、指各关节的一些小纺锤形肌。

③躯干肌：较重要的有背腰最长肌、腰椎腹侧肌、胸头肌、膈和腹壁肌。背腰最长肌又称眼肌，位于胸、腰椎棘突与横突和肋骨上部所形成的三棱形凹陷内，是羊体内最大的肌肉；腰椎腹侧肌主要有位于腰椎腹侧椎体两旁的腰小肌及其外侧的腰大肌。这里的肌肉结缔组织少，肉质细嫩，又称里脊；胸头肌位于颈腹外侧、臂头肌的下方，连于胸骨与头骨之间，形成颈静脉沟的下界；膈是位于胸、腹腔之间的板状肌，凸向胸腔，以周围的肉质部附着腰椎、肋和胸骨。膈的中央为腱质部、称为中心腱。膈上有3个孔；背侧为主动脉裂孔，下方为腔静脉孔，中间为食管裂孔；腹壁肌为肌纤维方向各不相同的4层板状肌，由外向内依次为腹外斜肌、腹内斜肌、腹直肌和腹横肌。这四层肌以腱膜在腹底正中相连形成腹白线。在股内侧的腹壁上，有斜穿腹肌的裂隙称腹股沟管。管的内口通腹腔，称为腹环；管的外口通皮下，称为皮下环。公羊的腹股沟管内有精索，母羊的仅供血管、神经通过。

④后肢肌：较重要的有臀肌群、股后肌群、股前肌群和作用于跗、趾关节的肌群。臀肌群包括两层臀肌，较厚，位于臀部，为肌内注射部位；股后肌群位于臀肌和股骨后方，由前向后有臀股二头肌、半腱肌和半膜肌；股前肌群位于髋关节和股骨前方，包括浅层的阔筋膜张肌及其深面的股四头肌，前者构成股部前缘，后者强大；作用跗、趾关节的肌群

其肌腹位于小腿部，除腓肠肌较发达外，其他多为纺锤形小肌。腓肠肌位于小腿后部，夹于臀股二头肌与半腱肌下部之间。

⑤头部肌：分为面部肌和咀嚼肌。面部肌是位于口、鼻腔周围的小肌肉；咀嚼肌又分为开口肌和闭口肌，前者不发达，后者以位于下颌支外面的咬肌为重要。

2. 被皮系统

被皮系统包括皮肤及其衍生物，如毛、皮脂腺、汗腺、乳腺、蹄和角。

（1）皮肤。羊皮肤的厚薄因其种类、品种、年龄、性别和身体部位的不同而异，但其结构基本相同，即均由表皮和真皮组成，并借皮下组织与深部组织相连。

①表皮：位于皮肤的最表层，由角化复层扁平上皮构成。表皮在鼻镜、乳头等无毛的厚皮肤由深层到表面可分为基底层、棘层、颗粒层、透明层和角质层5层。有毛的皮肤无透明层，颗粒层薄或不连续，角质层也薄。

基底层　由一层砥柱状细胞组成，深面以基膜与真皮相连。此层细胞不断增殖，新生的细胞向浅层推移，逐渐分化为其他各层细胞。

棘层　由数层大的多角形细胞组成。细胞因表面有许多短小的棘状突起而称棘细胞。

颗粒层　由1~5层梭形细胞组成。细胞质内含有许多大小和形状不一的透明角质颗粒，胞核逐渐退化。

角质层　由多层角化的扁平细胞组成。细胞质内充满角蛋白，细胞膜增厚。细胞互相嵌合。表层细胞连结松散，最后成片脱落，形成皮屑。

②真皮：由致密结缔组织构成，是皮肤中最厚的一层，具有韧性和弹性，可以鞣制成皮革。真皮内有毛根、毛囊、皮脂腺、汗腺、竖毛肌、血管、神经和淋巴管。真皮又可分为乳头层和网状层。

乳头层　位于表皮的下面，较薄。此层组织向表皮凸出而形成许多乳头状突起，称为真皮乳头，从而扩大了表皮与真皮的接触面，有利于两者的牢固结合和表皮的代谢、营养。羊的真皮乳头很少，细毛羊甚至没有。

网状层　位于乳头层的下面，较厚。此层的结构特点是细胞成分少，结缔组织纤维密集成束，并排列成网状，从而使皮肤具有弹性和韧性。

③皮下组织：即浅筋膜，由疏松结缔组织构成，将皮肤与深部肌肉、骨膜相连。皮下组织中常有大量脂肪细胞，形成脂肪组织。肉用羊的皮下脂肪组织很发达，形成一层很厚的脂膜，即肥肉。

（2）皮肤的衍生物。

①毛：毛有粗毛、细毛和半细毛之分。绵羊的毛在皮肤中成群分布，通常是10~12根组成一簇。毛可分为毛干和毛根两部分。毛干是露在皮肤外面的部分，毛根是埋在皮肤内的部分。毛根外面包有毛囊。毛根末端与毛囊紧密相连，并膨大形成毛球。毛球的细胞能不断分裂增殖，是毛的生长点。毛球底部凹陷，含有毛细血管和神经的结缔组织伸入其中，称为毛乳头。

毛由角化的上皮细胞构成，可分为髓质、皮质，和毛小皮（鳞片层）3部分细毛缺髓质。半细毛髓质断续存在。

髓质　构成毛的中轴，由一层或数层纵行排列的扁平或立方形角质细胞组成。细胞内充满透明角质颗粒，向上逐渐减少或消失。胞核萎缩退化。在毛干的细胞间含有空气。

皮质 包在髓质外面，由数层顺着毛的长轴排列的多边形或梭形细胞组成。靠近毛球的细胞呈多边形，胞核清楚，向上逐渐变为角质化的梭形细胞，核逐渐消失。皮质的细胞内可含有色素颗粒，决定毛的颜色。

毛小皮（鳞片层） 位于毛的最外层，由一层扁平无核、完全角质化的细胞构成。细胞排列成覆瓦状，游离缘向上、外观呈锯齿状。毛越细，毛小皮的细胞数量越多。

毛囊 是包在毛根外面的管状鞘，可分为内层的上皮鞘（毛根鞘）和外层的结缔组织鞘（真皮鞘）。在上皮鞘与结缔组织鞘之间有一层均质的玻璃膜，向上与表皮的基膜相连。上皮鞘向上与表皮相连，又可分为内根鞘和外根鞘两部分；结缔组织鞘与真皮无明显分界。

毛囊有初级毛囊、次级毛囊和复合毛囊（分支次级毛囊）之分。初级毛囊一般粗而长，在毛囊旁通常伴有皮脂腺、汗腺和竖毛肌；次级毛囊稍细而短，毛囊旁侧只有皮脂腺（或缺）；复合毛囊是在皮肤表面一个毛囊外口内有数根毛通出，其中的每一根毛都有各自的毛囊和毛乳头，只是在皮脂腺开口的水平线上许多独立的毛囊才融合成一个共同的毛囊外口。

羊的毛囊成群分布。绵羊的每个毛囊群一般由 3 个初级毛囊和数个次级毛囊（细毛羊多，粗毛羊少）组成。

羊毛长到一定程度时，毛乳头血管萎缩，毛球细胞停止增生，并逐渐角质化，继而与毛乳头分离。毛根随之脱离毛囊向皮肤表面推移。在旧毛脱落之前，紧靠毛乳头周围的细胞增殖而形成新毛。最后被新毛推出而脱落。

②皮脂腺：为管泡状腺，可分为分泌部和导管部。分泌部近中央腺腔的细胞大，呈多边形，胞质内充满类脂小滴，胞核固缩或溶解。腺细胞解体时连同脂滴一直以全浆分泌的方式排出，成为皮脂。分泌部外周的细胞少，不断分裂增殖，分化为新的腺细胞，以补充因分泌崩解的腺细胞；导管部很短，在有毛的皮肤，导管直接开口于毛囊上部。

③汗腺：为单管状腺，也可分为分泌部和导管部。分泌部蜿蜒卷曲，腺腔大，腺上皮细胞为单层立方或柱状，以顶浆分泌方式排出分泌物；导管部为一较直的管道，管腔较窄，开口于毛囊。

绵羊的皮脂和汗液混合形成汗脂（油汗），对羊毛的质量有很大影响，它可影响羊毛的弹性、坚固性和染色。

④乳腺：详见乳房和沁乳。

⑤蹄：羊的每肢有 4 个蹄，其中，2 个着地，为主蹄，另两个为悬蹄。主蹄的形状与蹄骨相似，悬蹄呈圆锥形。蹄内有蹄骨和部分冠骨，主蹄内还有远籽骨。蹄由蹄匣和肉蹄构成。

蹄匣 由表皮衍生而成，内面有许多小孔和纵行排列的角小叶。主蹄的蹄匣可分为角质的蹄壁、蹄底和蹄球 3 部分。蹄壁以柔软而有弹性的蹄缘与皮肤相连；蹄底呈略凹的三角形，与蹄壁底面之间有蹄白线分开；蹄球呈球状隆起，位于蹄底后方。

肉蹄 套在蹄匣内面，由真皮衍生而成，富含血管和神经，呈鲜红色，也可分为肉壁、肉底和肉球 3 部分。肉蹄表面有许多小乳头和纵行排列的肉小叶，分别与蹄匣内面的小孔和角小叶相嵌合。肉蹄除肉球和肉壁的上缘以皮下组织与骨膜相连外，大部分缺皮下组织而与骨膜直接相连。

悬蹄与主蹄形状不同，但结构与主蹄相同，也分蹄匣和肉蹄，只是蹄匣较软。

3. 消化系统

消化系统由消化管和消化腺组成。

消化管包括口腔、咽、食管、胃、小肠、大肠和肛门；消化腺是向消化管分泌消化液的腺体，又分为位于消化管壁内的壁内腺和在消化管之外独立存在的壁外腺，前者如胃腺和肠腺等，后者如大唾液腺、肝和胰。

消化系统将饲料经过物理（机械）性的、化学性的和生物学性的消化，吸收其营养物质，并将残渣排出体外。

消化管的管壁一般由内向外依次分为黏膜、黏膜下层、肌层和外膜 4 层。黏膜由上皮、固有膜和黏膜肌层构成，含有小血管、淋巴管和小的消化腺等，是消化管执行机能的最重要的部分；黏膜下层由疏松结缔组织构成，含有较大的血管和淋巴管，在食管和十二指肠还含有腺体；肌层除口、咽、食管和肛门外，均由平滑肌构成，一般排列成内环行和外纵行 2 层。两层平滑肌交替收缩与舒张，可使食糜与消化液充分混合，并压迫食糜向后推进；外膜为疏松结缔组织。若外膜表面覆盖间皮，则称为浆膜。

（1）口腔。口腔由唇、颊、腭和口腔底围成，内有舌和齿等重要器官。口腔前端以口裂与外界相通，后端与咽相通，内面衬有粉红色的黏膜。

①唇：羊的唇薄而灵活。上唇中间有明显的纵沟，在鼻孔间形成无毛的鼻镜。唇黏膜上有尖端向后的锥状角质乳头。

②颊：位于口腔两侧，主要由颊肌构成，外被皮肤，内衬黏膜。颊黏膜上有许多尖端向后的锥状角质乳头。黏膜下和颊肌的上、下缘有颊腺，能分泌唾液。

③硬腭和软腭：硬腭构成口腔顶壁，其黏膜厚而坚实。黏膜下层有丰富的静脉丛。硬腭中间有一条纵走的腭缝，缝的两侧有许多横行的腭褶。硬腭的前端无切齿，该处的黏膜形成厚而致密的角质层，称为齿垫；硬腭向后延续为软腭。软腭为一黏膜——肌性褶，构成口腔的后壁。

④口腔底与舌：口腔底大部为舌所占据，其前部黏膜上有一对乳头，称为舌下阜；舌是由纵、横、垂直 3 种方向排列的骨骼纤维构成的肌质性器官，表面被覆黏膜。舌前端的游离部称舌尖，位于两侧臼齿之间的称舌体，附着于舌骨的称舌根。舌尖与舌体交界处腹侧有两条与口腔底相连的黏膜褶，称为舌系带。

⑤齿：为体内最坚硬的器官，镶嵌于上，下颌骨的齿槽内。羊无上切齿，也无犬齿。下切齿有 4 对，由内向外依次为中间齿、内中间齿、外中间齿和隅齿。臼齿又称颊齿，成年羊有 6 对，可分为 3 对前臼齿和 3 对后臼齿。羊齿的数目和位置可用下列齿式来表示。

$$恒齿：2\left(\frac{0033}{4033}\right) = 32$$

$$乳齿：2\left(\frac{0030}{4030}\right) = 20$$

根据羊的牙齿发生、磨灭、脱换情况可以判断年龄的大小。乳齿个小、狭窄、发白；

永久齿（恒齿）个大、较宽、略带微黄色。

羊羔从出生至 1 个月，长出 20 枚乳齿，包括 8 枚乳切齿和 12 枚前臼齿。3 个月龄第一后臼齿发生，齿数为 24 枚。9 个月龄第二后臼齿发生，齿数达到 28 枚。1~1.5 岁时，中间切齿更换为永久齿，第三后臼齿发生，齿数为 32 枚。1.5~2 岁时，内中间齿更换，第一、第二、第三前臼齿更换。$2 2\frac{1}{4}$~$2\frac{3}{4}$ 岁时外中间齿更换。3~$3\frac{3}{4}$ 岁时隔齿更换。4 岁后可按齿间缝隙的状态、齿的磨灭程度、齿的形态和方向进行判断。简便记法为："一岁不扎牙，两岁一对牙，三岁两对牙，四岁三对牙，五齐、六平、七斜、八歪、九掉牙"。

⑥唾液腺：是指向口腔内分泌唾液的腺体，除一些小的壁内腺外，还有三对大唾液腺。

腮液　位于下颌骨支后缘，呈四边形，色淡红。腮腺管向前越过咬肌表面开口于颊黏膜。

颌下腺　呈弯曲的长椭圆形，色淡黄，部分被腮腺覆盖，部分在下颌间隙。腺管开口于舌下阜。

舌下腺　位于舌体和下颌骨之间的黏膜下，有许多小导管开口于口腔底，还有一条导管开口于舌下阜。

（2）咽和食管。咽为肌性膜囊，位于口、鼻腔之后。咽是消化道和呼吸道的交叉部分，前方以咽口通口腔，前上方以鼻后孔通鼻腔，后方以食管口通食管，后下方以喉口通喉腔。此外，咽侧壁上还有耳咽管（或咽鼓管）口，经耳咽管通中耳；食管连于咽和胃之间，可分为颈、胸、腹 3 段。食管颈段前半段位于喉和气管背侧，后半段位于气管左侧。胸段在纵隔内向后伸延，经膈的食管裂孔进入腹腔。腹段很短，末端连于瘤胃的贲门。

（3）胃。

胃的形态、构造和位置：羊有瘤胃、网胃、瓣胃和皱胃 4 个胃。前 3 个胃的黏膜内无腺体，常称为前胃。皱胃黏膜内有腺体分布，故又称真胃。成年羊瘤胃最大，网胃和皱胃次之，瓣胃最小；羔羊皱胃最大。

瘤胃　占据腹腔的左半部，其下半部还伸到腹腔的右侧。瘤胃呈前后稍长，左右略扁的椭圆形，其前、后两端分别有较深的前沟和后沟，左、右两侧面分别有较浅的左纵沟和右纵沟。这些沟连成环状，将瘤胃分为瘤胃背囊和瘤胃腹囊上、下两部分，后者较大。纵沟又向背侧和腹侧分出背、腹侧冠状沟，从背囊和腹囊分出后背盲囊和后腹盲囊。羊无右背侧冠状沟，后背盲囊不明显。瘤胃的出口是其前端通向网胃的瘤网口，入口为贲门。在贲门附近，瘤胃和网胃无明显分界，形成一个穹窿，称为瘤胃前庭。

瘤胃内面有与其表面各沟相对应的肉柱。瘤胃黏膜一般呈棕黑色或棕黄色，除肉柱和背囊顶外，黏膜表面有无数密集的圆锥状和叶状乳头，使瘤胃内面异常粗糙。

网胃　略呈前后稍扁的梨形，位于瘤胃背囊前下方与膈之间，与第六至第八肋相对。网胃上端有大的瘤网口，该口的右下方有通瓣胃的网瓣口。

网胃壁内面有食管沟。食管沟又称网胃沟，起自贲门，沿瘤胃前庭和网胃右侧壁向下伸延到网瓣口，沟两侧的黏膜褶称食管沟唇。未断奶羔羊的食管沟发达，吮乳时可闭合成管，乳汁可直接由贲门经食管沟和瓣胃沟达皱胃。

网胃黏膜形成许多网格状皱褶，形似蜂房，在皱褶和房底密布细小角质乳头。

瓣胃　呈卵圆形，位于瘤胃与网胃交界处的右侧，与第五至第八肋下半部相对。瓣胃的凹缘为瓣胃底，在胃底的上、下端分别有网瓣口和瓣皱口，两口之间有沿瓣胃底腔面伸延的瓣胃沟。

瓣胃的黏膜形成许多瓣叶，瓣叶分大、中、小和最小4级，呈有规则的相同排列，每个瓣叶上均有许多角质乳头。

皱胃　呈弯曲的梨形，末端与十二指肠相接，以幽门与十二指肠相通。皱胃在瘤胃和网胃的右侧，瓣胃的腹侧和后方，大部分与腹腔底壁紧贴。

皱胃黏膜光滑柔软，在胃的前部形成十余片螺旋形的大皱襞。黏膜内含有腺体，可分为3个腺区：贲门腺区，为环绕瓣皱口的窄带，色淡，内含贲门腺；幽门腺区，在幽门附近，色较黄，内含幽门腺；胃底腺区，在前两区之间，呈灰红色，内含胃底腺。

胃底腺是胃的主要腺体，为单管腺或分支管状腺，开口于胃小凹底部。组成胃底腺的细胞主要有4种：主细胞又称胃酶细胞，分泌胃蛋白酶原，在盐酸的作用转变为具有消化蛋白质能力的胃蛋白酶；壁细胞又称盐酸细胞，能分泌盐酸；颈黏液细胞又称副细胞，能分泌黏液，具有保护胃黏膜的作用；内分泌细胞，分泌的激素有调节胃的活动等功能。

（4）小肠、肝和胰。小肠细，平均长25m，可分为十二指肠、空肠和回肠3段。肝和胰都是十二指肠的壁外腺。

①小肠的形态、位置和结构特点：

十二指肠　长约0.5m，起自皱胃幽门，先在肝的脏面（后面）形成"乙"状弯曲，然后向后向上伸至髋结节前方，转而向左向前至胰的腹侧移行为空肠。十二指肠后部有与结肠相连的十二指肠结肠韧带，常作为十二指肠与空肠的分界标志。

空肠　是小肠中最长的一段，大部分位于腹腔右侧、瓣胃和皱胃的后方，形成无数肠袢，以较短的系膜附着于结肠盘的周围，形似花环状。

回肠　长约30cm，从空肠末端起向前向上伸至盲肠腹侧，并以回盲韧带与盲肠相连，以回肠开口于盲肠与结肠交界处的腹侧，此处黏膜形成回肠乳头（回盲结瓣）。

小肠的结构特点：小肠是消化、吸收的主要部位。其结构特点：一是黏膜上皮表面有密集的微绒毛，黏膜除形成大量肠绒毛外，还与部分黏膜下层共同形成许多环形皱襞，这些结构突向肠腔，从而增加了小肠内面与食物的接触面积；二是壁内腺发达。壁内腺除有分布于整个肠壁固有膜内的肠腺外，在十二指肠和空肠前段的黏膜下层还分布有十二指肠腺。

肠黏膜上皮由大量的柱状细胞和一些杯状细胞及内分泌细胞组成，肠腺还有潘氏细胞。柱状细胞又称吸收细胞，表面有由密集并列的微绒毛构成的纵纹缘。微绒毛表面有一层糖衣，其中，含有多种消化酶。空肠黏膜的固有膜内还有许多集合成群的淋巴小结，称为淋巴集结。

肠绒毛　肠绒毛是小肠黏膜的特有结构，由周围的上皮和中央的固有膜组成。在固有膜的中央有一条（绵羊有两条）毛细淋巴管，专门吸收脂类物质，称为中央乳糜管。在乳糜管的周围有丰富的毛细血管网和纵行排列的平滑肌。当收缩时，绒毛变短，乳糜管和毛细血管因受挤压而将其中含有吸收了营养物质的淋巴和血液输入较大的淋巴管和静脉血管。

肠腺是小肠上皮下陷到固有膜内形成的单管状腺，开口于肠绒毛之间。肠腺分泌肠致活酶，可激活胰蛋白酶原，以利蛋白质的消化；十二指肠腺是分布于黏膜下层的分支管状腺，开口于肠腺底部或直接开口于肠绒毛之间，其分泌物的主要作用是在上皮表面形成一层保护屏障，以免胃液的侵蚀。

②肝：肝是羊体内最大的腺体，除分泌胆汁外，还有合成、分解、转化、贮存营养物质和解毒及防卫等功能。

肝位于膈后腹中线的右侧，第六肋间隙下端至第二、第三腰椎腹侧，脏面与胃、肠和肾等接触；肝略呈长方形，红褐色，脏面中央有门静脉、肝动脉、肝管、淋巴管和神经出入肝的肝门，肝门下方有胆囊。肝被胆囊和右缘的脐切迹（圆韧带附着处）分为腹侧的左叶、背侧的右叶和中间的中叶 3 个叶，中叶又被肝门分为背侧的尾叶和腹侧的方叶。尾叶向后突出的部分称尾状突；胆囊有贮存和浓缩胆汁的作用。肝管由肝门突出后与胆囊管汇合成一短的输胆管，开口于十二指肠。

肝的表面大部被覆一层浆膜。浆膜深面的结缔组织伸入肝实质内，将肝分成许多肝小叶。羊肝小叶之间的结缔组织少，肝小叶分界不明显。肝小叶是肝的结构单位，呈多面棱柱状，其中央沿长轴贯穿着一条中央静脉。肝细胞以中央静脉为轴心呈放射状排列，形成板状结构称肝板。肝板在切片上呈索状，称为肝细胞索。肝板互相吻合连接成网，网眼即为窦状隙（血窦）。窦腔内有许多体积较大、形状不规则的星形细胞，称为枯否氏细胞，能吞噬浸入血液中的细菌和异物。肝板中相邻肝细胞连接面之间，局部胞质凹陷形成微细的胆小管。肝细胞分泌的胆汁由胆小管从肝小叶中央流向周边，经小叶间胆管最后汇入肝管出肝。

门静脉和肝动脉入肝后反复分支，分别在肝小叶间形成小叶间静脉和动脉，再分支后均与窦状隙连通，沿血管而来的血液在窦状隙混合，并从肝小叶周边流入中央静脉，再经小叶下静脉进入几条肝静脉，后者从肝壁面（前面）穿出汇入后腔静脉。门静脉收集胃肠道的静脉血，含有丰富的营养物质及一些有害物质，供肝细胞加工处理；肝动脉含有动脉血，供给肝细胞氧气和营养物质。

③胰：呈不正四边形，灰黄色稍带粉红，位于肝后瘤胃背囊背面与十二指肠间。

胰是由外分泌部和内分泌部组成的腺体。外分泌部占腺体的绝大部分，为复管泡状腺。腺泡呈环形或管状，由锥形细胞围成，分泌物称胰液，含有蛋白酶、脂肪酶和淀粉酶等多种消化酶。导管由小到大逐级汇合，最后形成一条胰管，出胰后与胆管合成一条总管开口于十二指肠。内分泌部为分布在外分泌部腺泡之间的细胞群，称为胰岛，分泌胰高血糖素和胰岛素，前者有升高血糖的作用，后者降低血糖。

（5）大肠。比小肠略粗，长 7.8~10m，可分为盲肠、结肠和直肠 3 部分。

大肠的形态、位置和结构特点：

盲肠　呈盲端钝圆筒状，长约 37cm，位于最后肋与髋结节之间的腹腔右侧，盲端常伸入骨盆腔内，前端以盲肠口与结肠为界。

结肠　长4～9m，顺次分为升结肠，横结肠和降结肠3段。升结肠最长，又分为初袢、旋袢和终袢3段。

升结肠　初袢为其前段，呈"S"状弯曲，位于腰下；旋袢在瘤胃右侧卷曲呈竖立的圆盘状，由向心回和离心回各3～4圈组成；终袢在第一腰椎腹侧续接离心回，向后伸至盆腔前口折转向前，在最后胸椎处延续为横结肠。

横结肠　为在最后胸椎腹侧由右向左横走的一段肠管。

降结肠　为从横结肠向后伸至盆腔前口的一段肠管。

直肠　在骨盆腔背侧其后部周围有较多的脂肪。

大肠的黏膜表面光滑，无肠绒毛，上皮中杯状细胞较多，固有膜中有大量的大肠腺。大肠腺分泌黏液，不含消化酶。

4. 血液循环系统

血液循环系统由心脏、血管和血液组成。心脏是血液循环的动力器官；在神经体液的调节下，有节律地收缩与舒张，使血液按一定方向周身循环流动。血液循环系统主要的功能是运输，如将消化管吸收的营养物质和肺吸进的氧运送到全身各部组织、细胞，供其生命活动需要，同时又把组织、细胞的代谢产物如二氧化碳和尿素等运输到肺、肾和皮肤排出体外。

（1）血液。由血浆和血细胞组成。

①血浆：为淡黄色液体，其中，水分占90%左右，其余为血浆蛋白（白蛋白、球蛋白、纤维蛋白原）、脂质、葡萄糖、酶、激素、维生素、无机盐和代谢产物等。白蛋白形成血浆的胶体渗透压，球蛋白有免疫作用，纤维蛋白原与血液凝固有关。当血液流出血管后，血浆中呈溶解状态的纤维蛋白原转变成不溶性纤维蛋白，血液即凝成血块，并析出淡黄色清亮液体，称为血清；血浆渗透压相当于0.9%氯化钠溶液和5%葡萄糖溶液；pH值为7.28。

②血细胞：包括红细胞、白细胞和血小板。在正常情况下，血细胞的数量及其形态结构都是相对恒定的，当羊体发病时即可发生改变。在显微镜下，通常采用瑞特氏染色或姬姆萨染色的血液涂片标本，来观察血细胞的形态结构。

红细胞　呈两面凹陷的圆盘状，无细胞核和细胞器，胞质内含有大量的血红蛋白。血红蛋白既能与氧结合成氧合血红蛋白，又能与二氧化碳结合成还原血红蛋白，故红细胞能运输氧和二氧化碳。当一些氧化剂如亚硝酸盐和氰化物等作用于血红蛋白时，便失去了携带氧的能力，如羊过多地采食含有亚硝酸盐的饲料（发霉变质的蔬菜和一些野草），可导致体内缺氧而引起死亡。若给予适量的还原剂和硫代硫酸钠，可使红细胞恢复运输氧的能力。

在正常情况下，成年绵羊每立方毫米血液中红细胞为900万个，山羊为1 440万个。红细胞的平均寿命为120天。衰老的红细胞大部分被脾和肝内的巨噬细胞所吞噬，新生的红细胞不断从骨髓产生，从而使其总数维持在一定的水平上。

白细胞　呈球形，一般比红细胞大，但数量远比红细胞少，绵羊每立方毫米血液中白细胞为8 200个，山羊为960个。根据胞质内有无特殊颗粒，白细胞分为有粒白细胞和无粒白细胞两类，前者又分为中性、嗜酸和嗜碱粒细胞3种，后者又分为单核细胞和淋巴细胞两种。

中性粒细胞　胞质中有许多被染成淡紫红色的细小而均匀分布的特殊颗粒（山羊的明显）。核被染成淡紫红色，其形状随发育程度而改变，由肾形、杆形到分叶形。一般认为年龄越老分叶越多，羊核分叶最多，叶间有细的核丝相连。成年绵羊杆状核和分叶核中性粒细胞分别占白细胞总数的 1.2% 和 33%，山羊则分别为 1.4% 和 47.8%。当机体发生急性炎症时，十分活泼的中性粒细胞便透过毛细血管壁，并趋向细菌，将细菌吞噬，最后在胞质的颗粒内将其消化。死亡的中性粒细胞和被溶解的坏死组织一起形成浓汁。

嗜酸粒细胞　绵羊的占白细胞总数的 4.5%，山羊的占 2%。胞质内含有被染成亮橘红色的粗大颗粒。核常分为两叶，被染成浅蓝紫色。嗜酸粒细胞能吞噬不溶性的抗原—抗体复合物，当机体发生寄生虫感染或过敏反应时，细胞数量增多。

嗜碱粒细胞　绵羊的占白细胞总数的 0.6%，山羊的占 0.8%。核常呈"S"形或 2~4 个分叶形，染成很浅的蓝紫色。胞质中含有被染成深蓝紫色的大小不等颗粒（常将核覆盖）。颗粒中含有肝素、组织胺和慢反应物质。肝素有抗凝血作用，组织胺和慢反应物质参与过敏反应。

单核细胞　绵羊的占白细胞总数的 3%，山羊的占 6%。核呈卵圆形、肾形或马蹄形，染成蓝紫色。胞质丰富，染成淡灰蓝色。单核细胞以变形运动穿出毛细血管进入组织或体腔内，变为巨噬细胞，能吞噬细菌、异物。

淋巴细胞　绵羊的淋巴细胞占白细胞总数的 57%，细胞大小不一，90% 为小淋巴细胞。胞核大，呈球形或卵圆形，染成深蓝紫色。胞质很少，在核周围染成天蓝色窄带，淋巴细胞可分为 T 淋巴细胞和 B 淋巴细胞等类群，参与机体的细胞免疫或体液免疫。

（2）心脏。

①心脏的形态和位置：心脏呈左右稍扁的卵圆形，上部大称心基，由大血管相连；下部小而游离，称为心尖，在近心基处有环绕心脏的冠状沟，是上部心房和下部心室的外表分界。在心脏的左、右侧面分别有自冠状沟向下伸延的锥旁室间沟（左纵沟）和窦下室间沟（右纵沟），是左、右心室的外表分界，两沟前部为右心室，后部为左心室。上述各沟各有营养心脏的血管，并有脂肪填充。

心脏位于胸腔下 2/3 处，夹于左、右两肺之间，略偏左侧，约与第二至第五肋间隙相对。

②心腔的构造：心腔被纵走的房中隔和室中隔分为左、右两半，每半又分为上部的心房和下部的心室，故心腔分为右心房、右心室、左心房、左心室 4 个腔。同侧的心房和心室以房室口相通。

右心房　构成心基的右前部，由右心耳和静脉窦构成。右心耳为圆锥形盲囊，静脉窦为体循环静脉开口部，其背侧壁和后壁上分别有前腔静脉和后腔静脉的开口。右心房的下方有通右心室的右房室口。

右心室　位于右心房的下方，其上方有两个口，前口较小，为肺动脉干口；后口较大，为右房室口。右房室口是血液的入口，由致密结缔组织环绕而成。纤维环上附着有 3 片三角形的瓣膜，称为三尖瓣。瓣膜游离缘垂入心室，并有数条纤细的腱索连于心室壁的乳头肌上；肺动脉干口是血液的出口，也由纤维环构成。环上有 3 个半月形瓣膜附着，称为半月瓣。瓣膜的凹面朝向肺动脉干。

左心房　构成心基的左后部，前部为盲囊状左心耳，后部背侧壁上有数个肺静脉的开口，后者是血液的入口。左心房的下方有左房室口，为血液的出口。

左心室　位于左心房的下方，其上方也有两个口，前口较小，为主动脉口；后口较大，为左房室口。左房室口是血液入口，也由纤维环构成，环上附着有两片强大的瓣膜，称为二尖瓣，其游离缘也垂向心室，并以腱索连于心室壁乳头肌上。主动脉口是血液出口，也由纤维环构成，环上附着有3个半月瓣。

③心壁的构造：由心内膜、心肌膜和心外膜构成，内有血管、神经等。心内膜薄而光滑，与大血管的内膜相延续，心瓣膜就是由心内膜折叠而成的薄片；心肌膜由心肌纤维构成，是心壁最后的一层。心肌膜被房室口的纤维素分为心房肌和心室肌2个独立的肌系，因此，心房和心室可分别收缩与舒张；心外膜由浆膜构成，紧贴心肌膜的外表面，心是心包膜的脏层。

④心的传导系统：由特殊的心肌纤维构成，具有产生和传导心搏冲动的功能，包括窦房结、房室结、房室束及其分支等。窦房结位于右心耳与前腔静脉之间的界沟内、心外膜下，是心搏的起搏点；房室结位于房中隔右房侧冠状窦口（在后腔静脉口下方）附近心内膜下；房室束起自房室结，在室中隔上部分为左、右束支。束支反复分支直到分散成蒲肯野氏纤维，并与心室壁普通心肌纤维相连接。

⑤心包：是包围心的锥形囊，分脏层和壁层。脏层即心外膜，在心基和大血管根部折转移行为壁层，两层之间的间隙为心包腔，内有少量心包液，可减少心搏动时的摩擦。壁层外还有一层纤维膜，在心尖处折转附着于胸骨背面，与其外面的心包胸膜（纵隔胸膜）共同构成胸骨心包韧带。

⑥血液在心腔的通路、心率和心音：

血液在心腔的通路　在心房和心室交替收缩和舒张的过程中，心瓣膜顺血流开张、逆血液闭合，从而使血液在心腔内按一定方向流动。

心房收缩时，心室舒张、房内压大于室内压，推开二尖瓣和三尖瓣，左、右心房的血液分别流入左、右心室。与此同时，肺动脉干和主动脉的压力大于室内压，半月瓣合拢，使动脉内的血液不至于逆流回心室。

心室收缩时，心房舒张，室内压大于房内压，血液上推二尖瓣和三尖瓣，关闭房室口，使心室的血液不至于逆流入心房，同时，心室内的压力大于动脉，血液推开半月瓣，分别进入主动脉和肺动脉干。在心房舒张时，前、后腔静脉和肺静脉的血液分别进入左、右心房。心房和心室如此反复交替收缩和舒张，使血液在心血管中按一定方向循环流动。

心率　动物安静时每分钟的心跳次数，称为心率。在同种动物中，心率可因年龄、性别和其他生理状况而异，绵羊的心率为75（60~120）次，初生小羊为145~240次。

心音　心每收缩和舒张一次，称为一个心动周期。在每个心动周期中，都可在胸壁心的相应部位听到"通—塔"声，前者称第一心音，出现在心室收缩期，又称心缩音；后者称第二心音，出现在心室舒张期，又称心舒音。第一心音持续时间长，音调低；第二心音持续时间短，音调高。心音是心活动的客观反映。凡能影响心肌和心瓣膜功能活动的因素，均可使心音发生变化，因此，听取心音可用以诊断某些疾病。

（3）血管。分动脉、静脉和毛细血管 3 种。动脉是导血出心到全身各部的血管，其管壁厚，富有弹性；静脉是收集全身各部血液回心的血管，其管腔大，管壁薄；毛细血管是连于动脉和静脉之间的微细血管，互相吻合成网状，几乎遍布全身，其管壁薄，通透性大，是物质交换的场所。

血液对血管产生的压力叫血压，通常所说血压是指动脉压而言的。心收缩时的最高血压叫收缩压，心舒张时的最低血压叫舒张压；心收缩时，由于输出血液的冲击而引起的动脉的节律性波动叫脉搏。脉搏一般与心率是一致的。测定羊的动脉压和脉搏均在股动脉进行。

根据血液循环的途径，可将全身的血管分为体循环的血管和肺循环的血管：

①肺循环的血管：肺动脉干起于右心室，在心基后上方分为左、右肺动脉，分别与同侧支气管经肺门入肺。在肺内随支气管反复分支，最后在肺泡壁移行为毛细血管网；肺静脉顺次由毛细血管网、肺静脉各级属支逐渐汇集而成，有数条，自肺门到左心房。

右心室发出的血液经肺循环血管返回左心房，途经肺泡毛细血管网时，排出二氧化碳，吸进氧，使静脉血变为动脉血。

②体循环的血管：主动脉是体循环的动脉总干，起自左心室，经各级分支到全身各部移行为毛细血管网。毛细血管、小静脉、中静脉逐级汇集，最后主要汇集成前、后腔静脉，开口于右心房。血液由左心室出发，经体循环的血管返回右心房，途经毛细血管网进行气体交换和物质交换，使动脉血变为含代谢产物和二氧化碳较多的静脉血。

主动脉穿出心包后在纵隔内呈弓形向后上方伸延，至第五胸椎腹侧沿胸椎向后伸延，穿过膈的主动脉裂孔后沿腰椎腹侧继续向后伸延，于第五至第六腰椎腹处分为左、右髂内、外动脉。髂内动脉是骨盆部的动脉主干。髂外动脉是后肢的动脉主干，沿盆腔前口侧缘向后下方伸延，至耻骨前缘向下移行为股动脉。主动脉在其根部分出分布于心的左、右冠状动脉之后，又分出分布于头颈部、前肢和胸前部的臂头动脉干，以后陆续在胸腔分出支气管、食管动脉和成对的肋间背侧动脉，在腹腔分出到内脏器官的腹腔动脉、肠系膜前动脉、肾动脉、肠系膜后动脉。睾丸动脉（或卵巢动脉）和成对的腰动脉。

前腔静脉由左、右颈内，外静脉和左、右腋静脉在胸前口处汇合而成，位于胸腔纵隔内，气管的腹侧，是导引头颈部、前肢和部分胸壁血液入右心房的静脉干，在胸腔内有胸廓内静脉等属支。颈外静脉是导引头颈部血液的静脉干，位于颈静脉沟的皮下。在颈的前半部，颈外静脉与其深部的颈总动脉之间隔有肩胛舌骨肌，此处作静脉注射或采血比较安全；后腔静脉由左、右髂总静脉（同侧髂内、外静脉汇合而成）在第五或第六腰椎腹侧汇合而成，在主动脉的右侧向前伸延，经肝壁面（前面）的腔静脉沟（肝静脉开口于此）和膈的腔静脉孔至胸腔，开口于右心房，沿途接受腰静脉、睾丸或卵巢静脉、肾静脉和肝静脉。门静脉也属于后腔静脉范畴。门静脉是腹腔内收集胃、小肠、大肠（直肠后部除外）、胰和脾等处静脉血经肝门入肝的较大的静脉（详见肝的血管）。

由左心室发出富含营养物质和氧的动脉血到达乳房的途径是：主动脉、髂外动脉、股深动脉、阴部腹壁动脉干、阴部外动脉（乳房动脉）；乳房的静脉血返回右心房的途径有2条：一条是经阴部处静脉、阴部腹壁静脉、股深静脉、髂外静脉、髂总静脉、后腔静脉至右心房；另一条是经腹皮下静脉、胸廓内静脉、前腔静脉至右心房。乳用母羊的腹皮下静脉发达，沿腹部皮下向前伸延，在胸底壁后部穿过腹直肌上的孔（乳井）过入胸腔，延续为胸廓内静脉。

5. 淋巴系统

淋巴系统由淋巴管、淋巴组织和淋巴器官组成。

淋巴管内含有淋巴。当血液经动脉到达毛细血管动脉端时，其中，一部分液体进入组织间隙形成组织液。组织液与细胞进行物质和气体交换后，大部分渗入毛细血管静脉端；另一部分则进入毛细淋巴管成为淋巴。小肠绒毛中的毛细淋巴管（中央乳糜管）尚可吸收脂肪，其淋巴呈乳白色，又称乳糜。淋巴沿各级淋巴管单向向心流动，最后归入静脉。因此，淋巴管可视为协助静脉回收组织液和部分脂肪物质的辅助导管；淋巴组织是含有大量淋巴细胞和一些巨噬细胞的网状组织，如消化管和呼吸道黏膜中的弥散淋巴组织和淋巴小结；淋巴器官包括胸腺、淋巴结、脾和扁桃体，其中淋巴结位于淋巴管的通路上。淋巴组织和淋巴器官都能产生淋巴细胞，通过淋巴管和血管进入血液循环，参与机体免疫活动。

（1）淋巴管。分为毛细淋巴管、淋巴管、淋巴干和淋巴导管。毛细淋巴管以稍膨大的盲端起于组织间隙，管径粗细不一，伴随毛细血管分布，但比毛细血管有更大的通透性；淋巴管由毛细淋巴管汇集而成，呈串球状。在淋巴管通路上有一个或多个淋巴结。按淋巴对淋巴结的流向，可分为输入淋巴管和输出淋巴管；淋巴干由深、浅淋巴管穿过相应的淋巴结后汇集而成，与大血管伴行，如气管淋巴干，腰淋巴干和内脏淋巴干；淋巴导管由淋巴干汇集而成，有胸导管和右淋巴导管两条。胸导管是全身最大的淋巴管道，收集全身 3/4 的淋巴，起始部呈长梭形膨大，称为乳糜池，位于最后胸椎和前 1~3 个腰椎腹侧，由此沿主动脉右上方向前伸延，约至第 6 胸椎处越过食管和气管左侧转而向前下伸延，于胸前口处开口于前腔静脉。右淋巴导管较短，为右气管淋巴干的延续，末端开口于前腔静脉起始部。右淋巴导管收集右侧头颈、右前肢、右半胸壁、右肺和心右半的淋巴。

（2）淋巴器官。

①胸腺：呈淡黄色，由许多小叶组成，从心前纵隔沿食管、气管向前伸至甲状腺附近。胸腺除产生大量 T 淋巴细胞外，还能分泌多种胸腺激素。羊的胸腺从 1~2 岁开始退化。

②淋巴结：一般为灰黄色，呈圆形或椭圆形。其大小不一，小的仅长 2mm，大的长达 10cm，如肠系膜上的淋巴结。淋巴结一侧的凹陷称淋巴门，是输出淋巴管和血管、神经出入之处。

淋巴结表面被覆结缔组织被膜，被膜向实质内伸入形成网状小梁。实质即淋巴组织，可分为周围的皮质和中央的髓质。皮质由淋巴小结、副皮质区和皮质淋巴窦组成。淋巴小结是 B 淋巴细胞的增殖区。淋巴小结之间及其深层的弥散淋巴组织称副皮质区，为 T 淋巴细胞增殖区。皮质淋巴窦是被膜深面和小梁周围淋巴流动的通道，在被膜处与多条输入淋巴管连通；髓质由髓索和髓质淋巴窦组成。髓索为排列成索状的淋巴组织，互相连接成网，也是 B 淋巴细胞增殖区。髓索之间的腔隙为髓质淋巴窦，后者既与皮质淋巴窦通连，又与输出淋巴管通连。淋巴窦内有网状纤维、网状细胞和巨噬细胞，当淋巴流经淋巴结时，淋巴窦内的巨噬细胞可将进入淋巴的细菌、异物吞噬。此时，淋巴结也因其细胞迅速增殖而发生肿大。因此，了解淋巴结的正常形态、构造及其位置，对疾病的诊断和肉品卫生检验具有实践意义。

羊的淋巴结或淋巴结群都有其固定位置，接受一定区域的淋巴。这个淋巴结或淋巴结群就是其所接受淋巴区域的淋巴中心，因此，淋巴结的病变反映其收集区域的病变。淋巴结有浅淋巴结和深淋巴结之分，前者多位于体表凹陷处的皮下；后者分布于深部大血管附近、器官门处、肠系膜等处。现将较重要的淋巴结的位置和引流区域分述如下。

下颌淋巴结　位于下颌间隙、下颌骨支的后部内侧皮下，活体触摸小而坚实。收集头部下半、口腔、鼻腔和唾液腺的淋巴。

颈浅淋巴结　又称肩前淋巴结，位于肩关节前上方、岗上肌前缘，臂头肌和肩胛横突肌的深面。另外在斜方肌的深面有一些小的颈浅副淋巴结。颈浅淋巴结在活体可触摸到。它收集颈部、前肢和胸壁的淋巴。

髂下淋巴结　又称股前淋巴结或膝上淋巴结，位于膝关节上方，阔筋膜张肌前缘皮下。活体容易触摸到。收集腹壁和臀股部、小腿部皮肤的淋巴。

腹股沟浅淋巴结　公羊的位于阴茎背侧、精索的后方皮下，母羊的位于乳房基部后上方的皮下。收集股内侧腹下壁皮肤及阴茎、阴囊或乳房的淋巴。

腘淋巴结　位于臀股二头肌与半腱肌之间、腓肠肌外侧头后上方。收集小腿及其以下肌肉、皮肤的淋巴。

髂内淋巴结　位于髂外动脉起始部与主动脉之间的夹角内。收集后肢、骨盆腔器官和腰部的淋巴，经腰淋巴干注入乳糜池。

气管支气管淋巴结　位于气管分叉处，主要收集气管、肺和心的淋巴。

肠系膜淋巴结　位于肠系膜内，收集空肠、回肠、盲肠、结肠的淋巴。

肝淋巴结　位于肝门附近，收集肝、胰、十二指肠和皱胃的淋巴。

③脾：是体内最大的淋巴器官。羊脾呈扁平的钝三角形，位于瘤胃左侧。脾有滤血、参与机体免疫活动、造血和贮血功能。

6. 呼吸系统

呼吸系统从外界吸进氧以氧化消化系统摄取的能源物质，供羊体生命活动所必需的能量，氧化过程中产生的二氧化碳也由呼吸系统排出体外，机体与外界环境之间的气体交换称呼吸。

呼吸系统由鼻、咽、喉、气管、支气管和肺组成。鼻腔、咽、喉、气管和支气管是气体进出肺的通道，称为呼吸道。它们以骨或软骨作支架，以保证气体畅通；肺是气体交换的器官。肺内有广大的与空气接触面，并且有大量的肺循环血管分布，还有肺的位置，所有这些都有利于气体交换。

（1）呼吸道。

①鼻：包括鼻腔和鼻旁窦。鼻腔以骨和软骨为支架，内衬皮肤和黏膜。鼻腔正中有鼻中隔，将其分为左右互不相通的两个腔。每侧鼻腔前以鼻孔与外界相通，后以鼻后孔与咽相通。每侧鼻腔衬有黏膜的部分称固有鼻腔，其侧壁上有上、下两个纵行的鼻甲，将鼻腔分为上、中、下3个鼻道。上鼻道窄，其后部的黏膜为司嗅觉的嗅区。中鼻道通鼻旁窦。下鼻道最宽，直接经鼻后孔与咽相通。鼻中隔与上、下鼻甲之间的空隙为总鼻道，与上述

3 个鼻道相通；鼻旁窦是骨性鼻旁窦内衬黏膜形成的含气腔，主要有额窦和上颌窦。鼻旁窦的黏膜与鼻腔的黏膜相延续，因此，鼻黏膜发炎时可波及鼻旁窦，引起鼻旁窦炎。

②咽：见消化系统。

③喉：既是呼吸道，又是调节空气流量和发音器官。位于下颌间隙的后方、头颈交界处的腹侧。喉壁主要由喉软骨和喉肌构成，内面衬有黏膜。喉软骨有环状软骨、甲状软骨、会厌软骨和成对的勺状软骨。环状软骨呈指环状，其前后缘以结缔组织分别与甲状软骨和气管软骨相连。甲状软骨最大，其背侧敞开，构成喉底壁和两侧壁。勺状软骨和会厌软骨分别位于喉前部的背、腹侧。吞咽时，会厌软骨可向后翻转覆盖喉口，以防止食物误入气管。

④气管和支气管：气管是以许多缺口向上的"C"形软骨环为支架的圆筒状长管，自喉沿颈部腹侧正中向后伸延，进入胸腔后经心前纵隔达心基背侧，分为左、右主支气管，分别进入左、右肺。气管在分出左、右支气管之前，还从右侧分出一支较小的气管支气管（前叶或右尖叶支气管）进入右肺前叶。

气管壁由黏膜、黏膜下层和外膜构成。黏膜上皮为假复层柱状纤毛上皮。黏膜下层有许多混合腺分布。外膜由软骨环和结缔组织组成；支气管的结构同气管。

（2）肺。

①肺的形态和位置：肺有左、右两个，分别位于胸腔内心的两旁。健康肺为粉红色，表面光滑，质软而轻，富弹性。肺路呈锥体形，具有 3 个面和 3 个缘。肋面凸，与胸侧壁相对；底面凹，与膈相对。纵隔面与纵隔相对，并有心压迹。心压迹的后上方有肺门，是主支气管、肺血管、神经和淋巴管进出处。这些结构被结缔组织连成肺根。肺的背侧缘钝而圆。腹侧缘和底缘薄而锐。腹侧缘上有心切迹，心包在此处与胸侧壁接触。左肺的心切迹大，相当于第三至第六肋，是心音最佳听诊部。

肺以腹侧缘的叶间裂分为肺叶。左肺分为前叶（尖叶）和后叶（膈叶）两叶。右肺分为前叶、中叶（心叶）、后叶和副叶 4 个叶。两叶的前叶均可分为前后两部。

②肺的结构：肺表面覆以浆膜（胸膜脏层或肺胸膜）。浆膜深面的结缔组织伸入肺内形成肺的间质，其中含有血管、神经等。肺的实质即肺内支气管及其各级分支和大量肺泡。主支气管经肺门入肺后，反复分支呈树状，称为支气管树。支气管反复分支依次分为小支气管、细支气管和终末细支气管、呼吸性细支气管、肺泡管、肺泡囊直至肺泡。从支气管到终末细支气管为导管部。终末细支气管以下为呼吸部。每个细支气管连同它的各级分支和肺泡组成一个肺小叶。肺小叶呈大小不等的锥体形，锥顶朝向肺门，锥底向着肺表面，周围有薄层结缔组织。所谓小叶性肺炎就是指肺小叶的病变。从肺表面看，山羊的肺小叶在前叶和中叶较明显，绵羊的仅沿肺的腹侧缘和底缘可以辨认出。

肺实质的导管部随着反复分支而管径渐细，管壁渐薄，管壁的结构也相继简化，如壁内的软骨片和腺体逐渐减少直至消失，上皮逐渐变薄直到成为单层柱状纤毛上皮，而平滑肌相对增多直至形成完整的环形，从而有利于调节空气进入肺泡的流量。

肺实质的呼吸部，从呼吸性细支气管管壁出现零散肺泡，到肺泡囊成为多个肺泡的开口，肺泡数量逐渐增多，管壁更薄，具有交换气体的功能。肺泡是气体交换的场所，呈多面囊泡状，数量非常多。肺泡壁的上皮由许多单层扁平细胞和一些具有分泌功能的立方形细胞组成。相邻肺泡上皮之间的薄层结缔组织为肺泡隔，含有丰富的毛细血管网。肺泡上皮与毛细血管紧贴，有利于气体交换。肺泡隔中还有巨噬细胞，能吞噬细菌、异物等。巨噬细胞吞噬吸入的灰尘后称尘细胞，可随黏液排出体外。

（3）胸膜和纵隔。

①胸膜：为覆盖在肺表面、胸壁内面和纵隔上的浆膜，其中肺表面的胸膜称胸膜脏层或肺胸膜，其他为胸膜壁层。壁层按部位又分衬贴于胸侧壁的肋胸膜、膈上的膈胸膜和纵隔两侧面上的纵隔胸膜。胸膜壁层和脏层在肺根处互相移行，于是在纵隔的两侧，胸膜脏、壁层间各出现一个完整的间隙，即胸膜腔。胸膜腔内为负压，使两层胸膜紧密相贴，在呼吸运动时，肺可随着胸壁和膈的运动而扩张或回缩。胸膜腔内有少量浆液，以减少呼吸时两层胸膜之间的摩擦。

②纵隔：为两侧纵隔胸膜之间的器官（心和心包、胸腺、食管、气管、大血管、胸导管、神经及淋巴结等）和结缔组织的总称。

（4）呼吸运动和呼吸过程。

①呼吸运动：呼吸肌收缩与舒张使胸腔扩大和缩小，称为呼吸运动。当肋间外肌收缩时，牵引肋向前向外，使胸腔横径增大，而膈收缩时，其向胸腔凸度变小，使胸腔纵径增大，从而胸腔扩大，肺被牵拉而扩张，肺内压低于大气压，于是空气入肺，形成吸气。在平静呼吸时，呼气是靠上述肌肉舒张使肋和膈复位，胸腔容积变小而实现的。在深呼吸时，肋间外肌和腹壁肌也参与呼吸运动。

根据呼吸肌的活动情况和腹壁起伏情况，呼吸类型可分为以肋间外肌为主使胸廓起伏显著的胸式呼吸和腹壁起伏明显（胸廓活动受限时）的腹式呼吸及表现为一定的胸廓与腹壁起伏的混合型。当胸廓发生疾病时，呼吸主要靠膈的舒缩活动，表现为腹式呼吸。相反，当腹部有病时，则为胸式呼吸。

每分钟呼吸的次数称呼吸频率。呼吸频率因年龄、性别、生理状况和所处环境不同而异。羊的呼吸频率为 10~20 次。

②呼吸过程：包括肺内肺泡与血液之间氧与二氧化碳的气体交换、氧与二氧化碳在血液中的运送和组织内组织与血液间氧与二氧化碳的交换 3 个环节。

7. 生殖系统

生殖系统是产生两性生殖细胞、繁殖新个体的功能系统，包括公羊生殖器官和母羊的生殖器官。

（1）公羊的生殖器官。包括睾丸、附睾、输精管、尿生殖道、副性腺、阴茎、阴囊和包皮。

①睾丸：位于阴囊内，左、右各一。在胚胎时期，睾丸位于胎儿腹腔内，出生前后，睾丸经腹股沟管下降到阴囊中，这一过程称睾丸下降。如果有一侧或两侧睾丸未下降到阴囊，分别称为单睾或隐睾。单睾或隐睾的公羊均不能作种用。

睾丸呈左，右稍扁的长椭圆形，其长轴与躯体的长轴垂直。睾丸的上端为血管、神经进出端，称为睾丸头，有附睾头附着；下端为睾丸尾，有附睾尾附着。

睾丸表面光滑，大部分覆以浆膜，即固有鞘膜。后者的深面为一层致密结缔组织构成的白膜。白膜结缔组织从睾丸头端伸入睾丸内，形成贯穿睾丸长轴的睾丸纵隔。自睾丸纵隔分出许多呈放射状排列的睾丸小隔，将睾丸实质分为许多锥形的睾丸小叶。在每个睾丸小叶内有2~3条弯曲的曲精小管，小管之间为间质。曲精小管的管壁由基膜和多层上皮细胞组成。上皮细胞有产生精子的生精细胞和支持、营养生精细胞的高柱状或圆锥状支持细胞（足细胞）两类。生精细胞在性成熟后的公羊可分为精原细胞、初级精母细胞、次级精母细胞、精子细胞和精子几个发育阶段。部分精原细胞分裂发育成初级精母细胞，后者再分裂成两个次级精母细胞。次级精母细胞经减数分裂形成两个精子细胞。后者再经一系列的复杂变态过程由球形变成蝌蚪状的精子。在精子的发生过程中，各级生精细胞逐渐由曲精管的周边移向小管的中央；曲精小管末端变直称直精小管，后者在睾丸纵隔内互相吻合成睾丸网。睾丸网在睾丸头处汇集成睾丸输出小管。

睾丸除产生精子外，还产生雄激素。雄激素由间质细胞分泌，具有促进公羊生殖器官的发育和精子的产生，延长附睾内精子的寿命，激发第二性征、性欲及性行为等功能。

②附睾：附着于睾丸的附睾缘，可分为附睾头、附睾体、附睾尾。附睾头由睾丸输出小管组成。输出小管汇合成一条长47~48m的附睾管，迂曲盘绕形成附睾体和附睾尾。在附睾尾处移行为输精管。附睾的表面也被覆固有鞘膜和白膜。

睾丸曲精小管产生的精子，经直精小管、睾丸网、输出小管到达附睾头时，并未发育成熟，尚无受精能力。精子必须在通过附睾体到达附睾尾的过程中（约两周时间），才能发育成熟，具有受精能力。精子形如蝌蚪，可分为头、尾两部分。头部呈扁卵圆形，主要由浓缩的细胞核构成。核的前端覆以帽状顶体。顶体含有多种水解酶，有利于精子入卵。尾部细长，含有能收缩的纤丝和供能物质，可使精子围绕纵轴旋转向前运动。精子在附睾中停留2个月仍有受精能力，若停留时间过长，则活力降低，乃至死亡。

③阴囊：为呈瓶状的腹壁囊，有保护睾丸、附睾和调节囊内温度的作用。阴囊壁由外向内依次分为皮肤、肉膜、阴囊筋膜和总鞘膜4层。总鞘膜折转到精索、睾丸和附睾的表面为固有鞘膜，折转处形成的浆膜褶称睾丸系膜。总鞘膜与固有鞘膜之间的腔隙称鞘膜腔，内有少量浆液。鞘膜腔的上段细窄称鞘膜管，位于腹股沟管内，以鞘膜管口或鞘环通腹膜腔。

去势时切开阴囊后，当将精索断离后，还必须切断睾丸系膜和阴囊韧带（连结附睾尾和总鞘膜之间的睾丸系膜内的结缔组织），才能摘除睾丸和附睾。

④输精管和精索：输精管是附睾管的直接延续，由附睾尾进入精索的输精管褶中，以腹股沟管进入腹腔，然后向后上方进入骨盆腔，在膀胱背侧尿生殖褶中膨大形成输精管壶腹，后者壁内有壶腹腺，输精管壶腹末端变细，开口于尿生殖道起始部背侧壁。

精索是阴囊和腹股沟管内由血管、神经、淋巴管、平滑肌束及输精管被固有鞘膜包裹而形成的扁圆锥形的结构，其基部附着于睾丸和附睾，上端达腹股沟管腹环。去势时断离精索要采取止血措施。

⑤尿生殖道：公羊的尿道兼有排精作用，故称尿生殖道，前端起于膀胱颈，沿骨盆联合背侧向后伸延，绕过坐骨弓，再沿阴茎腹侧尿道沟向前伸延，末端在阴茎头形成尿道突，以尿道外口与外界相通。尿生殖道可以坐骨弓为界分为位于骨盆腔内的骨盆部和在阴茎腹侧的阴茎部。前者的壁上有副性腺及其导管的开口，后者参与构成阴茎。

⑥副性腺：包括精囊腺、前列腺扩散部和尿道球腺，其分泌物参与组成精液，有稀释

精子、营养精子和冲洗尿生殖道等作用，有利于精子的生存和运动。

精囊腺 有一对，呈圆形，位于膀胱颈背侧的尿生殖褶中。每个精囊腺的一条导管与同侧输精管共同开口于尿生殖道起始部背侧壁。精囊腺的分泌物含有丰富的果糖，是精子代谢的主要能源物质。

前列腺扩散部 绵羊的位于尿生殖道背侧壁中，山羊的位于海绵体中，有许多导管开口于尿生殖道骨盆部的黏膜上。

尿道球腺 有一对，呈圆形，位于尿生殖道后端背外侧。每个腺体以一条导管开口于尿生殖道内。尿道球腺分泌碱性水样液，其作用是在射精前冲洗尿生殖道。

精液 为不透明的黏稠液体，由精子和附睾、输精管壶腹、副性腺的分泌物组成。羊的一次射精量为 1mL（0.7~2mL），精子密度为每微升含精子 300 万个（200 万~500 万个），pH 值为 0.7~7.3，渗透压近似血浆。精子在母羊生殖道获能时间为 1.5 小时，保持受精能力的时间为 30~48 小时。精子离体后容易受多种因素的作用而影响其活力，在进行人工授精稀释精液时稀释液必须能给精子营养，渗透压与精液相等，pH 值与原精液大致相同，能抵制微生物的生长和繁殖等。

⑦阴茎与包皮：阴茎主要由阴茎海绵体和尿生殖道阴茎部构成，由后向前可分为阴茎根、阴茎体和阴茎头 3 部分。阴茎根以两个阴茎脚附着于坐骨弓的两侧；阴茎体在阴囊后方形成"S"形弯曲；阴茎头前端有一细而长的尿道突，公绵羊的长 3~4cm，弯曲成弓状。公山羊的较短而直。射精时，尿道突可迅速转动，将精液射在子宫颈口周围。

包皮为皮肤折转而成的管状鞘，有容纳和保护阴茎头的作用。

（2）母羊的生殖器官。包括卵巢、输卵管、子宫、阴道、阴道前庭和阴门。

①卵巢：呈卵圆形或圆形，长约 1.5cm，一般被卵巢系膜悬吊在骨盆腔前口两侧附近。卵巢的子宫端借卵巢固有韧带与子宫角相连。

卵巢表面除卵巢系膜附着部外，都被覆着一层表面上皮（生殖上皮）。上皮下面是一层致密结缔组织构成的白膜。白膜内为卵巢实质，后者又分为周围的皮质和深部的髓质。皮质由结缔组织基质、处于不同发育阶段的卵泡、闭锁卵泡和黄体等构成；髓质为富含血管、淋巴管和神经等的疏松结缔组织。

卵泡 是由卵母细胞及其周围的卵泡细胞构成的球形结构。根据发育阶段不同，可将卵泡分为原始卵泡、生长卵泡和成熟卵泡，其中，生长卵泡又分为初级卵泡和次级卵泡两个连续的发育阶段。很多卵泡在发育过程中退化为闭锁卵泡。

原始卵泡是一种数量多、体积小的卵泡。位于皮质的浅层。每个原始卵泡由一个初级卵母细胞和其周围的一层扁平的卵泡细胞构成。从原始卵泡经生长卵泡到成熟卵泡的整个生长发育过程中，卵泡的大小和结构均发生一系列的变化，如卵母细胞的体积逐渐增大（至次级卵泡达到最大），卵泡细胞数量不断增加，在卵母细胞与卵泡细胞之间出现透明带，卵泡周围的结缔组织逐渐分化成卵泡膜。随后在卵泡细胞间相继出现充有卵泡液的腔隙，进而逐渐汇合成一个卵泡腔，并不断扩大。卵母细胞及其周围的一些卵泡细胞被挤到卵泡的一侧形成卵丘，其余的卵泡细胞形成卵泡壁即颗粒层，紧靠卵母细胞的卵泡细胞形成放射状排列的放射冠。此时卵泡膜也逐渐分化为内、外两层，分别称为卵泡内膜和卵泡外膜。内膜细胞能分泌雌激素。随着卵泡液的激增，卵泡体积增大，并向卵巢表面隆起，母羊的成熟卵泡直径达5~8mm。排卵前，初级卵母细胞经第一次成熟分裂形成一个体积较大的次级卵母细胞和一个很小的第一极体。

由于成熟卵泡内卵泡液剧增，内压升高，使突出于卵巢表面的颗粒层、卵泡膜及白膜和表面上皮变薄而松散。与此同时，放射冠与卵丘之间也逐渐脱离。在酶的作用下，卵泡破裂，次级卵母细胞连同周围的透明带、放射冠一起排出卵巢，此过程称为排卵。排卵时，因血管受损而使血液流入卵泡腔内，形成血体。

黄体　成熟卵泡排卵后，残留在卵巢内的颗粒层向内塌陷形成皱褶，内膜细胞和血管也随之陷入。卵泡细胞和内膜细胞分别演化成颗粒黄体细胞和膜黄体细胞，从而形成体积大而富含血管的内分泌细胞团，即黄体。如果排出的卵已受精，黄体可一直保留到妊娠后期。如果母羊不妊娠，黄体不久就退化消失。黄体退化时，逐渐被结缔组织所代替，形成白体。黄体除分泌大量黄体酮外，还分泌少量雌激素。

雌激素的主要作用是促进子宫、阴道和乳腺导管的发育，激发性欲；黄体酮有刺激子宫腺分泌和乳腺发育的作用，并可抑制垂体分泌促卵泡素，使卵泡停止生长发育。

②输卵管：是一对细长而弯曲的管道，被输卵管系膜固定在卵巢与子宫之间。输卵管系膜与卵巢固有韧带之间形成卵巢囊，卵巢位于囊内，有利于卵子进入输卵管。输卵管的前端膨大为输卵管漏斗。漏斗的边缘有许多不规则的皱褶，称为输卵管伞。漏斗的中央有通腹膜腔的口，称为输卵管腹腔口，卵子由此进入输卵管。输卵管前段粗而长，称输卵管壶腹，为受精场所。输卵管后段较短，细而直，称输卵管峡，末端以输卵管子宫口通子宫角腔。

输卵管管壁由黏膜、肌层和浆膜构成。肌层的舒缩和黏膜上皮纤毛的摆动，有助于卵子向子宫端运送。

③子宫：为中空的肌质器官，富于伸展性，是胚胎生长发育的场所，以子宫阔韧带固着于腰下部腹腔内，前接输卵管，后连阴道。子宫可分为子宫角、子宫体和子宫颈3部分。子宫角有一对，长10~20cm，其前部卷曲呈绵羊角状，两子宫角后部被结缔组织等相连，形成伪体。子宫体长约2cm。子宫颈壁厚，管腔狭窄，长约4cm，末端突入阴道，称子宫颈阴道部。子宫角和子宫体黏膜上有许多丘形隆起，称为子宫阜，是胎膜与子宫壁结合的部位。子宫颈管因黏膜隆起互相嵌合而呈螺旋状，平时紧闭。

子宫壁由内膜（黏膜）、肌层和浆膜构成。内膜有子宫腺，分泌子宫乳可供早期胚胎营养物质。肌层为平滑肌，最厚。

④阴道：为交配器官，也是产道，长约8cm，位于骨盆腔内，其背侧为直肠，腹侧为膀胱。阴道黏膜呈粉红色，并形成一些纵褶，随发情周期而有变化。

⑤阴道前庭与阴门：阴道前庭是交配器官和产道，也是排出尿液的道路，又称尿生殖前庭。阴道前庭前接阴道，两者以腹侧横行的黏膜褶—阴瓣为界；后端以阴门与外界相通。阴道前庭黏膜深部有前庭腺，能分泌黏液，交配和分娩时分泌增多，有润滑作用，此外，还有吸引导性的气味物质。

阴门又称外阴，由左、右阴唇构成。在阴门腹侧联合的前方有小而凸的阴蒂。阴蒂具有丰富的感觉神经末梢，甚为敏感，若输精时给予适当的刺激，则有利于输精的顺利进行。

8. 乳房与沁乳

（1）乳房。母羊的乳房在初情期后迅速生长发育，妊娠末期具有沁乳功能。

乳房一般呈倒置的圆锥形，由一纵沟分为左、右两半，每半各有一个圆锥形的乳头（绵羊偶有 2 个，一般后乳头小），而每个乳头上各有 1 个乳头管。

乳房由皮肤、纤维结缔组织和实质构成。乳房的皮肤除乳头外生有被毛，也有汗腺和皮肤腺。乳房后部到阴门之间带有线状毛流的皮肤褶称乳镜；纤维结缔组织包括疏松结缔组织和致密结缔组织。前者除构成乳房浅筋膜外，还形成乳腺的间质；后者即深筋膜，由腹壁深筋膜延续而来，主要被覆在每半乳房的内、外表面，形成乳房的悬吊装置。在每半乳房内表面的深筋膜以少量疏松结缔组织相连，形成乳房中隔（乳房悬韧带），向上连于腹白线；乳房的实质也是乳腺的实质，为复管泡状腺。

乳腺由富含血管、淋巴管、神经的疏松结缔组织间质和复管泡状腺的实质构成。间质将实质分割成许多小叶，并伸入小叶内包在腺泡的周围，从而形成乳腺的支架。间质的多少随年龄、营养状况和生理状态不同而变化。静止期的乳腺主要是结缔组织、分散的导管、脂肪组织和一些萎缩塌陷的腺泡；乳腺实质可分为分泌部和导管部。分泌部由腺泡组成。在静止期，腺泡数量少，腺泡上皮为单层立方上皮。在妊娠末期结缔组织变少，而腺泡数量增多，体积变大，腺细胞显有分泌活动，腺上皮为单层柱状或锥形。沁乳期腺泡结构与妊娠末期的基本相同。乳腺实质导管部包括小叶内导管、小叶间导管、输乳管、乳道、乳池和乳头管。这些管道由小到大顺序相连，将腺泡腔内的乳汁输送到体外。

（2）乳的分泌。腺细胞从血液中摄取营养物质生成乳，并排入腺泡腔内的生理过程，称为乳的分泌。流经乳房血液中的大部分营养物质被乳腺摄取，如葡萄糖的 $60\% \sim 85\%$ 被摄取，其中，80% 转为乳糖。乳的生成不是血液中营养物质在腺泡上皮的积聚，而是复杂的主动选择吸收和合成过程，如乳中糖的含量是血浆的 $80 \sim 90$ 倍，脂肪高 20 倍以上，乳中的酪蛋白和乳糖在血液中也是没有的，相反，血浆中蛋白质比乳中高 2 倍，钠高 8 倍。由此可见，沁乳期间血液的成分和血流量影响乳的质量和产量。

三、绵羊的消化生理特点

1. 口腔中消化

口腔主要是采食和对食物进行机械性的消化。咀嚼不仅是对食物进行机械性消化，而且还通过食物对黏膜的刺激反射性地引起唾液、胃液和肠液的分泌及胃、肠的运动，从而为食物的进一步打好基础；唾液有湿润和软化食物的作用，有利于咀嚼和吞咽，并有中和瘤胃微生物发酵所产生的有机酸的作用，以维持瘤胃内适宜的酸碱度。

2. 胃内消化

瘤胃内微生物的消化 瘤胃内生活着大量的嫌气或厌气微生物，如每毫升内容物含细菌 100 亿个以上，纤毛虫 10 万~100 万个。这些微生物体内含各种酶，能分解和合成各种营养物质：将饲料中的纤维素、淀粉等糖类发酵，最终形成低级脂肪酸、二氧化碳和甲烷等，低级脂肪酸可被瘤胃壁吸收，气体在嗳气时排出。微生物在发酵糖类的过程中，将饲料分解产生的单糖合成自身的糖原。当微生物随食糜进入皱胃和十二指肠后，先后被杀死和消化，其糖原被消解为葡萄糖而被小肠吸收。纤维素是反刍动物饲料中的主要糖类，羊每天要采食大量的纤维素饲料，因此，瘤胃对纤维素的消化极为重要；将饲料中部分蛋白质及非蛋白质含氮物消解后，再重新合成微生物自身的蛋白质，当这些微生物随食糜进入皱胃和小肠后，被消化吸收，从而为羊体提供了蛋白质和某些必需氨基酸；将饲料中大部分脂肪消解为甘油、脂肪酸和丙酸，被羊体吸收利用；合成多种 B 族维生素和维生素 K。

（1）胃的运动。可分为前胃和皱胃的运动。前胃的运动是对食物进行机械性消化。首先是网胃发生两次相继收缩，先后将浮在网胃上部的粗糙内容物和较重的流体内容物分别压入瘤胃和皱胃；在网胃第二次收缩尚未结束时，瘤胃开始从背囊由前向后收缩，接着从腹囊由后向前收缩，使内容物按收缩波动方向移动混合，并将部分内容物在网胃舒张时送入网胃；网胃部分内容物进入瓣胃后，瓣胃沟首先收缩，使其中的液态内容物进入皱胃，而粗糙的内容物被挤压摩擦，并将部分磨碎的内容物送入皱胃。

皱胃通过舒缩运动和蠕动以容纳食糜和使胃液渗入食糜，并将食糜移入十二指肠。

（2）反刍和嗳气。反刍通称倒嚼，是反刍动物把粗粗咀嚼后咽下的食物，在休息时再逆呕到口腔细细咀嚼，然后再咽下的过程。反刍是反刍动物的重要生理机能，从而也是羊只健康的标志之一。在某些疾病或环境异常时，常出现反刍停止或减少。

嗳气是从口腔排出瘤胃内微生物发酵产生的气体，并发出声音，常称打嗝儿。嗳气是由于胃内气体增多而刺激胃壁压力感受器引起的反射。反射障碍可使瘤胃臌胀。发病多因采食过多谷类籽实或嫩绿豆科植物所致。

3. 小肠内的消化

包括消化液的化学性消化和小肠运动的机械性消化。

（1）化学性消化。化学性消化包括胰液、胆汁和小肠液的化学性消化。胰液中的淀粉酶将淀粉分解为麦芽糖，脂肪酶将脂肪分解为甘油和脂肪酸，而蛋白酶原被小肠液中肠致活酶激活为蛋白酶，后者又能激活糜蛋白酶原。胰蛋白酶和糜蛋白酶均能将蛋白质分解为蛋白胨和际，并协同作用进一步将际和胨分解为小分子的多肽和氨基酸。胰液中还有多种蛋白水解酶，分别将多肽水解为氨基酸，将相应的核酸水解为单核苷酸；胆汁能将脂肪乳化为脂肪微滴和增强胰脂肪酶的活性，并能与脂肪酸结合为水溶性复合物，促进脂肪酸和脂溶性维生素的吸收；小肠液的渗透压与血浆相等，经大量小肠液稀释的消化产物易于吸收。此外，小肠液中的肠致活酶能激活胰蛋白酶原，以便于蛋白质的消化。小肠本身的化学消化主要是通过肠上皮微绒毛表面糖衣所含多种消化酶，将多肽分解为氨基酸，将蔗糖、麦芽糖和乳糖分解为葡萄糖等单糖。

（2）机械性消化。机械性消化是以肠壁平滑肌收缩为动力，通过紧张性收缩、分节运动、摆动和蠕动来完成的。前 3 种运动方式可使食糜和消化液充分混合，有利于化学消化；并使肠壁与食糜紧密接触，以利于消化了的营养物质的吸收；分节运动和摆动还通过节律性挤压肠壁促进血液和淋巴回流，以利于营养物质的运输。蠕动可将食糜向后推送，同时伴有肠音发生。听诊时，肠音似流水音或含漱音，若肠音减弱或消失，为肠麻痹的象征。

4. 大肠内的消化

食物经小肠充分的消化吸收后,含营养物质较少的部分被送到大肠。大肠内没有消化酶,微生物的消化作用也很小。大肠的运动少而慢,粪球的形成与结肠的分节运动有关。大肠的运动少而慢,粪球的形成与结肠的分节运动有关。大肠主要吸收水分、盐类和小肠消化后的营养物质。食物残渣形成粪便。

四、绵羊的生殖生理特征

绵羊为季节性多次发情的动物,发情周期通常开始于夏末,一直到春季开始时结束。繁殖季节中,绵羊以 16~17 天的间隔表现发情周期,大多数周期为 14~18 天,平均为 16.5~17.5 天。绵羊的发情周期分为发情前期、发情期、发情后期和间情期 4 个阶段,也可分为卵泡期和黄体期。卵泡期持续 2~3 天,其主要特征为母羊表现发情行为,出现 LH 排卵峰,从卵泡期向黄体期过渡时发生排卵。

如果绵羊没有怀孕,则子宫产生大量的 $PGF2\alpha$,引起黄体溶解,孕酮水平降低,新的卵泡重新开始发育。黄体期持续 14~15 天。在繁殖季节的后半期,由于周期的黄体期增长,因此,发情周期长度出现明显变化。

1. 发情周期的主要特点

(1) 发情周期及发情期。性成熟以后,绵羊生殖器官发生一系列周期性的变化,这种变化周而复始(非繁殖季节及怀孕期除外),一直到性机能活动停止为止。这种周期性的性活动,称为发情周期,即为从一次发情的开始到下一次发情开始的间隔时间。绵羊的发情周期平均为 17 天,变动范围是 14~20 天。发情季节的初期和晚期,周期长度多不正常。在发情的旺季,发情周期较短,此后逐渐变长。营养水平低时发情周期较营养水平高时长。绵羊的发情期一般为 1~1.5 天,也有报道为 35 小时。绵羊发情期延长比发情期缩短更为常见,发情季节中的第一次发情时间常比以后的短,青年母羊的发情期较短,1 岁绵羊的发情期处于中间。

发情前期,上一个发情周期所产生的黄体逐渐萎缩,新的卵细胞开始快速生长。子宫腺体略有增加,生殖道轻微充血肿胀。阴门逐渐充血肿大,排尿次数增加而量少。母羊兴奋不安,喜欢接近公羊,但无性欲表现,不接受公羊爬跨。

发情期母羊性欲进入高潮,外阴充血肿胀,随着时间的增长,充血肿胀程度逐渐加强,并有黏液流出,发情盛期时达最高峰。子宫角和子宫体呈充血状态,肌层收缩加强,腺体分泌活动增加。子宫颈管道松弛,卵巢的卵泡发育很快。母羊接受公羊的追逐和爬跨。

发情期过后进入发情后期,母羊由发情的性欲激动状态逐渐转为安静状态。子宫颈口逐渐收缩,腺体分泌活动渐减,黏液分泌量少而黏稠。卵泡破裂,排卵后开始形成黄体。

间情期指发情后期之后到下次发情前期之间的时期。此时,母羊的性欲已完全停止,卵巢上黄体逐渐形成,并分泌孕激素。其间,卵巢上虽有卵泡发育,但均发生闭锁。

母羊发情时的外部表现主要有食欲减退,精神不安、鸣叫,主动接近公羊或爬跨其他母羊，阴门充血、肿胀，有少量黏液流出。发情达到盛期时，母羊静立接受公羊爬跨和交配。

绵羊的排卵一般发生在发情开始后 24～27 小时，但也有的前后相差数小时。交配可使排卵稍提前，而发情期稍有缩短。右侧卵巢排卵功能较强，排单卵时右侧卵巢的排卵比例为 62%；排双卵时，左右两侧的排卵比例分别为 44%～47% 和 53%～55%。排卵数目有品种的差异，绵羊每次一般排 1 个卵子，有的品种排 2 个。排双卵时，两卵排卵进间平均相隔约 2 小时。配种季节前抓好体膘，可提高绵羊的排卵率。亦可使用孕马血清促情腺激素（PMSG）、FSH、PGF2α 和双羔素等激素以增加羊的排卵数目，从而提高双羔率。

（2）发情周期卵巢的变化。绵羊为自发性排卵的动物，但排卵与发情开始时间之间的关系并不十分精确。无论性接受时间长短，发情结束时均发生排卵。绵羊的发情现象比较复杂，如果其持续接触公羊，可以缩短发情行为表现的时间，通过提早 LH 排卵峰的出现而提早排卵的发生。如果没有公羊，则 LH 排卵峰一直要到卵泡雌二醇增加到一定浓度后才能启动。

①LH 排卵峰与排卵的间隔时间：绵羊发情期的长短明显受品种的影响，从发情开始到出现 LH 排卵峰值的时间在品种内及品种间均有明显差别，例如多胎绵羊该间隔时间（18 小时）比单胎绵羊（6～7 小时）长。LH 排卵峰值的最高浓度在个体之间也有很大差别，但该峰值一般持续 8～12 小时，排卵一般发生在 LH 峰值开始后 24 小时。

②发情症状：绵羊在发情时喜欢接近公羊，站立等到爬跨。一般来说，绵羊在发情时具有强烈的寻找公羊的行为，因此两性之间的接触并非完全取决于公羊，而实际上 75% 的发情母羊会主动寻找公羊并站立等待公羊交配。由于母羊没有明显的发情症状，在没有公羊的情况下发情鉴定十分困难。有研究发现，母羊在发情时阴门水肿，有黏液性分泌物，有时发情母羊频频举尾。

发情母羊对公羊的性吸引力也有明显差别，这种能力可能为母羊先天性的，至少可以稳定 2 个发情周期。

发情是母羊对其卵泡雌激素浓度变化而在下丘脑通过雌激素受体所作出的行为反应，母羊在发情时血浆雌二醇浓度达到高峰，之后迅速降低，说明母羊在发情时大部分时间血液中雌二醇和孕酮浓度都很低。发情时孕酮浓度很低，黄体形成之后迅速增加，然后达到高峰。

（3）母羊对公羊的反应。公羊可以通过尿液来区分母羊是否具有性接受性，尿液中的味道在发情开始后 4 天就不能再被公羊感知。没有发情的母羊通常在公羊接近后排尿，而发情母羊则没有这种行为。排尿可能为绵羊的一种非接触性联系方式，这样可以使公羊能够有效地发现发情母羊。母羊通过发出不处于发情阶段的信息而避免异性干扰。公羊则将主要注意力放排出的尿液上，表现"性嗅反射"。

（4）孕期发情。绵羊在怀孕时也可发生发情，而且有人认为，绵羊在怀孕时常表现发情，因此，通过发情鉴定区分怀孕和未孕羊十分困难。

2. 发情周期的生理及内分泌特点

随着激素测定技术的进展，人们对绵羊发情周期中的内分泌变化特性进行了广泛的研究。

（1）黄体期。排卵之后破裂的卵泡转变为黄体（CL）。绵羊的黄体生长非常迅速，持续时间周期的第 6～12 天，这种增长主要是通过细胞增生而发生。细胞增生速度很快，但增生的细胞大多数不是甾体激素生成细胞，而是上皮细胞。绵羊的黄体细胞分化为两种形态和生化特点完全不同的大小黄体细胞。小黄体细胞呈纺锤形，直径 12～22μm，大黄体细胞为椭圆形，直径为 22～50μm。

绵羊的黄体周期的第 6～8 天时分泌功能达到最大，在第十五天之前一直以比较恒定的水平分泌孕酮。周期中孕酮浓度的变化与黄体的生长发育完全一致，第八天时孕酮浓度达到高峰，发情前 1～2 天开始下降。季节、营养、品种、排卵率等对孕酮浓度均有比较明显的影响，卵巢上有 2 个黄体时孕酮浓度只有轻微的升高，因此，不可能通过测定孕酮浓度准确判定绵羊的排卵数。

绵羊在周期的第 10～15 天孕酮浓度有一定程度的下降，其实早在周期的第 12～13 天黄体就有一定的退化。这些结果与对发情周期中黄体形态变化的观察结果是一致的。黄体的分泌活性是通过垂体产生的促黄体素得到维持的。LH 和 PRL 对绵羊黄体功能的维持发挥重要作用，在发情周期早期注射外源性孕酮可使黄体期缩短，因此，此时用孕酮处理可能会干扰正常黄体建立及维持的激素作用。

在黄体期中期用大剂量的雌二醇处理绵羊可以引起黄体提早退化。外源性雌二醇如果以适当剂量给药，在接近周期结束时处理可以引起黄体退化，发情开始之前 48 小时内源性雌二醇开始分泌。如果用 X-射线破坏卵泡，可以阻止雌激素的分泌，阻止黄体退化。

（2）卵泡期。绵羊卵泡期的主要特点是卵泡生长发育，孕酮浓度降低，黄体退化。绵羊在周期的第 15 天孕酮浓度就开始降低，这种降低与周期黄体期结束时黄体的功能活动突然终止有关。

PGF2α 在绵羊具有溶黄体作用，它在溶黄体早期的波动性分泌依赖于卵巢催产素与其子宫内膜受体的结合。PGF2α 在周期的第十二天或第十三天首先以小的波动开始分泌，然后分泌的频率增加，第十四天时达到高峰。绵羊的黄体含有高低两种亲和力的 PGF2α 受体，激活高亲和力的受体可选择性地释放催产素而对孕酮的分泌没有任何影响，而激活低亲和力的受体则可增加黄体催产素的分泌，降低黄体孕酮的分泌。PGF2α 最初是通过对孕酮浓度的升高（周期第七至第十天）发挥作用，其后的释放则与孕酮的降低和雌二醇浓度的升高有关。

黄体期结束时子宫催产素受体水平升高，这对决定黄体是否退化极为重要。雌二醇和孕酮能够对催产素受体浓度和子宫 PGF2α 对催产素的反应发挥调节作用。在正常的发情周期中，当孕酮发挥抑制作用之后，雌二醇通过促进子宫对催产素发生反应，增加 PG 的分泌而发挥溶黄体作用。黄体催产素和子宫 PGF2α 之间可能存在正反馈通路，两者之间可以互相促进其分泌。

绵羊繁殖季节的第一个黄体大多提早退化。如果将摘除卵巢的绵羊用孕酮进行处理，可以改变其后甾体激素对催产素受体浓度的控制，因此，孕酮降低可能是黄体提早退化的原因。

（3）细胞凋亡和黄体溶解。虽然对周期结束时黄体溶解的精确机理还不是很清楚，但血浆孕酮水平迅速降低，在新黄体形成之前一直维持在很低的水平，这种低浓度的孕酮可能来自肾上腺。绵羊黄体的退化是以一定的形态变化顺序为特征的，在此过程中黄体细胞可出现许多凋亡特征，在黄体中可以见到极富凋亡特征的细胞，说明凋亡可能是黄体溶解的重要机理之一。

3. 发情季节与产后发情

（1）繁殖季节。我国北方绵羊有明显的繁殖季节，在每个繁殖季节出现多个连续的发情周期，发情周期一般集中发生在短日照季节，即秋季。每年发情的开始时间及次数，因品种及地区不同而有差异。我国北方的绵羊，从6月下旬到12月末或翌年1月初有发情周期循环，而以8—9月最集中。

发情季节初期，绵羊常发生安静排卵（幼年羊比成年母羊多），母羊卵巢上虽有卵泡发育并排卵，但并无明显的外部发情表现。如果发情季节开始时在母绵羊群中引入公羊，则40%~90%的母羊会在引入公羊后35小时出现LH排卵峰，65~72小时发生排卵。虽然第一次排卵时有些母羊表现安静发情，但在引入公羊后17~24天出现的第二次发情周期均可表现发情症状。

（2）产后发情。在季节性发情的母羊中，产后第一次发情发生在下一个发情季节。非季节性发情的母羊，大约可在产羔后35天重新恢复发情，但寒冷季节和哺乳等因素对产后早期发情具有抑制作用。

第五章　绵羊的遗传育种理论、技术和方法

——以甘肃高山细毛羊的遗传改良实践为例

一、群体遗传结构

甘肃高山细毛羊个体的遗传组成是由基因型及其数量的多少组成的。在遗传学意义上，一个群体不仅仅是一群个体，而且是一个能繁殖的类群；一个群体的遗传学不仅涉及个体的遗传组成，而且也涉及从一个世代到下一世代的基因传递。在传递过程中，亲本的基因型分开了，后裔中由配子传递的基因组成了一组新的基因型。这样，群体携带的基因在世代间具有连续性，但它们构成的基因型却没有这种连续性。一个群体的遗传组成，以其携带的基因为依据，可以通过基因频率的陈列来描述。基因频率以及由之决定的基因型频率是群体基本的遗传特征。群体在各种基因的频率与由之形成的基因型的数量分布成为群体的遗传结构。

甘肃高山细毛羊是以新疆细毛羊、高加索细毛羊为父本，当地蒙古羊、西藏羊为母本，经过杂交改良、横交固定和选育提高3个阶段培育的我国第一个高山型细毛羊品种，分布于整个祁连山高寒草原地带分布区属高寒牧区，境内山峦起伏，海拔 2 400~4 070m。冬春季干旱，寒冷，多西北风；夏季温暖，湿润，多偏南风。年平均气温 0~3.8℃，1 月最低，为-30℃；7 月最高为 31℃。年降水量 257~461.1mm，多集中在 6—8 月。降雪期在 200 天以上，分布在 9 月上旬至翌年 5 月。无霜期 60~120 天，晚霜在 6 月上旬，早霜在 8 月下旬至 9 月。年日照时数为 2 272~2 641.3小时。蒸发量 1 111.9~1 730.9mm。年平均湿度为 33%~58%。影响牧草生长和羊只放牧的主要灾害性气候是春雪、夏旱、秋雨和冰雹。该品种羊体格中等，体质结实，结构匀称，被毛纯白，类型正常，头部细毛着生至眼线和两颊。公羊有螺旋大角，颈部有 1~2 个横皱褶；母羊无角，颈部有发达的纵垂皮。体躯较长，胸宽且深，背平直，后躯丰满，四肢端正有力，前肢细毛着生至腕关节，后肢飞节以下略着毛。被毛闭合性好，密度中等以上，弯曲清晰，呈正常弯或浅弯。被毛毛丛自然长度（12 个月）在 80mm 以上，纤维平均直径≤23.0μm，被毛整体均匀性好；油汗适中，占毛丛高度≥50%，多数呈白色或乳白色；净毛率 45% 以上。在终年放牧、不予补饲的条件下，成年羯羊宰前活重平均为 57.55kg，胴体重 25.89kg，内脂重 2.66kg，屠宰率 45.04%，加内脂屠宰率 49.77%。公、母羊 8 月龄性成熟，初配年龄 18 月龄；经产母羊的产羔率 110% 以上。已形成以甘肃省皇城绵羊育种试验场为中心并辐射肃南县、

天祝县、金昌市、金塔县等地区的甘肃高山细毛羊稳固的生产基地。按照市场发展需求和进一步完善品种结构的要求，在中国农业科学院兰州畜牧与兽药研究所细毛羊育种团队和甘肃省皇城绵羊育种试验场的精心培育下，经过 50 余年的不懈努力，已育成了本品种内的优质毛型、肉毛兼用型和超细毛型 3 个品系，进一步丰富了甘肃高山细毛羊的遗传资源基础和优化了品种结构。同时，结合传统育种手段，育种工作者采用血液蛋白/酶及 DNA 多态标记进行辅助选择，并对甘肃高山细毛羊品种的群体遗传结构进行了深入研究和描述。

1. 血红蛋白基因座

所测甘肃高山细毛羊共鉴别出 HbAA、HbAB、HbBB3 种表现型、受 HbA 和 HbB 一对等位基因控制，HbA 控制快泳区带，区带向阳极迁移最大，HbB 控制慢泳区带，区带向阳极迁移最小，HbAB 具有快慢两条混合区带，没有发现其他异体（如 HbC，HbN 之类）。其基因型和基因频率，见表 5-1。

由 5-1 表可以看出，甘肃高山细毛羊以 HbBB 型占优势，其次为 HbAB 型，HbAA 型个体最少。

表 5-1　Hb 基因频率与基因型频率分布

品种　　　基因	产地	样本数	基因频率		基因型频率		
			A	B	AA	AB	BB
甘肃高山细毛羊	甘肃皇城	103	0.2229	0.7771	0.0435	0.3587	0.5978

2. 转铁蛋白

甘肃高山细毛羊羊群体转铁蛋白位点共发现 12 种表现型，由 5 个等位基因控制，在甘肃高山细毛羊中发现 3 只 TfAA 型个体；甘肃高山细毛羊以 TfDD 为优势基因型，其次为 TfBD。甘肃高山细毛羊羊群体转铁蛋白位点，见表 5-2。

表 5-2　转铁蛋白基因座电泳结果

		甘肃高山细毛羊
	AA	3（3.06）
	AB	
	AC	2（2.04）
	AD	5（5.10）
	AG	
基因型频率	AL	
	AM	
	AE	
	AQ	
	BC	5（5，5.10）
	BD	28（28.57）

（续表）

		甘肃高山细毛羊
基因型频率	BB	4（4.08）
	BE	2（2.04）
	BM	
	CC	
	CD	7（7.14）
	CE	1（1.02）
	CP	
	CM	
	CQ	
	DD	33（33.67）
	DE	7（7.14）
	DM	
	DP	
	DQ	
	EE	1（1.02）
	IA	
	IE	
	GG	
	GB	
	GL	
	GC	
	GD	
	GQ	
	LC	
	LD	
	LE	
基因频率	A	0.0630
	B	0.2194
	C	0.0756
	D	0.5765
	E	0.0612
	G	0
	I	0
	L	0
	M	0
	P	0
	Q	0

注：括号中的数字为百分数

3. 血清白蛋白（Alb）

被调查的甘肃高山细毛羊羊群用常规高 pH 值不连续聚丙烯酰胺凝胶系统没有检测到血浆白蛋白（Alb）的多态性，全部被检个体在该电泳条件下都呈单态型 SS 型，受基因 Alb^s 的控制。

4. 血清脂酶（Es）

绵羊血清中存在羧基酯酶，胆碱酯酶和芳基酯酶 3 种酯酶，据资料报道只有芳基酯酶存在多态性，因此，通常以芳基酯酶来代表血清脂酶位点的多态性，所以，本研究所列各类羊的血清脂酶多态性的各项参数实际上就是芳基酯酶多态性的参数。血清脂酶的多态性存在品种差异，根据 ES 的基因频率可以将绵羊分成两大类，一是 ES^- 占绝对优势，其 ES^- 基因频率在 0.8~1.0，另一类的 ES^+ 频率较高，它们的 ES^- 与 ES^+ 基因频率大致相等。经测定，中国美丽奴高山型细毛羊羊群表现出 3 种基因型 ES^+/ES^+、ES^+/ES^-、ES/ES^-，受等位基因 ES^+ 和 ES^- 控制，其基因型频率和基因频率见表 5-3。

表 5-3 所列 3 类羊群的血清脂酸 ES^+ 的频率分别为：0.5667、0.6667、0.5333，故这 3 群羊均应属于后一类绵羊。

表 5-3 Es 基因频率与基因型频率

品种 \ 频率	采样地	样本数	基因型频率			基因频率	
			ES^+/ES^+	ES^+/ES^-	ES^-/ES^-	ES^+	ES^-
中美高山型细毛羊	甘肃皇城	152	0.3223	0.4276	0.2500	0.5361	0.4639
甘肃高山细毛羊	甘肃皇城	103	0.3667	0.4000	0.2333	0.5667	0.4333
澳洲美利奴	甘肃皇城	39	0.4333	0.4667	0.1000	0.6667	0.3333

5. 微卫星标记座位

（1）微卫星位点等位基因频率。选用 15 个微卫星座位标记位点对甘肃高山细毛羊的群体遗传结构进行了评估。15 个微卫星位点的等位基因在甘肃高山细毛羊中的分布及频率，见表 5-4。由表 5-4 可见，甘肃高山细毛羊在 15 个微卫星座位上共检测到 164 个等位基因，每个座位平均为 10.93 个等位基因，其中，FCB128 位点的等位基因数最多，为 14，片段大小分别为 109~153，等位基因频率为 0.0313~0.1354。OarAE129 位点的等位基因数最少，为 8，其片段大小为 145~175，等位基因频率为 0.0521~0.2396。

表 5-4　甘肃高山细毛羊 15 个微卫星位点等位基因分布及频率

等位基因片段大小及频率

位点	等位基因数		1	2	3	4	5	6	7	8	9	10	11	12	13	14	15	16	17	18	19	20	21
OarAE129	7	大小	143	145	147	149	151		169	171	173	175												
		频率		0.0625	0.1042	0.2188	0.1146		0.0625	0.0521	0.2396	0.1458												
BM6506	13	大小	184	186	188	190	192	194	196	198	200	214	216	218	220	222	224	226	228	230	232	234	
		频率		0.0625	0.0625	0.1146	0.0729	0.1042	0.0729	0.0729	0.0729	0.0625			0.0625	0.1042	0.1354		0.0417		0.0521	0.0417	
OarVH72	11	大小	125	127	129	131	133	147	149	153	155	157	159	161	163	165								
		频率		0.0729		0.0625	0.0313		0.0729	0.1875	0.0313		0.0729	0.0625	0.0625	0.0313								
FCB48	11	大小	137	139	143	145	147	149	153	155	157	159	161	163	165	167	169			173	175			
		频率		0.0208	0.1979	0.125	0.0313	0.0938	0.0313	0.0833					0.1771	0.0729	0.125			0.0417				
JMP29	11	大小	118	124		128	132	134	138	142	148	152	154	158	162	164								
		频率		0.0208				0.0938	0.0833	0.0208	0.0417	0.0833	0.1979	0.0938		0.0625								
BM6526	13	大小	153	155		157	159	161	163	165	167	169	171	173	175	177	179	181	183	185	187		191	
		频率		0.1146		0.0625	0.1563	0.0313	0.0208	0.0729	0.0729	0.0729	0.0313	0.0729	0.0938				0.1458	0.0313	0.0521		0.0729	
OarHH35	8	大小	121	125	127	131	135	139	141	143	145	147	149	151										
		频率		0.1979	0.0833	0.1146	0.1042	0.0729	0.1458	0.0729	0.0729	0.125	0.0625	0.0938										
BM757	10	大小	174	178		180	182	184	186	188		204	208	210	212	214	216						222	
		频率		0.0938		0.2188	0.1042	0.0521	0.0313	0.0729		0.1771	0.1146	0.1354	0.0729									
JMP8	10	大小	115	119	123	125	127	129	131	135	137	141	143	145	147	149	151	153						
		频率		0.0417	0.0729	0.0729	0.0833	0.0313	0.1979	0.0521	0.0729	0.0729	0.0833	0.1354	0.0729	0.1354	0.0313	0.125						

（续表）

位点	等位基因数		1	2	3	4	5	6	7	8	9	10	11	12	13	14	15	16	17	18	19	20	21
														等位基因片段大小及频率									
BM8125	8	大小	116	118	120	122	124	126	132	134	136	138	140	142									
		频率			0.1146	0.1875	0.0521	0.1458		0.0938	0.1563	0.0729	0.0625	0.1146									
RM4	12	大小	141	143	145	147	149	153	155	159	161		169	171	173	175	177	181					
		频率			0.0521	0.0208	0.0833	0.1458	0.1354	0.0625	0.0625		0.0208	0.0521	0.0521	0.0313	0.2396	0.0938					
CSSM47	10	大小	128	130	132	134	136	138	140	142	144	146	148	150	152	154		156	158				
		频率	0.0521	0.0417	0.0729	0.2083	0.1458	0.0729				0.0521	0.1979		0.0833	0.0417			0.0313				
OarHH41	11	大小	122	124	128	134	136	138	140	142	144	148		152	154	158							
		频率	0.0521	0.1042	0.125	0.2188	0.1458	0.1146	0.0208	0.1458	0.0521			0.0833	0.0833								
BM827	11	大小	214	216	218	220	222	224	226	228	230		246	250	252	254	256	258	260				
		频率		0.0521	0.0625	0.0313	0.125	0.1146	0.1146	0.0938			0.0417	0.1354	0.125		0.0521	0.0521					
FCB128	14	大小	109	113	115	117	121	123	125	127	129	131	133	135	137		139	145	147	149	153		
		频率	0.0521	0.0417	0.1146	0.0729	0.1354	0.0521	0.0417	0.0313	0.1354	0.0625	0.1354	0.0417	0.1354		0.0417	0.0833	0.0521		0.0833		

（2）微卫星位点的多态信息含量、有效等位基因数及群体杂合度。15 个微卫星位点在甘肃高山细毛羊中的多态信息含量、有效等位基因数及群体杂合度，见表 5-5。由表 5-5可以看出，15 个微卫星位点在甘肃高山细毛羊的平均多态信息含量、平均有效等位基因数及群体平均杂合度分别为 0.8644、9.1458、0.8859。BM6506 位点的多态信息含量、有效等位基因数及群体杂合度最高，分别为 0.9063、12.92、0.9226。OARAE129 位点最低，三个指标分别为 0.8194、6.571、0.8478。说明 BM6506 位点变异最大，OARAE129位点变异最小。

表 5-5　15 个微卫星位点在甘肃高山细毛羊中的多态信息含量（PIC）、
有效等位基因数（E）和平均杂合度（H）

位点/Loci	甘肃高山细毛羊			
	观察等位基因数 Na	有效等位基因数 Ne	多态信息含量（PIC）	平均杂合度（H）
OARAE129	8	6.571	0.8194	0.8478
BM6506	13	12.92	0.9063	0.9226
OARVH72	10	6.888	0.8294	0.8548
FCB48	11	8.492	0.8601	0.8822
JMP29	11	7.261	0.8382	0.8623
BM6526	13	11.32	0.894	0.9116
OARHH35	9	8.636	0.8621	0.8842
BM757	9	7.677	0.8453	0.8697
JMP8	12	10	0.881	0.9
BM8125	9	8.429	0.8586	0.8814
RM4	12	8.429	0.8601	0.8814
CSSM47	11	8.187	0.8555	0.8779
OARHH41	10	8.382	0.8584	0.8807
BM827	12	11.12	0.892	0.9101
FCB128	14	12.88	0.9062	0.9224
Mean	10.93	9.1458	0.8644	0.8859

二、数量性状及遗传机制

1. 数量性状的概念及其遗传特点

畜牧业生产中，与生产性能有关或具有经济价值的性状，称为经济性状（Economic

trait）。其中，有些性状的变异在表现上可以明显区分，表现为不连续的变异（Discontinuous variation），如细毛羊的毛色、角型、血型、先天性畸形以及致死性状等，这类性状就是所说质量性状（Qualitative character）或叫单位性状（Unit character）。质量性状只受少数基因控制，可以用遗传学中的分离、自由组合、连锁等规律来研究，主要采用计数方式，研究性质上和种类上的差异，这类性状受环境的影响较小。还有些性状在表型之间不能明显区分，如细毛羊的产毛量、羊毛细度等，这类性状从低到高，从少到多逐渐过渡，形成一个连续变异（Continuous variation）的系列。这种具有连续变异，用数值表示特征的性状，就称为数量性状（Quantitative character）。畜禽中绝大多数的经济性状都属于数量性状，如细毛羊的产毛量和体重等，这类性状由于受多基因（polygene）的控制，这些基因很难区分出显隐性，其作用是累加式的，是一种加性关系，并且受环境影响较大，其表型变异呈现为正态分布（Normal distribution），主要采用度量方式，研究定量和程度上的差异。这类性状遗传方式的基本原则与质量性状相同，就每个基因来说仍遵循孟德尔的遗传规律，既有分离、重组，也有连锁和互换。支配性状的任何一个基因都有一个效应包含在性状的数值中。

数量性状具有以下主要特点：一是性状变异程度可以用度量衡度量；二是性状表现为连续性分布；三是性状的表现易受环境的影响；四是控制性状的遗传基础为多基因系统。

研究数量遗传性状具有以下特点：一是必须进行度量；二是必须应用统计方法进行分析归纳；三是应以群体为研究对象。

2. 数量性状的遗传机制

数量性状的一个重要特征是其度量值表现为一正态分布，即属于中间程度的个体较多，而趋向两极的个体越来越少。从遗传学的角度来看，数量性状是由许多微效基因或称多基因的联合效应控制的，它们在一起造成性状的正态分布。

（1）数量性状的遗传方式。

数量性状的遗传方式如下。

① 中间型遗传：在一定条件下，2 个不同品种杂交，其杂种一代的平均表型值介于两亲本的平均表型值之间，群体足够大时，个体性状的表型值呈现正态分布。

② 杂种优势：杂种优势是数量性状遗传中的一种常见遗传现象。是指杂种性能优于双亲的一种现象，一般表现在生活力、抗逆性、抗病性及生产性能多个方面，只要有一个方面，杂种优于双亲，就称为具有杂种优势。但是子二代的平均值向两个亲本的平均值回归，杂种优势下降。

③ 越亲遗传：2 个品种或品系杂交，一代杂种表现为中间类型，而在以后世代中可能出现超过原始亲本的个体，则成为越亲遗传。

（2）多基因假说。根据质量性状研究的结果得来的孟德尔定律同样可以用来解释数量性状的遗传，1908 年 Nilson—Ehle 提出了数量性状的多基因学说，其要点是：一是数量性状受一系列微效多基因的支配，简称多基因（multiple gene 或 polygene），它们的遗传仍符合基本的遗传规律；二是多基因之间通常不存在显隐性关系，因此 F1 代大多表现为两个亲本类型的中间类型；三是多基因的效应相等，而且彼此间的作用可以累加，后代的分离表现为连续变异；四是多基因对外界环境的变化比较敏感，数量性状易受环境条件的影响而发生变化；五是有些数量性状受一对或少数几对主基因（major gene）的支配，还受到一些微效基因（或称修饰基因）的修饰，使性状表现的程度受到修饰。多基因学说虽然阐明了数量性状遗传的某些现象，但还不能完全解释数量性状的复杂现象。对于许多性状而言，每一性状究竟受多少对基因的支配也很难估计；因此，一般都是从基因的总效应去分析数量性状遗传的规律。多基因的作用方式有累加作用和乘积作用。

微效多基因也是以染色体为载体的，它们的遗传动态不仅有分离和重组，而且有连锁和交换。超亲遗传就是基因重组的结果，这种重组可以通过选育措施在群体中保持下来。杂种优势则主要是基因的非加性效应造成的，不过随着基因的纯化，其杂种优势便逐渐消失。

（3）基因数目的估计。估测基因数目的常用方法有以下 2 种。

① 根据子二代（F_2）中出现的某一极端类型（纯合基因型）的频率进行估测，如果是 1/16，就有 2 对基因，如果是 1/64，就有 3 对基因，如果是 $1/4^n$，就有 n 对基因。当以基因个数进行估测时，子二代（F_2）中出现极端类型的频率则为 $(1/2)^{2n}$，n 为基因个数。

② 利用子一代（F_1）和子二代（F_2）的标准差估测某一性状的基因数目，计算的公式如下：

$$N = \frac{D^2}{8(\sigma_{F_2}^2 - \sigma_{F_1}^2)}$$

式中，N 表示被估测的基因数目，D 表示 2 个亲本品系的平均数之差，即（$\bar{P_1} - \bar{P_2}$）；σ_{F_1}、σ_{F_2} 分别表示 F_1 和 F_2 的标准差。

采用以上 2 种方法所估测出来的基因数目都是近似值，是在所有基因对其类型都产生相同的累加效应和基因对之间的组合是随机的这一假设条件下所测得的结果。

3. 数量性状遗传力估计

（1）遗传力的概念。遗传力就是性状遗传的能力，它是生物每一个性状的重要特征之一，也是数量性状的一个最基本的遗传参数，在数量遗传学研究的许多问题中几乎都与这个参数有关。遗传力又称为遗传率或遗传度，广义的遗传力是指在表型方差中遗传方差的比率，也就是在整个群体中，一个性状的可遗传变异占总变异的百分率，在数量遗传的研究中，把它定义为遗传的决定系数，也就是性状的遗传决定的程度，常以符号 H^2 表示：

$$H^2 = \frac{V_G}{V_P}$$

狭义的遗传力是指在表型方差中育种值方差的比率，表示亲代将某一性状的变异遗传给后代的能力，以符号 h^2 表示：

$$h^2 = \frac{V_A}{V_P}$$

现就遗传力的基本概念概括为 4 个方面分别阐述如下。

① 从基因的结构以及所产生的效应来看，遗传力就是可遗传的加性效应的方差占表型总方差的百分率，也就是以上所谈到的狭义遗传力的定义。

$$h^2 = \frac{V_A}{V_P}$$

② 从育种的角度和实践的意义来看，遗传力是选择差可传递给后代的百分数，即：

$$h^2 = \frac{R}{S}$$

③ 遗传力的一个当量的意义，是指育种值对表型值的回归系数，也即 $A = h^2 P$。

∵　$P = A + R$，由于 A 与 R 不相关，即：

$$\sum SP_{AR} = 0$$

$$\frac{\sigma_A^2}{\sigma_P^2} = \frac{SS_A}{SS_P} = \frac{SS_A + SP_{AR}}{SS_P} = \frac{SP_{AP}}{SS_P} = b_{AP}$$

也即：$h^2 = b_{AP}$

④ 从育种值和表型值的相关（r_{AP}）来衡量，遗传力是根据表型值来估计育种值的准确度的度量，即：

$$r_{AP} = b_{AP} \cdot \frac{\sigma_P}{\sigma_A} = h^2 \cdot \frac{1}{h} = h$$

$$\therefore \quad h^2 = r_{AP}^2$$

相关系数的平方称为相关指数（Correlation index），是度量准确度的一个统计量，可以认为遗传力就是根据表型值来估计育种值的准确度。

由此可见，遗传力既代表了亲子关系，又代表表型值与育种值的关系，既反映了亲子间的相似程度，又反映了育种值与表型值间的一致程度。因此，遗传力估计值的大小，便可作为亲子间遗传关系的一个衡量指标。

（2）遗传力估计原理。利用通径分析的理论可以推导出估计遗传力的公式。设 P_1 为一个亲属某一性状的表型值；P_2 为另一亲属该性状的表型值；A_1 为一个亲属该性状的育种值；A_2 为另一亲属该性状的育种值；R_1 为一个亲属该性状的剩余值；R_2 为另一亲属该性状的剩余值；r 为亲属间该性状的表型相关；r_A 为亲属间的遗传相关。

$P_{P \cdot A} = \sigma_A / \sigma_P = h$，即表示 A 到 P 的通径系数。$h^2 = \sigma_A^2 / \sigma_P^2 = d_{P \cdot A}$，表示 A 对 P 的决定系数。

遗传力表示育种值方差和表型方差之比，即育种值对表型值的决定程度。

假设 R_1、R_2 之间没有相关，并忽略显性偏差和互作偏差及共同环境的影响，则亲属间的表型相关可根据通径系数的理论计算：

$$r_{P_1 P_2} = r_A \cdot h \cdot h = r_A h^2$$

所以 $h^2 = r_{P_1 P_2} / r_A$

因为不同亲属关系的遗传相关（亲缘系数）不同，将其值代入后，只需估计亲属间性状的表型相关系数，将所求各值代入上式即可得到遗传力的不同估计公式。

由全同胞的表型相关估计遗传力：

因为　$r_A = 1/2$　　$r_{(FS)} = h^2/2$　　所以 $h^2 = 2r_{(FS)}$

由半同胞的表型相关估计遗传力

因为 $r_A = 1/4$　$r_{(HS)} = h^2/4$　　所以 $h^2 = 4r_{(HS)}$

由亲子间的表型相关估计遗传力

因为 $R_A = 1/2$　$r_{OP} = h^2/2$　　所以 $h^2 = 2r_{OP}$

由子女均值对双亲均值之间的表型回归估计遗传力

因为 $b_{\overline{OP}} = h^2$　　　所以 $h^2 = b_{\overline{OP}}$

（3）遗传力的估计方法。母女回归法估计遗传力。

①原理：根据育种实践中所获得的亲子两代的材料，一般以取用母女材料为宜，母女材料可以用同一年度的，也可以用不同年度的。应用同一年度的母女材料，要考虑母女存在的年龄差和母代个体间的生理差异（如产羔、配种与否等）的影响，这些差异可以用校正系数加以平衡，但准确性总不及母女相同年龄的材料，尤其是已知所选性状的重复率偏低，误差更大。母女材料以取用饲养条件相近的不同年度的某一特定（如 1 岁）年龄数据为宜。采用母女回归法分析，其原理：

$$b_{OP} = C_{ovOP}/V_P$$

其中，b_{OP}——女儿对母亲的回归系数；C_{ovOP}——母女协方差；V_P——母亲的表型方差。

因为

$$Cov_{OP} = \frac{\sum (O - \overline{O})(P - \overline{P})}{N}$$

$$= \frac{\sum (1/2)(A - \overline{A})[A + R - (\overline{A} + \overline{R})]}{N} \text{（女儿的平均值为母亲育种值的一半）}$$

$$= \frac{\sum (1/2)(A - \overline{A})[(A - \overline{A}) + (R - \overline{R})]}{N}$$

$$\frac{\sum (1/2)(A - \overline{A})^2 + \sum (1/2)[(A - \overline{A})(R - \overline{R})]}{N}$$

$$= \frac{1}{2}\frac{\sum (A - \overline{A})^2}{N} + 0 = \frac{V_A}{2}$$

所以 $b_{OP} = \dfrac{V_A/2}{V_p} = \dfrac{h^2}{2}$

$$h^2 = 2b_{OP}$$

②计算方法：

A. 资料整理

P 母亲性状；O 女儿性状；S 公羊数；N 母女配对数；n 公羊内母羊数。

求和 $\sum P_T$；$\sum O_T$；$\sum P_T^2$；$\sum (OP)_T$

B. 计算步骤

a. 计算校正系数、总平方和、总乘积和

$$C_P = \frac{(\sum P_T)^2}{N}$$

$$SS_{P_T} = \sum P_T^2 - C_P$$

$$SP_{OP_T} = \sum (OP)_T - \frac{\sum P_T \sum O_T}{N}$$

b. 计算公羊间平方和、乘积和

$$SS_{P_S} = \sum \frac{(\sum P)^2}{n} - C_P$$

$$SP_{OP_S} = \sum \frac{\sum P \sum O}{n} - \frac{\sum P_T \sum O_T}{N}$$

c. 计算公羊内平方和、乘积和

$$SS_{P_W} = SS_{P_T} - SS_{P_S}$$

$$SP_{OP_W} = SP_{OP_T} - SP_{OP_S}$$

d. 计算遗传力

$$h^2 = 2b_{OP} = \frac{2SP_{OP_W}}{SS_{P_W}}$$

（4）全同胞相关法估计遗传力。

①原理：全同胞的相关估计为 $h^2 = 2r_{FS}$。

相关包括直线相关和组内相关（同类相关）。直线相关只能表示两个变量间的相关，而全同胞之间的相关是多个同类变量之间的相关，因此，全同胞相关要用组内相关（同类相关）方法来计算。组内相关公式为：

$$r_1 = \frac{\sigma_B^2}{\sigma_P^2} = \frac{\sigma_B^2}{\sigma_B^2 + \sigma_W^2}$$

组内相关系数是组间方差和总方差之比，即组间变异量在总变异量中占的比率。在总变异量中，组间变异量相对大时，组内变异量则相对小，组内各变数间相关也就相对大，这即为组内相关原理。

同父同母的全同胞组内相关公式为：

$$r_1 = \frac{\sigma_S^2 + \sigma_D^2}{\sigma_S^2 + \sigma_D^2 + \sigma_W^2}$$

其中，σ_S^2 为公羊间的方差；σ_D^2 为母羊间的方差；σ_W^2 为母畜内后代间的方差。

②计算方法：

A. 资料整理

x 性状测定值；S 公羊数；D 母羊数；N 女儿数；

求和 $\sum x$ $\sum x^2$

B. 计算步骤

a. 计算校正系数、总平方和、父本间平方和、母本内后代间平方和

$$C = \frac{\left(\sum x \right)^2}{N}$$

$$SS_T = \sum x^2 - C$$

$$SS_S = \frac{\left(\sum X_1 \right)^2}{n_1} + \cdots + \frac{\left(\sum x_m \right)^2}{n_m} - C$$

$$SS_D = \frac{\left(\sum x_{i1} \right)^2}{n_{i1}} + \cdots + \frac{\left(\sum x_{in} \right)^2}{n_{in}} - SS_S - C$$

$$SS_W = SS_T - SS_S - SS_D$$

b. 计算父本间均方、母本间均方、母本内后代间均方

$$MS_S = \frac{SS_S}{S - 1}$$

$$MS_D = \frac{SS_D}{D - S}$$

$$MS_W = \frac{SS_W}{n - D}$$

c. 计算 σ_W^2、σ_D^2、σ_S^2

因为 $MS_W = \sigma_W^2$ 所以 $\sigma_W^2 = MS_W$

因为 $MS_D = k_1 \sigma_D^2 + \sigma_W^2$ 所以 $\sigma_D^2 = \dfrac{MS_D - \sigma_W^2}{k_1}$

因为 $MS_S = k_3 \sigma_S^2 + k_2 \sigma_D^2 + \sigma_W^2$ 所以 $\sigma_S^2 = \dfrac{MS_S - \left(k_2 \sigma_D^2 + \sigma_W^2 \right)}{k_3}$

由于各只母羊的羔羊数不等，由于各只公羊的羔羊数也不等，因此要求出 3 个加权均数 k_1、k_2、k_3，然后代入上式，k_1 是每只母羊平均产仔数，k_2 是公羊内每只母羊平均产羔，k_3 是每只公羊平均产羔数。

$$k_1 = \frac{N - \sum \dfrac{n_{ij}^2}{n_i}}{D - S}$$

$$k_2 = \frac{\sum \dfrac{n_{ij}^2}{n_i} - \dfrac{\sum n_{ij}^2}{N}}{S - 1}$$

$$k_3 = \frac{N - \dfrac{\sum n_i^2}{n}}{S - 1}$$

$$\sigma_W^2 = MS_W$$

$$\sigma_D^2 = \frac{MS_D - MS_W}{k_1}$$

$$\sigma_S^2 = \frac{MS_S - (k_2\sigma_D^2 + \sigma_W^2)}{k_3}$$

d. 计算全同胞的遗传力

$$r_{(FS)} = \frac{\sigma_S^2 + \sigma_D^2}{\sigma_S^2 + \sigma_D^2 + \sigma_W^2}$$

$$h^2 = 2r_{FS}$$

（5）半同胞相关法估计遗传力。

①原理：

因为 $r_{(HS)} = h^2/4$ 所以 $h^2 = 4r_{(HS)}$

从公式可知遗传力是半同胞组内相关系数的4倍。

组内相关公式：

$$r_1 = \frac{\sigma_B^2}{\sigma_P^2} = \frac{\sigma_B^2}{\sigma_B^2 + \sigma_W^2}$$

因为 $MS_B = n\sigma_B^2 + \sigma_W^2$
$MS_W = \sigma_W^2$

所以 $\sigma_B^2 = \dfrac{MS_B - MS_W}{n}$

代入公式得

$$r_1 = \frac{(MS_B - MS_W)/n}{(MS_B - MS_W)/n + MS_W} = \frac{MS_B - MS_W}{MS_B + (n-1)MS_W}$$

公式中组间均方和组内均方可由方差分析求得，n 为各公羊平均女儿头数。

②计算方法：

A. 资料整理

S 公羊数；N 女儿总数；n 平均女儿数；x 测定性状。

求和 $\sum\sum x$ $\sum\sum x^2$

B. 计算步骤

a. 计算校正系数、总平方和、公羊间平方和、公羊内平方和

$$C = \frac{\left(\sum\sum x\right)^2}{N}$$

$$SS_T = \sum\sum x^2 - C$$

$$SS_S = \frac{\left(\sum x\right)^2}{n} - C$$

$$SS_W = SS_T - SS_S$$

b. 计算公羊间均方、公羊内均方

$$MS_S = \frac{SS_S}{S-1}$$

$$MS_W = \frac{SS_W}{N - S}$$

c. 代入组内相关公式，并计算遗传力

$$r_I = \frac{MS_S - MS_W}{MS_S + (n - 1)MS_W}$$

$$h^2 = 4r_I$$

由半同胞资料计算 h^2 的步骤较为简单，而且由于半同胞的数量多，处于相同的胎次、相同的年龄，环境差异小，因此，计算的 h^2 精确程度较高。

另外，若公羊的女儿数不等，则要求计算加权平均女儿数 n_0，公式为：

$$n_0 = \frac{1}{S - 1}\Big[\sum n_i - \sum n_i^2 / \sum n_i \Big]$$

其中，n_i 为第 I 头公羊的女儿数。

（6）公羊间亲缘相关的半同胞资料遗传力估计。应用前提：①每一公羊的子女是严格的半同胞，不应存在全同胞；②子女处于同一环境条件下；③公羊间存在亲缘相关，见表5-6，表5-7。

表5-6 步骤1 半同胞资料整理格式

公羊	半同胞子女观察值	子女数	组总和
1	$x_{11} x_{12} \cdots x_{1n}$	n_1	X_1
2	$X_{21} x_{22} \cdots x_{2n}$	n_2	X_2
3	$X_{31} x_{32} \cdots x_{3n}$	n_3	X_3
…	…	…	…
S	$X_{31} x_{32} \cdots x_{3n}$	n_s	X_s

对表中每一观察值可写出如下的数学模型：

$$x_{ij} = \mu + S_i + e_{ij}$$

其中，μ 为总体均数；S_i 为第 i 头公羊效应；e_{ij} 为随机误差效应。

以偏差表示：

$$E(S_i) = 0$$
$$E(e_{ij}) = 0$$
$$E(S_i^2) = \sigma_S^2$$
$$E(e_{ij}^2) = \sigma_e^2$$
$$E(S_i S_{i'}) = Cov(S_i, S_{i'}) = r_{i,i'}\sigma_S^2$$

其中，$r_{i,i'}$ 表示 I 公羊与 i′公羊亲缘相关程度的分子亲缘系数。

表 5-7　步骤 2　方差分析结果与期望均方
常规半同胞法

变异来源	自由度	平方和	均方	期望均方
公羊间	$S-1$	$\sum\limits_{i=1}^{s}\dfrac{\left(\sum\limits_{j=1}^{n_i}x_{ij}\right)^2}{n_i}-\dfrac{\left(\sum\limits_{i=1}^{S}\sum\limits_{j=1}^{n_i}x_{ij}\right)^2}{\sum\limits_{i=1}^{S}n_i}$	$\dfrac{SS_s}{df_s}$	$\sigma_e^2+k_0\sigma_S^2$
公羊内	$\sum\limits_{i-1}^{s}n_i-S$	$\sum\limits_{i=1}^{s}\sum\limits_{j=1}^{n_i}x_{ij}^2-\sum\limits_{i=1}^{s}X_i\dfrac{\left(\sum\limits_{j=1}^{n_i}x_{ij}\right)^2}{n_i}$	$\dfrac{SS_e}{df_e}$	σ_e^2

但由于公羊间存在亲缘相关，因而各期望均方的构成应作如下修正。

（1）$x_{ij}=\mu+s_i+e_{ij}$

$$E(x_{ij}^2)=\mu^2+\sigma_S^2+\sigma_e^2$$

$$E\Big(\sum_i\sum_j x_{ij}^2\Big)=\sum_i\sum_j E(x_{ij}^2)=n\mu^2+n\sigma_S^2+n\sigma_e^2$$

（2）$x_{i\cdot}=n_i\mu+n s_i+\sum\limits_j e_{ij}$

$$E(x_{i\cdot}^2)=n_i^2\mu^2+n_i^2\sigma_S^2+n_i^2\sigma_e^2$$

$$E\Big(\sum_i\frac{x_{i\cdot}^2}{n_i}\Big)=\sum_i\frac{1}{n_i}E(X_{i\cdot}^2)=n\mu^2+n\sigma_S^2+s\sigma_e^2$$

（3）$x_{\cdot\cdot}=n\mu+\sum\limits_i n_i s_i+\sum\limits_i\sum\limits_j e_{ij}$

$$E(x_{\cdot\cdot}^2)=n^2\mu^2+\sum_i n_i^2\sigma_S^2+\sum_i\sum_{i'}n_i n_{i'}Cov(s_i,\,s_{i'})+n\sigma_e^2$$

$$E\Big(\frac{x_{\cdot\cdot}^2}{n_{\cdot}}\Big)=\frac{1}{n_{\cdot}}E(x_{\cdot\cdot}^2)=n^2\mu^2+\sum_i\frac{n_i^2}{n_{\cdot}}\sigma_S^2+\sum_i\sum_{i'}\frac{n_i n_{ii}}{n_h}r_i,\,r_{i'}\sigma_S^2+\sigma_e^2$$

因此，公羊间均方及公羊内均方构成为：

$$E(MS_e)=\frac{1}{df_e}E(SS_e)$$

$$=\frac{1}{df_e}E\Big(\sum_i\sum_j x_{ij}^2-\sum\frac{x_i^2}{n_i}\Big)$$

$$=\frac{1}{df_e}(n\mu^2+n\sigma_S^2+n\sigma_e^2-n\mu^2-n\sigma_S^2-s\sigma_e^2)$$

$$=\frac{1}{df_e}(n_{\cdot}-s)\sigma_e^2$$

为区别公羊组间平方、自由度与公羊效应，这里用下标 B 代替前述下标 S，因此，

$$E(MS_B)=\frac{1}{df_B}E(SS_e)$$

$$= \frac{1}{df_B} E \left(\sum_i \frac{x_{i.}^2}{n_i} - \frac{x_{..}^2}{n_.} \right)$$

$$= \frac{1}{df_B} \left(n\mu^2 + n\sigma_S^2 + s\sigma_e^2 - n_. n_i \mu^2 - \sum_i \frac{n_i^2}{n_.} \sigma_S^2 - \sum_i \sum_{i'} \frac{n_i n_{ii}}{n_.} r_{i,\ i'} \sigma_S^2 - \sigma_e^2 \right)$$

$$= \frac{1}{df_B} \left(n_. - \frac{\sum_i n_i^2 + \sum_i \sum_{i'} n_i n_{i'} r_{i,\ i'}}{n_.} \right) \sigma_S^2 + \sigma_e^2$$

$$k\sigma_S^2 + \sigma_e^2$$

记

$$k = \frac{1}{df_B} \left(n_. - \frac{\sum_i n_i^2 + \sum_i \sum_{i'} n_i n_{i'} r_{i,\ i'}}{n_.} \right) = \frac{1}{df_B} \left(n_. - \frac{n' R n}{n_.} \right)$$

这里

$$n = \begin{pmatrix} n_, \\ \vdots \\ n_s \end{pmatrix}$$

$$R = \begin{pmatrix} 1 & r_{1,\ s} \\ r_{s,\ 1} & 1 \end{pmatrix}$$

由上述期望均方组成可估计各方差组分:

$$\begin{cases} \sigma_e^2 = MS_e \\ \sigma_X^2 = \frac{1}{k} (MS_B - MS_e) \end{cases}$$

因为组内相关系数为:

$$r_1 = \frac{\sigma_S^2}{\sigma_S^2 + \sigma_e^2}$$

$$h^2 = \frac{r_1}{r_A} = \frac{4\sigma_S^2}{\sigma_S^2 + \sigma_e^2}$$

(7) 遗传力的显著性检验

遗传力估计之后,需要进行显著性检验。通常用 t 检验法测验所估计遗传力的显著性,需要计算遗传力的标准误差 σ_{h^2}。如果遗传力由公羊内母女回归计算,$h^2 = 2b_{OP}$,因而,

$$\sigma_{h^2}^2 = \sigma_{2b_{OP}}^2 = 2\sigma_{b_{OP}}^2, \quad \sigma_h^2 = 2\sigma_{b_{OP}}$$

所以

$$t = \frac{h^2}{\sigma_h^2} = \frac{b_{OP}}{\sigma_{b_{OP}}} = \frac{b_{OP}}{\sqrt{\dfrac{\sum (O - \overline{O})^2 - b_{OP}^2 \sum (P - \overline{P})^2}{(D - S - 1) \sum (P - \overline{P})^2}}}$$

式中,$\sigma_{b_{OP}}$ 为回归系数的标准误差。

如果遗传力由中亲值计算，由于 $h^2 = 2b_{O\bar{P}}$，$\sigma_h^2 = \sigma_{b_{O\bar{P}}}$，$t$ 的计算公式仍然同上，只是计算公式中亲代表型值为双亲均值。

如果遗传力由父系半同胞计算：

$$\sigma_h^2 = \frac{16 \times [1 + (n-1)r_1](1-r_1)}{\sqrt{n(n-1)(s-1)/2}}$$

如果遗传力由父系全同胞家系计算：

$$\sigma_h^2 = \frac{2}{\sigma_p^2} \sqrt{2\left[\frac{1}{k_3^2}\frac{MS_S^2}{S-1} + \left(\frac{1}{k_1}-\frac{1}{k_3}\right)^2 \frac{MS_d^2}{D-S} + \frac{1}{k_1^2}\frac{MS_W^2}{N-D}\right]}$$

所有的 t 值计算：

$$t = \frac{h^2}{\sigma_h^2}$$

值得注意的是，当 t 检验结果表明 h^2 估计值显著或极显著时，说明该参数值正确度较高，在实际中可被利用；而检验结果表明不显著时，则表明该参数值在实际育种中不宜被利用，因为，抽样误差太大，所得的 h^2 值准确度太低，与理论 h^2 值不吻合。

三、数量性状遗传参数分析

定期分析和估计不同性状的遗传参数，是掌握绵羊遗传规律，指导育种的重要而必不可少的技术手段。在甘肃高山细毛羊的育种过程中，曾于 1979 年、1989 年、1997 年和 2006 年分别对主要经济性状的遗传力和性状间的遗传相关进行了分析。

1. 遗传力分析（表 5-8）

表 5-8　甘肃高山细毛羊主要经济性状遗传力

	1979 年	1989 年	1986 年	1997 年	2006 年
初生重	0.84	0.23	0.15	0.178	0.14
羔羊断奶重	0.60	0.13	0.24	0.228	0.02
120 日龄断奶重	—	—	—	0.196	—
羔羊断奶毛长	0.20	0.19	0.31	0.252	0.23
断奶前日增重					0.40
1.5 岁体重	0.82	0.44	0.25	0.429	0.78
1.5 岁毛长	0.27	0.58	0.31	0.187	0.40
1.5 岁毛量	0.45	0.22	0.23	0.330	0.16
周岁净毛量					0.33
1.5 岁被毛密度				0.131	0.02
1.5 岁羊毛细度（支）	—	0.26	1.27	0.105	—
1.0 岁羊毛纤维直径					0.40

前4次估计均采用半同胞组内相关法进行，2006年利用MTDFREML软件进行分析。根据历次结果，羔羊初生体重1979年估测结果较高达到0.84，其他4次结果接近在0.14~0.23，羔羊断奶体重5次结果差异很大，遗传力最低为0.02（2006年）到最高到0.6（1979年），其他几次结果则比较接近，120日龄断奶校正体重的遗传力为0.196（1997年），断奶前羔羊生长速度（日增重）的遗传力为0.4（2006年）。育成羊体重指标除1986年分析结果为中等遗传力外，其余各次结果均在0.3以上，其中，1979年和2006年2次结果在0.78以上，属高遗传力。在甘肃高山细毛羊的整个育种过程中，育种方向是毛肉兼用方向，始终注重对体重指标的选择。长期的人工选择使这一指标的遗传力提高。羔羊断奶毛长的遗传力在0.19~0.31，属中等遗传力，而且多次估计的结果之间没有太大的差异。育成鉴定毛长1979年、1997年2次为中等而其余3次结果为高遗传力。5次测定的污毛量的遗传力在0.16~0.45，为中等以上遗传力，过去因为没有足够的羊毛分析测定数据，净毛量和羊毛纤维直径指标的遗传力没有进行估测，根据2006年估测结果，净毛量遗传力为0.33，羊毛纤维直径的遗传力为0.4，均属高遗传力。

多次估测结果说明，甘肃高山细毛羊经济性状中，决定种羊品质的主要性状：育成体重、育成毛长、断奶前生长速度、净毛量、羊毛纤维直径等重要性状为高遗传力。说明甘肃高山细毛羊主要性状遗传性能稳定，通过个体表型值选种，即可以获得理想的遗传进展。

2. 性状间的遗传相关（表5-9）

表5-9 甘肃高山细毛羊重要经济性状间的遗传相关参数

性状	年度	Bw	Wwt	Wwt120	Wsl	Ywt	Ysl	Qn	Gfw	Cfw	Afd
初生重（bw）	1979										
	1986		0.10		-0.12	-0.02	-0.3	0.8	0.13		
	1989										
	1997		0.439	0.155	0.102	-0.175	-0.004	0.440	0.090		
	2006						0.99			0.91	0.76
断奶重（wwt）	1979					0.72			0.77		
	1986				-0.12	0.46	0.15	0.32	1.23		
	1989					0.54	-0.08	0.77	0.84		
	1997			0.795	0.431	0.143	0.157	0.003	0.483		
	2006					0.81				0.98	0.75

（续表）

性状	年度	Bw	Wwt	Wwt120	Wsl	Ywt	Ysl	Qn	Gfw	Cfw	Afd
120 日龄校正断奶重（wwt120）	1979										
	1986										
	1989										
	1997				0.206	0.347	-0.126	0.133	0.410		
	2006										
断奶毛长（wsl）	1979						0.86		0.82		
	1986					0.07	0.70	-1.70	—		
	1989					0.12	0.79	-0.63	0.33		
	1997					0.388	0.739	-0.293	0.319		
	2006						0.99			0.89	0.92
育成体重（1.5/1.0）（ywt）	1979						0.29	-0.12	0.67		
	1986										
	1989										
	1997						0.122	-0.266	0.688		
	2006						0.56			0.82	0.48
育成毛长（ysl）	1979								0.57		
	1986							-0.36	0.31		
	1989										
	1997							-0.236	0.407		
	2006									0.94	0.93
细度支数（qn）	1979										
	1986								-0.18		
	1989										
	1997								-0.028		
	2006										

　　从多次估测的结果可以看出，两两性状间的遗传相关地在方向上绝大多数是一致的，而且各美利奴育种界普遍认可的结果一致。早期性状与育成后性状间的遗传相关的主要意义在于它能够为早期选种提供依据。相对于其他性状间的关系，初生重与后期性状的遗传相关较弱，但1986年和1997年研究结果均表明，初生重与育成鉴定羊毛细度支数呈强正遗传相关，与断奶重存在强正遗传相关（1997年），2006年的研究结果则表明，初生重与育成体侧毛长、净毛量、羊毛纤维直径均呈强正遗传相关。从预测周岁性状和间接选择

周岁性状的角度讲，从上表不难发现，断奶重是早期选择周岁体重和周岁污毛量的理想性状，几次估测结果均取得了一致的正的遗传相关。断奶毛长与育成毛长间的遗传相关 5 次估测结果非常一致，相关系数在 0.7~0.99，与产毛量指标呈强正遗传相关，与羊毛细度支数呈负遗传相关，与羊毛纤维直径呈正遗传相关。因此可以指出，断奶体重和断奶毛长是间接选择周岁相应性状的理想性状，同时两性状均可作为周岁毛量指标的间接选择性状。1979 年和 1997 年 2 次估测结果显示，羊毛细度支数与育成鉴定毛长、体重两指标均为负遗传相关，2006 年分析结果表明，羊毛纤维直径与育成鉴定毛长和体重为正遗传相关，这与细度支数和两性状的结果是一致的。育成鉴定体重与毛长相互间为正遗传相关，两指标与污毛量和净毛量均为强正遗传相关。

李文辉等（1997 年）通过遗传参数估计，发现甘肃高山细毛羊有 3 组性状，组内性状的间存在正的遗传相关，认为这 3 组性状可能受 3 种不同的基因或基因组的控制，I 组性状包括断奶重、断奶时校正重、断奶时羊毛密度分、油汗分、断奶等级、育成时体重、羊毛密度分、腹毛长和毛量；II 组性状有断奶毛长、育成时毛长、羊毛弯曲分；III 组性状有初生重、初生等级、育成时羊毛油汗分、腹毛长和细度支数。这一发现，为甘肃高山细毛羊经济性状的早期选择和间接选种提供了依据。

四、主要性状的遗传

基因是遗传的功能单位，它包括三方面内容：在控制遗传性状发育上它是作用单位，在产生变异是它是突变单位，在发杂交遗传是重组和交换单位。基因是遗传性状在分子水平上的物质基础。性状遗传的基本规律是品种选育工作的理论基础。在现实工作中性状的选择主要依据基因型还是依据表现型进行，主要取决于该性状在品种中的遗传规律特点。基因型是指所有从亲代继承下来的各种遗传因素的整体作用，是指父母传下来基因的总构成。在个体发育过程中，基因型具有相对稳定的特点，是表型的内在基础。表现型（表型）是指能观察、测量或评价的性状。父母的基因型是不能遗传的，因为，上下代之间直接遗传传递的物质是基因，父母的基因型分配到各自的配子的基因，在形成了子一代的合子时要重新组合才构成下一代的基因型。也正是这个重新组合的过程为人类创造性地开展育种工作，从而重新组合优秀基因型个体提供了的个机会。

1. 影响甘肃高山细毛羊性状遗传的非遗传因素

对于数量性状表现型并不等于基因型的完全表现，因为，基因型要与环境互相作用决定表现型。因此，研究影响主要性状的环境因素，遗传力是代表群体遗传特征，是研究性状遗传规律的最重要性状，在测算遗传力参数量必须把非遗传因素对性的影响区分开来，所以，研究包括环境因素在内的非遗传因素的影响，是正确握性状遗传规律具有重要意义。

以甘肃省皇城绵羊育种试验场现行羊群管理制度，影响经济性状的非遗传因素包括如下。

（1）不同生长阶段管理群（妊娠断奶羊育羔群、断奶后培育群、育成后归入的繁殖母羊群或育种公羊群）。不同管理群对羊只性状表现的影响主要表现在畜群管理方法、四季放牧草场质量情况、管理人员的责任心等方面的不同，生产管理实践中特别是管理人员的责任心的差异，对群体的生产性能表现具有明显的影响。

（2）不同生产年度。主要表现在不同年度由于气候因素、草场生长状况等的不同而对羊只生产性能表现的影响。

（3）不同的补饲水平。主要表现在每只羊补饲草、料的数量、草料质量及搭配情况的影响。

（4）羔羊出生类型。出生为单羔、双羔或 3 羔，该因素对羔羊生长发育性状及后期生产性能表现是有影响的。

（5）性别。羊只性别无疑是对生产性能表现有明显影响。

（6）母亲年龄。即羔羊出生时母亲的年龄。

（7）性状测定时生长日龄。在影响性状的非遗传因素的模型建立中可以把该性状作为协变量加入模型中，或通过建立以生长日龄为依变量，分析性状为自变量建立回归方程，对分析性状进行校正。

2. 甘肃高山细毛羊主要性状

从遗传学角度讲可把羊的性状分为质量性状和数量性状。区分质量性状和数量性状对甘肃高山细毛育种具有重要意义。对于甘肃高山细毛羊而言，质量性状其实代表着品种的外貌特征的一致性。人们对品种外貌的要求：一是为生产的需要；二是长期以来形成的习惯。而且这种对外貌的要求标准也在随着时间的推移而在发生着变化。

甘肃高山细毛羊体质结实，蹄质致密，体躯结构匀称，胸阔深，背平直，后躯丰满，四肢结实、端正有力。公羊有螺旋形大角或无角，颈部有 1~2 个横皱褶或无皱褶；母羊多数无角，少数有小角，颈部有纵垂皮。被毛纯白，闭合性良好，密度中等以上，体躯毛和腹毛均呈毛丛结构，细毛着生头部至两眼连线，前肢到腕关节、后肢到飞节。

（1）甘肃高山细毛羊质量性状。角的有与无，细毛着生部位、颈部皱褶的有无。总体而言角的有与无就是一个形式问题，但从生物学角度讲，长角肯定会与生产羊毛争夺营养，从而相对而言减少羊毛的个体产量，但具皇城羊场多年的生产经验，有角母羊保姆性要比无角羊强。但就目前甘肃高山细毛羊育种而言，公羊要求要螺旋形大角，或无角，而母羊要求多数为无角，有角羊只不进入育种群，只进入三级生产群。颈部皱褶的要求按照传统的习惯，要求公羊有 1~2 个横皱褶，母羊有发的纵垂皮，所有品种羊个体都具有相同或相似的颈皱褶形态，因为颈部皱褶发达，可以增加皮肤的面积，可以大提高羊毛个体单产。但近年来随着电动剪毛机的推广应用，发达的皱褶不利于电动剪毛机的推广，因此，就细毛羊颈部皱褶的育种倾向于减少皱褶。但这样做无疑会羊毛产量产生负面影响。

还有一些性状本应该是数量性状，但在种羊鉴定时只根据肉羊观察评定为不连续的几个等级。这类性状包括：羊毛密度分，根据鉴定时羊毛单位皮肤着生的稀疏程度，确定为"M^-、M、M^+" 3 个档，分别代表羊毛密度差、正常和密度好，这一性状同时也是对被毛闭合性的一个评价，羊毛密度差的可能闭合性就差，而且有可能出现毛穗、毛辫及毛嘴等缺陷，影响羊毛的质量，羊毛闭合性好，密度好的在其他情况相同的情况下，单位皮肤羊毛根数增加会提高羊毛个体产量；另一性状为羊毛油汗颜色，在实际鉴定工作中，一般是将其分为不连续的 4 个档，即纯白、乳白、浅黄和深黄，羊毛油汗颜色是决定羊毛外观品质的重要指标，在该性状多年的不断严格选择中，深黄色油汗已经基本消灭；羊毛弯曲性状，这一性状上，一是看羊毛弯曲形态是否正常；二是以毛丛单位长度弯曲个数来分档的羊毛弯曲分，即每厘米长度 1~4 个弯曲为"大弯"、5~6 个为"中弯"、7 个（包括 7 个）以上为小弯 3 个档，国际惯例中对这一性状的测定是按每厘米毛丛的弯曲数进行的，叫 crimp frequency。另外还有羊毛细度支数，在鉴定操作中一般分为 60 支、64 支、66 支、70 支和 80 支 5 个档次。羊只鉴定等级分为羔羊初生和断奶鉴定等级分为 1~4 个等级，育成鉴定等级分为特、1~4 个 5 个等级。

（2）甘肃高山细毛羊的数量性状。数量性状大多为具有重要经济价值的经济性状，所以，数量性状又称为经济性状（赵有璋，《羊生产学》）。

按照数量性状的生物学特点，可将数量性状再分为繁殖性能性状（包括发情率、受胎率、产羔率和繁殖成活率）、增重性状（包括羔羊初生重、断奶重、断奶前日增重、断奶后到育成前总增重、日增重、育成体重、剪毛后体重）、羊毛性状（包括污毛量、净毛量、毛束长、纤维直径、每厘米卷曲数、密度），每单位皮肤面积生长的纤维根数；肉用性状包括肉用型评分、屠宰率、净肉率等。

育种目标是采取一定的育种措施，在一定的生产和市场情况下，在一定时期内使生产群获得最大的经济效益（张沅，1991）。甘肃高山细毛羊的整个育种过程中重点选育提高的经济性状是其毛用性状。与羊毛生产效益直接相联系的性状包括，羊毛纤维直径（是决定羊毛价格的最主要因素）、净毛量（直接决定羊毛销售收入）、羊毛长度（代表羊品质的主要因素，决定羊毛分级的等次及价格），体重，体重的大小与羊只个体的繁殖性能为正相关，并且体重大的羊只淘汰时能获得较大的商品价值。因为，羊毛纤维直径和净毛量是现场无法准确观测到的性状，因此，在母羊的选择中，纤维直径用肉眼观测到的细度支数代替，净毛量通过测定原毛量和净毛率，并通过测算而得。

3. 甘肃高山细毛羊主要性状的遗传规律与特点

（1）主要经济性状的遗传进展。

①初生性状：初生重从 1980 年产冬羔的（3.89±0.6353）kg 降低到 2006 年的 3.56±0.7004kg（春羔），羔羊被毛同质率从品种育成初期的（3 年）的 86.36%~95.56%，提高到近 3 年（2004—2006 年）的 92.91%~95.43%，被毛纯白率从初期的 88.72%~97.09%提高到目前的 98%以上，体质正常比例比 1980 年的 96%提高到目前的 99%以上。

②断奶性状：断奶羊 4 月龄断奶体重从 1980 年的 21.12kg（冬羔）提高到目前（2007 年）的 23.86kg（春羔），断奶毛长从 3.53cm 提高到 2006 年的 4.29cm。

③成年公羊：毛长从 1980 年的（8.672±0.9968）cm 提高到 2007 年的（10.015±0.9478）cm，体重从品种育成初期的 83.979~96.267kg 提高到近几年的 90kg 以上，产毛量从 1980 年的（8.328±1.0846）kg 提高到 2007 年的（9.203±1.5063）kg，净毛量从 2000—2001 年的 4.377~4.842kg，提高到 2006—2007 年为 4.452~5.025kg，羊毛纤维平均直径从 2000 年的（25.072±2.3024）μm 稳定下降到 2007 年的（21.424±2.9840）μm，净毛率从 2000 年的（41.65±6.7656）%提高到 2007 年的（48.11±6.7188）%。近 10 年毛长、体重、污毛量、净毛量、羊毛纤维直径 5 项经济性状平均值分别达到 10.399kg、

95.022kg、10.754kg、4.845kg 和 23.295μm. 。

④育成公羊：体侧毛长从 1980 年的（9.515±1.0145）cm，提高到 2007 年的（11.013±1.0673）cm，体重从育成初期 5 年的 54~62kg 提高到近 5 年的 63~69kg，污毛量从 1980 年的（6.547±0.8756）kg 提高到 2000 年的（8.209±1.7099）kg，但从 2000—2007 年 8 年间总体处于下降形势，其中，污毛量从 2000 年的（8.209±1.7099）kg 下降到 2007 年的（6.226±0.7146）kg，净毛量从 2000 年（4.046±0.6777）kg 下降到 2007 年的（3.162±0.5355）kg。羊毛纤维直径从 2000 开始全群检测以来稳步改进，从 2000 年的（23.022±1.5466）μm 稳定下降到 2007 年的（18.046±1.5691）μm，净毛率从 2000 年的（46.4%±6.7819%）提高到 2007 年的（51.1%±5.1337%）。近 10 年毛长、体重、污毛量、净毛量、羊毛纤维直径和净毛率平均分别达到 11.03cm、67.737kg、7.273kg、3.651kg、20.05μm 和 50.04%。

⑤育成母羊：从 1980—2007 年共鉴定育成母羊 100 468 只，其中，特一级母羊比例从育成初期的 43.67%~53.56%，提高到近期的 65.56%~72.16%（2 年），体重从品种育成初期 5 年的 32.37~33.95kg（产冬羔，18 月龄），提高到目前（产春羔，14 月龄）34.48~38.18kg。体侧毛长从 1980 年（冬羔，18 月龄）的（9.18±1.1307）cm，提高到 2007 年（春羔，14 月龄）的（9.74±1.0266）cm。平均细度支数从 1980 年的 64.26 支提高到 2007 年的 66.19 支。近 10 年平均特一级比例、体重、毛长、污毛量、纤维直径和净毛率分别达到 67.5%、36.95kg、10.28cm、3.853kg、18.487μm 和 51.08%。

⑥成年母羊：羊毛个体单产从 1980 年的（4.10±0.7495）kg 提高到 2006 年的（4.37±0.8533）kg。近 10 年平均体重 48.6kg，平均毛长 8.92cm，平均污毛量（4.41±0.8881）kg，平均羊毛纤维直径 21.27μm，平均净毛率 50.92%。

综合净毛率从 1983 年的（43.68%±8.3147%）提高到 2006 年的（54.82%±7.4065%），综合平均羊毛纤维直径从 2000 年的（20.265±1.4304）μm 下降到 2006 年的（17.364±1.6049）μm。

（2）不同经济性状的遗传规律与特点。研究主要经济性状遗传的目的，是掌握性状遗传的规律与特点，探讨品种选育过程中采取的选育措施对遗传进展的影响，从而总结选育工作经验，以期今后主要经济性状获得最大遗传进展。近 30 年的育种实践证明，质量性状的只要我们坚持不良性状的表现型个体，就要以在很大程度上改进质量性状。而数量性状的遗传改进受到测量的精确性的影响，测量的精确性对性状选择起着基础性作用。以育成母羊 18 月龄体重和体侧毛长为例，体重从 1980 年的 32.62kg 提高到 1998 年的 40.11kg，18 年提高 7.49kg，年遗传改进量为 0.416kg，年改进 1.276%；体侧毛长从 1980 年的 9.18cm 提高到 1998 年的 11.58cm，提高了 2.4cm，平均年改进 0.13cm，年改进幅度为 1.452%。这样一突出的选育进展对改进甘肃高山细毛羊育成当时体格小、毛短的缺陷起到了决定性作用，使羊毛长度好成为甘肃高山细毛羊的一大优势。取得这样一个遗传进展除了有比较精确的测量手段外，与选种过程中重视这两项指标密切相关，在精确测量为选种中的重视性状提供了一个前提条件。测量手段的落后或不精确成为其他一些特别是肉眼估测性状遗传进展缓慢的主要原因，以羊毛密度分为例，从 1980—1996 年，羊毛密度分从 1.95 提高到 2.11，提高 0.16 分，平均年改进 0.01，年改进幅度为 0.51%，羊毛细度支数从 1980 年的平均 64.22，提高到

1996 年的 66.41，提高 2.19，平均年改进 0.137，年改进幅度为 0.21%，后两性状年改进幅度远远低于体重、毛长指标，这些以肉眼鉴定评分分档的质量性状，由于测量手段落后不精确，导致选择性状留种率高，因此，遗传进展缓慢，据李文辉 1997 年报道，羊毛密度分和羊毛细度支数两项指标的留种率分别高达 90% 以上和 99.94%（中国养羊，1997 年第三期）。从 1999 年开始甘肃省皇城绵羊育种试验场突出了羊毛纤维直径的选择，育成母羊的羊毛纤维直径从 2000 年的 20.265μm 降低到 2007 年 17.364μm，7 年间降低 2.9μm，平均年改进 0.41μm，年改进幅度 2.045%。

肉眼评定性状并不能完全准确反映性状的真实表现，这类性状的遗传传力比其他客观测量性状要低。如 1997 年对甘肃高山细毛羊遗传参数进行分析的结果表明，育成母羊羊毛密度分、弯曲分、油汗分、细度支数的遗传力分别为 0.131、0.048、0.129 和 0.055，而体重、毛长、毛量的遗传力分别为 0.429、0.187 和 0.33，其他几次遗传参数估也取得了一致的结果。

五、外貌评定与生产性能测定

外貌评定即羊只个体品质鉴定是绵羊表型选择的基础，此法标准明确，简便易行。鉴定时依据《甘肃高山细毛羊地方标准（DB62/T210—1997）》进行。成年羊还要结合往年的生产成绩进行综合评定。鉴定时主要有 8 个主观测试指标即：品种特征、头型、羊毛密度、细度、弯曲、油汗、羊毛匀度、体质体格。现场称取体重（剪毛前体重）、测量毛长，最后根据上述指标的鉴定进行总评。另外在剪毛时测试剪毛量（污毛量），对选留的种公羊依据剪毛后的毛量数据和鉴定成绩进行再一次选择。

1. 鉴定羊只和时间

甘肃高山细毛羊的个体品质鉴定通常在每年的六月中旬剪毛前进行，其幼年羊一般为 13～14 月龄，此时，羊只的羊毛品质及其经济性状已能正确体现本品种的特性。进行个体鉴定的羊只主要包括种公羊、育成羊。另外，还可根据育种的要求，对特、一级成年种用母羊可做整群鉴定。

2. 鉴定方式和方法

甘肃高山细毛羊采取个体鉴定的方式，根据鉴定项目逐头进行，对每只羊的鉴定成绩作个体记录，作为选择种羊的依据，最后依鉴定结果给每只羊评定等级，并在耳朵上分别打出特级、一级、二级、三级和四级的等级缺口，作为终身等级。

3. 鉴定方法和技术

鉴定前要选择距离各羊群比较集中的地方准备好鉴定圈，圈内装备好可活动的围栏，以便能够根据羊群头数多少而随意调整圈羊场地的大小，便于捉羊。圈的出口处设有称羊设备，羊只先称重后鉴定。甘肃高山细毛羊采用坑式鉴定法即在圈出口的通道两侧和中间挖坑，坑深 60cm，长 100～120cm，宽 50cm。鉴定人员站在坑内，目光正好平视被鉴定羊只的背部。鉴定开始前，鉴定人员要熟悉掌握品种标准，并对要鉴定羊群情况有一个全面了解，包括羊群来源和现状、饲养管理情况，选种选配情况，以往羊群鉴定等级比例和育种工作中存在的问题等，以便在鉴定中有针对性地考察一些问题。鉴定开始时，要先看羊只整体结构是否匀称，外形有无严重缺陷，被毛有无花斑或杂色毛，行动是否正常，待羊接近后，再看公羊是否单睾、隐睾，母羊乳房是否正常等，以确定该羊有无进行个体鉴定的价值。对进行个体鉴定的羊只要按规定的鉴定项目逐一进行，交认真做好鉴定记录。为了便于现场记录和资料统计，每个鉴定项目记录时依据中华人民共和国国家标准《细毛羊鉴定项目、符号、术语（GB2427—81）》中的规定进行。

（1）甘肃高山细毛羊品种标准。

①外貌特征：甘肃高山细毛羊体质结实，蹄质致密，体躯结构良好，胸宽深，背平直，后躯丰满，四肢端正有力。公羊有螺旋形大角或无角，颈部有 1~2 个横皱褶；母羊多数无角，少数有小角，颈部有发达的纵垂皮。被毛纯白，闭合性良好，密度中等以上，体躯毛和腹毛均呈毛丛结构，细毛着生头部至两眼连线，前肢到腕关节，后肢到飞节。

②羊毛品质：周岁育成羊，体侧部毛长为 80mm 以上，细度不高于 23.0μm（不低于 64 支），羊毛细度均匀，弯曲清晰，呈正常和浅弯，油汗适中（油汗占毛丛高度≥50% 以上），多数呈白色或乳白色，无黄色或颗粒油汗，平均净毛率达 45% 以上。

③生产性能：甘肃高山细毛羊理想型主要生产性能最低指标，见表 5-10。

表 5-10　理想型羊最低生产性能　　　　　　　　　　　　　　　　　　（单位：kg）

性别	剪毛后体重			剪毛量			净毛产量		
	成年	1.5 岁	1.0 岁	成年	1.5 岁	1.0 岁	成年	1.5 岁	1.0 岁
公	80	40	35	9.0	5.5	4.5	4.1	2.5	2.1
母	45	35	30	4.5	4.5	3.5	2.0	2.0	1.6

在鉴定时根据剪毛量将体重折合成剪毛前体重进行评定。

④分级规定：甘肃高山细毛羊依育成羊的鉴定确定终身等级。鉴定后分为 4 个级。

一级：符合品种标准，各项生产性能均达到理想型最低指标要求的个体为一级。

一级中的优秀个体，凡其剪毛量、体重、毛长、净毛量 4 项指标中有 2 项（必须含剪毛量）达到一级指标的 110%，或一项达到一级指标的 120% 者可列为特级（主要依据体重和毛长）。

二级：基本符合品种标准，体格中等，毛密度较好，周岁育成羊体侧部毛长不低于 75mm，1.5 岁育成羊体侧部毛长不低于 85mm 者可列为二级。

其生产性能最低指标，见表 5-11。

表 5-11　二级羊最低生产性能　　　　　　　　　　　　　　　　　　（单位：kg）

性别	剪毛后体重			剪毛量			净毛产量		
	成年	1.5 岁	1.0 岁	成年	1.5 岁	1.0 岁	成年	1.5 岁	1.0 岁
公	…	34	32	…	4.8	4.0	…	2.2	1.6
母	…	30	28	…	4.0	3.2	…	1.7	1.4

三级：基本符合品种标准，体格较大，毛密度较稀，闭合性较差者列为三级。被毛匀度较差、油汗少、腹毛有少量环状弯曲、头毛及四肢毛着生偏多或偏少等特点，在同一个体中不超过其中两项者允许进入三级。

其生产性能最低指标，见表5-12。

表 5-12　三级羊最低生产性能　　　　　　　　　　　　　　　　　　　　　　　（单位：kg）

性别	剪毛后体重			剪毛量			净毛产量		
	成年	1.5岁	1.0岁	成年	1.5岁	1.0岁	成年	1.5岁	1.0岁
公	…	40	35	…	4.3	3.5	…	2.1	1.6
母	…	35	30	…	3.8	3.0	…	1.7	1.4

四级：凡不符合三级条件标准的个体，均列为四级。四级羊不做种用。

（2）鉴定项目、符号及术语。执行国家标准 GB2427—81《细毛羊鉴定项目、符号、术语》。

①头毛：

T：头毛着生至两眼连线。

T^+：头毛过多，毛脸。

$T^{-/}$：头毛少，甚至光脸。

这里需要强调指出的是，现代细毛羊育种的趋势是要求绵羊面部为"光脸"（open-faced）。面部盖毛着生多，容易形成"毛盲"（wool-blind），这不仅增加修剪面部盖毛所需的劳动力，提高管理成本，也极不利于绵羊本身的放牧采食、自我保护等生活能力。所以在鉴定时对这一性状不可过分强求。

②类型与皱褶：

L：公羊颈部有 1~2 个完全或不完全的横皱褶，母羊颈部有一个横皱褶或发达的纵垂皮。

L^+：颈部皱褶过多；甚至体躯上有明显的皮肤皱褶。

L^-：颈部皮肤紧，没有皱褶。

在现代养羊业中较倡导颈部或全身无皱褶的羊只，因为，体表无皱褶的绵羊剪毛容易，刀伤少，较少受蚊虫侵袭。

③羊毛密度：指单位皮肤面积上着生的羊毛纤维根数，是决定羊毛产量的主要因素之一。羊毛密度的鉴定可从以下方面判断。

一是用手抓捏和触摸羊体主要部位被毛，以手感密厚程度来判定。一般手感较硬而厚实者则密度大；反之，则密度较小。但在鉴定时要考虑到羊毛长度、细度、油汗及夹杂物等因素的影响，以免造成错觉。

二是用手分开毛丛，观察皮肤缝隙的宽度和内毛丛的结构，皮肤缝隙窄，内毛丛结构紧密者，往往羊毛密度大；反之，密度较小。

三是观察毛被的外毛丛结构。外毛丛呈平顶形毛丛的被毛较辫形毛丛被毛密度大。表示方法与记录符号。

M：表示密度中等，符合品种的理想型要求。

M⁺：表示密度较大。

M⁺⁺（或 MM）：表示密度很大。

M⁻：表示密度较差。

M⁼：表示密度很差。

④羊毛长度：是指被毛中毛丛的自然长度。测定时，在羊体左侧横中线偏上肩胛骨后缘一掌处，将毛丛轻轻分开，用有毫米刻度单位的钢直尺顺毛丛方向测量毛丛自然状态的长度，以厘米表示，精确度为 0.5cm，尾数三进二舍。直接用阿拉伯数字表示，如记录为6.5，7.0，7.5，8.0 等。鉴定母羊时测量体侧（即在肩胛骨后缘一掌处与体侧中线交点处）和腹部（腹中部偏左处）两个部位，测定；鉴定种公羊时，除体侧外，还应测量肩部（肩胛部中心）、股部（髋结节与飞节连线的中点）、背部（背部中点）和腹部五个部位，记录方法如下：背、肩、侧、股、腹，对育成羊应扣除毛咀部分长度。

⑤羊毛弯曲：鉴定羊毛弯曲状况，应在毛被主要部位（体侧）将毛丛分开观察，按羊毛弯曲的明显度及弯曲大小形状来判断。表示方法与记录符号。

W：属正常弯曲，弯曲明显，弧度呈半圆形，弧度的高等于底的 1/2，符合理想要求。

W⁻：弯曲不明显，呈平波状，弧度的高小于底的 1/2。

W⁺：具有明显的深弯曲，弧度的高大于底的 1/2。

为了记载弯曲的大小，可在同一符号的右下角用大写字母 D、Z、X 表示大弯、中弯和小弯。如 W_D、W_Z、W_X，对大、中、小弯的判定，一般依单位厘米长羊毛中的弯曲数来判定，通常 1cm 毛长有 1~3 个弯曲为大弯曲，4~5 个为中弯曲，6 个以上为小弯曲。

⑥羊毛细度：在测定毛长的部位取少量毛纤维测定其细度，现场鉴定用肉眼凭经验观察。观察羊毛细度时要注意光线强弱和阳光照射的角度以及羊毛油汗颜色等因素，以免造成错觉。羊毛细度的鉴定结果直接以品质支数表示，如 70 支，66 支，64 等。

⑦羊毛匀度：指被毛和毛丛纤维的均匀度。包括不同身体部位间被毛细度的差异程度以及同一部位被毛的毛丛内毛纤维间细度的差异程度。在我国，现阶段在鉴定羊毛匀度时主要根据体侧与股部羊毛细度的品质支数差异和毛丛内匀度差异来评定。表示方法与记录符号。

Y：表示匀度良好，体侧与股部羊毛细度的差异不超过品质支数一级。

Y⁻：表示匀度较差，体侧与股部羊毛细度品质支数相差二级。

Y⁼：表示细度不匀，体侧与股部羊毛细度品质支数相差在二级以上。

⑧羊毛油汗：主要观察体侧部位、背部及股部。鉴定羊毛中油汗的含量及油汗的颜色。表示方法与记录符号。

H：表示油汗含量适中，分布均匀，油汗覆盖毛丛长度 1/2 以上。

H⁺：表示油汗过多，毛丛内有明显可见的颗粒状油粒。

H⁻：表示油汗过少，油汗覆盖毛丛长度不到 1/3，羊毛纤维显得干燥，尘沙杂质往往侵入毛丛基部。

现代绵羊育种中，对羊毛油汗的颜色也引起重视，因为油汗颜色不仅关系到油汗本身的质量，同时与保护羊毛质量和羊毛品质也有密切关系。其中，以白色和乳白色油汗为最好，是绵羊育种家追求的理想油汗。为此，为了在育种工作中能够选择油汗，在绵羊鉴定时对油汗颜色可附加一些符号，如以 H 表示白色油汗，Ĥ表示乳白色油汗，ĤH 表示黄色油汗，H 表示深黄色油汗等。

⑨体格大小：根据鉴定时羊只体格大小和一般发育状况评定。以 5 分制表示，也可在分数后面附加"+""~"号，以示上述分数的中间型。表示方法与记录符号。

"5"—表示发育良好，体格很大，体重显著超过品种标准。

"4"—表示发育正常，体格大，体重符合品种标准。

"3"—表示发育一般，体型中等，体重略小于品种标准。

"2"—表示发育较差，体格小，体重显著小于品种标准。

⑩外形：用长方形代表羊只身体，并在上面画出相应符号表示羊外形表现突出的优缺点。

⑪腹毛和四肢毛着生状况：绵羊腹部面积占整个体表面积14%左右，腹毛优劣直接关系到产毛量。表示方法可在总评圈下标记，以中间的圈代表腹毛，前面的圈代表前肢毛，最后的圈代表后肢毛。

○：表示腹毛和四肢毛着生基本符合理想型。

○：表示腹毛着生良好。

ô：　表示腹毛稀、短，不呈毛丛结构。

○：表示腹毛有环状弯曲。

⑫总评：根据上面鉴定结果给予综合评定，按 5 分制评定，用圆圈数表示。

00000：表示综合品质很好，可列入特等。

0000：表示综合品质符合理想型要求。

000：表示生产性能及外貌属中等。

00：表示综合品质不良。

也可以在圈后附加"+""~"号，以示中间型。

⑬定级：

根据以上鉴定结果，可以给鉴定羊只定级。因为在左耳上戴有耳标，所以，一般在羊只右耳上用打缺口的方法作等级标记。标记方法如下。

特级：在耳尖剪一个缺口。

一级：在耳下缘剪一个缺口。

二级：在耳下缘剪二个缺口。

三级：在耳上缘剪一个缺口。

四级：在耳上、下缘各剪一个缺口。

至此，羊只鉴定程序全部完毕。外貌评定工作结束。

六、记录系统

资料记录是在甘肃高山细毛羊育种和生产过程中的一项重要工作。通过资料的收集、整理和分析，可及时全面的掌握和了解羊只（或羊群）的品质、生产性能及存在的缺点和问题等，还可由此调整育种方向和生产计划，安排补饲、配种、剪毛、断奶等日常管理工作。省皇城羊场自从建场之日起资料记录工作就没有间断过，即便是在"文革期间"也未曾间断。经过多年的不断改进和完善，目前主要有以下几种记录表。

1. 种公羊卡片

凡用于种用的优秀公羊都必须有种羊卡片。卡片中包括种羊本身的生产性能和鉴定成绩、系谱、历年配种情况及后裔品质、产毛量等（表5-13）。

表5-13　种公羊卡片（正面）

个体编号＿＿＿＿　　品种＿＿＿＿＿＿＿＿＿＿　　出生日期＿＿＿＿

出生地点＿＿＿＿　　单（双）羔＿＿＿＿＿　　　　初生重＿＿＿＿

断奶重＿＿＿＿　　　离场日期及其原因＿＿＿＿＿＿＿＿＿＿＿＿

亲代生产性能及鉴定成绩

亲属关系	个体编号	品种	年龄	体型	羊毛品质				剪毛量	体重	等级	鉴定年度
					细度	长度	密度	油汗				
父												
祖父												
祖母												
母												
外祖父												
外祖母												

本身生产性能及鉴定成绩

鉴定年度	年龄	体型	体质	羊毛品质						体格大小	总评	等级	剪毛量			体重
				长度	密度	细度	匀度	弯曲	油汗				原毛	净毛率	净毛	

表 5-13　历年配种成绩及后裔成绩（背面）

年度	与配母羊		分娩母羊只数	所 生 后 裔																	备注
	等级	只数		羔羊只数			初生重		离乳重		剪毛前体重		剪毛量		等级%						
				公	母	计	公	母	公	母	公	母	公	母	特级	一级	二级	三级	四级		

年度	与配母羊		分娩母羊只数	所 生 后 裔																	备注
	等级	只数		羔羊只数			初生重		离乳重		剪毛前体重		剪毛量		等级%						
				公	母	计	公	母	公	母	公	母	公	母	特级	一级	二级	三级	四级		

2. 种母羊卡片（表5-14）

表 5-14　种母羊卡片

编号＿＿＿＿＿＿品种＿＿＿＿＿＿等级＿＿＿＿＿出生日期及地点＿＿＿＿＿＿

出生体重＿＿＿＿＿离乳体重＿＿＿＿＿离去日期及原因＿＿＿＿＿＿＿＿

亲代生产性能

亲属关系	个体编号	品种	年龄	体型	羊毛品质				剪毛量	体重	等级	鉴定年度
					长度	细度	密度	油汗				
父												
祖父												
祖母												
母												
外祖父												
外祖母												

本身生产性能及鉴定成绩

年度	年龄	体型	羊 毛 品 质						体格大小	总评	等级	生产性能	
			长度	密度	细度	匀度	弯曲	油汗				剪毛量	体重

历年产羔成绩

年度	与配公羊				产羔数			羔羊发育				后裔鉴定记录（平均指标及%）						备注
	个体号	品种	年龄	等级	公	母	计	初生重	离乳重	周岁	等级	体型	毛长	细度	密度	等级	剪毛量	体重	

3. 甘肃高山细毛羊个体鉴定表

甘肃高山细毛羊公羊和母羊的鉴定记录表稍有差异。公羊要测定五个部位即肩部、体侧部、股部、背部的腹部毛长，并进行体形外貌和总评打分；而母羊则只测定体侧部及腹部两个部位毛长，且不进行体形外貌和总评打分（表5-15、表5-16）。

表5-15　甘肃高山细毛羊个体鉴定记录（公羊）

品种_____群别_____年龄_____性别

耳号	毛长	鉴 定			体重	等级	备注
	背肩侧股腹	羊毛品质	体格及外貌评分	细度			
		T L M W H Y	○○○ ▭				
		T L M W H Y	○○○ ▭				
		T L M W H Y	○○○ ▭				
		T L M W H Y	○○ ▭				
		T L M W H Y	○○○ ▭				

表5-16　甘肃高山细毛羊个体鉴定记录（母羊）

品种_____群别_____年龄_____性别

耳号	毛 长		鉴 定		体重	等级	备注
	体侧	腹部	羊毛品质	细度			
			T L M W H Y				
			T L M W H Y				
			T L M W H Y				
			T L M W H Y				
			T L M W H Y				

4. 绵羊配种记录表（表5-17）

表5-17　甘肃高山细毛羊绵羊配种记录

母羊		选配公羊类型	第一次输精		第二次输精		备注
耳　号	类　　型		日　期	公羊耳号	日　期	公羊耳号	

序号	母羊		公羊		交配日期	产羔日期	羔羊			羔羊初生鉴定						备注
	品种	耳号	品种	耳号			性别	临时号	耳号	体重	体质	毛质	毛色	等级	单双羔	

5. 羔羊离乳鉴定记录表（表5-18）

表5-18　甘肃高山细毛羊离乳鉴定

品种_____　群别_____　性别_____　鉴定日期_____

羔羊耳号	父号	母号	鉴定	体重（kg）	等级	备注
			T　L　M　W　H　Y　S　　cm　支			
			T　L　M　W　H　Y　S　　cm　支			
			T　L　M　W　H　Y　S　　cm　支			
			T　L　M　W　H　Y　S　　cm　支			
			T　L　M　W　H　Y　S　　cm　支			
			T　L　M　W　H　Y　S　　cm　支			

6. 绵羊剪毛称重记录表（表5-19）

表5-19 绵羊剪毛称重记录

群别_____性别_____年龄_____时间_____年_____月_____日_____单位：支、kg

耳号	剪毛量	细度	等级	备注	耳号	剪毛量	细度	等级	备注

称重员_____记录员_____

七、选种技术

（一）选种的意义

在细毛羊育种过程中，选种的意义十分重要。通过选种重新安排遗传素材，不断提高群体中优良遗传基因出现的频率，降低和消除劣质基因频率，使羊群质量不断提高。选种是育种工作中一个不可缺少、最基本的技术手段和环节之一。实践证明，在品种形成的关键阶段，只要选择少数几只甚至一只优秀种公羊，加以扩大利用，就会大大加快新品种的育成。

（二）选种

1. 选种的意义

绵羊的选种，就是按照预定的目标，通过一系列的方法，从羊群中选择优良个体作种用。其实质就是限制品质较差的个体繁衍后代，使优秀的个体得到更多繁殖机会，产生更多的优良种羊。这样做的结果，必然会使群体的遗传结构发生定向变化，有利基因的频率减少，最终使有利基因纯合个体的比例逐代增多。相反，如不加选择，长期听任不合格的绵羊特别是劣等公羊繁殖下去那么羊群的品质退化将是很快。

由此可见，绵羊选种是家畜育种工作中的重要环切之一。任何绵羊的育种都需要选种，并且贯穿于全部育种工作的始终，没有选种，就没有羊群的改良。即使是杂交育种，杂交本身也吸有一种手段，而起决定作用的也仍是杂交用种羊本身的选择是否得当。

细毛羊育种中选种主要是针对种公羊的选择，它是利用育种场核心群中所有公母羊的生产性能测定和个体品质鉴定成绩，直接判断或通过计算判定某一种公羊的种用价值，来决定其去留的过程。甘肃细毛羊的选种采用个体表型值选择、系谱育种值选择、半同胞表型值选择、后裔测验成绩选择等通常的方法。

2. 甘肃细毛羊的生产性能测定和品质鉴定

鉴定方式，根据育种工作的需要可分为个体鉴定和等级鉴定两种。两者都是根据鉴定项目逐头进行，等级鉴定不作个体记录，依据鉴定结果综合评定等级，作出等级标记。而个体鉴定要进行个体记录，并可根据育种工作需要增减某些项目。

绵山羊个体品质鉴定的内容和指标随育种进程有所不同侧重，甘肃细毛羊的鉴定主要是个体鉴定，张松荫教授在 1980 年前后试验用"群选法"，也就是等级鉴定选择，在甘肃省皇城绵羊育种实验场开展过细毛羊选育，但羊毛性状选择有其特殊性，往往需要选择某一性状突出的个体，等级选择法有一定局限性。

3. 甘肃细毛羊主要生产性能测定和羊毛品质鉴定指标

（1）种公羊的主要生产性能测定和羊毛品质鉴定指标。

①体重指标：按羊只生长发育过程，甘肃细毛羊依次测定的体重指标主要有初生重、断奶重、周岁重、成年重。

②剪毛量：它是指从一只羊身上剪下的全部羊毛（污毛）的重量。剪毛量在很大程度上受品种、营养条件的影响，粗毛羊剪毛量少，细毛羊的剪毛量要大得多。年龄和性别也影响剪毛量，一般在 5 岁前逐年增加，5 岁后逐年下降。公羊剪毛量高于母羊。

③净毛率：毛被中一般含有油汗、尘土、粪渣、草料碎屑等杂质，这种毛称为污毛。除去杂质后的羊毛重量便是净毛重。净毛重与污毛重相比，称为净毛率。其计算公式：

$$净毛率(\%) = \frac{净毛重}{污毛重} \times 100$$

④羊毛品质性状：

羊毛长度　指的是毛丛的自然长度。现场将钢尺插入体侧毛丛中，量取羊毛的自然长度。对种公羊和首次参加鉴定的断奶羊、育成羊在常规鉴定时逐只测定体侧、背部、肩部、腹部、股部五部位的羊毛长度，而往年已有鉴定记录的成年母羊个体只测体侧、腹部毛长。方法是用两手轻轻将毛被分开，保持毛丛的自然状态，用刚制毫米刻度直尺沿毛丛生长方向测定其自然长度，精确度为 0.1cm。

羊毛长度测定部位的界定：

体侧，肩胛骨后缘一掌处与体侧中线交点处。

背部，背部中点。

肩部，肩胛部中心。

腹部，腹中部偏左处。

股部，髋关节与飞节连线的中点。

羊毛细度　指的是毛纤维直径的大小。在实验室中是用测筒顺在显微镜下测定毛纤维的直径，直径在 25μm 以下为细毛，25μm 以上为半细毛。在工业上则常用"支"来表示，所谓"支"，就是 1kg 羊毛每纺出 1 个 1 000m 长度的毛纱度为 1 支，如能纺出 60 个 1 000m 长的毛纱，则为 60 支。支数越多，表示羊毛纤维越细。现场鉴定时，鉴定者取羊只体侧毛一束，用肉眼观察，凭经验判定其细度支数，也可以用羊毛细度标样对照判定。单位为"支"，通常按照惯例分为 58 支、60 支、64 支、66 支、70 支、80 支等。

羊毛密度　是指单位皮肤面积上的毛纤维根数。现场鉴定首先通过观察羊只被毛外毛丛结构是平顶毛丛还是辫型毛丛，然后用手触摸羊体主要部位的毛被，感觉毛被的密实程度，再分开毛被观察羊毛缝隙大小和内毛丛结构，来综合判断羊毛密度。一般平顶毛丛比辫型毛丛密度大，但未剪过毛的育成羊以辫性外毛丛为主，但不是密度都小，鉴定时要仔细分辨；手感硬而密实的毛被密度大，但羊毛长度大、油汗和杂质少的个体，往往被毛手感软，但不一定密度小；羊毛缝隙小和内毛丛结构密的，毛被密度一般大。

羊毛密度鉴定结果一般记录为：M^{++}表示密度很大，M^+表示密度较大，M 表示密度中等，M^-表示密度较差，$M^=$表示密度很差。

羊毛弯曲　鉴定时用手分开羊只体侧毛被，观察毛丛，凭经验判定弯曲状况。

羊毛弯曲鉴定结果记录为：W^D大弯曲，表示弯曲不明显，呈平波状；W^Z中弯曲，表示弯曲明显，呈浅波状或半圆状；W^X小弯曲，表示弯曲十分明显，弯曲的底小弧度深；W^G高弯曲，羊毛弯曲似弹簧状。

羊毛油汗　是皮脂腺和汗腺分泌物的混合物，对毛纤维有保护作用。油汗以白色或浅黄色为佳，黄色次之，深黄和颗粒状为不良。鉴定时以观察体侧部位，兼顾其他部位，综合判定。

油汗鉴定结果记录为：$\overset{\circ}{H}$表示白油汗，$\check{H}$表示乳白油汗，$\hat{H}$表示黄油汗，$\hat{\hat{H}}$表示深黄油汗。

羊毛匀度　鉴定者通过肉眼观察羊只全身不同部位间被毛细度差异和同一部位毛丛中羊毛纤维细度差异，判定个体羊毛细度的均匀程度。

羊毛匀度的鉴定结果记录为：Y 表示羊毛匀度良好，Y^-表示羊毛匀度较差，$Y^=$表示羊毛匀度很差，Y^X表示有干死毛。

⑤体形外貌评定：

体格大小　依据羊只体格大小和发育状况，将其以 5 分制登记。

A. 5 分表示体格大，发育很好好，体重超过标准。

B. 4 分表示体格较大，发育正常，体重符合标准。

C. 3 分表示体格中等，发育一般，体重稍低于标准。

D. 2 分表示体格较小，发育较差，体重远低于标准。

E. 1 分表示体格很小，发育不良。

外貌评分　把羊的个体外貌特点用长方形加修饰符表示出来。

$$\bigcirc\ \boxed{}$$

⑥毛被状况：

毛色　观察毛被有无杂色，甘肃细毛羊育种母本都有花色个体，所以，在后代中容易出现花色被毛个体，鉴定中都淘汰。

腹毛着生　触摸感觉腹部羊毛着生状况，对不理想个体或降级或淘汰。

o——腹部羊毛着生符合理想标准。

$\underset{-}{O}$——腹部羊毛着生良好。

$\underset{.}{O}$——腹部羊毛稀、短，不呈毛丛结构。

O——腹部羊毛有环状弯曲。

四肢毛着生　四肢毛要求前肢到腕关节，后肢到飞节。

头部羊毛着生　头毛着生要求至两眼连线。用符号 T 表示头毛生长正常，用 T⁺ 表示头毛过多，超过两眼连线，用 T⁻ 表示头毛过少，达不到两眼连线。

⑦有无角：甘肃细毛羊育种，选择目标是公羊有螺旋形大角，母羊无角。但在甘肃细毛羊向美利奴型发展过程中，从澳大利亚引入的澳洲美利奴种公羊或从新疆引入的中国美利奴种公羊都有无角个体。所以现在的细毛羊群体，要求母羊无角，公羊不严格要求有无角。

⑧品种：随着甘肃细毛羊选育进程的深入，引入的外血也变得十分复杂，所以，鉴定中对品种的登记也十分重视，一般在耳标编号中用大写字母区别。

⑨现场鉴定总评：现场鉴定按 5 分制综合评定，用圆圈表示。

OOOOO　表示很好，可进特级。

OOOO　符合理想型要求，可进一级。

OOO　中等。

OO　不良。

（2）鉴定定级。根据鉴定结果和产毛量把羊群分为特级、一级、二级、三级、四级，对生产性能和羊毛品质优秀，但体型外貌等有严重缺陷的个体采取降级处理。

①特级：各项指标超过标准，或多项指标符合标准但羊毛品质指标有至少一项超过标准 10%。

②一级：各项指标符合标准，或个别指标稍低于标准但羊毛品质指标有至少一项超过标准 10%。

③二级：多项指标符合标准，但羊毛品质指标有至少一项超过标准 10%。

④三级：多项指标不符合标准，但羊毛品质指标有至少一项超过标准 10%。

⑤四级：多项指标不符合标准。

根据鉴定成绩，将特级、一级羊归入育种核心群，二级、三级羊进入生产群，四级羊淘汰。

（3）选种方法。

①个体表型选择：个体表型选择是依据个体鉴定成绩，即个体生产性能和羊毛综合品质测定结果选择种羊的办法。现阶段我国绵山羊培育广泛应用这一方法。但个体表型选择法的效果决定于所选性状的遗传力大小和所选性状表型与基因型的相关性，同时，环境因素的影响也要考虑。

遗传力　是数量性状遗传给后代的能力，是指在整个表型变异中可遗传的变异所占的百分数，一般用符号 h^2 来示。遗传力值的变动范围介于 0~1，由于任何数量性状都或多或少要受到环境因素的影响，所以遗传力值很少超过 0.7。一般把遗传力值在 0.4 以上的性状认为是高的，0.2~0.4 为中等，0.2 以下为低度遗传力。

性状的遗传力可从两方面影响选择效果，一方面是直接影响选择反应，遗传力高的性状其选择反应就要比遗传力低的性状大很多；另一方面是能影响选择的准确性，凡遗传力高的性状，表型选择的准确性也愈大。通常遗传力越大、表型与基因型的相关性越大的性状，选择效果越明显。

选择差与选择强度　选择差就是处选种畜某一性状的表型平均数与畜群该性状的表型

平均数之差。从公式 $R=h^2 \times S$ 可以看出，R（选择反应）值不仅受遗传力直接影响，而且与 S（选择差）值的大小密切有关。就是说，在性状传力相同的条件，选择差越大，选择反应也越大。在此需要指出，在影响选择效应的 2 个因素中，唯有选择差是可由性状在群体中的变异程度愈大，则选择差也就愈大，选择收效出愈大。为便于比较分析，可将选择差标准化，即选择差（S）除以各该性状表型值的标准差（以 6R 代表）所得结果称为择强度（以 Ì 代表），用公式表示：$i= S/6R$（表 5-20 至表 5-22）。

表 5-20　甘肃细毛羊主要经济性状的遗传力

性　状	遗传力	标准差
初生重（kg）	0.23	0.09
初生鉴定等级	0.17	0.08
断奶体重（kg）	0.13	0.08
断奶毛长（cm）	0.19	0.09
断奶鉴定等级	0.22	0.09
18 月龄体重（kg）	0.44	0.12
18 月龄毛长（cm）	0.58	0.12
18 月龄剪毛量（kg）	0.22	0.09
18 月龄羊毛细度（支）	0.26	0.09
18 月龄鉴定等级	0.13	0.08

表 5-21　甘肃细毛羊主要经济性状的遗传相关和表型相关

性　状 1	性　状 2	遗传相关	遗传相关标准差	表型相关	表型相关标准差
18 月龄	断奶毛长	+0.33	0.34	+0.24	0.06
污　毛	断奶等级	-0.62	0.30	-0.31	0.06
产　量	断奶体重	+0.84	0.30	+0.39	0.05
18 月龄	断奶毛长	-0.63	0.42	-0.19	0.06
羊　毛	断奶等级	-0.64	0.50	-0.06	0.07
细　度	断奶体重	+0.77	0.61	-0.03	0.06
18 月龄	断奶毛长	+0.79	0.18	+0.42	0.00
羊　毛	断奶等级	-0.17	0.29	-0.07	0.08
细　度	断奶体重	+0.08	0.33	+0.09	0.07
18 月龄	断奶毛长	+0.54	0.93	+0.20	0.06
鉴　定	断奶等级	+0.29	1.02	-0.19	0.06
等　级	断奶体重	+0.48	0.93	+0.28	0.06
18 月龄活重	断奶毛长	+0.12	0.26	+0.09	0.07
	断奶等级	-0.29	0.25	-0.28	0.07
	断奶体重	+0.54	0.22	+0.57	0.05

表 5-22 甘肃细毛羊主要经济性状与遗传及环境因素呼互作表

性 状	年 度	母亲年龄	初生日期	断奶日期	初生类型	管理组别
初生重	ns	***	ns	ns	***	ns
初生类型	ns	***	ns	ns	*	ns
断奶毛长	ns	*	***	ns	ns	*
断奶重	**	**	***	ns	ns	*
断奶等级	ns	ns	***	ns	ns	**
18 月龄活重	***	ns	***	*	ns	**
18 月龄羊毛细度	ns	*	ns	ns	ns	ns
18 月龄羊毛长度	ns	ns	**	ns	ns	ns
18 月龄污毛量	***	ns	***	ns	*	ns
18 月龄鉴定等级	***	ns	***	ns	ns	ns

注：*** P<0.001，** P<0.01，* P<0.05，ns P>0.05

育种后期，为了选择更优秀的个体，提高表型选择的效果，进一步提高群体品质，用"性状率"和"育种值"量指标来选择种公羊。

性状率 性状率指绵羊个体某一性状的表型值与其所在群体同一性状平均表型值的百分比。

公式为：$T（\%）= Px/\bar{P}x×100$

T——性状率；

Px——个体某一性状的表型值；

$\bar{P}x$——个体所在群体同一性状平均表型值。

用它可以衡量不同环境或同一环境下种羊个体之间的优劣。

育种值 育种值根据被选羊个体某一性状的表型值和同群羊同一性状同一时期的平均表型值、被选性状的遗传力进行估算。

公式为：$\hat{A}x =（Px-\bar{P}）h^2+\bar{P}$

$\hat{A}x$——被选羊个体某一性状的估计育种值；

Px——被选羊个体某一性状的表型值；

$\bar{P}$——同群羊某一性状的平均表型值；

h^2——所选性状的遗传力。

②系谱选择：系谱选择是根据被选羊祖先的生产性能来估计被选羊育种价值的方法。通常把本身优秀的羊与其祖先比较，若许多主要经济性状有共同点，则证明遗传稳定，可留种。对还没有生产记录的被选羊可以根据系谱资料估计其育种值，进行早期选则。

公式是：$\hat{A}x =\left[（P_F+P_M）\dfrac{1}{2}-\bar{P}\right] h^2+\bar{P}$

$\hat{A}x$——被选羊某一性状的估计育种值；

P_F——被选羊父亲某一性状的表型值；

P_M——被选羊母亲某一性状的表型值；

$\overline{P}$——被选羊父母所在群体某一性状的平均表型值；

h^2——某一性状的遗传力。

③半同胞测验：半同胞测验是利用绵羊个体同父异母半同胞的表型值估算被选个体育种值，从而对其进行选择的方法。

公式是：$\hat{A}x = (\overline{P}_{HS} - \overline{P}) \, h^2_{HS} + \overline{P}$

$\hat{A}x$——所选个体某一性状的估计育种值；

$\overline{P}_{HS}$——所选个体半同胞某一性状的平均表型值；

$\overline{P}$——所选个体同期羊群某一性状的平均表型值；

h^2_{HS}——半同胞均值遗传力。

对所选个体因半同胞数量不相等造成的半同胞均值遗传力误差可以用以下公式校正。

$$h^2_{HS} = \frac{0.25Kh^2}{1 + (K - 1)0.25h^2}$$

$h^2_H S$——半同胞均值遗传力；

K——半同胞只数；

0.25——半同胞间遗传相关系数；

h^2——性状的遗传力。

在被选个体无后代时就可利用这一方法进行早期选择。

④后裔测验：后裔测验是用后代生产性能表型值和品质来验证和评定种羊育种价值的方法，后代越好则所选公羊种用价值越高。通常用母女对比和同期同龄后代对比 2 种方法。

母女对比法　母女对比法可以用母女同龄成绩对比，也可以用母女同期成绩对比。前者因年份差异会影响结果，后者受年龄因素的影响，应用中要校对。

母女直接对比法：比较母女同一性状的差。

公羊指数对比法：用公式 $F = 2D - M$ 计算公羊指数。

F——公羊指数；

D——女儿性状值；

M——母亲性状值。

同期同龄后代对比法　在对多只公羊用同期同龄后代对比法进行比较时，由于每只公羊的后代个数不等，所以，要用加权平均后的有效女儿数来计算。

有效女儿数的计算公式：$W = \dfrac{n_1 \times (n_2 - n_1)}{n_1 + (n_2 - n_1)}$

W——相对育种值；

n_1——某公羊女儿数；

n_2——被测所有公羊总女儿数。

被测公羊相对育种值的计算公式：$Ax = \dfrac{D_w + \bar{x}}{\bar{x}} \times 100$

Ax——相对育种值；

D_w——被测公羊女儿某性状平均表型值（x_1）与被测所有公羊总女儿同性状平均表型值（$\bar{x}$）之差（$x_1 - \bar{x}$）；

$\bar{x}$——被测所有公羊女儿某性状平均表型值。

Ax 越大，公羊越好。

后裔测验需要较长的时间，在种羊有了能充分反映其生产性能和品质的后代，才能进行评定。

（三）选择性状遗传进展的影响因素

1. 性状遗传力

遗传力高的性状，通过个体表型选择就可以获得提高，遗传进展就快。遗传力低的性状表型值受环境影响较大，用系谱、庞熙和后裔测验选择效果更好。

2. 选择差的大小

选择差是留种群某一性状的表型均值与全群同一性状表型均值之差。选择差受留种比例和所选性状表准差的影响，留种比例越大，选择差越小，性状标准差越大，选择差也越大。

3. 世代间隔的长短

世代间隔指高扬出生时双亲的平均年龄，或从上一代到下代所经历的时间。计算公式为：

$$L_0 = P + \frac{(t-1)}{2}C$$

L_0——世代间隔；

P——初产年龄；

t——产羔次数；

C——产羔间隔。

世代间隔长短直接影响选择性状遗传进展，在一个世代里，每年的遗传进展量取决于性状选择差、性状遗传力及世代间隔的长短。计算公式为：

$$\Delta G = sh^2/L_0$$

ΔG——每年遗传进展量；

s——选择差；

h^2——性状遗传力；

L_0——世代间隔的时间。

世代间隔越长，遗传进展就越慢（表5-23）。

表 5-23 甘肃高山细毛羊育成性状选择效果

项目	遗传力	标准差	留种率 (p) 母羊	留种率 (p) 公羊	选择强度 (i)	直接选择效果 R	直接选择效果 年改进	实际选择效果 (1980—1996 年) 1980—1996	实际选择效果 (1980—1996 年) 提高	实际选择效果 (1980—1996 年) 年改进
体重 (kg)	0.429	4.1056	74.78	28.57	0.802	1.413	0.353	32.93	8.57	0.536
			74.78	0.75	1.593	2.806	0.702	41.50	26.02%	
						+1.393	+0.349			
毛长 (cm)	0.187	1.2307	99.19	28.57	0.604	0.139	0.035	9.46	2.44	0.153
			97.11	0.75	1.416	0.326	0.082	11.90	25.79%	
						+0.187	+0.047			
密度分	0.131	0.5212	90.42	28.57	0.688	0.047	0.012	1.95	0.16	0.01
			80.42	0.75	1.556	0.106	0.0265	2.11	8.21%	
						+0.059	+0.0145			
细度支数	0.105	2.5382	99.94	28.57	0.604	0.161	0.040	64.22	2.19	0.137
			80.43	0.75	1.556	0.415	0.104	66.41	3.41%	
						+0.254	+0.064			
等级分	0.055	1.1144	70.02	8.57	0.824	0.051	0.013	3.43	0.79	0.049
			43.45	0.75	1.829	0.112	0.028	4.22	23.03%	
						+0.061	+0.015			
毛量 (kg)	0.330	0.8112	65.86	28.57	0.868	0.232	0.058	4.54	0.64	0.040
			82.28	0.75	1.764	0.472	0.118	5.18	14.10%	
						+0.240	+0.06			

八、个体遗传评定——选择指数法

绵羊选种的目的是从经济效益的角度获得单位时间内最大的性状遗传进展。与细毛羊经济效益关系最密切的性状有体重、毛长、毛量和羊毛细度，根据对甘肃细毛羊遗传参数分析，就选种方向而言，体重、毛长、毛量 3 个性状之间存在正的遗传相关，可以进行一致的正向选择同时提高；但羊毛纤维直径指标与上述 3 个性状的选择是反向的，如果只进行单个性状的选择或选种中只测重某一个性状，可能会对反向性状构成负面影响。因此，在甘肃高山细毛羊的育种中利用综合选种指数法，解决了这一问题，克服了过去表型选择方法的不足，综合选择指数法将影响表型值的非遗传因素充分分离，利用 MTDFREML 技术对性状遗传参数进行正确估计的基础上进行。2007 年对甘肃高山细毛羊重要经济性状进行了遗传参数估计（李文辉等），并建立了 4 个性状的综合育种指数方程。

1. 基础数据整理

所用数据为育种工作中建立的甘肃高山细毛羊原始资料数据库文件，以 2000—2006 年出生的 14 730 只羔羊为基础。通过对产羔记录、断奶记录、育成鉴定记录、剪毛记录、净毛率分析结果记录、羊毛纤维直径测定记录 6 个库依据共同的耳号字段进行关联，建立起包括初生至育成时所有数量性状、系谱记录、管理环境因素字段在内的数据库，以此数据库为基本库，通过执行一个 foxpro6.0 程序模块筛选有选择性状记录并且有父、母耳号的记录，导出 SPSS 库文件，导出库文件必须包括个体耳号、父号、母羊、选择性状、出生年份、出生管理群、初生类型、性别、断奶后管理群、母亲年龄、鉴定时日龄（或剪毛时日龄）。主要对育成体重、育成毛长、育成时污毛量、毛纤维直径 4 个性状进行分析。数据结构，见表 5-24。

表 5-24　重要经济性状统计与遗传分析数据结构

统计量	ywt	ysl	gfw	afd
平均值	37.225	10.14	4.05	18.087
标准差	4.233	1.166	0.854	1.672
变异系数	11.37	11.5	21.09	9.25
记录只数	2 759	2 758	2 243	1 079
公羊数	151	151	145	103
母羊数	2 264	2 264	1 972	971
平均后代数/母亲	1.05	1.05	1.137	1.11
平均后代数/父亲	18.27	18.27	15.47	10.48

2. 固定效应模型筛选

利用 SPSS 软件中 GLM 模块对可能影响育成体重、育成毛长、污毛量、羊毛纤维直径

4 个性状的品种类型（4 个水平）、初生类型（单、双 2 水平）、出生年度（7 个水平）、出生管理群（6 个水平）、母亲年龄（2、3、4、5、6+，6 个水平）、断奶后管理群（4 水平）、育成时日龄或剪毛时日龄（仅适用于剪毛量）等遗传和环境因素进行方差（和协方差）分析。本次分析只分析因素主效应，对因素间的交互效应未进行分析，在方差分析中差异不显著的因素没有列入影响分析性状的固定因素模型方程中（表 5-25）。

表 5-25　影响甘肃高山细毛羊重要经济性状的因素分析

变异原因	Ywt (2731)			Ysl (2730)			Gfw (2327)			Afd (1036)		
	df	mean S.	Eta^2	df	mean S.	Eta^2	df	mean S.	Eta^2	df	mean S.	Eta^2
GT	3	134.928***	0.012	3	13.889***	0.014	3	.250N.S	0.001	3	7.940**	0.012
BT	1	178.539***	0.005	1	2.755N.S	0.001	1	4.063***	0.005	1	.124N.S	0
BY	6	366.115***	0.063	6	17.402***	0.035	6	34.997***	0.201	6	21.686***	0.062
BF	4	47.293**	0.006	4	2.433N.S	0.003	4	1.202**	0.006	4	19.479***	0.038
DA	4	128.992***	0.016	4	5.485***	0.008	4	3.082***	0.015	4	.208N.S	0
YF	3	2635.985***	0.195	3	45.202***	0.045	3	35.819***	0.114	2	12.080**	0.012
AD	1	243.669***	0.007	1	28.057***	0.01	1	32.450***	0.037	1	8.056*	0.004
B:		0.052***			0.018***			0.021***			0.016*	

通过方差分析显著性检验，确定影响体重、毛长、污毛量、毛纤维直径 4 个分析性状的固定因素模型分别为以下式（5-1）、式（5-2）、式（5-3）和式（5-4）：

$$Y_{ijklmno} = GT_i + BT_j + BY_k + BF_l + DA_m + YF_N + AG_O + e_{ijklmno} \tag{5-1}$$
$$Y_{ijklm} = GT_i + BY_J + DA_K + YF_L + AG_M + e_{ijklm} \tag{5-2}$$
$$Y_{ijklmn} = BT_i + BY_j + BF_k + DA_l + YF_m + AG_n + e_{ijklmn} \tag{5-3}$$
$$Y_{ijklm} = GT_i + BY_j + BF_k + YF_l + AG_m + e_{ijklm} \tag{5-4}$$

其中，Y 是分析性状的表型值；

GT 是品种类型效应；

BT_i 是初生类型效应；

BY 是出生年度效应；

BF 是初生管理群效应；

DA 是母亲年龄效应；

YF 是断奶后管理群别效应。

以上 6 个因素均按固定因素处理，AG 是性状测定时的日龄效应，在模型中处于协变量位置。性状测定时日龄的协方差分析结果显著，公共回归系数 T 检验差异均为极显著。e 是随机残差。

3. 混合线性模型设计与筛选

根据 BLUP 方法原理，结合选择性状的育种的实际情况，同时参照国外相关研究的做法。首先建立以下 4 种混合线性模型。

$$y = Xb + Za + e \tag{5-5}$$
$$y = Xb + Za + Wm + e \tag{5-6}$$
$$y = Xb + Za + Sl + e \tag{5-7}$$
$$y = Xb + Za + Wm + Sl + e \tag{5-8}$$

y：各性状观察值向量　　　　　b：固定效应
a：个体加性遗传效应　　　　　m：母体加性遗传效应
l：母体永久环境效应　　　　　e：残差效应向量

										Log L
				ywt						
1	12.092	1.918			10.174	0.16(0.049)			0.84(0.049)	9 643.8764a
2	12.976	2.352	0.333		10.012	0.18(0.051)	0.03(0.041)		0.77(0.054)	9 819.0896b
3	12.047	1.499	2.477	0.410	9.573	0.12(0.044)	0.21(0.006)	0.034(0.001)	0.79(0.051)	9 639.5061c
4	12.047	1.499		0.969	9.578	0.12(0.044)		0.080(0.041)	0.80(0.051)	9 639.5061c
				ys1						
1	1.094	0.274			0.820	0.25(0.055)			0.75(0.055)	3 012.6072a
2	1.117	0.310	0.499		0.701	0.28(0.063)	0.45(0.013)		0.63(0.061)	3 019.6092b
3	1.095	0.283	0.139	0.045	0.826	0.26(0.060)	0.13(0.004)	0.041(0.045)	0.75(0.061)	3 012.5373a
4	1.094	0.272		0.000	0.822	0.25(0.058)		0.000(0.045)	0.75(0.060)	3 012.6081a
				gfw						
1	0.376	0.038			0.338	0.10(0.040)			0.9(0.040)	151.1854a
2	0.388	0.090	0.113		0.286	0.23(0.072)	0.29(0.051)		0.74(0.069)	160.2999b
3	0.378	0.048	0.053	0.000	0.327	0.13(0.047)	0.14(0.004)	0.001(0.000)	0.87(0.057)	151.7291a
4	0.376	0.036		0.009	0.331	0.10(0.040)		0.024(0.047)	0.88(0.054)	151.7616a
				afd						
1	2.163	0.269			1.893	0.12(0.071)			0.88(0.071)	1 938.7640a
2	2.293	0.751	1.167		1.312	0.33(0.127)	0.51(0.025)		0.57(0.118)	1 947.8503b
3	2.161	0.264	0.014	0.048	1.896	0.12(0.073)	0.01(0.000)	0.022(0.001)	0.88(0.101)	1 938.7673a
4	2.164	0.269		0.000	1.894	0.12(0.074)		0.000(0.092)	0.88(0.101)	1 938.7640a

X、Z、W、S分别为固定效应、个体加性效应、母体加性遗传效应、母体永久环境效应的结构矩阵。通过运行 MTDFREML 软件求解方程组，得到 4 个不同性状不同方差组分的及其比例，同时得出了不同模型的 Log 似然值（Log Likelihood），通过对 Log likelihood 的比较选择理想的模型。

4 个性状的混合模型中当将母体加性效应考虑进去后，Log L 值显著改进，而且个体加性遗传效应所占比例，即性状遗传力在 4 个模型中处于最高，残差效应所占比例最小。

而在模型 II 的基础上加入母体永久环境效应的模型 III 和在模型 I 基础上不考虑母体加性效应而只加入母体永久环境效应的模型 IV 对 Log L 值无显著改进，因此，4 个性状的模型均选择模型 II 为理想模型。

用模型 II 估算出了所有分析羊只的 4 个性状的育种值，本研究中仅在附表 6 和附表 7 中列出 151 只公羊的单性状育种值和 4 个性状综合选种指数。

4. 综合选择指标方程建立

用 mtdfreml 计算出的羊只个体的不同性状育种值是以群体平均数为基数，这个基数对应育种值的 0 值，育种值表示在一个世代中可能获得的遗传改进量（或减少量），本研究中以不同选择性状的价格指数作为加权值，建立综合选种指数方程如下：

$$Index = Ywt * 30 + Ysl * 10 + gfw * 27 + （4.0 + gfw）*（-afd * 8.1）$$

式中，*Index* 为 4 个育种性状的综合育种值；

体重（ywt）育种值的加权系数为 30 元，作为种羊来说每千克活重买 30 元，正好与目前皇城羊场种公羊销售价格相吻合；羊毛长度（Ysl）是确定羊毛等级的基本因素，特级羊毛和一级羊毛长度的差异正好是 1cm，而特级和一级羊毛的每千克价格差异设为 10 元也是比较合适的；个体羊毛产量（gfw）育种值直接乘以 2007 年的综合羊毛价格 27 元/kg；毛纤维直径（afd）是影响羊毛价格的主要因素，纤维直径每降低和增加 1μm 对羊毛价格影响程度设为 ±30%，由于羊毛纤维直径变化对效益影响的部分则为该只种羊动态的羊毛产量（群体均值 4.0+gfw 育种值）与动态的羊毛价格（afd 育种值×27×30%）的积。

九、个体遗传评定—BLUP 法

1. BLUP 方法的概念

BLUP 方法又称最佳线性无偏预测，是 Best Linear Unbiased Prediction 的简称。是由美国数量遗传学专家 C. R. Henderson 提出的。所谓最佳（best），是指估计值的误差方差最小，也即估计值的精确度高；线性（linear）是指估计值为观察值的线性函数；无偏预测（unbiased）是指估计值的数学期望值等于真值。预测（prediction）和估计（estimation）在英文中是有区别的，估计参数和固定效应用"estimation"，而估计随机效应则应用"prediction"。BLUP 方法的重要特征是将选择指数法和最小二乘法有机结合起来，所用的混合线性模型，能够在同一个方程组中既能估计固定的环境效应和固定的遗传效应，又能预测随机的遗传效应。

2. BLUP 方法的优点

（1）可充分利用多种亲属的信息，可以综合利用个体成绩，祖先成绩、同胞成绩及后裔成绩等不同信息来有效估计个体育种值。

（2）具有无偏估计值，即估计值的期望等于其真值，估计值方差最小即真值与估计值之间的误差方差最小。

（3）可以校正固定环境效应（选择指数不能做到），有效地消除了由于环境造成的偏差，使估计育种值同真实育种值最大程度的接近。

（4）能够考虑不同世代的遗传差异，因为对于种畜，不同的繁殖世代充当不同的角色（子女、同胞、父母、祖父母或外外祖父母）。

（5）当利用个体的多次记录成绩，可将由于淘汰造成的偏差降到最低。

3. BLUP 法基本原理

BLUP 法的重要特征是，在同一估计方程中，既能估计固定的环境效应和固定的遗传效应，又能预测随机的遗传效应，所以，BLUP 法是处理混合模型的一种有力手段。

（1）数学模型。预测种公畜育种值最可靠的遗传信息是其后代（女儿）的生产性能，即后裔鉴定选择法。设有 t 只待测种公羊，这些公羊根据它们的遗传基础（如不同年龄、不同家系、不同血缘关系等）分为 q 组，它们的女儿分布于 p 个不同的场—年—季效应水平，则 n 只女儿的表型值（观察值）可用下面的线性模型来描述。

$$y_{ijkl} = h_i + g_j + s_{jk} + e_{ijkl} \tag{5-9}$$

式中：

y_{ijkl}——女儿成绩观察值；

h_i——第 i 个场–年–季的固定环境效应；

g_i——第 j 只公羊组的固定遗传效应；

s_{jk}——第 j 个公羊组第 k 只公羊的随机遗传效应；

e_{ijkl}——对应于观察值的残差效应。

根据模型可知，第 j 组的第 k 只公羊的估计传递力（estimated transmitting ability，ETA）为：

$$ETA_{jk} = \hat{g}_j + \hat{s}_{jk} \tag{5-10}$$

由于公羊传递给女儿的遗传物质仅为 1/2，因此种公羊的预测育种值（BV）应等于 2 倍的 ETA，即：

$$BV_{jk} = 2ETA_{jk} \tag{5-11}$$

模型 5–9 中包括了固定效应和除了残差效应以外的随机效应，是一个混合模型（MM）。如果用矩阵形式表示，则模型 5–9 有下列一般形式：

$$Y = Xh + Bg + Zs + e \tag{5-12}$$

式中：

Y——观察值的 n 维向量；

X——场-年–季效应（固定效应）的 $n×p$ 阶结构矩阵；

h——场–年–季效应的 p 维向量；

B——公羊组效应（固定效应）的 $n×q$ 阶结构矩阵；

g——公羊组效应的 q 维向量；

Z——公羊效应（随机遗传效应）的 $n×t$ 阶结构矩阵；

s——公羊效应（随机遗传效应）的 t 维向量；

e——随机残差的 n 维向量。

且有：$E(s) = 0$，$E(e) = 0$，$E(Y) = Xh + Bg$

$Var(s) = G$，$Var(e) = R$，

$Cov(Y, e') = R$，$Cov(Y, s') = ZG$，$Cov(Y, e') = R$，

$$Cov\ (Y)\ =\ \left[\ ZGZ'+R\ \right]\ \sigma^2$$

（2）求 BLUP 解的混合模型方程（MME）。

对于模型 5-12，若令：

$$D=\ (X\quad B)\,,\beta\binom{h}{g}$$

则 Y 和 s 的联合密度函数为：

$$f\ (Y,\ s)=g\ (Y/s)\ h\ (s)$$

其中：

$$g(Y/s)=C_1\exp\left\{-\frac{1}{2}(Y-D\hat{\beta}-Z\hat{s})'R^{-1}(Y-D\hat{\beta}-Z\hat{s})\right\} \tag{5-13}$$

$$h(s)=C_2\exp\left\{-\frac{1}{2}\hat{s}G^{-1}\hat{s}\right\}$$

其中：

$$C_1=(2\pi)^{-n/2}\mid R\mid^{-1/2}$$
$$C_2=(2\pi)^{-t/2}\mid G\mid^{-1/2}$$

式中，n 为向量 Y 的阶数，t 为向量 s 的阶数。于是：

$$f(y,\ s)=C\exp\left\{-\frac{1}{2}(Y-D\hat{\beta}-Z\hat{s})'R^{-1}(Y-D\hat{\beta}-Z\hat{s})-\frac{1}{2}\hat{s}'G^{-1}\hat{s}\right\}$$

式中，$C=C_1\times C_2$，为一常数。

求此函数的关于 β 和 s 的极大值，即分别求 β 和 s 的偏导数，并令其等于 0，则有：

$$\begin{cases}\dfrac{\partial f(Y,\ s)}{\partial\hat{\beta}}=C\exp\{a\}(D'R^{-1}Y-D'R^{-1}D\hat{\beta}-D'R^{-1}Z\hat{s})=0\\[2mm]\dfrac{\partial f(Y,\ s)}{\partial\hat{s}}=C\exp\{a\}(Z'R^{-1}Y-Z'R^{-1}Z\hat{\beta}-Z'R^{-1}Z\hat{s}-G^{-1}\hat{s})=0\end{cases}$$

其中，a 为 $f\ (y,\ s)$ 中的指数函数的幂。上式化简整理后得：

$$\begin{cases}D'R^{-1}D\hat{\beta}+D'R^{-1}Z\hat{s}=D'R^{-1}Y\\Z'R^{-1}D\hat{\beta}+(Z'R^{-1}Z+G^{-1})\hat{s}=Z'R^{-1}Y\end{cases}$$

若写成矩阵形式，则有：

$$\begin{bmatrix}D'R^{-1}D & D'R^{-1}Z\\Z'R^{-1}D & Z'R^{-1}Z+G^{-1}\end{bmatrix}\begin{bmatrix}\hat{\beta}\\\hat{s}\end{bmatrix}=\begin{bmatrix}D'R^{-1}Y\\Z'R^{-1}Y\end{bmatrix} \tag{5-14}$$

此方程组称为混合模型方程组（mixed model equations，MMX），由于混合模型方程组的解与 BLUP 估计值等价，即由方程 5-14 所求得的 $\hat{\beta}$ 和 $\hat{s}$ 即为 β 和 s 的最佳线性无偏预测值，所以，在动物育种中，混合模型方程组法已成了 BLUP 法的同义词。

（3）MME 的灵活运用。

①随机剩余误差 e 的方差矩阵 R：在一般情况下，我们假设随机剩余误差 e 之间是不相关的，即：

$$R=I\sigma_e^2 \qquad（I 为单位矩阵）$$

则方程 5-14 可简化为：

$$\begin{bmatrix} D'D & D'Z \\ Z'D & Z'Z + \sigma_e^2 G^{-1} \end{bmatrix} \begin{bmatrix} \hat{\beta} \\ \hat{s} \end{bmatrix} = \begin{bmatrix} D'Y \\ Z'Y \end{bmatrix} \tag{5-15}$$

②公羊的随机效应 s 的方差矩阵 G：若 s 具有同方差 σ_s^2，且公羊间不相关，则：

$$G = I\sigma_s^2, \ G^{-1} = I\frac{1}{2}$$

$$\because \quad \sigma_p^2 = \sigma_s^2 + \sigma_e^2, \ \sigma_s^2 = \frac{1}{A}\sigma_A^2$$

$$\therefore \quad \sigma_e^2 G^{-1} = \sigma_e^2/\sigma_s^2 = (\sigma_p^2 - \sigma_s^2)/\sigma_s^2$$

$$= (\sigma_p^2 - 0.25\sigma_A^2)/0.25\sigma_A^2$$

$$= (4 - h^2)/h^2$$

其中，h^2 为性状遗传力，令 $(4-h^2)/h^2 = \lambda$，则方程式 5-16 可进一步化为：

$$\begin{bmatrix} D'D & D'Z \\ Z'D & Z'Z + I\lambda \end{bmatrix} \begin{bmatrix} \hat{\beta} \\ \hat{s} \end{bmatrix} = \begin{bmatrix} D'Y \\ Z'Y \end{bmatrix} \tag{5-16}$$

③若公羊间存在相关，设血缘秩次相关系数矩阵（或叫加性相关系数矩阵：additive relationship matrix；或叫分子血缘相关矩阵：numerator relationship matrix）为 A，则有：

$$G = A\sigma_s^2, \ \sigma_e^2 G^{-1} = A^{-1}\lambda$$

这时混合模型为：

$$\begin{bmatrix} D'D & D'Z \\ Z'D & Z'Z + A^{-1}\lambda \end{bmatrix} \begin{bmatrix} \hat{\beta} \\ \hat{s} \end{bmatrix} = \begin{bmatrix} D'Y \\ Z'Y \end{bmatrix} \tag{5-17}$$

（4）A^{-1} 的计算方法。

在上述 5-17 中，A^{-1} 从理论上讲可以通过对 A 求逆得到，但当 A 阵很大时，对它求逆十分困难以致不太可能。事实上，有时构造 A 阵本身也不是一件容易的事。Hendertson（1975）提出了一个可以从系谱直接构造 A^{-1}（不要构造 A）的简捷方法，正是由于这一方法的提出，才能使得 BLUP 法，尤其是 BLUP 动物模型在动物育种中的真正广泛使用成为可能。这是 Hendertson 对动物育种的重大贡献。

应用这个方法的前提是 n 头动物为非近交个体，引用下例说明具体计算方法步骤。

设有 5 个个体的系谱为：

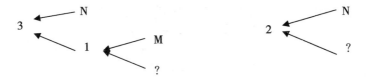

用 Hendertson 的简捷方法构造 A^{-1} 即分子血缘相关矩阵 A 的逆阵 A^{-1}，设 $B = A^{-1}$。

步骤 1 根据系谱将所有个体按血统顺序为三列表

个体	父	母
M	—	—

（续表）

个 体	父	母
N	—	—
1	M	—
2	N	—
3	N	1

列表中应注意：一是在个体一列中应包括所有在父和母列出现过的个体；二是在个体一列中应保证后代绝不会出现在亲代之前，一般可按出生日期来排序，先出生的在前；三是为便于编写计算机程序，个体应用自然数从 1 开始连续编号；四是个体有父或母者，在父或母列中直接写上编号，无父或母者，用"–"代表。

步骤 2 根据三列表，再将个体按求 A^{-1} 阵时的方式安排在一个表中，并将 A^{-1} 中所有元素置为 0。

	--	--	M-	N-	N1	亲 体
	M	N	1	2	3	个 体
M	0	0	0	0	0	
N	0	0	0	0	0	
1	0	0	0	0	0	
2	0	0	0	0	0	
3	0	0	0	0	0	

步骤 3 根据以下公式，计算数值后加到 A^{-1} 中。

注意到有 3 种情况。

若个体 i 的父母均不知道，则把下式的值加到 A^{-1} 中：

$$b_{ii}=1, \quad b_{ij}=0 \qquad (i \neq j) \qquad (5\text{-}18)$$

若个体 i 的一个亲体已知，则把下式的值加到 A^{-1} 中：

$$b_{ii}=3/4, \quad b_{ip}=-2/3$$
$$b_{pp}=1/3, \quad b_{ij}=0 \qquad (5\text{-}19)$$

若个体 i 的双亲 p 和 q 都已知，则把下式的值加到 A^{-1} 中：

$$b_{ii}=2, \quad b_{pp}=1/2$$
$$b_{ip}=-1, \quad b_{qq}=1/2$$
$$b_{iq}=-1, \quad b_{qp}=1/2 \qquad (5\text{-}20)$$

详细说明如下：取 1 号（$i=1$）个体的系谱，它的父亲是 M（$p=$M），母亲未知，则根据 5-19 式得：

$$b_{11}=4/3;$$

$b_{1M} = -2/3$ ；

$b_{MM} = 1/3$ ；

$b_{1j} = 0$

把它们加到 A^{-1} 中的相应位置，表格变为：

	--	--	M-	N-	N1	亲体
	M	N	1	2	3	个体
M	1/3					
N						
1	-2/3	0	4/3			
2						
3						

同理，取 2 号（$i=2$）个体系谱，它的父亲是 N（$p=N$），母亲未知，则：

$B_{22} = 4/3$ ；$b_{2N} = -2/3$ ；$b_{NN} = 1/3$ ；$b_{2j} = 0$

把它们加到 A^{-1} 中的相应位置，表格变为：

	--	--	M-	N-	N1	亲体
	M	N	1	2	3	个体
M	1/3					
N		1/3				
1	-2/3	0	4/3			
2	0	-2/3	0	4/3		
3						

取 3 号（$i=3$）个体系谱，它的父亲是 N（$p=N$），母亲是 1 号（$q=1$），则根据 10.12 式得：

$b_{33} = 2$ ；$b_{3N} = -1$ ；$b_{31} = -1$ ；

$b_{NN} = 1/2$ ；$b_{11} = 1/2$ ；$b_{1N} = 1/2$

把它们加到 A^{-1} 中的相应位置，表格变为：

	--	--	M-	N-	N1	亲体
	M	N	1	2	3	个体
M	1/3					
N		1/3+1/2				

（续表）

	--	--	M-	N-	N1	亲 体
1	-2/3	1/2	4/3+1/2			
2	0	-2/3	0	4/3		
3		-1	-1		2	

最后分析 M（i=M）和 N（i=N）的系谱，它们的双亲均未知，根据式5-18，得：
$b_{MM}=1$；$b_{NN}=1$

把它们加到相应的位置上（实际为对角线）。

步骤4　将上述结果整理，得到 A^{-1}。因此，求得的 A^{-1} 为：

$$
\begin{array}{cccccc}
-- & -- & M- & N- & N1 & \leftarrow \text{亲体} \\
M & N & 1 & 2 & 3 & \leftarrow \text{个体}
\end{array}
$$

$$
A^{-1}\begin{bmatrix}
4/3 & & & & \\
0 & 11/6 & & sym. & \\
-2/3 & 1/2 & 11/6 & & \\
0 & -2/3 & 0 & 4/3 & \\
0 & -1 & -1 & 0 & 2
\end{bmatrix}
$$

4. 混合模型的求解

（1）直接法。在样本较小的情况下，可以直接用求逆法解方程，但在一般情况下，该系数矩阵为非满秩阵，所以其解是不确定的，或者说是无穷多的。因此，必须对被估参数加上约束条件，才能得到唯一解，即：$\sum \hat{\beta} = 0$。

这个约束条件称为"和约束"。对于随机效应，不论什么情况下解总是唯一的。设式5-14中的系数矩阵之逆为 C，则：

$$
\begin{bmatrix} \hat{\beta} \\ \hat{s} \end{bmatrix} = \begin{bmatrix} C_{11} & C_{12} \\ C_{21} & C_{22} \end{bmatrix} \begin{bmatrix} D'R^{-1}Y \\ Z'R^{-1}Y \end{bmatrix} \tag{5-21}
$$

（2）吸收法。求种公畜的 BLUP 值，在样本较小的情况下，可以用直接解方程来求解，但在大规模的范围内评定种公羊，直接法计算速度慢，有时几乎无法进行。在实际应用中，一般采用吸收法来解方程，即把固定效应所对应的方程吸收到公羊效应方程组内，因为，我们感兴趣的是公羊的遗传效应，它直接与育种值有关，这样可以大大降低矩阵的阶数，然后再采用"迭代法"或直接求逆法进行求解。对吸收后的方程组求解，得到的只是公畜效应的 BLUP 值，如有必要，可再进行"反演法"求出固定环境效应的估计值。

例如，以一个带有遗传分组的公羊模型为例阐述吸收法的计算过程和方法。

模型：

$$
Y = X_1 h + X_2 q + Zs + e
$$

混合模型方程组为：

$$\begin{bmatrix} X'_1X_1 & X'_1X_2 & X'_1Z \\ X'_2X_1 & X'_2X_2 & X'_2Z \\ Z'X_1 & Z'X_2 & Z'Z+\sigma_e^2G^{-1} \end{bmatrix} \begin{bmatrix} \hat{h} \\ \hat{g} \\ \hat{s} \end{bmatrix} = \begin{bmatrix} X'_1X_1 \\ X'_2Y \\ Z'Y \end{bmatrix} \qquad (5-22)$$

将 $\hat{h}$ 所对应的方程（可简称 h 方程）吸收到 $\hat{g}$ 和 $\hat{s}$ 方程中的方法步骤如下：

①建立暂时忽略 $\hat{g}$ 方程（公羊组效应）和 $\sigma_e^2G^{-1}$ 的方程组，得：

$$\begin{bmatrix} X'_1X_1 & X'_1Z \\ Z'X_1 & Z'Z \end{bmatrix} \begin{bmatrix} \hat{h} \\ \hat{s} \end{bmatrix} = \begin{bmatrix} X'_1Y \\ Z'Y \end{bmatrix} \qquad (5-23)$$

即得以下两方程式：

$$\begin{cases} X'_1X_1h + X'_1Zs = X'_1Y & (1) \\ Z'X_1h + Z'Zs = Z'Y & (2) \end{cases}$$

在不考虑公羊组效应的前提下，设有 p 个场-年-季水平，t 只公羊，则以下符号的含义为：

$n_i.$——第 i 个场-年-季组的女儿数总和（$i=1$, 2, $\cdots$, p）；

$n_{.k}$——第 k 个公羊女儿数总和（$k=1$, 2, $\cdots$, t）；

n_{ik}——第 i 个场-年-季组中第 k 个公羊的女儿数；

$Yi..$——第 i 个场-年-季组所有女儿成绩总和；

$Y.k.$——第 k 只公羊所有女儿成绩总和。

从而将 5-23 式可直接表示为：

$$\begin{bmatrix} n_1 & & & & \vdots & n_{11} & n_{12} & \cdots & n_{1t} \\ & n_2 & & & \vdots & n_{21} & n_{22} & \cdots & n_{2t} \\ & & \ddots & & \vdots & \vdots & \vdots & \vdots & \vdots \\ 0 & & & n_{p.} & \vdots & n_{p1} & n_{p2} & \cdots & n_{pt} \\ \cdots & \cdots & \cdots & \cdots & \cdots & \cdots & \cdots & \cdots & \cdots \\ n_{11} & n_{12} & \cdots & n_{1t} & \vdots & n_{.1} & & & 0 \\ n_{21} & n_{22} & \cdots & n_{2t} & \vdots & & n_{.2} & & \\ \vdots & \vdots & \vdots & \vdots & \vdots & & & \ddots & \\ n_{p1} & n_{p2} & \cdots & n_{pt} & \vdots & 0 & & & n_{.t} \end{bmatrix} \begin{bmatrix} \hat{h}_1 \\ \hat{h}_2 \\ \vdots \\ \hat{h}_p \\ \cdots \\ \hat{s}_1 \\ \hat{s}_2 \\ \vdots \\ \hat{s}_t \end{bmatrix} = \begin{bmatrix} Y_{1..} \\ Y_{2..} \\ \vdots \\ Y_{p..} \\ \cdots \\ Y_{.1.} \\ Y_{.2.} \\ \vdots \\ Y_{.T.} \end{bmatrix} \qquad (5-24)$$

②将式 5-23 中的 h 方程，即方程（1），吸收到 s 方程，即方程（2）中，由方程（1）可得：

$$\hat{h} = (X'_1X_1)^{-1}[X'_1Y - X'_1Z\hat{s}]$$

$$= (X'_1X_1)^{-1}X'_1Y - (X'_1X_1)^{-1}X'_1Z\hat{s}$$

代入式（2）中得：

$$Z'Z\hat{s} = Z'Y - Z'X\hat{h}$$

$$= Z'Y - Z'X_1(X'_1X_1)^{-1}X'_1Y - Z'X_1(X'_1X_1)^{-1}X'_1Z\hat{s}$$

经整理得：

$$[Z'Z - Z'X_1(X'_1X_1)^{-1}X'_1Z]\hat{s} = [Z'Y - Z'X_1(X'_1X_1)^{-1}X'_1Y]$$

上式可简写为：

$$C\hat{s} = \gamma \qquad (5-25)$$

③将公羊组效应方程 $\hat{g}$ 加入方程组。为此需要建立一个 L 阵，即在对角线方向上有一系列的单位向量，其向量个数等于公羊组数 q，每一单位向量的元素与对应的公羊组所包含的公羊只数相等。L 阵一般表示为：

$$L = \begin{bmatrix} l_1 & & & 0 \\ & l_2 & & \\ & & \ddots & \\ 0 & & & l_q \end{bmatrix}$$

其中，l_1，l_2，$\cdots$，l_q 为单位向量。利用 L 阵分别建立以下矩阵：

$$D_2 = CL; \quad D_1 = L'D_2; \quad \beta = L'\gamma$$

将以上各矩阵作为子阵，构成以下正规方程组的系数矩阵和等号右侧项：

$$\begin{bmatrix} D_1 & D'_2 \\ D_2 & C \end{bmatrix} \begin{bmatrix} \hat{g} \\ \hat{s} \end{bmatrix} = \begin{bmatrix} \beta \\ \gamma \end{bmatrix} \qquad (5-26)$$

即构成了公羊效应与公羊组效应的方程。

④将 $\sigma_e^2 G^{-1}$ 加入到系数矩阵中得：

$$\begin{bmatrix} D_1 & D'_2 \\ D_2 & C + \sigma_e^2 G^{-1} \end{bmatrix} \begin{bmatrix} \hat{g} \\ \hat{s} \end{bmatrix} = \begin{bmatrix} \beta \\ \gamma \end{bmatrix} \qquad (5-27)$$

此式即为将 5-22 式中的 h 方程吸收到 $\hat{g}$ 和 $\hat{s}$ 后的混合模型方程组。

如果公羊间的分子血缘相关矩阵为 A，则应加入 $A^{-1}k$，即：

$$\begin{bmatrix} D_1 & D'_2 \\ D_2 & C + A^{-1}k \end{bmatrix} \begin{bmatrix} \hat{g} \\ \hat{h} \end{bmatrix} = \begin{bmatrix} \beta \\ \gamma \end{bmatrix} \qquad (5-28)$$

其中，$k = (4-h^2)/h^2$，h^2 为性状的遗传力。

实际计算中，k 值加入到式 5-24 的系数矩阵中有关公羊效应的部分，即 $(n._1+k)$，$(n._2+k)$，$\cdots$，$(n._t+k)$。这是为了适应公畜效应属于遗传效应，以及校正混合模型中公畜的随机效应，由 Henderson 建议而增加的。

⑤求解以上方程组，便可得到公羊的估计传递力（ETA）和育种值（BV），即：

$$ETA_{jk} = \hat{g}_i + \hat{s}_{jk}$$

$$BV = 2ETA$$

5. 细毛羊育种值 BLUP 模型的建立方法

在实际应用过程中，细毛羊 BLUP 模型的建立首先要筛选出影响性状的固定影响因子，然后根据实际情况设计出可能的混合线性模型，建立混合模型方程组，然后应用软件（如 mtdfremal）对不同模型的方差组分及其比例进行测算，根据方差比例的大小再进行比较研究，从而筛选出适合的性状预测模型，再依此模型计算出每个羊只各自相应性状的育种值，最后根据育种值大小筛选出优秀种羊。

下面以 2000—2003 年甘肃省皇城种羊场 61 只种公羊的 4 610 只子女的断奶重性状的数据记录为例作一简要介绍。

步骤 1　固定效应的筛选

应用 SPSS11.0 中的 GLM 方法对可能影响绵羊断奶重的出生类型（单羔、双羔）、性别、出生年份和各分场进行方差分析，结果见表 5-26。从表 5-26 可以看出，肉羊断奶重受出生类型、性别、出生年度及分场的显著影响（p<0.05），同时也受这些固定因子两两之间互作效应的显著影响（p<0.05）。因而，断奶重应考虑的非遗传影响因素为出生年份、分场、性别和出生类型，可将互作效应显著的出生年份和场合并，性别和出生类型合并。

表 5-26　断奶重的 GLM 方差分析

因素	断奶重			
	Ms	df	F	p
出生年份	7 993.262	3	513.159	0.000
分场	516.664	2	23.797	0.000
性别	1 049.270	1	48.338	0.000
出生类型	414.991	1	18.581	0.000
出生年份×分场	2 535.346	11	174.110	0.000
出生年份×性别	3 595.014	7	235.278	0.000
出生年份×出生类型	2 636.066	5	172.170	0.000
分场×性别	475.059	5	22.225	0.000
分场×出生类型	204.596	5	9.280	0.000
性别×出生类型	327.518	3	14.849	0.000

步骤 2　混合线性模型设计

根据 BLUP 原理，结合育种群实际情况，设计出 4 种可能的线性模型如下。

$$y = Xb + Za + e \tag{5-29}$$
$$y = Xb + Za + Wm + e \tag{5-30}$$
$$y = Xb + Za + Sl + e \tag{5-31}$$
$$y = Xb + Za + Wm + Sl + e \tag{5-32}$$

其中，y 为性状观察值向量；b 为固定效应；a 为个体加性遗传效应；m 为母体加性遗传效应；l 为母体永久环境效应；e 为残差效应向量；X、Z、W、S 分别为固定效应、个体加性效应、母体加性遗传效应、母体永久环境效应的结构矩阵。

步骤 3　建立混合模型方程组

根据线性模型理论，混合模型方程组 MME 一般可表示为：

$$\begin{bmatrix} X^{-1}R^{-1}X & X'R^{-1}Z \\ Z'R^{-1}X & Z'R^{-1}Z + G^{-1} \end{bmatrix} \begin{bmatrix} \beta^0 \\ a \end{bmatrix} = \begin{bmatrix} X^{-1}R^{-1}Y \\ Z'R^{-1}Y \end{bmatrix}$$

$$Ver = \begin{bmatrix} y \end{bmatrix} = \begin{bmatrix} Z & W \end{bmatrix} \begin{bmatrix} g_{11} & g_{12} \\ g_{21} & g_{22} \end{bmatrix} \begin{bmatrix} Z & W \end{bmatrix}' + S\sigma_l^2 S' + I\sigma_e^2$$

步骤4 混合线性模型的筛选

将所有个体按出生早晚分个体号、父亲号、母亲号排列构建系谱文件。再按出生早晚依次排个体号、父亲号、母亲号、固定效应、性状观察值,构建断奶重性状的数据文件。应用 mtdfremal 软件,分别计算上述 4 种线性模型的方差组分及其比例(表5-27)。

从表5-27 可以看出,断奶重的残差方差占表型方差比例最小的为模型(5-32),其他 3 种模型的比例相近;加性遗传方差占表型方差比例最大的为模型(5-32),其余 3 种模型的比例接近,相差不大;母体遗传方差占表型方差比例最大的为模型(5-30),但与模型(5-32)相差无几;母体永久环境方差所占表型方差比例最大的为模型(5-30),最小的为模型(5-31)。

显然,4 个模型中(5-30)的残差效应最小,而加性遗传效应最大,而断奶重受到母体永久环境效应的影响要比母体遗传效应的影响大,这是因为羔羊在早期生长期间对母体的依赖性比较强的缘故。故综合考虑,选用模型(5-30)估计肉羊的断奶重育种值比较合理。

表5-27 断奶生性状不同模型的方差组分及其比例

性状	模型	σ_p^2	σ_e^2	σ_a^2	σ_m^2	σ_c^2	$\sigma_c^2\%$	$\sigma_m^2\%$	$\sigma_a^2\%$	$\sigma_e^2\%$
断奶重	5-29	15.36244	11.14158	4.22086					0.27	0.73
	5-30	15.12200	10.77573	4.16276	2.62913			0.17	0.28	0.71
	5-31	15.31585	10.68528	3.92893		0.70164	0.05		0.26	0.70
	5-32	15.90999	6.79275	7.92734	1.57615	3.14852	0.20	0.10	0.50	0.43

注:σ_p^2:表型方差;σ_e^2:残差方差;σ_a^2:加性遗传方差;σ_m^2:母体遗传方差;σ_c^2:母体永久环境方差

步骤5 育种值估计

根据筛选结果,选用模型 $y = Xb + Za + Wm + Sl + e$ 来估测细毛绵羊断奶重性状的育种值,并根据育种值大小排出 61 只种公羊的优劣次序,现将 61 只种公羊中排序靠前的 16 只的育种值及排序名次,列于表5-28。

表5-28 前16名种公羊育种值排名

羊 号	935000	930010	920003	920009	930008	969000	920005	930001
育种值	2.84559	2.79528	2.43305	2.41499	2.27961	1.98234	1.98201	1.92731
排 序	1	2	3	4	5	6	7	8
羊 号	959010	949005	949001	930009	920007	959011	949002	910002
育种值	1.52488	1.44008	1.37462	1.24657	1.23781	1.22783	1.22120	1.19592
排 序	9	10	11	12	13	14	15	16

结论

从遗传学的角度来讲,只有通过家畜的育种值进行选择才能得到最大的选择结果。但是育种值不能直接度量，只有通过表型予以估计。BLUP 法在估计过程中可以校正固定环境效应，有效消除环境造成的偏差，能充分利用多种亲属的信息，可以综合利用个体成绩、祖先成绩、同胞成绩及后裔成绩等不同信息来有效估计个体育种值，因而是目前估计育种值最好的方法。上述例子中仅考虑了 4 个影响细毛绵羊断奶重的固定影响因子，但在实际应用中要具体情况具体分析，尽量全面考虑影响性状的所有固定因子，当然随机影响因子的考虑也应如此。

十、选配方法

在育种过程中，根据母羊的特点，为其选择恰当的公羊交配，获得理想后代，就是选配。

（一）选配的目的

（1）使亲代的固有优良性状稳定遗传给后代。
（2）把分散在双亲个体的不同优良性状结合起来遗传给后代。
（3）把细微的不很明显的优良性状累计起来遗传给后代。
（4）对不良性状、缺陷性状削弱或淘汰。
选配的作用就是巩固选种效果。

（二）选配方法

1. 表型选配
以与配公母羊的个体表型作为选配依据，也就是品质选配。

（1）同质选配。用具有相同优秀性状特点的公母羊交配，使相同特点在后代中得以巩固和提高。通常称"以优配优"。

（2）异质选配。用具有不同优秀性状的公母羊交配，使它们的不同优秀特点在后代中结合，创造新的类型，也能用公羊的优点纠正 与配母羊的缺点或不足。即"公优于母"的原则。

（3）表型选配在实践中分为。

①个体选配：根据每只母羊的特点，为其选择合适的公羊，特别是特级、一级母羊。个体选配的原则如下。

一是符合品种理想型要求并具有某些突出优点的母羊，应为其选择具有相同特点的特一级公羊，以获得具有这些突出特点的后代。

二是具有某些突出优点，同时又有性状不理想的母羊，要选择具有同样突出优点，但必须能改善其不理想性状的公羊。

三是符合理想型要求的一级母羊，要选择与其同品种、同一生产方向的特、一级公羊，以获得优于母羊的后代。

②等级选配：二级以下的母羊具有各自不同的优缺点，要根据每一等级的综合特征，

为其选配适合的公羊，使等级的共同特点获得巩固，共同缺点得以改进。

2. 亲缘选配

根据公母羊的血缘关系进行选配，即选择具有一定血缘关系的公母羊进行交配。按双方血缘关系的远近可分为近交和远交。

（1）同质选配。亲缘选配的同质选配也就是近交。凡所生后代近交系数大于 0.78%或交配双方到共同祖先的代数总和不超过 6 代者，为近交。近交系数计算公式为：

$$F_x = \sum \left[\left(\frac{1}{2} \right)^n \cdot (1 + F_A) \right]$$

F_x——个体 x 的近交系数；

$\frac{1}{2}$——常数，两世代配子间的通径系数；

n——通过共同祖先把个体 x 的父亲和母亲连接起来的通径链上所有的个体数；

F_A——共同祖先的近交系数，计算方法同 F_x。如果共同祖先不是近交个体，则用 F_x

$= \sum \left[\left(\frac{1}{2} \right) \right]^n$ 计算。

近交在育种实践中的作用：刚开始选育的绵羊群体或品种形成的初级阶段，其群体遗传结构比较混杂，但通过持续的、定向的选种选配，就可以提高群体内顺向选择性状的基因频率，降低反向选择性状的基因频率，从而使羊群的群体遗传结构向性状一致的方向发展。

①固定优良性状，保持优良血统：近交可以纯合优良性状基因型，并比较稳定地遗传给后代。从而固定优良性状。

②暴露有害隐性基因：近交可以分离杂合体基因型中的隐性基因并形成隐性基因纯合体，后代出现有遗传缺陷的个体，而得以及早淘汰。

③近交通常伴有羊只本身生活力下降的趋势：不适当的近交繁殖不但会造成生活力下降，繁殖力、生长发育、生产性能等都会受到影响。

（2）异质选配。亲缘选配的异质选配也就是远交。凡所生后代近交系数不大于 0.78%或交配双方到共同祖先的代数总和大于 6 代者，为远交。

十一、杂交体系

甘肃细毛羊的整个育种过程，先后形成的杂交体系可以概括为 2 个。

1. 育种初期的育成杂交体系

在杂交改良初期，主要形成了以高加索细毛羊和新疆细毛羊为父本，蒙古羊和藏系绵羊为母本的级进杂交体系。它是一个比较复杂的育成杂交体系，其中，最多应用的是级进杂交，见下图。

2. 选育提高阶段的外血导入

甘肃细毛羊从育成到现在的 24 年间，进行过多次有计划的外血导入工作。

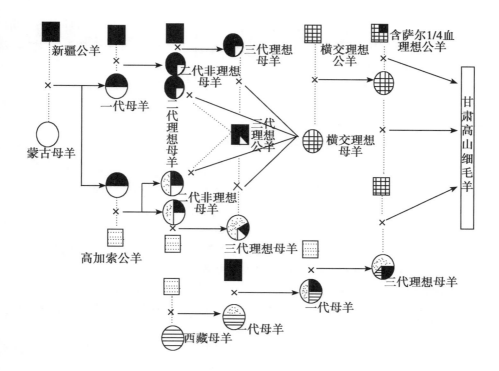

图 甘肃高山细毛羊育成杂交体系

1982 年，针对刚育成群体的缺点，为了提高甘肃细毛羊体格和羊毛品质，从新疆巩乃斯种羊场引进含澳血的新疆细毛羊种公羊 10 只，结合甘肃省七五攻关项目"甘肃细毛羊选育提高及推广利用"，建立了体大品系、毛密品系和毛长品系。

1986 年，在执行中澳合作 8456 项目"开展绵羊育种，提高中国西北绵羊羊毛品质"时，从澳大利亚引进中、强毛型澳洲美利奴种公羊 8 只，1989 年从新西兰引进细型新西兰美利奴种公羊 8 只。对提高甘肃细毛羊的体格和羊毛长度起到了重要作用。

1990 年从内蒙古金峰种养场引进澳洲美利奴种公羊 6 只，邦德种公羊 2 只，德国美利奴种公羊 2 只。1992 年从新疆巩乃斯种羊场引进中国美利奴公羊 12 只。1996 年从内蒙古金峰有限公司澳美羊繁殖场引进无角澳美型种羊 51 只。其中，公羊 10 只。结合甘肃省"九五"科技攻关项目"中国美利奴细毛羊高山型新类群培育"，以甘肃高山细毛羊为遗传基础，培育高山细毛羊新类群（肉用品系、优质毛品系），2002 年获省科技进步二等奖。这一成果，为进一步推进细毛羊种向高产、优质、高层次、高效益迈进，取得了辉煌成就。使种羊质量明显地上了一个新的台阶。

2001 年和 2003 年分别 2 次从新疆紫泥泉种羊场引进中国美利奴（军垦型）细型公羊 10 只，超细型公羊 5 只。结合甘肃省"十五"科技攻关项目"甘肃细毛羊超细品系培育"的实施，标志着甘肃细毛羊育种工作一段新历程的开端。

"甘肃高山细毛羊优质毛品系选育"，2005 年年底鉴定验收，2006 年获甘肃省农牧渔业丰收奖一等奖；"甘肃高山细毛肉用类群选育"，2006 年获甘肃省农牧渔业丰收奖二等奖；"甘肃超细品系培育"，2006年8月通过了省科技厅组织的成果鉴定。

2005年从澳大利亚引进澳洲美利奴超细型公羊13只。对现阶段执行的甘肃省"十一五"科技攻关项目"甘肃细毛羊品系选育"有极大地推进效应。为新的甘肃细毛羊品种最终通过审定起到积极作用。

十二、杂种优势利用

2个遗传基础不同的细毛羊进行杂交，其杂交后代所表现出的一个或多个性状优于杂交双亲的现象。比如抗逆性强、早熟高产、品质优良等，因此，称之为杂交优势。杂交产生优势是生物界普遍存在的现象。

1. 杂交优势

（1）杂交后代的个体大小、生长速度和生产力均显著超过双亲。这类优势有利于农业生产的需要，但对生物自身的适应性和进化来说并不一定有利。

（2）杂交后代的繁殖能力优于双亲，例如，产仔多，成活率高等。

（3）表现为进化上的优越性，如杂交种的生活力强、适应性广，有较强的抗逆力和竞争力。

一般说来，杂交优势都表现在杂交第一代，从第二代起杂交优势就明显下降。因此，在生产上主要是利用杂交第一代的增产优势。

2. 杂种优势的特点

（1）杂种优势不是某一个或2个性状的单独表现突出。而是许多性状的综合的表现出来。

（2）杂种优势的大小。大多数取决于双亲的性状的相对差异和相互补充。

（3）杂种优势的大小与双亲基因型的高度纯合具有密切关系。

甘肃细毛羊杂交改良阶段，主要就是充分利用杂交优势，改良和提高当地土著绵羊的生产能力和羊毛品质，逐渐过渡到以羊毛产量和羊毛品质为主，兼顾其他相对次要生产性状。

十三、纯种繁育

纯种繁育是指同一品种内公母羊之间的繁殖和选育过程。

一般地，当一个品种经过长期选育，具备一定的优良特性并趋于稳定，也符合市场经济需要时，就可采用纯种繁育方法，扩大群体数量，提高品种质量。

甘肃细毛羊在品种育成后，先后利用本品种选育、品系繁育和血液导入等方法进行纯种繁育。

1. 本品种选育

此方法主要通过品种内的选择、淘汰和合理的选配，加上科学的饲养管理，来提高品种整体质量。甘肃细毛羊品种审定前后的几年间都采用本品种选育法来选育提高。

选育工作主要以甘肃省皇城绵羊育种实验场、甘肃永昌羊场和天祝羊场 3 个核心育种场为基地，建立了核心群，以羊毛产量为重点，制定了相应的选育标准和分级方法，进行系统的选育工作。

2. 品系繁育

甘肃细毛羊先后进行过体大品系、毛长品系、毛密品系、肉用品系、优质毛品系和超细毛品系等品系繁育（见品系繁育一节）。

3. 血液更新

血液更新法，即通常所说的导血法。是指从外地引入与本场羊群无血缘关系的同品种的优秀公羊，用于更新本场公羊。

这一方法通常在下列状况使用：在羊群小，长期闭锁繁育出现近交时；或由于羊群整体生产性能达到一定水平，性状选择差变小，靠自群公羊无法再提高时；如在羊群引入新环境，繁育若干年后，生产性能或体质外貌出现退化时。

十四、品系培育

品系是指品种内有共同特点并能稳定遗传，且具有亲缘关系的个体所组成的群体。品系是品种内部的结构单元，通常一个品种应该有 4 个以上的品系，才能保证品种整体质量的不断提高。品系的品质应高于品种的中等水平，就品系特有的品质而言，必须达到品种的上等水平。

品系繁育是利用优秀种公羊及其后代的特有品质，建立优质高产和遗传稳定畜群的方法。细毛羊品种需要不断提高的性状有污毛量、羊毛长度、羊毛细度、羊毛密度以及羊毛弯曲、羊毛强度、羊毛油汗、体格大小等，在品种选育过程中同时考虑的性状越多，各性状的遗传进展就越慢，如果通过品系繁育，同时，建立以不同性状为主的几个品系，然后通过品系间杂交，再把这些性状结合起来，就会使品种质量提高的速度快的多。

1. 系祖的选择

系祖是群体中最优秀的个体，要求生产水平要达到品种的一定水平并且具备独特的优点。系祖公羊必须通过本身性能、系谱审查、后裔测验等综合评定，将能够将自身优秀性状稳定遗传给后代的种公羊来担任。

在甘肃细毛羊育种实践中，不同育种阶段针对群体中出现的优秀个体建立了不同生产方向的品系，如 1971 年在培育公羊群中发现，10540 号公羊毛长指标突出，1.5 岁时毛长 12cm；10549 号公羊羊毛密度指标高，产毛量突出，1.5 岁和 2.5 岁时污毛量分别达 11.8kg 和 12.8kg。并且这两只公羊的其他指标也较理想，1975 年就以 10540 号公羊为系祖建立了毛长品系，以 10549 号公羊为系祖建立了毛密品系。之后又发现 3886 号公羊毛长也突出，遗传也稳定，1.5 岁毛长 10.5cm，其后代 1.5 岁毛长平均 10.23cm，比同群其他公羊同龄后代高出 0.67cm，3886 号和 10540 号是同胞，所以，又把 3886 号公羊选为毛长系另一系祖。1975 年在培育幼年公羊群中发现，418 号公羊生长发育快，1.5 岁、2.5

岁和 3.5 岁体重分别为 83kg、116kg 和 124.1kg，体重显著高于同群其他同龄公羊，因此以它选为系祖建立了体大品系。1990 年，结合甘肃省科技攻关项目，开展了细毛羊多向利用研究，从内蒙金峰公司引入 2 只德国美利奴种公羊，2 只帮德种公羊，用表型建系法建立了肉用品系。1995 年以内蒙金峰公司引入的澳洲美利奴和新疆引进的中国美利奴为父本，选择系祖，用表型建系法建立了优质毛品系。2000 年，从新疆引入超细型种公羊，建立了细型毛品系。

2. 品系基础群的建立

根据建系目的和要求，选择羊群中符合育种要求的个体建立品系基础群。建系方法如下。

（1）近交建系（按血缘关系组群）法。依据系谱资料，将具备拟建品系突出特点的公羊及其后代挑选出来，组成基础群。通过优秀种公羊和与其有血缘关系、相同特点的母羊之间的选种选配，快速提高整个群体的一致性。对于遗传力低的性状，按血缘关系组群，提高效果好，但容易受后代数量限制。

（2）表型建系（按表型特征组群）法。依据鉴定资料，不考虑血缘关系，将符合拟建品系要求的表型特征的个体，全部归入基础群。绵羊的经济性状遗传力高的比例大，加之这种方法不受后代数量限制，所以，育种实践中通常用这种方法。甘肃细毛羊品系繁育中，基础群建立采用也这一方法。

3. 闭锁繁育

品系基础群建立后，就要封闭繁育，不再引入其他公羊。通过自群繁育，使品系特点进一步得到巩固和发展。闭锁繁育阶段，要注意做到如下几点。

（1）提高系祖利用率。

（2）严格选择淘汰。

（3）控制近交。

（4）采用群体选配。

闭锁繁育阶段，以选择品系公羊的继承者为主要工作，但在甘肃细毛羊品系繁育中发现，由于建立的品系多，品系母羊数量少，后代经过选择淘汰，优秀的继承者太少，对品系发展带来了影响。

1979 年时，毛密系由于没有良好的系祖继承者，毛密品系繁育工作告一段落。1984 年对品系母羊进行了整群，体大系和毛长系继续进行闭锁繁育。甘肃省科技攻关项目"甘肃高山细毛羊选育提高及推广利用研究"执行期间，对品系繁育进展的测试结果，1988 年与项目前的 1983 年比较，毛长系成年公羊羊毛长度增加 0.46cm，体大系成年公羊体重提高 3.79kg。在近年的育种工作中，毛长系和体大系溶入了大群体中。现有品系生产性能如下：

优质毛品系：核心种群规模达到 2 500 只。成年公羊活重平均达到 99kg，毛量达到 13.6kg，体侧毛长到 11.2cm，成年母羊平均净毛量达到 3.04kg，平均活重 52kg，毛长平均 9.2cm，羊毛细度支数 66 支。其中保存在核心种群中的培育父本澳洲美利奴成年公羊平均毛量达到 12.35kg，毛长 11.55cm，活重 92.26kg。成年母羊原毛量 6.4kg。

细型毛品系：核心群群体规模 4 100 只。成年公羊平均毛长 9.82cm，体重 89.44kg，平均净毛量 5.53kg，成年母羊平均毛长 9.02cm，体重达到 49.46kg，平均净毛率

52.84%，净毛量 2.56kg。

肉用类群：核心群群体规模 2 000 只。成年母羊平均体重、毛长、污毛量分别为 55.55kg，8.72cm 和 4.04kg。成年公羊平均体重为 99.89kg，毛长 9.50cm，剪毛量 9.12kg。羔羊断奶前日增重 185g/d，羯羊屠宰率为 48%。

十五、育种资料的整理与应用

1. 育种原始资料的收集与整理

（1）育种资料收集。育种资料收集的意义主要表现在 2 个方面：一是通过收集可实现集中统一管理；二是资料收集工作为科技资料的整理、鉴定、保管和利用提供了物质基础和工作对象。所以说，没有育种资料的收集，绵羊育种工作就会成为"无米之炊"，绵羊育种事业的发展也就无从谈起。

绵羊育种资料的收集要根据资料的形成规律与特点而进行。最基本的要求是维护资料的完整和准确。因为，在一切科技工作中，资料的完整和准确始终处于最重要的地位，如果资料收集的不完整、不准确，就会造成资料的"先天不足"，导致统计结果的偏差或错误，会给育种决策带来不良影响。

绵羊育种资料主要有来自于科研生产一线的原始资料（有绵羊产羔、绵羊鉴定、绵羊剪毛及绵羊配种等），其次有来自于对数据资料的统计分析及管理（有资料汇集、计划总结、试验研究）等。

（2）育种资料整理归档。在核心育种场，将收集来的资料先做简单的装订后进行分类存放并做好简要登记，需要统计分析的资料进行微机录入，在此期间要做好借阅登记。育种资料在整理完之后，就要做好资料的归档工作。第一要检查资料是否完整、准确，发现问题应及时纠正；第二是剔除无归档价值的文件；第三对资料进行分类整理和编目；第四对案卷进行全面检查；第五装订归档。

2001—2006 年，对从 1947 年开始（最早有 1943 年的资料）至 2006 年的 60 余年绵羊育种资料在原来归档的基础上，全部进行了重编页码及装盒换面工作。为了保持历史资料的本来面目，原来归档的分类及分类号不变，原编有页码的案卷页码也保持不变；原来没有编写页码的案卷重新编页码，并全部重新打印了案内目录；对有破损的资料进行了修补，对较厚档案案进行了分装，并编上了相应的顺序号；对所有原始资料类及技术资料类档案编了档案盒号（按分类编写）。此次资料室全部重新换面归档资料，见表 5-29。

表 5-29　甘肃省皇城绵羊育种试验场育种资料室贮存育种资料统计表　（单位：册、页）

档案分类名称	档案分类号	存档册数	存档页数
资　料　汇　集	A	49	8 636
计　划　总　结	B	40	4 870
绵　羊　育　种	C	15	1 829

（续表）

档案分类名称	档案分类号	存档册数	存档页数
试 验 研 究	D	32	4 451
参 考 材 料	E	12	1 942
试验研究摘录资料	DA	4	660
其 他 类	I	17	2 148
母 羊 产 羔	II	61	15 211
绵 羊 鉴 定	III	107	26 291
绵 羊 剪 毛	IV	68	15 880
母 羊 选 配	V	13	1 488
配种公羊精液品质检查	VI	6	329
母 羊 配 种	VII	64	16 094
绵 羊 生 长 发 育	VIII	13	2 191
合 计		501	10 2020

据统计，截至2006年年底，共存有绵羊育种相关资料13类共501册，计102 020页。其中，仅绵羊产羔、鉴定、剪毛、选配等原始记录就有353本80 222页共计1 651 850余条记录。另外，资料室还存有近300册第一至第八辑《甘肃高山细毛羊育种资料汇编》，60余本种羊卡片及上百本相关文献及杂志。

（3）育种资料管理。育种资料保管就是保护育种资料的安全，尽可能延长其"寿命"，为以后利用创造良好的物质条件。首先，资料室要远离易燃、易爆场所和腐蚀性气源，其次还应避免阳光直射和潮湿，另外要有一定的密闭性以防尘，不容许有水源。为了更好地保存育种资料，育种资料要有专人管理，存放要有一定的位置，分类要明确，管理人员对资料的完整性和准确性有一定的责任。2005年搬迁了资料室，档案柜由原来的木质柜改换成了不易燃烧且轻便灵活的铁质柜子。因本地气候干燥。所以，所有资料柜都靠墙排列，并在每个柜子上都编了号。为了便于管理和资料查找，并制作了档案查寻索引卡，如表5-30。

表5-30 甘肃省皇城绵羊育种试验场育种资料室档案索引卡

序 号	档案分类名称	档案分类号	存档柜号	注
1	资料汇集	A	1号（上）	
2	计划总结	B	1号（下）	
3	绵羊育种	C	2号（下）	
4	试验研究	D	2号（上）	
5	参考材料	E	2号（下）	

（续表）

序　号	档案分类名称	档案分类号	存档柜号	注
6	试验研究摘录资料	D_A	2 号（下）	
7	其他	I	4 号（上）	
8	母羊产羔	II	3 号	
9	绵羊鉴定	III	5 号、6 号	
10	绵羊剪毛	IV	8 号	
11	母羊选配	V	4 号（上）	
12	配种公羊精液品质检查	VI	4 号（下）	
13	母羊配种	VII	7 号	
14	绵羊生长发育	VIII	4 号（下）	
15	资料汇编及杂志		9 号	
16	文献及种羊卡片		10 号	

对育种资料的借阅严格管理，严禁资料带出室外，详细记录借阅资料的名称、时间、归还时间以及受损状况。向外借阅或复制育种资料要有科室领导签字及档案管理人员亲自在场的情况下方可。

2. 甘肃高山细毛羊育种资料电子数据库建立

纸质的育种技术资料难以保证技术资料的长期保存，利用电子计算机技术实现这些育种资料的保存与保护显得非常必要。甘肃省皇城绵羊育种试验场技术人员从 2000 年开始，历时 8 年对甘肃高山细毛羊育成后的育种原始技术资料逐条录入微机，利用 Foxpro7.0 建立数据库，为保护数据库结构科学合理、数据的完整性和安全，制定了甘肃高山细毛羊育种资料电子数据库管理规程。

育种技术资料电子数据库建立的目标：一是使甘肃高山细毛羊育种原始资料能够永久保存；二是为品种的遗传分析评估、育种方案的制订和实施提供高效快捷的数据源；育种技术资料电子数据库以原始育种资料纸质记录为基础，通过逐条电脑录入建立；通过电脑录入的电子数据库顺序与纸质资料一致，尽量保持与原始纸质数据资料数据信息一致，确保信息的完整性；育种资料电子数据库以 Foxpro 数据库管理软件建立，将不同时期收集的育种原始资料分别建立不同的库文件，采用统一的字段名、库文件名，便于进行操作。

（1）数据库文件类型。根据育种工作的需要和需要建立的数据库文件特点，可以将育种资料数据库文件分为三类：第一类为原始育种资料，以不同阶段种羊鉴定记录和生产性状收集记录为基础。它们包括产羔资料、断奶资料、周岁鉴定资料、公羊鉴定资料、剪毛资料、羊毛纤维直径测定记录和净毛率分析记录；第二类是以第一类原始资料为基础，为育种工作的正常开展而整理出来的而且需要长期保存的资料；第三类资料是对原始育种资料按照育种工作的需要而进行的统计分析的输出结果，以此结果组成"甘肃高山细毛羊年度育种资料汇集"为育种工作提供依据。

（2）育种原始资料数据库文件字段结构。育种资料数据库文件字段结构由四类段组成。一类是个体识别字段，即羔羊出生时佩戴的永久耳号，种公羊及部分核心群母羊留种时戴的塑料耳号；二类是生产性能及羊毛品质客观检测数量性状字段，如体重、毛量、羊毛纤维直径等；第三类是代表影响数量性状表现的遗传与环境因素字体，如品种类型、管理群、性别；第四类是性状测定日期时间字段，如断奶日期等。

（3）数据库特点与功能。建立了甘肃高山细毛羊自1980年育成以来28年的育种资料信息数据库。数据库包括产羔记录、断奶记录、育成及成年羊鉴定记录、育种公羊鉴定信息记录、剪毛记录、净毛率测定记录、羊毛细度检测记录等7个相对独立的电子库文件，包括种羊个体耳号、父号、母羊、初生、断奶、鉴定、剪毛、净毛率、羊毛纤维直径等字段在内的48个基本字段，总条数达到543 003条。数据库囊括了每只种羊个体从出生至成年淘汰前的详细而完整的育种技术信息资料，由于耳号的第一个数字表示该羊只出生年份的信息，后面的字母或数字表示该羊只的品种信息与个体顺序信息，因此，前10年出生羔羊的耳号与后10年出生羔羊耳号可能出生重复，为确保羊只耳号为整个数据库中种羊个体的唯一识别字段，在原数据结构的基础上增加了由出生年份（4位数）+原耳号组成的新字段-"yeartag-年耳标"，以此字段为个体识别号，应用数据库的关联功能，依据个体识别号将7个电子库文件关联起来，形成包括该羊只个体6个电子库一生全部育种信息的库文件。

甘肃高山细毛羊育种资料信息数据库的成功建立，一是实现了珍贵育种资料的永久保存，消除了纸质技术档案资料长期保存可能造成自然损坏的潜在威胁；二是为育种资料的高效、快捷、准确的查询、统计分析、信息管理奠定了物质基础；三是为细毛羊正确、科学的遗传评估、选育种方案制定与育种决策提供了非常丰富、全面、珍贵的技术资料；四是它不仅为该品种细毛羊，对国内其他绵羊品种的育种仍然是具有重要意义的。

3. 育种资料在选种工作中的应用

完整地收集第一手育种资料是开展育种工作的基础性、前提性的工作。从甘肃高山细毛羊的育种工作开始之日起，甘肃省皇城绵羊育种试验场就从未间断过育种资料的收集整理与建档工作。正是有了这些原始育种资料，使育种工作的开展有了科学的依据。多年来这些育种资料被广泛应用种羊育种信息的查询、育种进展的总结分析、育种措施的比较、种公羊的后裔测验、定期遗传参数的估计、遗传评估与综合育种指数的制定、选种选配方案的制订等育种的每一个环节。特别是在进入20世纪90年代以后，电子计算机技术的应用，使育种资料的应用上了一个新层次。

进入21世纪以来，在对细毛羊发展趋势、种羊羊毛市场、选种方法及进展充分分析的基础上，提出细毛羊育种以品系选育为措施向3个方向走的明确的战略思想，一是以净毛量、羊毛密度、体重为主选性状的甘肃新类群扩繁选育；二是以羊毛细度为主选性状提高羊毛综合品质、同时兼顾净毛量、体重、毛长指标的甘肃高山细毛羊优质毛品系或超细品系建立；三是以提高细毛羊产肉性能、并保持羊毛细度达到60支以上的甘肃高山细毛羊肉用类群培育。8年来的科研育种实践以及取得的育种成果充分证明，这种围绕三元的品种结构的育种方向，能够克服独立淘汰法的不足，其优越性表现在它能够使具有不同特点的羊只有机会向相应的特点的专业化方向选育发展，不至于在传统的选种方法中被淘汰；它有利于发掘和保护现有品种种群内的优秀的基因资源，不至于在传统的选种方法中流失；它有利于更好地适应市场，提高种羊生产经营效益。

　　按照建立 3 个基本品系育种规划的需要，近 8 年来选种工作直接依据每只羊的育种指标信息进行，对过去传统的选种归群方法进行了大胆的改进。具体做法是：第一剪毛前归群改为剪毛后归群；第二选种归群依据羊只鉴定等级、品种类型、育成鉴定时体重、毛长、细度等重要经济性状表型值、污毛量以及羊毛细度与净毛率的分析结果；第三将这些育种资料录入微机建立数据库，按照我们三元品种建立的育种计划，将所有羊只首先在微机上实现"归群"，使每一只羊根据耳号进入相应的品系群。其中羊毛品质核心群依据实验室分析结果，育种群主要依据目测鉴定结果并参考实验室检测的抽测结果，扩繁群羊只依据目测结果。在这种三级育种体系下，较高层次群中繁育后代的留种率比低一层次的提高了，特别是种公羊选种比例提高了，群体的质量也拉开了档次，在这种情况下育种工作的主动性增加了，可以有计划地将核心群的遗传优势逐步扩散到育种群和扩繁群中，从而提高全场细毛羊的整体水平。

十六、分子遗传标记

（一）分子遗传标记

1. 分子遗传标记的概念及特点

　　分子标记是以个体间遗传物质内核苷酸序列变异为基础的遗传标记，是 DNA 水平上遗传变异的直接反映，在物种基因组中具有存在普遍、多态性丰富、遗传稳定和准确性高等特点，已被广泛用于遗传多样性评估、遗传作图、基因定位、动物标记辅助选择和物种的起源、演化和分类等研究。从绵羊各种 DNA 分子遗传标记的研究现状可以看出，近年来，虽然有多种 DNA 分子遗传标记被用于绵羊遗传多样性的研究，但研究和应用的广度和深度不平衡。研究现状和特点概括为以下几点：一是对我国地方绵羊遗传资源的系统地位仍不明确，对品种资源的遗传特性缺乏系统认识，造成绵羊遗传资源的利用不尽科学、濒危品种资源的认识不足。二是 RFLP、RAPD、SSR、SSCP、SNPs 和 mtDNA 标记的研究和应用较多，而 AFLP、DNA 指纹等分子遗传标记的应用研究较少。且研究主要侧重于绵羊品种内以及与其他绵羊品种间的遗传多样性分析以及其起源、演化和分类研究。三是尽管有联合国粮农组织（FAO）、国际动物遗传学会（ISAG）和国际家畜研究所（ILRI）等所推荐的参考标准，但研究中涉及大多分子标记技术没有统一的标准和遗传多样性研究工作的研究规程。对于研究结果其客观性、准确性有待提高，同时，由于没有统一的标准，遗传资源管理困难，制定畜禽种质资源数据标准和数据整理管理规范势在必行。四是研究的范围正在逐步拓宽，各种分子标记不仅被用于线粒体基因组的多态性分析，也渗入到核基因组多态性检测。五是重复性工作较多，缺乏系统性研究和创新有待建立或完善畜禽资源整体的收集、整理、信息、资源数据库。如家畜多样性信息系统（DAD-IS）等，存量资源的整合与增量资源的建设亟待加强。六是部分分子标记（如 PCR-SSCP 标记和 SNPs

标记）已被用于绵羊一些经济性状功能基因的多态性检测研究，在遗传多样性科学评估的基础上，随着对功能基因组学研究的深入，更多的优良地方品种基因资源将被开发和利用，分子标记辅助选择育种技术将被广泛应用于动物育种实践。

2. 分子遗传标记的种类

目前，常用的分子标记主要有：限制性核酸内切酶酶切片段长度多态标记（RFLP），随机引物扩增多态（RAPD）标记，扩增片段长度多态（AFLP）标记，小卫星DNA标记，微卫星（SSR）标记及单核苷酸多态性（SNPs）等。近年来，分子遗传标记技术获得了快速发展，已建立的分子遗传标记研究方法有：限制性片段长度多态性（PCR-RFLP）技术；单链构象多态性（PCR-SSCP）分析；扩增片段长度多态性（AFLP）法；随机扩增多态性DNA（RAPD）分析；等位基因特异性PCR（AS-PCR），又称等位基因特异性扩增法（ASA）或扩增阻碍突变系统（ARMS）；等位基因特异寡核苷酸聚合酶链反应（PCR-ASO）或序列特异性寡核苷酸聚合酶链反应（PCR-SSO）；微卫星（MS）DNA技术；水解探针法（包括TaqMan技术和MGB技术）；杂交探针法；分子信标（molecular beacons）技术；荧光标记STR基因扫描技术；变性高效液相色谱（DHPLC）法；连接酶检测反应（PCR-LDR）；测序法（主要包括双脱氧链末端终止法和化学降解法；DNA芯片（DNA chip，Gene chip）技术；变性梯度凝胶电泳（DGGE）；酶促切割错配法（EMC）；质谱分析（MALDITOFMS）法；杂交、监测荧光筛查法和动态等位基因特异性杂交分析（DASH）等。

3. 分子遗传标记在绵羊遗传育种中的应用

分子遗传标记由于遗传稳定，不受生理期和环境等因素的影响，因此，已广泛应用于绵羊遗传图谱构建、种质鉴定、遗传多样性分析、种质资源保存和利用以及杂种优势利用等分析。

（1）个体、亲缘关系鉴定和系谱确证。据估计，哺乳动物基因组中微卫星的平均拷贝数约为5~10万个，Crawford（1996）报道，在绵羊每个配子上微卫星位点的自发突变率为$(1.1\pm0.5)\times10^{-4}$。所以，经过不断的突变，不同品种在漫长的进化过程和人为选择下，其微卫星核心序列重复数发生不同方向、不同程度的变异，从而形成本身特有的DNA指纹图。Buchanan，F. C. 等（1994）利用微卫星标记研究了罗姆尼羊、边区莱斯特羊、萨福克羊、澳大利亚和新西兰美利奴羊品种的遗传关系，推断出了这些品种的分化时间。Forbe等（1995）研究了8个不同微卫星标记在家绵羊和一种野绵羊群体间的变异，得出家绵羊比野绵羊具有更大的遗传变异性。储明星利用与Booroola羊高繁殖力主效基因FecB紧密相连的两个微卫星标记OarAE101和BM1329分析了小尾寒羊等五个绵羊品种的多态分布情况。用微卫星DNA进行个体识别和分子鉴定是一项新兴的生物技术，在家畜上应用的报道不少。目前，国内有人应用微卫星标记对克隆动物进行验证，陈苏民、陈南春（2000）对克隆山羊的体细胞供体、受体、济宁青山羊母羊、公羊和羔羊进行了微卫星DNA分析证明克隆山羊与体细胞供体山羊的微卫星DNA的PCR扩增电泳结构完全一致，与受体母羊和另外三只青山羊没有直接的血缘关系。应用微卫星对家畜进行系谱确证是非常适合的，如在家畜育种中必须搞清楚畜群的亲子关系，这样才能利于根据亲属信息准确选留个体并能防止群体近交的发生。然而在某些情况下（如寄养、母畜返情重配等），却不能准确判断某一个体的亲代。如今借助多个微卫星标记位点在群体中的等位基因频率，通过计算排除率（Exclusion probability）便可进行亲子鉴定和血缘控制。

（2）种质资源的遗传评估、监测、保护和利用。分子遗传标记的多态性反映了物种基因组 DNA 的歧异程度，由于 DNA 是物种根本属性之所在，DNA 的歧异程度直接体现了不同物种间的差异性，因而采用分子遗传标记研究物种遗传资源，可以全面地了解物种基因型的遗传变异程度和分布情况，科学地判定不同种群动物之间和同一种群动物的不同群体之间的遗产差异、遗传距离何金华中的关系，对于动物品种资源的科学分类、合理保存、开发和利用具有重要指导价值。例如，陈扣扣等（2008）利用 8 个微卫星位点对甘肃高山细毛羊肉毛兼用品系进行遗传检测，计算了等位基因频率、有效等位基因数、群体杂合度和多态信息含量。结果表明：位点 BM3501 的有效等位基因数、群体杂合度和多态信息含量都最高（Ne＝7.30，H＝0.866，PIC＝0.848）；位点 BM3413 的有效等位基因数、群体杂合度和多态信息含量都最低（Ne＝2.33，H＝0.573，PIC＝0.478）；8 个微卫星位点在甘肃高山细毛羊上多态性丰富，除位点 BM3413 表现为中度多态外，其余位点均表现为高度多态。因此认为甘肃高山细毛羊肉毛兼用品系遗传背景复杂、遗传变异程度较高、遗传多样性丰富、选择余地较大，采用微卫星标记等方法来选择其优秀基因库，可以进一步提高选择效果和完善品系群体遗传结构；8 个微卫星位点可用于甘肃高山细毛羊肉毛兼用品系遗传多样性评估，并为羊毛性状和肉用性状的连锁分析及寻找数量性状座位提供试验依据。雒林通等（2008）采用 15 个微卫星位点对甘肃高山细毛羊优质毛品系的遗传多样性进行了检测。结果表明：15 个微卫星位点中有 1 个未检测到多态，其余 14 个均表现出高度多态性。多态性标记在该群体中的平均等位基因数为 10 个，平均多态信息含量 PIC＝0.83，平均杂合度 H＝0.85，平均有效等位基因数 Ne＝7.1，均高于国内外部分研究结果。说明甘肃高山细毛羊优质毛品系的遗传多样性丰富，遗传变异程度较高，基因一致度较差，变异性较大，具有较大的选择潜力。同时，这 14 个位点可以作为有效的遗传标记用于甘肃高山细毛羊优质毛品系遗传多样性分析和各生产性状的相关性研究。

（3）功能基因定位和 QTLs 分析。分子遗传标记和 QTL 间的连锁分析为检测 QTL 提供了新的手段。目前，绵羊中已经有少数主效基因被检测出来和大致定位。绵羊 Booroola 基因是高产仔数主效基因，采用 2 代全同胞作参考群体进行的连锁分析表明该基因与 OarAE101DNA 标记连锁，两座位间相距 13cm，位于第六号染色体上。Gootwine 等（1998）证明微卫星标记 BM1329 的 A 等位基因（而不是 B 或 C 等位基因）与 FecB 位点的 B 等位基因连锁。与绵羊繁殖力和存活力有关的 Inverdale 基因定位于绵羊 X 染色体上。该基因在杂合状态时可提高排卵率且产仔数增加 0.6 个，而在纯合状态时母羊是不发情的或出现斑痕卵巢并且母羊是不育的。Gootwine 等（1998）通过回交三代群体内的杂合体互交，已鉴别出 OarAE101 和 BM1329 两个标记纯合进而 FecB 等位基因纯合的公羊和母羊，这些公母羊在一个名为"Afec"的高繁殖力阿华西绵羊育种核心群内。绵羊 Callipyge 基因是引起绵羊肌肉增大，增加羊瘦肉率和提高饲料报酬利用率的主效基因，目前也正在被作为一种模式进行研究和利用。与羊毛纤维直径有关的 Drysdale 基因目前还没有定位到染色体上。Allain，D. et. al（1996）在 INRA401 绵羊品系中对毛性状和其他性状进行 QTL 检测，用 7 个微卫星标记（分别定位在绵羊 2 号、3 号、4 号、5 号、12 号和 13 号染色体上）对 1 200 只羔羊及其它们的亲本对羊毛性状的 QTL 进行检测，结果发现定位在第 3 号染色体上的一个标记在 3 个家系中对毛纤维直径的变异系数、毛长和纤维色素沉着有显著效应，另有定位于第 4 号染色体上的一个标记在 2 个家系中对毛纤维直径有显著效应，表明这两个标记与 QTL 可能连锁。Henry H. M. 等（1995）利用特细的美利奴（羊毛纤维直径为 16um）与羊毛纤维粗的鲁姆尼羊（羊毛纤维直径为 40um）的回交群体组成四个家系的参考群体，用 222 个微卫星标记每隔 20~30cm 对毛性状进行全基因扫描，采用单一标记最小二乘法进行分析，结果表明只有一个位点与羊毛直径的 QTL 存在显著相关。储明星等（2001）研究了两个微卫星座位，找到了与小尾寒羊产羔数有显著正相关的一个 OarAE101 基因座的等位基因（107bp）及基因型（107bp/111bp）和两个与产羔数有显著负相关的等位基因（109bp 和 111bp）。杜立新（2001）找到了与产羔数显著正相关的等位基因 OarHH55-11 和 BM143-12 各一个标记。Lord 等（1998）通过在 EGF 和微卫星标记 OarAE101 之间加入两个微卫星位点 MCM53 和 OarJL1A 以及一个基因位点着丝粒自身抗原 E（CENPE），进一步将 FecB 精确定位在绵羊 6 号染色体着丝粒区的微卫星标记 OarAE101 和 BM1329 之间一个 10cM 区间内。Mulsant 等（1998）对绵羊 6 号染色体 FecB（Booroola）区域进行了区间定位，报道 7 个额外的标记被定位在 FecB 基因附近 18cM 的区间内，与 FecB 最靠近的侧翼标记是牛的微卫星 BMS2508 和山羊的微卫星 LSCV043，它们位于 FecB 基因一侧约 2cm 处。梁春年等（2005）利用 3 对微卫星引物对甘肃超细类群个体进行 DNA 多态性分析，结果表明 3 个微卫星位点具有高度多态性，多态信息含量平均为 0.739 1，有效等位基因数 4.4419。3 个微卫星标记与经济性状间的相关分析表明，微卫星 MCM218 的 160bp 等位基因和 BMC1009 的 288bp 等位基因与甘肃超细群体绵羊羊毛细度有极显著的相关性，相关系数分别为 -0.9561 和 -0.8491。微卫星 BMS1248，145bp 的等位基因与甘肃超细周岁绵羊体重有显著的相关性。相关系数为 0.9523。这一结论初步说明，微卫星 MCM218 的 160bp 等位基因和 BMC1009 的 288bp 的等位基因与甘肃超细群体周岁绵羊羊毛细度存在一定程度的连锁，微卫星 BMS1248，145bp 的等位基因与甘肃超细周岁绵羊体重也存在一定的连锁关系，为进一步分析细毛羊主要经济性状的连锁标记以及克隆相关基因打下基础。刘桂芳等（2007）采用 PCR-SSCP 的分子标记技术，选择编码羊毛纤维组成蛋白基因中的 KAP1.1，KAP1.3 的部分序列、KAP6.1 的外显子区作为候选基因，通过对其多态性的研究，探索将该基因作为候选基因来间接选择羊毛细度性状的可行性。得出其中在角蛋白辅助蛋白的多基因家族中的高硫蛋白辅助蛋白基因（KAP1.1、KAP1.3）中，位点 W08667 与羊毛细度有显著的相关性。在甘氨酸酪氨酸角蛋白辅助蛋白中，外显子位点 W06933 的 AA 基因型和 BB 基因型与羊毛细度之间有显著的相关性。

（4）基因图谱。构建基因图谱是为了了解基因组的结构，是性状控制的基础和最基本的方法。在进行基因组图谱建立过程中，标记的基因位点一般有两类：一类主要由编码基因和结构基因位点构成，位点变异小；另一类为具有高度变异的重复序列来标记 DNA 上的基因（结构基因）位置（相对关系）。

微卫星标记是微卫星中用于作图的最常用的分子标记，用于构建遗传图谱也是微卫星标记的一个主要用途。由于是一种共显性标记，不但简化了遗传分析过程，且利于不同群体间的标记转换。目前使用微卫星进行畜禽基因图谱的构建主要侧重两个方面，物理图谱的构建和标记连锁图谱的构建。基本思路是：以微卫星为基础在基因组中每隔一定距离找一个多态的微卫星标记，当建立起达到一定的饱和度（约每隔 10～20cm 一个，并覆盖 90% 的基因组）要求基因图谱之后，可以通过连锁分析，来进行 QTL 定位，以确定 QTL 在图谱上的位置、QTL 与标记之间的距离和 QTL 的表型效应等。1992 年 Crawford 等发表了第一张用微卫星标记构建的绵羊遗传连锁图谱，当时所使用的微卫星标记很少，其连锁群只有 6 个，包括 14 个标记。Montgomery 等（1993）建立了一个来自 12 只 booroola 基因杂和体公羊的 2 个世代的半同胞家系，以寻找与 booroola 基因连锁的遗传标记，共确定了 19 个连锁群，包括 52 个标记，其中，13 个连锁群定位在绵羊染色体上。Crawford 等（1995）报道了现在被认为是低分辨密度的第一个包括整个绵羊核基因组 2 070cM 的遗传连锁图。图中 246 个多态标记有 213 个是微卫星标记，有 87 个微卫星标记直接来自于绵羊。1998 年 Gortari 等发表了绵羊的第二代遗传连锁图谱，其上共有标记 519 个，其中，504 个为微卫星，常染色体图谱总长度为 3 063cM，标记间距为 6.4cM。这种高密度遗传连锁图谱的建成为基因定位、物理图谱的构建及基因的位置克隆（Positional cloning）奠定了基础。

（5）种优势利用中的研究。由于群体间遗传变异主要是由遗传物质 DNA 差异造成的，因此用 DNA 多态性预测品种和系间的差异，并据此作出遗传距离要比根据其他材料稳定，用来预测杂种优势也更为准确。杂种优势的大小在一定程度上取决于遗传距离的大小，因此，许多学者结合遗传距离对微卫星 DNA 标记预测杂种优势进行了研究。Farid 等（1999）用微卫星标记 10 个绵羊的分析发现，在高度选择的品种中其遗传变异没有多大损失。孙少华（2000）利用微卫星标记技术研究了肉牛杂交群体的遗传结构和遗传变异，对最优杂交组合进行了预测。李玉（2002）利用微卫星标记，选取位于不同染色体上的 5 个微卫星位点，分析小尾寒羊、白头萨福克羊、黑头萨福克羊、道塞特羊、特克塞尔羊 5 个群体的遗传结构，对其杂种优势进行了预测，认为，小尾寒羊和白头萨福克羊杂交有望产生最大的杂种优势。

此外，各种分子遗传标记还可应用于疾病的基因诊断、性别控制、保护遗传学等方面。相信随着人们对各种遗传标记认识的不断深入与完善，它必将成为家畜遗传育种研究领域的一种强有力的工具，发挥其独特的优势。

（二）数量性状基因座（QTL）

细毛羊的大多数重要的经济性状如羊毛产量、羊毛品质、生长发育等都是数量性状。与质量性状不同，数量性状受多基因控制，遗传基础复杂，且易受环境影响，表现为连续变异，表现型与基因型之间没有明确的对应关系。因此，对数量性状的遗传研究十分困难。长期以来，只能借助于数理统计的手段，将控制数量性状的多基因系统作为一个整体来研究，用平均值和方差来反映数量性状的遗传特征，无法了解单个基因的位置和效应。这种状况制约了人们在育种中对数量性状的遗传操纵能力。分子标记技术的出现，为深入研究数量性状的遗传基础提供了可能。控制数量性状的基因在基因组中的位置称为数量性状基因座（QTL）。利用分子标记进行遗传连锁分析，可以检测出 QTL，即 QTL 定位。借助与 QTL 连锁的分子标记，就能够在育种中对有关的 QTL 的遗传动态进行跟踪，从而大大增强人们对数量性状的遗传操纵能力，提高育种中对数量性状优良基因型选择的准确性和预见性。

1. 数量性状基因的初级定位

QTL 定位就是检测分子标记（下面将简称为标记）与 QTL 间的连锁关系，同时还可估计 QTL 的效应。QTL 定位研究常用的群体有 F2、BC、RI 和 DH。这些群体可称为初级群体。用初级群体进行的 QTL 定位的精度通常不会很高，因此只是初级定位。由于数量性状是连续变异的，无法明确分组，因此，QTL 定位不能完全套用孟德尔遗传学的连锁分析方法，而必须发展特殊的统计分析方法。20 世纪 80 年代末以来，这方面的研究十分活跃，已经发展了不少 QTL 定位方法。根据个体分组依据的不同，现有的 QTL 定位方法可以分成两大类。一类是以标记基因型为依据进行分组的，称为基于标记的分析法；另一类是以数量性状表型为依据进行分组的，称为基于性状的分析法。

2. 数量性状基因的精细定位

理论研究表明，影响 QTL 初级定位灵敏度和精确度的最重要因素还是群体的大小。但是，在实际研究中，限于费用和工作量，所用的初级群体不可能很大。而即使没有费用和工作量的问题，一个很大的群体也会给田间试验的具体操作和误差控制带来极大的困难。所以，使用很大的初级群体是不切合实际的。由于群体大小的限制，因此，无论怎样改进统计分析方法，也无法使初级定位的分辨率或精度达到很高，估计出的 QTL 位置的置信区间一般都在 10cm 以上（Alpert 和 Tanksley 1996），不能确定检测到的一个 QTL 中到底是只包含一个效应较大的基因还是包含数个效应较小的基因（Yano 和 Sasaki 1997）。也就是说，初级定位的精度还不足以将数量性状确切地分解成一个个孟德尔因子。因此，为了更精确地了解数量性状的遗传基础，在初级定位的基础上，还必须对 QTL 进行高分辨率（亚厘摩水平）的精细定位，亦即在目标 QTL 区域上建立高分辨率的分子标记图谱，并分析目标 QTL 与这些标记间的连锁关系。

3. QTL 定位的计算机软件

QTL 定位涉及相当复杂的统计计算，并需要处理大量的数据，这些工作都必须靠计算机来完成。因此，为了便于从事实际 QTL 定位研究的遗传育种学家分析他们的试验结果，将各种 QTL 定位方法编制成通用的计算机软件是十分必要的。第一个推广发行的 QTL 分析通用软件是 Mapmaker/QTL，它是针对区间定位法而设计的。该软件的发行，大大促进了区间定位方法的实际应用。此后，陆续开发出了许多 QTL 分析软件，如 QTL Cartographer、PLABQTL、Map Manager、QGene、MapQTL 等。许多 QTL 分析软件都可以从因特网上查询到并免费下载。通过由美国 Wisconsin-Madison 大学建立的一个 WWW 连接网站（www. stat. wisc. edu/biosci/linkage. html）可以很方便地连接到许多 QTL 定位分析软件包。但截至目前，还没有推出一套中文版的 QTL 分析软件。

（三）标记辅助选择

长期以来，数量遗传学家和动物育种的理论和方法都是建立在微效多基因的假说之上，由于不能对微效多基因的效因进行观察和测定，只能借助统计遗传学描述数量性状的遗传性质。绵羊的生产性能大部分为多基因控制的数量性状，仅以个体和亲属的表型值进行个体选择并不十分可靠，必须借助于遗传标记来辅助选择。

许多种分子标记技术都能用于辅助标记选择。微卫星 DNA 标记是家畜早期选择和标记辅助选择中重要的分子标记之一，微卫星标记辅助选择将会改变目前群体水平上从表型值推出基因型值的选择过程。先用分子生物学技术测定个体的基因型，在估计个体的表型和育种值，原理是利用已经建立起来的基因图谱，根据微卫星与某些重要经济性状座位的连锁不平衡，采用适当的数学统计、定位方法估计两者的紧密程度，定位 QTL 与基因组中某一位置，并得出单个 QTL 产生的效应值。计算机模拟表明，微卫星标记辅助选择相对于传统的表型选择来说，可以获得更大的遗传进展，尤其对于低遗传力性状、限性性状和后期表达的性状，能增大选择强度，缩短世代间隔，提高选择的准确性。同时，有目的地导入有益基因，剔除不利基因，以此提高群体的生产性能或生活力，缩短育种年限。Gootwine 等（1998）已利用微卫星标记 OarAE101 和 BM1329 对 FecB 携带者（布鲁拉阿华西杂种羊）进行了标记辅助选择。在纯种阿华西羊群体中鉴别出 BM1329 位点有 3 个等位基因 A、B、C，其等位基因频率分别为 0.04、0.38、0.58、Booroola×Awassi 回交二代和回交三代杂种母羊中，BM1329 标记为 A 等位基因的母羊平均产羔数比 BM1329 标记为 B 或 C 等位基因的母羊要多 0.6（P<0.05）。当然，标记辅助选择并不能代替传统的选择方法，只有两者结合起来，才能获得更大的进展。随着绵羊基因图谱的逐步完善，基因定位技术研究的深入和相应技术的突破性改进，但 DNA 标记辅助选择将在绵羊品种改良中起到决定性的作用。

（四）分子遗传标记在甘肃高山细毛羊选育中的研究现状

利用微卫星标记技术，对甘肃高山细毛羊优质毛品系 153 只母羊个体进行了遗传多样性检测和研究，统计了等位基因分布、有效等位基因数、杂合度和多态信息含量，并利用 SPSS13.0 软件进行了微卫星标记位点与各经济性状的相关性分析。

所选的 15 个微卫星标记有 1 个未检测到多态，其余 14 个均表现出高度多态性。多态性标记在该群体中的平均等位基因数为 10 个，平均多态信息含量 PIC＝0.83，平均杂合度 H＝0.85，平均有效等位基因数 Ne＝7.1。说明甘肃高山细毛羊优质毛品系拥有丰富的遗传多样性，选择潜力较大，可进一步加强选育。

14 个有多态性微卫星座位与经济性状表型数据的关联性分析表明：7 个微卫星位点对甘肃高山细毛羊优质毛品系羊毛及体重性状存在显著（p < 0.05）或极显著（p < 0.01）影响。其中 BMS1248、BM6506 与初生重相关显著；BMS1248、BMS1724 与周岁鉴定体重相关显著；BMS1724 与断奶毛长相关显著，BM6506 与断奶毛长相关极显著；BL-4、BMS1248 与周岁鉴定毛长度相关显著，BM6506 与周岁鉴定毛长度相关极显著；BM6506 与腹毛长相关显著；BL-4、BMS1248、BMS1724 与污毛量相关显著，BM6506 与污毛量相关极显著；BL-4 与净毛量相关显著，BMS1724 与净毛量和毛纤维细度相关显著，BM6506 与净毛量和毛纤维细度相关极显著；URB037 与净毛率相关显著，MCM38 与净毛率相关极显著；FCB48、MCM38 与毛细度变异系数相关显著。

通过对有关联的 7 个微卫星标记进行不同基因型间经济性状的多重比较（Duncan

法），找到了以下有利的基因型：在初生重性状上，BMS1248 位点的 140/160 和 142/160 为优势基因型，BM6506 位点的 186/186、188/188、192/192 和 192/202 为优势基因型；在周岁体重性状上，BMS1248 位点的 140/160 和 142/160 为优势基因型，BMS1724 位点的 160/176、164/176、164/186、174/198 和 178/204 为优势基因型，BM6506 位点的 186/186、188/188、192/192 和 192/202 为优势基因型；在断奶毛长性状上，BM6506 位点的 186/186 为优势基因型，BMS1724 位点的 156/168、160/176、164/176 和 164/186 为优势基因型；在周岁毛长性状上，BM6506 位点的 186/186 为优势基因型，BMS1248 位点的 140/160 和 142/160 为优势基因型，BL-4 位点的 149/169 为优势基因型；在腹毛长性状上，BM6506 位点的 186/186 为优势基因型；在周岁污毛量性状上，BMS1248 位点的 140/160 和 142/160 为优势基因型，BM6506 位点的 192/192、192/202 和 194/202 为优势基因型，BL-4 位点的 149/169 为优势基因型，BMS1724 位点的 160/176、164/176、164/186 和 174/198 为优势基因型；在净毛量性状上，BL-4 位点的 149/169、155/173、155/179 和 161/179 为优势基因型，BM6506 位点的 192/192、192/202 和 194/202 为优势基因型，BMS1724 位点的 160/176、164/176、164/186 和 174/198 为优势基因型；在净毛率性状上，MCM38 位点的 129/151、131/157、135/151、145/163 为优势基因型，URB037 位点的 178/196、196/208、196/212 和 196/218 为优势基因型；在周岁毛纤维细度性状上，BM6506 位点的 190/190、190/198 和 198/198 为优势基因型，BMS1724 位点的 178/204 为优势基因型；在周岁毛纤维细度变异系数性状上，FCB48 位点的 135/155、149/159 和 149/169 为优势基因型，MCM38 位点的 141/157 和 145/163 为优势基因型。

第六章　绵羊繁殖技术

饲养绵羊的主要目的，是在努力增加数量的同时，积极提高绵羊质量，以便生产更多、更好的产品来满足人民生活日益提高和社会主义市场经济发展的需要。要想达到这个目的，必须通过羊的繁殖才能实现。因此，掌握好绵羊的繁殖技术，搞好绵羊的繁殖工作，是饲养绵羊不可忽视的重要环节。

一、绵羊的繁殖生理

1. 性成熟和初配年龄

性成熟是指性生理功能成熟，以出现性行为及产生成熟的生殖细胞和性激素作为标志。公羊进入性成熟的具体表现是性兴奋，求偶交配，常有口唇上翘舌唇互相拍打行为，发出鸣叫声，前蹄刨踢地面，嗅闻母羊外阴、后躯。公羔出生后 2~3 个月即有性行为，发育到 5~8 月龄，睾丸内即能产生成熟的精子。绵羊公羔到 9~11 月龄，母羔到 8~10 月龄时达到性成熟。如果此时将公、母羊相互交配，即能受胎。但要指出：公、母羊达到性成熟时并不意味着可以配种，因为羊只刚达到性成熟时，其身体并未达到充分发育的程度，如果这时进行配种，就可能影响它本身和胎儿的生长发育，因此，公、母羔到 4 月龄断奶时，一定要分群管理，以避免偷配。

绵羊的初次配种年龄一般在 1.5 岁左右，但也受饲养管理条件的制约。凡是草原或饲草料条件良好、羊只生长发育较好的地区，初次配种都在 1.5 岁，而草原或饲草料条件较差、羊只生长发育不良的地区，初次配种年龄往往推迟到 2 岁后进行。在正常情况下，绵羊比较适宜的繁殖年龄，公羊为 2.5~6 岁，母羊为 1.5~7 岁。成年母羊一般每年都在秋季进行配种。繁殖的终止年龄，营养好的可达 7 岁到 8 岁，一般到 7 岁以后，羊只的繁殖能力就逐渐衰退。

2. 发　情

发情是指母羊性成熟后所表现的一种有周期性的性活动现象。母羊发情时的外在表现是：不断摆尾、鸣叫、频频排尿，外阴充血潮红，柔软而松弛，阴道黏膜充血并有黏液流出，子宫颈开放；子宫蠕动增多，输卵管的蠕动、分泌和上皮黏毛的波动也增强。发情时愿意接近公羊，并接受公羊爬跨交配，反应敏感。排卵以后，性欲逐渐减弱，到性欲结束后，母羊则拒绝公羊接近和爬跨。母羊排卵一般多在发情后期，即发情结束前数小时。据研究，卵子排出后在输卵管中存活时间为 4~8 小时，而公羊精子进入母羊生殖道后受精作用的旺盛时间为 24 小时左右，故母羊最适宜的配种时间应是开始发情后 12~16 小时。

母羊从出现发情症状至发情结束所持续的时间为发情持续期，一个发情期持续时间为12～46小时，以30小时居多。由上一次发情开始到下一次发情开始的期间，称为发情周期。绵羊的发情周期一般为18天。而2～5月份则完全停止发情，称为"乏情期"。

3. 受精与妊娠

在母羊生殖道即输卵管的上1/3处，精子进入卵子形成受精卵，此为受精过程。公羊1次射出的精液量为0.8～2mL，精子数目很多，约为20亿～30亿/mL，但到达受精部位的精子还不足1 000个。要注意衰老的精子或卵子对受精、受精卵附植、胚胎发育和羔羊发育都是不利的，故生产中必须加强适时配种和保证公羊的精液品质。卵子受精后，即开始细胞分裂。受精卵在子宫内发育成胎儿叫妊娠。从开始受孕到分娩这一期间叫妊娠期。绵羊妊娠期大多为148～155天。

4. 配种

绵羊的繁殖季节（亦称配种季节）是经长期的自然选择逐渐演化而形成的，主要决定因素是分娩时的环境条件要有利于初生羔羊的存活。绵羊的繁殖季节，因纬度、气温、品种遗传性、营养状况等而有差异。绵羊产区纬度较高，四季分明，夏秋季短，冬春漫长，气候干旱，天然牧草稀疏低矮，草种较单纯，枯草期长，四季供应极不平衡。因此，绵羊表现为季节性发情。据观察，绵羊习惯冬季产羔，一般在7—9月配种，12月至翌年2月产羔，占母羊总数的70%～80%。

（1）配种方法。绵羊配种方式主要有2种：一种是自然交配；另一种是人工授精。自然交配又称本交。自然交配又分为自由交配和人工辅助交配。自由交配是按一定公、母比例，将公羊和母羊同群放牧饲养或同圈喂养，一般公、母比为1：（30～50），最多1：60。母羊发情时与同群的公羊进行交配。这种方法又叫群体本交。群放自交时，使公、母羊在配种季节内合群放牧或同圈饲养，让公羊自行去找发情母羊，自由交配。为了避免3月青黄不接期间产羔对母羊不利，到9月以后就停止配种，隔1个多月后的11月再继续配种，直到12月底结束。但自然交配有许多缺点，由于公、母羊混群放牧或饲喂，在繁殖季节，公羊在一天中追逐发情母羊，故影响羊群的采食抓膘，而且公羊的体力消耗也很大；无法了解后代的血缘关系；不能进行有效的选种选配；另外，由于不知道母羊配种的确切时间，因而无法推测母羊的产羔时间，同时，由于母羊产羔时期延长，所产羔羊年龄大小不一，从而给羔羊鉴定和管理等工作造成困难。

为了克服自然交配的缺点，但又不能开展人工授精时，可采用人工辅助交配法。即在平时将公、母羊分群放牧或饲喂，到配种季节每天对母羊进行试情，把发情母羊挑选出来与指定的公羊进行交配。采用这种方法公、母羊在繁殖季节互相不干扰影响抓膘；同时，可以准确登记公、母羊的耳号及配种日期，这样可以预测产羔日期，减少公羊体力消耗，提高受配母羊数，集中产羔，缩短产羔期配种。还可知道后代血缘关系，以便进行有效的选种选配工作。

人工授精是指通过人为的方法，用器械采集公羊精液，经过精液品质检查和稀释的处理后输入到母羊的子宫内，使卵子受精以繁衍后代，它是最先进的配种方式。其主要优点：一是可扩大优良种公羊的利用率。在自然交配时，公羊交配1次只能配1只母羊，而采用人工授精的方法，公羊采1次精，经稀释后可供几十只母羊授精使其妊娠。二是可以提高母羊的受胎率。采用人工授精方法，可将精液完全输入到母羊的子宫颈或子宫颈口，加快了精子与卵子结合时间，提高了妊娠的概率。三是可有效地防止公、母羊交配时生殖器官直接接触引起的疾病传播。四是提供可靠的配种记录，对羊群的选种选配以及产羔都非常有利。根据绵羊产区的饲草料、气候情况，在8—9月及11月配种是适当的，因为，经过跑青期，羊吃饱了营养丰富的青草。这时期母羊膘肥体壮，发情整齐，公羊精力充沛，性欲旺盛，这时进行配种，于翌年1—2月及4月期间产羔。9月以前配种所产的羔羊称"冬羔"或"早羔"；11月以后配种所产的羔羊称"春羔"或"热羔"。生产实践证明：一般冬羔越冬期的发育和裘皮品质比春好，故应多产冬羔，少产春羔。如果放牧和饲料条件好，则产冬羔数可多些；反之，若遇春季干旱，牧草生长不良，到翌年产春羔的比例就自然增大。羔羊成活率冬羔平均为90%左右，春羔平均为80%左右。群放自交时，公、母羊长年合群放牧，在配种季节，让公羊自行去找发情母羊，自由交配。人工辅助交配，公、母羊分群饲养，在配种季节，将公羊按配种计划放入母羊群进行配种。俗话说："十母一公，必定早羔"。一般按公、母1∶30的比例配备公羊。绵羊的发情规律和羊只四季营养状况的变化规律相吻合。在绵羊产区，牧草一般在4月下旬萌发，5月羊只吃上青草，膘情迅速恢复，7月出现发情，8—9月秋高气爽，气温渐凉，光照由长变短，羊只膘肥体壮，母羊健壮，发情旺盛达到高潮，公羊精力充足，这时进行配种，于翌年1—2月及4月份期间产羔。在绵羊产区，一般10月以后即进入枯草期，11月中旬后，羊只体重开始下降，从12月至翌年4月，随着天然草场枯草蓄积量的日渐耗尽，羊只体重逐月减少，4月降到最低值，体重减少1/3左右，甚至引起死亡。说明营养条件和光照长短对滩羊繁殖影响较大。滩羊在舍饲条件下，草料供给充足和营养水平好的情况下，母羊长年可表现发情，用激素注射法可实现一年两产和两年三产，使母羊生产性能、繁殖性能和羔羊各项品质大大提高。

（2）配种时期的选择。绵羊配种时期的选择，主要是根据什么时期产羔最有利于羔羊的成活和母子健壮来决定。产冬羔的主要优点是：母羊在妊娠期，由于营养条件比较好，所以，羔羊初生重大，在羔羊断奶以后就能吃上青草，在绵羊产区羔羊断奶后冬羔有4个月的青草期，因而生长发育快，第一年的越冬度春能力强；由于产羔季节气候比较寒冷，因而肠炎和羔羊痢疾等疾病的发病率比春羔低，故羔羊成活率比较高；绵羊冬羔的初生毛股自然长度、伸直长度及剪毛量比春羔高。冬羔皮洁白光润，而春羔皮色泽多暗淡、干燥。冬羔皮板致密，富弹性，皮张的伸张力大，毛较密保暖。但在冬季产羔必须贮备足够的饲草饲料和准备保温良好的羊舍，同时。配备的劳力也要比春羔多，如果不具备上述条件，产冬羔也会有很大损失。绵羊产春羔时，气候已开始转暖，因而对羊舍的要求不严格；同时，牧草萌发，由于母羊在哺乳前期已能吃上青草，使母羊分泌较多的乳汁哺乳羔羊，但产春羔的主要缺点是母羊在整个妊娠期都处在饲草饲料不足、营养水平最差的阶段，由于母羊营养不良，造成胎儿的个体发育不好，产后初生重比较小，体质弱，春羔皮伸张力小，缺乏弹性、毛较稀、易松散、光泽差。这样的羔羊，虽经夏、秋季节的放牧能获得一些补偿，但紧接着冬季到来，这样的羔羊比较难于越冬度春；绵羊春羔在第二年剪毛时，无论剪毛量，还是体重，都比冬羔低。另外，由于春羔断奶时已是秋季，牧草开始枯黄，营养价值降低，特别是在草场不好的地区，对断奶后母羊的抓膘、母羊的发情配种及当年的越冬度春都有不利的影响。

综上所述，我们认为绵羊以 8—9 月配种，翌年 1—2 月产羔较好，对母羊抓膘、羔羊生长发育和二毛皮品质均有良好影响。

二、绵羊人工授精

1. 人工授精技术的分类

根据精液保存的方法，人工授精可分为两类 3 种方法。

（1）液态精液人工授精技术。液态精液人工授精技术分为 2 种方法：鲜精或 1：（2~4）低倍稀释精液人工授精技术：一只公羊一年可配母羊 500~1 000 只以上，比用公羊本交提高 10~20 倍以上。适用于母羊季节性发情较明显，而且数量较多的地区；精液 1：（20~50）高倍稀释人工授精技术：一只公羊一年可配种母羊 10 000 只以上，比本交提高200 倍以上。

（2）冷冻精液人工授精技术。可把公羊精液常年冷冻贮存起来。如制作颗粒冷冻精液，一只公羊一年所采出的精液可冷冻 10 000~20 000 粒颗粒，可配母羊 2 500~5 000 只。此法不会造成精液浪费，但受胎率较低（30%~40%），成本高。

2. 人工授精站的选建

人工授精站一般应选择在母羊群集中、草场充足或饲草饲料资源丰富、有水源、交通便利、无传染病、背风向阳和排水良好的地方建人工授精站。人工授精站需建采精室、精液处理室和输精室以及种公羊圈、试情公羊圈、发情母羊圈和已配母羊圈等。采精室、精液处理室和输精室要求光线充足、地面平坦坚硬（最好是砖地），通风干燥。并且互相连接，以便于工作。面积：采精室 8~12m²，精液处理室 8~12m²，输精室 20m²。

3. 器械药品的准备

人工授精所需的各种器械，如假阴道外壳、内胎，集精杯，输精器，开腟器，温度计，显微镜、载玻片、盖玻片，干燥箱（消毒用）等以及采精、精液品质检查、原精液稀释和输精器械所用的药品或消毒液等，要根据授精站的配种任务做好充分的准备。

4. 公羊的准备

配种前 1~1.5 个月，对参加人工授精所用种公羊的精液品质必须进行检查。其目的：一是掌握采精量，了解精子密度和活力等情况，发现问题及时采取措施；二是排除公羊生殖器中积存的衰老、死亡和质量低劣的精子，通过采精增强公羊的性欲，促进其性功能活动，产生品质新鲜的精液。配种开始前，每只种公羊至少要采精 15 次以上。采精最初几天可每天采精 1 次，以后每隔 1 天采精 1 次。对初次参加配种的公羊，在配种前 1 个月左右进行调教。调教办法是：让初配公羊在采精室与发情母羊本交几次；把发情母羊的阴道分泌物涂在公羊鼻尖上以刺激其性欲；注射丙酸睾酮，每只公羊每次 1mL，隔日注射 1次；每天用温水清洗阴囊，擦干后用手轻轻按摩睾丸 10 分钟，早、晚各 1 次；成年公羊采精时，让调教公羊在旁边"观摩"；配种前 1.0~1.5 个月，在公羊饲料中添加维生素E，同时，对舍饲的公羊要加强运动。

由于母羊的发情症状不明显，且发情持续期短，因而不易被发现，在进行人工授精时，必须用试情公羊每天从羊群中找出发情母羊适时进行输精。选作试情公羊的个体必须是体质结实，健康无病，性欲旺盛，行动敏捷，年龄在 2~5 岁。试情公羊数一般按参加配种母羊数的 2%~4% 选留。

5. 母羊的准备

凡进行人工授精的母羊，在配种季节来临前，要根据配种计划把母羊单独组群，指定专人管理，禁止公、母羊混群，防止偷配。在配种前和配种期，要加强放牧管理或加强饲喂，使母羊达到满膘配种，这样母羊才能发情整齐，将来产羔也整齐，便于管理。因此，母羊配种前的膘情好坏对其发情和配种影响很大。在配种前 1 周左右，母羊群应进入授精站附近草场，准备配种。

6. 试情

试情应在每天早、晚各 1 次，试情前在公羊腹下系上试情布（试情布规格为 40cm×40cm），然后将公羊放入母羊群中进行，公羊用鼻去嗅母羊外阴部，或用蹄去挑逗母羊，甚至爬跨母羊，凡愿意接近公羊，并接受公羊爬跨的母羊即认为是发情羊，应及时将其捉拉出送进发情母羊圈中，并涂上染料。待试情结束后进行输精。有的初次配种的处女羊发情症状表现不明显，虽然有时接近公羊，但又拒绝接受爬跨，遇到这种情况也应将其捉出，然后进行阴道检查来确定。在试情时，要始终保持安静，仔细观察，准确发现母羊，及时挑出发情母羊，禁止惊扰羊群。每次试情时间为 1 小时左右，试情次数以早、晚各 1 次为宜。也有早晨只试 1 次的。关键是每日试情要早（早晨 6：00），做到抓膘试情两不误。

7. 羊人工授精技术

（1）采精。

①消毒：凡采精、输精及与精液接触的所有器械，都必须洗净、干燥，然后按器械的性质、种类分别包装，进行严格的消毒。消毒时，除不易或不能放入高压蒸汽消毒锅（或蒸笼）的金属器械、塑料制品和胶质的假阴道内胎以外，一般都应尽量采用蒸汽消毒。集精瓶、输精器、玻璃棒、存放稀释液和生理盐水的玻璃器皿和凡士林应经过 30 分钟的蒸汽消毒（或煮沸），用前再用生理盐水冲洗数次。金属开膣器、镊子、瓷磁盘等用酒精或酒精火焰消毒，用前再用生理盐水棉球擦洗 3~4 次。有条件的地区多用干燥箱消毒。金属器械用 2%~3% 碳酸钠或 0.1% 新洁尔灭溶液清洗，再用清水冲洗数次，擦干，用酒精或酒精火焰进行消毒。

②假阴道的准备：先检查内胎有无损坏和沙眼，将好的能用的假阴道内胎放入开水中浸泡 3~5 分钟。新内胎或长期未用的内胎用前先用热肥皂水洗净擦干，然后安装。安装时先把内胎放入外壳内，并将内胎光面朝内，再将内胎两端翻套在外壳上，所套内胎松紧适度，然后在两端套上橡皮圈固定。内胎套好后用 70%~75% 酒精棉球从内向外旋转消毒 3~4 次，待酒精挥发完再用 0.9% 生理盐水棉球反复擦拭、晾干待用。采精前将消毒好的集精杯安装在假阴道的一端。用左手握住假阴道的中部，右手用量杯或瓷缸将 50~55℃ 热水从灌水口灌入约 180mL 或约为外壳与内胎间容量的 1/2~2/3，实践中常以竖立假阴道时水量达灌水口即可。装上气嘴，关闭活塞。然后用消毒过的玻璃棒（或温度计）取少

许消毒过的凡士林，由外向内均匀地涂一薄层，涂抹深度为假阴道长度的 1/3~1/2 为宜。凡士林涂好后，从气嘴吹气，用已消毒的温度计测假阴道内的温度，将温度调整到 40~42℃时吹气加压，增加弹性，调整压力，使假阴道口呈三角形裂隙为宜，再把气门钮关上。用已消毒的纱布盖好阴茎插入口，准备采精。

③采精：采精时，采精人员右手横握假阴道，用食指固定好集精杯，并将气嘴活塞向下，使假阴道和地面呈 35°~45°的角度蹲在母羊或台羊右侧后方，当公羊爬跨母羊伸出阴茎时，用左手轻轻托住阴茎包皮迅速将阴茎导入假阴道内，切忌手或假阴道碰撞摩擦到阴茎上。当假阴道内的温度、压力和润滑度适宜，公羊后躯用力向前一冲，即已射精。在公羊从母羊身上滑下时，采精人员顺着公羊的动作，随后移下假阴道，并迅速将假阴道的集精杯一端向下竖起，然后打开活塞放气，取下集精杯，盖上盖子送精液处理室检查。

采精结束后，先将假阴道内的水倒尽，放在热肥皂水盆中浸泡上，待输精结束后一起清洗。

（2）精液品质检查。精液检查用肉眼、嗅觉和显微镜进行。用肉眼和嗅觉主要是检查精液量和精液的颜色及气味；用显微镜主要检查精子的密度和活力。

①射精量：精液采取后，如集精杯上有刻度，可直接观察；若集精杯上无刻度，可用 1~2mL 的移液管吸量精液量。一般公羊每次排精量约为 1mL，但有些成年公羊达 2mL 或更多。

②色泽：正常的精液为乳白色，如精液呈浅灰色，表明精子少；深黄色表明精液中混有尿液；粉红色或浅红色表明有血液，可能是生殖道有新的损伤；红褐色表明生殖道深度旧损伤；浅绿色表明有脓液混入；如精液中有絮状物表明精液囊有炎症。如有异常颜色，应查找原因，及时采取措施纠正。

③气味：正常精液的气味有一种特有的土腥味。如发现精液有臭味，表明睾丸、附睾或其他附属生殖腺有化脓性炎症。这类精液不可用来输精，应对公羊进行治疗。

④云雾状：肉眼观察采得的公羊新鲜精液，可看到有似云雾状在翻腾滚动的状态。这是由于精子活动所致。精子的密度越大，活力越好，云雾状越明显。因此，实践中常根据云雾状来判断精子密度的大小和活力的强弱。

⑤活力：精子活力的评定，是用显微镜来观察精子运动的情况。检查方法是：用消毒过的玻璃棒取 1 滴精液滴在干净的载玻片上，盖上盖玻片，盖时防止产生气泡。然后放在 400~600 倍显微镜下观察，观察时室温以 18~25℃为宜。

⑥评定：精子的活率，是根据直线前进运动的精子数量占所有精子总数的比例来确定其活力等级。在显微镜下观察，可看到精子有 3 种运动方式：一是前进运动：精子的运动呈直线前进运动。二是旋转运动：精子绕不到 1 个精子长度的小圈子旋转运动。三是摆动式运动：精子不变其位置，在原地只摆动而不前进。除上述 3 种运动方式外，还有的精子呈静止状态而无任何运动。前进运动的精子有受精能力，其他几种运动方式的精子无受精能力。所以，在评定精子活力时，全部精子都做直线前进运动的评为 5 分，为一级；大约 80%的精子做直线前进运动的评为 4 分，为二级；60%的精子做直线运动的评为 3 分，为三级；40%的精子做直线前进运动的评为 2 分，为四级；20%的精子做直线前进运动的评为 1 分，为五级。二级以上的精液才能用来输精。

⑦密度：精子密度是评定精液品质优劣的重要指标之一。检查精子密度的方法与检查精子活力的方法相同。公羊精子密度以"密""中""稀"评其级。

密 在显微镜视野内看到的精子非常多，精子与精子之间的间隙很小，不足容 1 个精子的长度，由于精子非常稠密，很难看出单个精子的活动状态。

中 在显微镜视野内看到的精子也很多，但精子与精子有明显的空隙，彼此间的距离相当于 1~2 个精子的长度。

稀 在显微镜视野内只看到少数精子，精子与精子之间的空隙较大，超过 2 个精子的长度。

只有精子密度为"中"级以上的精液才能用于输精。

⑧精液的稀释：精液稀释的目的是增加精液量和扩大母羊人工授精数。加之公羊射出的精液精子密度大，因此，将原精液作适当的稀释，既可增加精液量，为更多的发情母羊配种，又可延长精子的存活时间，提高受胎率。这是因为精液经过稀释后，可减弱副性腺分泌物中所含氯化钠和钾导致精子膜的膨胀及中和精子表面电荷的有害作用；还能补充精子代谢所需的养分；缓冲精液中的酸碱度，抑制有害细菌繁殖，减弱其对精子的危害作用。由于精液通过稀释后，可延长精子的存活时间，故有助于提高受胎率和有利于精液的保存和运输。

（3）精液的稀释。

①低倍稀释法：

稀释液 凡用于高倍稀释精液的稀释液，都可作低倍稀释用。推荐使用奶类稀释液，即用鲜牛、羊奶，水浴 92~95℃消毒 15 分钟，冷却用 4~5 层纱布过滤（去奶皮）后即可使用。

稀释方法 原精液量够输精时，可不必再稀释，可以直接用原精直接输精。不够时按需要量作 1：（2~4）倍稀释，要把稀释液加温到 30℃，再把它缓慢加到原精液中，摇匀后即可使用。

②高倍稀释法：

稀释液 现介绍 2 种稀释液。

第一，葡萄糖 3g，柠檬酸钠 1.4g，EDTA（乙二胺四乙酸二钠）0.4g，加蒸馏水至 100mL，溶解后水浴煮沸消毒 20 分钟，冷却后加青霉素 10 万 IU，链霉素 0.1g，若再加 10~20mL 卵黄，可延长精子存活时间。

第二，葡萄糖 5.2g，乳糖 2.0g，柠檬酸钠 0.3g，EDTA0.07g，三蓖 0.05g，蒸馏水 100mL，溶解后煮沸消毒 20 分钟，冷却后加庆大霉素 1 万 IU，卵黄 5mL。

稀释方法 要以精子数、输精剂量、每一剂量中含有 1 000 万个前进运动精子数，结合下午最后输精时间的精子活率，来计算出精液稀释比例，在 30℃下稀释（方法同前）。

此外，当发情母羊少，精液又不需长期保存和长途运输时，以 1mL 原精液加 2mL 维生素 B_{12} 溶液稀释，输精效果也很好。

（4）精液的分装、保存和运输。精液低倍稀释，就近输精，把它放在小瓶内，不需降温保存，短时间用毕。

①分装保存：

小瓶中保存　把高倍稀释清液，按需要量（数个输精剂量装入小瓶，盖好盖，用蜡封口，包裹纱布，套上塑料袋，放在装有冰块的保温瓶（或保存箱）中保存，保存温度为0~5℃。

塑料管中保存　根据试验，把精液以1:40倍稀释，以0.5mL为一个输精剂量，注入饮料塑料吸管内（剪成20cm长，紫外线消毒），两端用塑料封口机封口，保存在自制的泡沫塑料的保存箱内（箱底放冻好的冰袋，再放泡沫塑料隔板，把精液管用纱布包好，放在隔板上面，固定好）盖上盖子，保存温度大多在4~7℃，最高到9℃。精液保存10小时内使用，这种方法，可不用输精器，经济实用。

② 运输：不论哪种包装，精液必须固定好，尽可能减轻振动。若用摩托车送精液，要把精液箱（或保温瓶）放在背包中，背在身上。若乘汽车送精液，最好把它抱在怀中。

（5）输精。

①输精时间与次数：适时输精，对提高母羊的受胎率十分重要。羊的发情持续时间为24~48小时。排卵时间一般多在发情后期30~40小时。因此，比较适宜的输精时间应在发情中期后（即发情后12~16小时）。如以母羊外部表现来确定母羊发情的，若上午开始发情的母羊，下午与次日上午各输精1次；下午和傍晚开始发情的母羊，在次日上下午各输精1次。每天早晨1次试情的，可在上下午各输精1次。2次输精间隔8~10小时为好，至少不低于6小时。若每天早晚各1次试情的，其输精时间与以母羊外部表现来确定母羊发情相同。如母羊继续发情，可再行输精1次。在羊人工授精的实际工作中，由于母羊发情持续时间短，再者很难准确地掌握发情开始时间，所以当天抓出的发情母羊就在当天配种1~2次（若每天配1次时，在上午配；配2次时，上、下午各配1次），如果第二天继续发情，则可再配。

②母羊保定法：保定人将母羊头夹紧在两腿之间，两手抓住母羊后腿，将其提到腹部，保定好不让羊动，母羊成倒立状。用温布把母羊外阴部擦干净，即待输精。此法没有场地限制，任何地方都可输精。

③输精量：原精输精每只羊每次输精0.05~0.1mL，低倍稀释为0.1~0.2mL，高倍稀释为0.2~0.5mL，冷冻精液为0.2mL以上。

④冷冻精液解冻：采用40℃水温解冻颗粒精液，先把小试管用维生素 B_{12}（每支含0.5mg）冲洗一下，留一点维生素 B_{12}，并快速在40℃水中摇动至2/3融化，取出试管继续速摇至全部融化，即可使用。

⑤输精方法：将待配母羊牵到输精室内的输精架上固定好，并将其外阴部消毒干净，输精员右手持输精器，左手持开腔器，先将开腔器慢慢插入阴道，再将开腔器轻轻打开，寻找子宫颈。如果在打开开腔器后，发现母羊阴道内黏液过多或有排尿表现，应让母羊先排尿或设法使母羊阴道内的黏液排净，然后将开腔器再插入阴道，细心寻找子宫颈。子宫颈附近黏膜颜色较深，当阴道打开后，向颜色较深的方向寻找子宫颈口可以顺利找到，找到子宫颈后，将输精器前端插入子宫颈口内0.5~1.0cm深处，用拇指轻压活塞，注入原精液0.05~0.1mL或稀释精液0.1~0.2mL。如果遇到初配母羊，阴道狭窄，开腔器插不进或打不开，无法寻见子宫颈时，只好进行阴道输精，但每次至少输入原精液0.2~0.3mL。

在输精过程中，如果发现母羊阴道有炎症，而又要使用同一输精器的精液进行连续输精时，在对有炎症的母羊输完精之后，用96%的酒精棉球擦拭输精器进行消毒，以防母羊相互传染疾病。但使用酒精棉球擦拭输精器时，要特别注意棉球上的酒精不宜太多，而且只能从后部向尖端方向擦拭，不能倒擦。酒精棉球擦完后，用0.9%的生理盐水棉球重新再擦拭一遍，才能对下一只母羊进行输精。

子宫颈口内输精　将经消毒后在1%氯化钠溶液浸涮过的开膣器装上照明灯（可自制），轻缓地插入阴道，打开阴道，找到子宫颈口，将吸有精液的输精器通过开膣器插入子宫颈口内，深度约1cm。稍退开膣器，输入精液，先把输精器退出，后退出开膣器。进行下只羊输精时，把开膣器放在清水中，用布洗去粘在上面的阴道黏液和污物，擦干后再在1%氯化钠溶液浸涮过；用生理盐水棉球或稀释液棉球，将输精器上粘的黏液，污物自口向后擦去。

阴道输精　将装有精液的塑料管从保存箱中取出（需多少支取多少支，余下精液仍盖好），放在室温中升温2~3分钟后，将管子的一端封口剪开，挤1小滴镜检活率合格后，将剪开的一端从母羊阴门向阴道深部缓慢插入，到有阻力时停止，再剪去上端封口，精液自然流入阴道底部，拔出管子，把母羊轻轻放下，输精完毕，再进行下只母羊输精。此法不适于冷冻精液。

⑥输精后用具的洗涤与整理：输精器用后立即用温碱水冲洗，再用温水冲洗，以防精液粘固在管内，然后擦干保存。开膣器先用温碱水冲洗，再用温水洗，擦干保存。其他用品，按性质分别洗涤和整理，然后放在柜内或放在桌上的搪瓷盘中，用布盖好，避免尘土污染。

三、妊娠及产羔

1. 妊娠

绵羊从开始妊娠到分娩，这一时期称为妊娠期。绵羊的妊娠期多为148~155天。绵羊母羊在妊娠期各阶段的饲养，需要有一定的节奏性，在妊娠前期饲养水平宜高一些，使其营养状况逐月提高。但到妊娠后期（最后2个月内）是胎儿和胎毛迅速生长发育的阶段，母羊不宜饲养过度，其体重保持在妊娠第三个月时的水平，并在妊娠最后1个月内体重稍有下降。所以，饲养绵羊地区，秋季应很好地组织羊群抓膘，使在妊娠第三个月内达到全年营养最高水平。如有条件补饲者，宜在分娩后的哺乳阶段内补饲。这种方法不致对胎儿生长发育产生不良的影响，这是绵羊长期在青藏高原地区独特的生态条件下，形成的品种生物学特性。

2. 产羔

妊娠母羊将发育成熟的胎儿和胎盘从子宫中排出体外的生理过程即为分娩或称产羔。

（1）接羔。产羔（接羔）是绵羊生产中的主要收获季节之一，要在产羔前1个月左右，做好接羔的一切准备工作，安排好产羔房，准备充足的饲草饲料和产羔所用的用具或药品。临产前要认真组织，精心安排。在产羔期间，适当增加技术人员和饲养人员，帮助放牧或饲喂和接羔。晚上要有人巡回检查，以防母羊难产或羔羊生后冻死。

妊娠母羊在分娩前乳房胀大，乳头直立，可挤出黄色的初乳。阴门肿胀潮红，有时流出黏液，肷窝下陷，行动困难，排尿频繁起卧不安，不断回顾腹部。放牧羊只则有掉队或离群现象，舍饲羊常独处墙角，以找安静处等待分娩。当发现母羊卧地，四肢伸直努责或肷部下陷特别明显时，要立即送入产房。

母羊正常分娩时，在羊膜破裂后几分钟至30分钟，先看到前肢的两个蹄，随后是嘴和鼻，到头顶露出后，在母羊的努责下将羔羊产出。若是产双羔，先后间隔5~30分钟，个别多达几小时。在母羊产羔过程中，要保持安静的环境，尽量不要惊动母羊，母羊一般都能自行娩出。对个别初产母羊因骨盆和阴道较狭小，或产双羔母羊在分娩第二只羔羊已感疲乏的情况下，这时需要助产。其方法是：接羔人在母羊体躯后侧，用膝盖轻压其肷部，等羔羊前蹄和嘴端露出后，用一手向前推动母羊会阴部，羔羊头部露出后，再用一手托住头部，一手握住两前肢，随母羊努责顺后下方拉出胎儿。若属胎势异常或其他原因的难产时，首先转正胎位，当母羊努责时再适当用力往外拽。如果无法助产，应及时请有经验的兽医技术人员进行剖宫产。助产时，要戴上无菌的橡皮手套。

羔羊产下后，立即擦去鼻、嘴及耳内的黏液，以防窒息死亡。羔羊体躯上的黏液，最好让母羊舔净，这样有利于母羊认羔。如母羊恋羔性弱时，应将胎儿身上的黏液涂在母羊嘴鼻端上，引诱母羊舔净羔羊身上的黏液。若遇到初产母羊不会舔或天气寒冷时，先将羔羊体躯上的黏液涂在母羊嘴鼻上，然后再用柔软干草或干粪末将羔羊身上的黏液擦干，置热炕上或火炉旁边暖干后送给母羊喂奶。

羔羊出生后，一般情况下脐带都会自行拉断。脐带如未自行拉断或人工助产下的羔羊，可由助产者用剪刀在距离羔羊腹部5~10cm处剪断，并用碘酊消毒，然后把羔羊置于向阳背风暖和处，让母羊认领哺乳。

（2）羔羊的护理。

护理羔羊的原则是：要做到"三防四勤"，即防冻、防饿、防潮湿和勤检查、勤配奶、勤治疗、勤消毒。具体要求是：防寒保暖，尽早让羔羊吃到初乳，保持母仔健壮，母羊恋羔性强，搞好环境卫生，减少疾病发生。

第一，要做好防寒保暖工作。绵羊的产羔季节正处天寒地冻的时节，加之出生羔羊体温调节能力差，对外界温度变化极为敏感，因而对冬羔及早春羔必须做好出生羔羊的防寒保暖工作。产房要温暖保温，地面保持厚厚的羊粪或铺上一些御寒的柔软干草、麦秸等，产房的墙壁要密闭，防止贼风侵袭。

第二，要让羔羊尽早吃到初乳。初乳又称"胶奶"，母羊产后第一周左右（即初乳期）所产的奶。乳汁浓稠、色黄，稍带腥味，营养物质丰富，它和常乳（初乳期以后所分泌的乳）比较，干物质含量高2倍，其中，蛋白质高3~5倍，矿物质高1.5倍，维生素A、维生素E、维生素B_1、维生素B_2高3倍。还含有初生羔羊所需的抗体、抗氧化物质及酶、激素等。因此，不仅营养价值高，而且有抗病和轻泻作用，羔羊吃后可促进胎粪排出，增强对病害的抵抗力。所以，要保证初生羔羊在产后30分钟内一定吃到初乳。若遇到母羊产后无奶或母羊产后死亡等情况，羔羊吃不到初乳时，要让它吃到代乳羊的初乳，否则羔羊很难成活。喂奶是产羔期间最繁重的工作。初生羔羊最初几次哺乳比较费事，若遇到少数母羊尤其是一些初产母羊，无护羔经验，母性差，产后不会哺羔或有的羔羊生后不会吃奶，必须人工强制哺乳。具体操作方法是：放牧员或饲养员先把母羊保定住，把母羊的脖子夹在右腋下，右手握住羔羊的胸骨处，左手捏住母羊奶头，先挤出几滴初乳弃去，然后再挤一些乳汁涂于羔羊嘴上和母羊奶头上，把羔羊嘴对准母羊奶头，让羔羊吮吸。反复几次后，多数羔羊就会吃奶。对于缺奶和双胎羔羊，要另找代乳羊。若无代乳羊，要用牛奶或奶粉饲喂羔羊。补喂牛奶时，牛奶要经过煮沸消毒后晾温再喂，以防羔羊吃了不干净的奶引起腹泻。

第三，要搞好环境卫生，防止疾病发生。初生羔羊体质弱、抗病力差、发病率高，发病的原因大多是由于哺乳用具、羊舍及其周围环境卫生差，使羔羊感染上疾病。因此，搞好圈舍的卫生管理，减少羔羊接触病原菌的机会，是降低羔羊发病率的重要措施。另外，放牧人员或饲养人员每天在放牧和饲喂时，要认真观察母羊和羔羊的哺乳、采食、饮水和粪便等是否正常，发现问题及时采取处理措施。

四、频繁产羔体系

绵羊频繁产羔体系主要采用诱导发情和同期发情技术。在实施该生产体系时，必须与羔羊的早期断奶、母羊的营养调控、公羊效应等技术措施相配套。

1. 一年两产体系

一年两产体系可使母羊的年繁殖率提高 90%～100%，在不增加羊圈设施投资的前提下，母羊生产力提高 1 倍，生产效益提高 40%～50% 以上。一年两产体系的核心技术是母羊性情调控、羔羊早期断奶、早期妊娠检查。按照一年两产生产的要求，制订周密的生产计划，将饲养、兽医保健，管理等融为一体，最终达到预定生产目标，该生产体系技术密集，难度大，只要按照标准程序执行，一年两产的目标可以达到。一年两产的第一产宜选在 12 月，第二产选在 7 月。

2. 两年三产体系

两年三产是国外 20 世纪 50 年代后期提出的一种生产体系，沿用至今。要达到两年三产，母羊必须 8 个月产羔 1 次，该生产体系一般有固定的配种和产羔计划：如 5 月配种，10 月产羔；1 月配种，6 月产羔；9 月配种，翌年 2 月产羔。羔羊一般是 2 月龄断奶，母羊断奶后 1 个月配种。为了达到全年的均衡产羔，在生产中，将羊群分成 8 月产羔间隔相互错开的 4 个组。每 2 个月安排 1 次生产。这样每隔 2 个月就有一批羔羊屠宰上市。如果母羊在第一组内妊娠失败，2 个月后可参加下一组配种。用该体系组织生产，生产效率比一年一产体系增加 40%。该体系的核心技术是母羊的多胎处理，发情调控和羔羊早期断奶，强化育肥。

3. 三年四产体系

三年四产体系是按产羔间隔 9 个月设计的，由美国 GELTSVILLE 试验站首先提出的，这种体系适宜于多胎品种的母羊，一般首次在母羊产后第四个月配种，以后几轮则是在第三个月配种，即 1 月、4 月、6 月和 10 月产羔，5 月、8 月、11 月和翌年 2 月配种。这样，全群母羊的产羔间隔为 6 个月、9 个月。

4. 三年五产体系

三年五产体系又称为星式产羔体系，是一种全年产羔的方案，由美国康乃尔（COR-NELL）大学的伯拉·玛吉（BRAINMAGEE）设计提出的。母羊妊娠期一般是 73 天，正好是一年的 1/5。羊群可被分为 3 组。开始时，第一组母羊在第一期产羔，第二期配种，第四期产羔，第五期配种；第二组母羊在第二期产羔，第三期配种，第五期产羔，第一期再次配种；第三组母羊在第三期产羔，第四期配种，第一期产羔，第二期再次配种。如此周而复始，产羔间隔 7.2 个月。对于 1 胎产 1 羔的母羊，1 年可获 1.69 个羔羊，若 1 胎产双羔，1 年可获 3.34 个羔羊。

五、繁殖新技术的应用

1. 精液冷冻技术

近些年来，随着科学技术的进步和社会的发展，冷冻精液技术在我国养羊业中的运用日益扩大，对其中若干重大问题的研究也在逐步深入，并取得了积极的成果。在实践中运用证明效果比较好的羊精液冷冻保存技术及冻配技术如下。

（1）羊精液冷冻保存技术。

① 器械消毒：采精前一天清洗各种器械（先以肥皂粉水清洗，再以清水冲洗 3~5 次，最后用蒸馏水冲洗一次晾干）。玻璃器械采用干燥箱高温消毒，其余器械用高压锅或紫外线灯进行消毒。

② 冷冻精液制作技术：制作冷冻精液，要有很多设备，适于有条件的精液冷冻站。冷冻精液分为颗粒、安瓿、细管 3 种类型。其中，以颗粒法最为简便，所需器材设备少，但缺点是不能单独标记，易混杂，解冻速度缓慢，费时费力。从理论上来讲，在解冻和冷冻过程中，细管受温较匀，冷冻效果较好。目前，我国以颗粒法生产为主，安瓿和细管冻精也有部分生产，并逐步趋向细管法生产发展。现将上述 3 种方法的具体操作方法介绍如下。

A 颗粒精液冷冻技术　冷冻颗粒时多采用干冰滴冻法，或用液氮熏蒸铝板或氟塑料板冷冻精液。颗粒的大小一般在 0.1mL 左右，颗粒过大，易造成里外层精液受温不均而影响效果；颗粒过小，不利于解冻。在生产实践中运用广泛且有效的方法有 2 种，一是氟板法：初冻温度为−100~90℃，将液氮盛入铝盒做的冷冻器中，然后把氟板浸入液氮中预冷数分钟后（氟板不沸腾为准），将氟板取出平放在冷冻器上，氟板与液氮面的距离为 1cm，再加盖 3 分钟后取开盖，按每颗粒 0.1mL 剂量滴冻，滴完后再加盖 4 分钟，然后将氟板连同冻精一起浸入液氮中，并分装保存于液氮中。二是铜纱网法：将液氮盛入约 6kg 的广口瓶，距瓶口约 7cm，然后将铜纱网浸入液氮中 3 分钟，并在铜纱网底下做距液氮面 1cm 的漂浮器，将铜纱网漂在液氮面上，进行滴冻，滴完后加盖 4 分钟，将铜纱网浸入液氮中，甘油即为然后解冻，镜检，合乎要求者分装保存。

B 细管精液冷冻技术　采出的精液，检查活率在 0.6 以上者即可冷冻，在 30℃下用 I 液（30℃）进行 1∶1.5 倍稀释，包上 8 层纱布放在 4℃冰箱中预冷降温 2~3 小时，在

4℃下加与Ⅰ液等量的含甘油的Ⅱ液，摇匀，最终稀释比例为1：3倍稀释，立即在氟板上滴冻成0.1mL的颗粒。取本稀释液Ⅰ液94mL，加甘油6mL，合成一液，就可以冷冻细管精液。（稀释液配方与配制：Ⅰ液：葡萄糖3g，柠檬酸钠3g，加蒸馏水至100mL，溶解后，水浴煮沸消毒20分钟，冷却后加青霉素10万U，链霉素0.1g，取80mL加卵黄200mL；Ⅱ液：取Ⅰ液44mL，加甘油6mL）。

稀释液配置：葡萄糖54g、柠檬酸钠10g，加双蒸馏水至1 000mL，再加入丁胺卡那霉素1万U；然后按20%比例加入新鲜卵黄即配制成卵柠糖液，称为A液。在A液中加入14%甘油即为B液，或在A液中按每升加入100mL乙二醇为B液。在B液中还可按2.5mg/mL添加维生素E，以及按每升添加25mg维生素C。

C 安瓿精液冷冻技术　其方法基本上与细管精液冷冻技术相似，安瓿的分装容量一般为0.5~1.0mL。

③ 冻精的保存方法：

A 质量检测　每批制作的冷冻颗粒精液，都必须抽样检测，一般要求每颗粒容量为0.1mL，精子活率应在0.3以上，每颗粒有效精子1 000万个（可定期抽检），凡不符上述要求的精液不得入库贮存。

B 分装　颗粒冻精一般按30~50粒分装于1个纱布袋或1个小玻璃瓶中。

C 标记　每袋颗粒精液须标明公羊品种、公羊号、生产日期、精子活率及颗粒数量，再按照公羊号将颗粒精液袋装入液氮罐提桶内，浸入固定在液氮罐内贮存。

D 分发、取用　取用冷冻精液应在广口液氮罐或其他容器内的液氮中进行。冷冻精液每次脱离液氮时间不得超过5秒。

E 贮存　贮存冻精的液氮罐应放置在干燥、凉爽、通风和安全的库房内。由专人负责，每隔5~7天检查1次罐内的液氮容量，当剩余的液氮为容量的2/3时，须及时补充。要经常检查液氮罐的状况，如果发现外壳有小水珠、挂霜或者发现液氮消耗过快时，说明液氮罐的保温性能差，应及时更换。

F 记载　每次入库或分发，或耗损报废的冷冻精液数量及补充液氮的数量等，必须如实记载清楚，并做到每月结算1次。

（2）冻精的解冻方法。颗粒精液的解冻方法，一般分为干解冻法和湿解冻法。

①干解冻法：将一粒精液放入灭菌小试管中，置于60℃水浴快速融化至1/3颗粒大时，迅速取出在手中心轻轻擦动至全部融化。

②湿解冻法：在电热杯65~70℃高温水浴中解冻，用1mL 2.9%柠檬酸钠解冻液冲洗已消毒过的试管，倒掉部分解冻液，管内留0.05~0.1mL解冻液进行湿解冻，每次分别解冻2粒，轻轻摇动解冻试管，直至冻精融化到绿豆粒大时，迅速取出置于手中揉搓，借助于手温全部融化，解冻后的精液立即进行镜检，凡直线运动的精子达0.35以上者，均可用于输精。

近年来，在生产中冻精37℃用维生素B_{12}解冻效果较好。采用40℃水温解冻颗粒精液，先把小试管用维生素B_{12}（每支含0.5mg）冲洗一下，留一点B_{12}，并快速在40℃水中摇动至2/3融化，取出试管继续速摇至全部融化，即可使用。

细管冻精一般是在38~42℃下解冻，较好的方法是采用两步法，即先用较热的水待精液融化 1/2~2/3 时，立即转移到与室温相近的水浴中继续解冻后输精。

2. 同期发情

羊的同期发情（或称同步发情）就是利用某些激素制剂，人为地控制并调整一群母羊的发情周期，使它们在特定的时间内集中表现发情，以便于组织配种，扩大对优秀种公羊的利用，同时，也是胚胎移植中的重要一环，使供体和受体发情同期化，有利于胚胎移植的成功。

目前，使用的主要有如下方法。

（1）孕激素—PMSG 法。用孕激素制剂处理（阴道栓或埋植）母羊 10~14 天，停药时再注射孕马血清促性腺激素（PMSG），一般经 30 小时左右即开始发情，然后放进公羊或进行人工授精。阴道海绵栓比埋植法实用，即将海绵浸以适量药液，塞入羊只阴道深处，一般在 14~16 天后取出，当天肌注 PMSG 400~750IU，2~3 天后被处理的大多数母羊发情。孕激素种类及用量为：甲孕酮（MAP）50~70mg，氟孕酮（FGA）20~40mg，孕酮 150~300mg，18-甲基炔诺酮 30~40mg。在这种情况下，在施药期间内，黄体发生退化，外源孕激素即代替了内源孕激素（黄体分泌的孕酮）的作用，造成了人为的黄体期，实际上延长了发情周期，推迟发情期的到来，为以后引起同期发情创造一个共同的基准线。

（2）前列腺素法。在母羊发情后数日向子宫内灌注或肌注前列腺素（PGF2a）或氯前列腺烯醇或 15-甲基前列腺素，可以使发情高度同期化。但注射 1 次，只能使 60%~70% 的母羊发情同期化，相隔 8~9 天再注射 1 次，可提高同期发情率。在这种情况下，使黄体溶解，中断黄体期，降低孕酮的水平，从而促进垂体促性腺激素的释放，引起同期发情。本法处理的母羊，受胎率不如孕激素—PMSG 法，且药物昂贵，不便广泛采用。

3. 超数排卵和胚胎移植

超数排卵就是利用促卵泡生长、成熟的激素或 PMSG 处理来改变母羊在一个发情期只排 1~2 卵的状况，促使它在一个发情期排更多的卵。胚胎移植就是将 1 头母羊（亦称供体）的受精卵或早期胚胎取出，移植到另一头母羊（亦称受体）的输卵管或子宫内，借腹怀胎，以产出供体后代的一项新技术。据报道，澳大利亚于 1962 年应用胚胎移植技术并结合超数排卵，使 37 只澳洲美丽奴羊生出了 172 只羔羊。超数排卵和胚胎移植结合起来。就能使 1 只优良的母羊在一个繁殖季节里，产生比自然繁殖增加许多倍的后代。因此，能够充分发挥优良母羊的繁殖潜力，对迅速扩大良种畜群，加快养羊业的良种化进程，有着积极的作用。

众所周知，采用人工授精及冷冻精液，已最大限度地发挥了优良公羊的利用效率。但是优质细毛羊的增加，不仅决定于公羊，同时，也有赖于母羊。从遗传角度看，取决于公母双方。所以，优良母羊繁殖潜力的发挥，是家畜品种改良的一个重要方面。胚胎移植手术，就是提高优良母羊繁殖潜力的一个有效方法。而且也是改良畜种的一个方面。

羊的胚胎移植分为发情同期化、超数排卵、采卵、受精卵移植等环节。

（1）同期发情。要求供体羊和受体羊发情基本一致，发情愈接近则受胎率越高，反之则相反。

（2）超数排卵。超排处理有 2 种目的，一种是为了提高产羔数，使绵羊产双羔或三羔，但避免多羔，所以，应严格控制激素的剂量。其具体方法是，成年母羊在预定发情到来的前 4 天，即发情周期的第 12 天或 13 天，皮下注射孕马血清促性激素（PMSG）600~1 100IU，出现发情后或配种当日再静脉注射 HCG500~750IU，可达到超排目的。也可用 FSH200~300IU 代替 PMSG，用 LH100~150IU 代替 HCG。另一种是为了胚移而超排，这时超排数量可增至十几个或更多，这是因为受精卵要分别移植到多个受体，供体母畜超排后并无妊娠问题。但超排数也不是越多越好，超排过多，相对会降低卵子的受精率，所以，羊的超排数以 10~20 个为宜。

（3）胚胎的收集（冲卵）。受精卵的冲取目前都采取手术法。冲取部位取决于受精卵在生殖道内所处的位置，即取决于冲卵是在配种后的第几天进行以及卵子运行的速度。

（4）胚胎的检查。将冲洗液放于解剖镜下，先放大较小的倍数（10~20 倍），检查胚胎的数量，继而再于较高倍数下（50~200 倍）观察胚的发育情况，随即将发育正常的胚胎收集到注射器或滴管内，每管内装 1~3 个胚，供作移植。

（5）胚胎的移植。供体和受体母羊同时做好术前准备，当对供体进行胚胎收集和检查的时候，即应对受体腹部手术部位作一切口，找到排卵一侧的卵巢，用注射器或滴管将胚胎注入同侧子宫角或输卵管内，完成移植手术。

（6）供体和受体的术后观察。对术后的供体和受体，不仅要注意它们的健康情况，同时，要观察它们在预定的时间是否发情，尤其是受体，术后 3 周左右如果发情，则说明未受胎，移植失败；如未发情，则需要进一步观察，并在适当时间进行检查，确定是否妊娠。如已妊娠，应进一步加强饲养管理。供体如已康复，则可连续或空过 1~2 个发情周期，再做供体。

甘肃省甘南藏族自治州畜牧站，与夏河县桑科种羊场合作，于 1977 年使用垂体促卵泡素（FSH）和垂体促黄体素（LH）对新疆羊进行超数排卵试验，从试验羊发情的第十二天（发情当天为第一天）起，分别给予不同方法和剂量的处理，取得了显著效果。1977 年在进行受精卵移植试验中，受体为藏羊和新疆杂种母羊，6~8 岁的占 80%，共移植受体 304 例，除移植入异常卵 15 只，手术发现异常 14 只，死亡 8 只外，实际统计的有效例数为 267 只，经两个性周期以上的观察，受胎率为 60%，产羔 133 只（内有双羔 3只），产羔率为 49.8%。移植效果最好的 1 只新疆母羊，取得受精卵 19 个，移植受体 19只，受胎 14 只，早产 1 只，正产 10 只。

4. 早期妊娠诊断

早期妊娠诊断，对于保胎、减少空怀和繁殖率都具有重要意义。早期妊娠诊断方法的研究，历史悠久，方法也多，但如何达到相当高的准确性，并且在生产实践中应用方便，这是直到现在一直在探索研究和待解决的问题。

（1）超声波探测法。用超声波的反射，对羊进行妊娠检查。根据多普勒效应设计的仪器，探听血液在脐带、胎儿血管和心脏等中的流动情况，能成功地测出妊娠 26 天的母羊。到妊娠 6 周时，其诊断的准确性可提高到 98%~99%；若在直肠内用超声波进行探测，当探杆触到子宫中动脉时，可测出母体心律（90~110 次／分钟）和胎盘血流声，从而准确地肯定妊娠。

（2）激素测定法。羊怀孕后，血液中孕酮的含量较未孕母羊显著增加，利用这个特点对母羊可做出早期妊娠的诊断。如在羊配种后 20~25 天，用放射免疫法测定：欧拉羊每毫升血浆中，孕酮含量大于 1.5ng，妊娠准确率为 93%。

（3）免疫学诊断法。羊怀孕后，胚胎、胎盘及母体组织分别产生一些化学物质，如某些激素或某些酶类等，其含量在妊娠的一定时期显著增高，其中某些物质具有很强的抗原性，能刺激动物机体产生免疫反应。而抗原和抗体的结合，可在 2 个不同水平上被测定出来：一是荧光染料或同位素标记，然后在显微镜下定位；另一是抗原抗体结合，产生某些物理性状，如凝集反应，沉淀反应，利用这些反应的有无来判断家畜是否妊娠。早期怀孕的欧拉羊含有特异性抗原，这种抗原在受精后第二日就能从一些孕羊的血液里检查出来，从第八天起可以从所有试验母羊的胚胎、子宫及黄体中鉴定出来。这种抗原是和红细胞结合在一起的，用它制备的抗怀孕血清，于怀孕 10~15 天期间母羊的红细胞混合出现红细胞凝集作用，如果没有怀孕，则不发生凝集现象。近年来，已有研究者试图从绵羊 OCG（绵羊绒毛膜促性腺激素）和 OPT-1（绵羊胚胎滋养层蛋白-1）的研究入手，建立 OCG 和 OPT-1 的检测和单克隆抗体的技术体系，建早期妊娠诊断技术用于绵羊生产实践，此项研究具有广阔的前景。

5. 诱发分娩

诱发分娩是指在妊娠末期的一定时间内，注射某种激素制剂，诱发孕畜在比较确定的时间内提前分娩，它是控制分娩过程和时间的一项繁殖管理措施。使用的激素有皮质激素或其合成制剂，前列腺素 F2a 及其类似物，雌激素、催产素等。欧拉羊在妊娠 144 天时，注射地塞米松（或贝塔米松）12~16mg，多数母羊在 40~60 小时内产羔；欧拉羊在妊娠 144 天时，肌注 PGF2a20mg，多数在 32~120 小时产羔，而不注射上述药物的孕羊，197 小时后才产羔。

第七章 绵羊品种遗传多样性保护

品种拥有各种基因，并在一定的环境中发挥作用，表现出对外界环境的适应性和各种生产性能。一个品种就是一个特殊的基因库，是培育新品种和利用杂种优势的良好素材，认真保存和合理利用品种资源，是关系到畜牧业可持续发展的战略任务。

一、家畜的遗传多样性及其意义

遗传多样性（Genetic diversity）是生物多样性的重要组成部分。广义的遗传多样性是指地球上生物所携带的各种遗传信息的总和。而狭义的遗传多样性主要是生物种内基因的变化，包括种内显著不同的种群间和同一种群内的遗传变异性。在物种内部因生活环境的不同也会产生遗传上的多样化，各种生物不同亚种或地方品种中都存在着丰富的遗传多样性，是物种多样性、生态系统多样性和景观多样性等生物多样性的最重要来源。

我国地理环境和生态条件复杂多样，在长期自然选择和人工选择过程中形成了十分丰富的家养动物资源。家养动物种类和数量的分布以及品种的形成，与自然环境有密切关系。复杂的地理和气候条件，对家养动物多样性的形成和分布产生深刻的影响。按气候和地理条件，中国以大兴安岭、阴山、贺兰山、巴颜喀拉山和冈底斯山所形成山脉屏障划界，西北部地区为牧区，东南部为农区，中间过渡地区为半农半牧区。

家养动物多样性是生物多样性的重要组成部分之一，其在组成上可划分为 3 个层次，包括畜禽遗传多样性、物种多样性和生态系统多样性。家养动物种质资源是生物资源的重要组成部分，中国是世界上家养动物品种资源最丰富的国家之一。我国幅员辽阔，地形、地貌、自然生态条件等地域差异显著，造就了非常丰富的畜禽多样性资源。根据品种资源调查及 2001 年"中国畜禽品种审定委员会"审核，中国畜禽遗传资源主要有猪、鸡、鸭、鹅、火鸡、黄牛、水牛、牦牛、绵羊、山羊、马、驴、骆驼、兔、梅花鹿、马鹿、水貂、貉、蜂等 20 个物种，共计 576 个品种（表 7-1），其中地方品种为 426 个（占 74%）、培育品种有 73 个（占 17.7%）、引进品种有 77 个（占 13.3%）。我国现有绵羊品种 50 个，其中，地方品种 31 个，培育品种 9 个和引入品种 10 个（中国畜禽遗传资源状况编委会，2004）。地方畜禽品种既是珍贵的自然资源，也是价值极高的经济资源。其遗传多样性是未来家畜（禽）品种改良和适应生产条件变化的遗传基础，是保持农牧业长期发展和制定合理开发资源产业政策的基本依据（表 7-1）。

表 7-1　中国畜禽遗传资源状况

		小计	地方品种	培育品种	引入品种
1	猪	99	72	19	8
2	鸡	100	81	14	5
3	鸭	29	27	—	2
4	鹅	26	26	—	—
5	特禽	12			12
6	黄牛	69	52	5	12
7	水牛	26	24		2
8	牦牛	11	11	—	—
9	大额牛	1	1		
10	绵羊	50	31	9	10
11	山羊	50	43	4	3
12	马	47	23	17	7
13	驴	21	21	—	—
14	骆驼	4	4		—
15	兔	13	4		9
16	梅花鹿	3		3	
17	马鹿	2	1	1	
18	水貂	1		1	
19	貂	1	1		
20	蜂	11	4		7
	总数	576	426	73	77
	占总数（%）		74	12.7	13.3

资料来源：《中国畜禽遗传资源状况》，2004

　　由于中国的地理生态、畜牧生产系统多种多样，畜禽品种的利用情况也多种多样。在城市郊区、农业相对发达地区，主要利用高产的引进品种（利用方式包括与地方品种进行杂交）和培育品种。在经济欠发达、偏远山区及特殊生态地区（如高海拔、高寒、高温地区），由于经济因素、品种适应性因素，畜牧生产主要以地方畜禽品种进行（大约70%），如西藏、云南、甘肃、新疆等地的畜牧生产，除部分生产方向外，均以地方品种为基础进行。

　　然而近年来，由于畜禽外来品种的引入、高产品种的培育、社会经济生产的变革等因素的作用，造成了许多长期进化形成的物种处于濒危甚至灭绝状态，以致我国动物遗传资源流失的确切数量难以统计，带来的损失难以弥补。我国畜禽品种数量逐渐减少和消失的问题日渐突出，1983 年确定已经灭绝的资源包括枣北大尾羊、九斤黄鸡、太平鸡、临洮鸡、武威斗鸡、荡角牛、项城猪等 10 个畜禽品种；1998 年确认濒临灭绝的资源包括豪杆嘴型内江猪、大普吉猪、文山鹅等 7 个品种；2004 年 8 月 23 日农业部公告了 78 个国家级畜禽品种资源保护品种。

家养动物遗传多样性是生物多样性中与人类生活直接相关的一部分，是指所有的家养动物及其野生近缘种的种间和种内遗传变异的总和，其中，包括了不同种家养动物间的遗传变异，还包括了同种家养动物内不同品种间和品种内共同的和特异的基因及其组合体系。家养动物是生物界的特殊成员，是由野生动物通过人类长期人工选择而来的，具有许多野生动物所没有的生物学特征。尽管家养动物只局限于少数物种，但是根据人们的不同需求，经过高强度的选择和杂交后，产生了许多前所未有的变异性特征，形成了在体形外貌和经济性状上丰富多彩的地方品种和类型，构成了同一家养动物种内的品种多样性。因此，家养动物的遗传多样性在本质上是种内品种和个体间的遗传差异的总和。

家养动物及其野生近缘种为畜禽育种提供了不可缺少的基因材料。遗传多样性的缩小、消失、遗传的均质化或遗传多样性的枯竭将会对我们的畜牧业带来灾难性的后果。因此，对家养动物遗传多样性的研究是生物多样性研究中的一个重要组成部分。家畜遗传多样性与人类的生活和生产密切相关，是畜牧业可持续发展的基础，是世界动物资源开发的丰富宝库，因此，对家畜遗传多样性的研究具有重要的理论意义和实际意义。

首先，物种或群体的遗传多样性大小是生物长期进化的产物，是其生存（适应）和发展（进化）的前提。一个群体或物种遗传多样性越高或遗传变异越丰富，对环境变化的适应能力就越强，越容易扩展其分布范围和开拓新的环境，家畜高产、抗逆和产品质量的大幅度提高也正是遗传多样性在动物育种中应用的结果。在种群规模、选择压力等背景条件相同的情况下，生物群体中遗传变异的大小与其进化速率成正比。因此，对遗传多样性的研究还可以揭示物种或群体的进化历史（起源时间、地点、方式），也能为进一步分析其进化潜力和未来命运提供重要的资料。尤其有助于物种稀有或濒危的原因及过程的探讨，这些物种在育种及保护遗传学的实践中无疑都具有重要地位。

畜牧学上通过对家畜遗传多样性的研究和认识，不但可以调查品种遗传背景状况和确定品种遗传特征，即找到适当的遗传标记来反映品种遗传多样性丰富程度和确定品种遗传独特性程度，从而了解家畜各群体间的亲缘关系以及其起源和遗传分化，准确区分品种（类型），也可为定向培育新品种（系、群），合理开发利用家畜遗传资源，生产更多更优质的畜产品提供重要依据，还能为防止遗传侵蚀、增加遗传变异奠定基础。

其次，我国家畜品种繁多，在相邻省区间不乏类同的品种或种群，同品种异名和不同品种同名问题自然存在。过去对品种的划分和认识大都基于地域和形态学水平的描述，常有出入，也不易被接受。因此，常有一些研究结果显示现有个别品种内的变异大于品种间的遗传差异。对此，在基本了解各品种的分布、形态特征和生产性能的基础上，应该全面，系统地开展细胞学和等位酶研究，并有针对性地进行 DNA 分析。只有这样，才能提高遗传多样性研究的水平和完整性，也才能对地方品种进行正确的划分和全面的认识，从而为家养动物的本品种选育和寻找具有优良生产性能的基因以及充分开发利用这些宝贵的遗传资源提供科学依据，并最终为加速家养动物育种和提高生产性能服务。

此外，家养动物遗传多样性是保护生物学研究的重要内容。如果不了解种群遗传变异的大小、时空分布及其与环境的关系，人们就不可能采取科学有效的措施对人类赖以生存的宝贵遗传资源（基因）进行保护，也不可能挽救濒临灭绝的物种和保护受到威胁的物种。对家畜遗传多样性的研究和认识，可以为人们提供认识生物界基本规律所需的可供借鉴的资料和重要的背景材料，从而帮助人们有效地保护生物资源和对生物资源进行有序开发及可持续利用。

二、重视丰富的家养动物遗传资源

我国畜禽品种资源大体由 3 部分组成：一是地方良种；二是建国以后培育的新品种；三是从国外引进的品种。其中，地方品种和新培育的品种总数在 300 个以上，不仅数量多，而且不少在质量上还有独特之处。

以猪种而言，目前有 50 多个品种，大体可分为华北、华中、江海、华南、西南、高原等六大类型。每一类型中又有许多独特的品种，如产仔特多的太湖猪、耐寒体大的东北民猪、瘦肉率较高的荣昌猪、适于腌制火腿的金华猪、体小肉味鲜美的香猪等。

在牛方面，不仅分布有牦牛、黄牛、水牛等不同种和属，而且还形成许多著名的地方良种或类型，如产于呼伦贝尔盟的以乳肉兼用著称的三河牛，体高、力大、步样轻快、性情温顺的南阳牛，行动迅速、水旱两用的延边牛以及产于湖南、江苏、四川等省的大型役用水牛等。

我国绵羊类型复杂，其中也有不少著名的品种资源；如适应当地生态条件和放牧性能良好的蒙古羊、哈萨克羊和藏羊；繁殖力极高的小尾寒羊、湖羊；我国"二毛皮"品种滩羊；适于舍饲、羔皮品质优良的湖羊等。

在家禽方面，我国不仅有蛋大、壳厚、体型较大的成都黄鸡、内蒙边鸡、辽宁大骨鸡以及骨细、肉嫩、味鲜的北京油鸡、惠阳三黄胡须鸡、清远麻鸡；而且还有体小、耗料少、年产蛋 200 枚以上的浙江仙居鸡；名贵的丝毛乌骨泰和鸡；兼用型的狼山鸡、寿光鸡、浦东鸡等著名鸡种；另外，还有生长快、产蛋多的北京鸭、体型特大的狮头鹅等世界闻名的品种。

此外，在马、驴、山羊、骆驼等家畜中也不乏良种，如乘挽兼用的伊犁马，体型较大的关中驴，产绒量高盖县绒山羊等。

中国丰富的畜禽品种资源，无疑将为今后育种提供宝贵的素材。不仅在我国能发挥大的作用，而且也是世界动物遗传物质库的一个重要部分。例如我国猪种就曾对世界某些著名猪种的育成产生过积极作用。远在 18 世纪英国引进了我国华南猪以改良当地猪，育成了大约克夏、巴克夏等英国猪种；美国在 1816—1817 年引进中国猪而育成了波中猪和吉士白猪。特别值得注意的是，在国外品种资源日趋贫乏的今天，对我国家畜品种资源有着特殊的兴趣，如对江浙省一带产仔多的太湖猪和金华猪等，产羔多的小尾寒羊和湖羊等，纷纷要求引进，目的在于改进本国畜种的繁殖性能。因此，我们对自己的家畜品种更应予以重视，使品种特性不断提高。

我国地方品种，是经过若干世代的人工选择和自然选择的产物，因而可很好地适应当地环境，即使在饲草料条件和生态条件极为艰苦的地区，仍能正常生存和繁衍后代，如西藏高原的牦牛、藏羊，能够适应当地空气稀薄和高的紫外线照射。而从低海拔引进的安哥拉山羊、西门塔尔牛就难以适应，甚至死亡。

许多地方品种尽管生产力都比较低，但却具有某些可贵且有利的基因，绝不能任其丧失，而应加以妥善保存，这很可能对今后家畜育种将产生很大影响，起到我们目前还无法预料到的作用。

还须指出，过去在有些地方，由于盲目开展杂交，致使有些地方品种混杂，质量逐渐退化，数量日趋减少，甚至濒于灭绝。如果真的把地方品种大部毁灭，这将给今后育种工作带来严重的甚至难以挽救的损失。

三、家养动物遗传多样性保护的意义

品种资源的保存，一般认为就是要妥善保存现有家畜家禽品种，使之免遭混杂和灭绝。其实，这只是起码的要求，严格地说，保种应该是保存现有家畜家禽品种资源的基因库，使其中每一种基因都不丢失，无论它目前是否有用。

（1）家畜遗传资源是与人类社会活动密切相关的生物资源的一个重要组成部分，无论在过去，还是未来，家畜遗传资源的保护是保证畜牧业生产持续稳定发展的重要措施，家畜中不少品种的泯灭或者畜种的消失都将直接危及社会经济的发展和人类生活的切身利益。就这一点而言，家畜遗传资源与人类的关系比与野生动物的遗传资源更密切，更重要。

（2）家畜遗传资源是世界各民族历史文化成果的重要组成部分。在人类开始驯养野生动物以来至今的大约 1 万年，从野生动物到家畜的演变，群体在家养条件下的进化以及从物种中分离出的若干品种，都是以人工选择为中心的育种活动，也是许多世代，许多民族在不同自然条件、社会经济及技术背景下，培育出了具有明显的地域特征和历史遗痕的地方品种或类群，反映了不同时代民族文化的印记。

（3）目前，在全球范围分布较广的少数畜禽品种，虽然其生产力较高，但其遗传内容相对贫乏，尤其缺乏适应生态环境变迁和社会需求发生改变的遗传潜力。地方品种目前虽然生产力相对较低，但确蕴藏着进一步改进现代流行品种所需要的基因资源，用其作为培育新品种或杂交生产的亲本，具有重要的价值。

（4）人类社会对畜产品的消费方式以及不同经济类型畜产品的社会经济价值不是一成不变的。例如，半个世纪以前，肉用家畜的贮脂力是普遍公认的有利性状，动物育种学家们就花费大量的时间对猪的背膘厚进行选择，育出了一大批脂用型猪品种，但进入 20 世纪 60 年代以后由于人们饮食习惯的改变，即由过去喜吃肥肉变为喜吃瘦肉。使得脂用型猪的市场萧条，取而代之的是一些瘦肉率较高的欧美品种，如长白猪、大约克夏等。又如 80 年代以前，在我国有许多绒用山羊品种，由于绒的收购价格仅为每千克 10 元左右，所以，饲养量下降，同时，也受到"奶山羊热"的冲击被杂交改良，但 80 年代以后，随着市场经济发展的需求，绒的价格一升再升，最高达 300 元每千克左右，使得绒山羊的饲养量迅速增加。由以上可见，家畜遗传资源的价值不能以消费方式改变或社会经济价值变化来衡量。同时这也说明保护那些在眼前生产性能较低，经济价值较低，但确有一定潜在价值的地方品种是非常有必要的。

（5）固有地方品种群体中蕴藏有许多非特异性免疫性的基因资源。品种起源的单一化，导致许多抗性基因的丧失，加之现代良种的一般纯合化水平较高，更加缩减了免疫的范围，增加了流行病发生的机会，一旦发生，造成的损失往往不可估量，甚至使整个畜牧业生产处于瘫痪状态。所以对地方品种加以保护，不仅保存了许多非特异性免疫性的基因资源，而且也给未来新品种培育贮备了育种素材。

四、保持群体遗传多样性的机制

在绵羊遗传资源保护实践中，避免近交率上升是保持群体遗传多样性的关键。导致近交率上升的因素如下。

1. 群体规模（size of population）

群体规模乃指群体实际头数。它对群体近交率的影响主要有两个途径：

（1）直接影响。Crow 曾经证明：在（雌雄同体）理想群体中，群体规模 N 与近交率 ΔF、t 代后的近交系数 F_t 有如下关系：

$$\Delta F = \frac{1}{2N}$$

$$F_t = 1 - (1 - \Delta F)^t$$

上式由于是理想群体中的关系，所以 $\Delta F = \frac{1}{2N} = \frac{1}{2Ne}$，即 $N = Ne$

但又由于家畜不存在雌雄同体，所以 $N \neq Ne$，S. Wright 进一步证明了在其他前提不变的条件下，$Ne = N + \frac{1}{2}$，因而在家畜群体中有：

$$\Delta F = \frac{1}{2Ne} = \frac{1}{2N + 1}$$

$$F_t = 1 - (1 - \frac{1}{2N + 1})^t$$

将上两式做以下改变：

$$N = \frac{1}{2}\left(\frac{1}{1 - (1 - F_t)^{\frac{1}{t}}} - 1\right)$$

$$t = \frac{\lg(1 - F_t)}{\lg(1 - \frac{1}{2N + 1})}$$

（2）遗传漂变的速率。遗传漂变的结局是一个等位基因的消失和另一个等位基因的固定，每个等位基因固定和消失的概率取决于原来的基因频率，遗传漂变的速率可以用一个世代中基因频率的方差（即抽样方差）来表示，其值则与群体原来的基因频率 p、q 及各小群体的规模 N 的关系如下：

$$\sigma^2_{\Delta q} = \frac{pq}{2N}$$

式中：$\sigma^2_{\Delta q}$——遗传漂变的速率。

由此式可知，群体越小，漂变速率越快，基因达到固定或消失所需世代越小。又由于遗传漂变与近交的作用都是导致纯合子频率增加，减少基因的多样度，所以，两者的计量关系是完全相同的。

$$\because \quad \Delta F = \frac{1}{2N}$$

$$\therefore \quad \sigma^2_{\Delta q} = \frac{pq}{2N} = pq\Delta F$$

$$\therefore \quad \Delta F = \frac{\sigma^2_{\Delta q}}{pq}$$

2. 性别比例

当群体中两性个体数不等时，群体间基因频率的方差就应分别计算。

在母畜群：$\sigma^2_{\Delta qf} = \dfrac{pq}{2N_f}$

在公畜群：$\sigma_{\Delta qm} = \dfrac{pq}{2N_m}$

式中：N_f——用于繁殖的母畜头数；

$\quad\quad\ N_m$——用于繁殖的公畜头数。

对于下一代而言，由于公母双方提供的基因是相等的，故下一代群体基因频率的方差就是双方基因频率方差之均数。

$$\sigma^2_{\Delta q} = \sigma^2_{\Delta}\left(\frac{1}{2}(q_f + q_m)\right)$$

即：
$$= \frac{1}{4}(\sigma^2_{\Delta qf} + \sigma^2_{\Delta qm})$$

$$= \frac{pq}{4}\left(\frac{1}{2N_f} + \frac{1}{2N_m}\right)$$

又由于：$\Delta F = \dfrac{\sigma^2_{\Delta q}}{pq} = \dfrac{1}{4}\left(\dfrac{1}{2N_f} + \dfrac{1}{2N_m}\right)$

所以：$\Delta F = \dfrac{1}{8N_f} + \dfrac{1}{8N_m}$

前述已知，群体有效规模 Ne 与 ΔF 之间有如下关系：

$$\Delta F = \frac{1}{2Ne}$$

因而此时的群体有效规模则是：

$$Ne = \frac{1}{2\Delta F} = \frac{1}{2(\frac{1}{N_f} + \frac{1}{8N_m})}$$

亦即：群体有效规模为两性调和均数的 2 倍。

$$\frac{1}{Ne} = \frac{1}{4N_f} + \frac{1}{4N_m} \quad 或 \quad Ne = \frac{4N_f \cdot N_m}{N_f + N_m}$$

以上说明，群体中两性比例不等有提高近交率，降低群体有效规模的作用，两者比例差异越大作用越明显。

3. 留种方式

在理想群体中，群体总个数为 N，假设每个个体在群体中留有 K 个配子，这时：

$$\bar{k} = \frac{\sum K}{N}$$

$$\sigma_k^2 = \frac{1}{N-1}(\sum k^2 - N\bar{k}^2)$$

于是：$\sum k^2 = (N-1)\sigma_k^2 + N\bar{k}^2$

这时，① 可能的配子对数目为：$\dfrac{N\bar{k}(N\bar{k}-1)}{2}$

② 相同亲本的配子对总数为：$\dfrac{\sum (k(k-1))}{2} = \dfrac{\sum k^2 - \sum k}{2}$

则相同亲本配子对的比例为：$\dfrac{\sum k^2 - \sum k}{N\bar{k}(N\bar{k}-1)} = \dfrac{(N-1)\sigma_k^2 + N\bar{k}(\bar{k}-1)}{N\bar{k}(N\bar{k}-1)}$

又由于理想群体 Ne 是相同亲本配子对比例的倒数，所以：

$$Ne = \frac{N\bar{k}(N\bar{k}-1)}{(N-1)\sigma_k^2 + N\bar{k}(\bar{k}-1)}$$

因为群体规模恒定，$\bar{k} = 2$，且不占自由度

所以 $\quad Ne = \dfrac{4N^2 - 2N}{N\sigma_k^2 + 2N} = \dfrac{4N-2}{\sigma_k^2 + 2}$

因此 $\quad \Delta F = \dfrac{1}{2Ne} = \dfrac{\sigma_k^2 + 2}{8N - 4}$

若 N 很大时，$Ne \approx \dfrac{4N}{\sigma_k^2 + 2}$

由上可见，在 N 一定的条件下，每个个体在群体中留下配子数的方差（亦即从每个交配组合得到的留种子女数之方差）越大，群体有效规模则越少。

就理想群体而言，通常有三种可能的留种方式，但在不同的留种方式下，σ_k^2 和 Ne 亦不相同。

（1）随机合并留种。每个交配组合所留下的子女数完全由机遇决定时，其分布属普哇松分布，由于在普哇松分布中方差等于均数，即：$\sigma_k^2 = \bar{k} = 2$。

于是，$Ne = \dfrac{4N}{\sigma_k^2 + 2} = \dfrac{4N}{2 + 2} = N$

即：$Ne = N$。

（2）有选择的合并留种。当选择一部分有利的交配组合留种时，每个交配组合留种子女之方差则大于 2，群体有效规模小于群体实际规模。用公式表示则为：$\sigma_k^2 > 2$；$Ne < N$。

（3）各家系等数留种。这一留种方式是每个家系的留种子女数相等，此时：$\sigma_k^2 = 0$；

$Ne = \dfrac{4N}{\sigma_k^2 + 2} = 2N$。

由此公式可见，群体中有效规模是实际规模的 2 倍。这是目前最有利于保持群体遗传多样性的留种方式。

但值得注意的是：在畜禽生产实践中，就大多数畜禽保种场而言，都存在着公少母多这样一种情况。此时群体的有效规模和近交率亦发生变化。当公母数量不等，采用随机留种时，其群体有效规模（Ne）和近交率（ΔF）正如前所证明的，即：

$$Ne = \frac{4N_f \cdot N_m}{N_f + N_m}；\Delta F = \frac{1}{8N_f} + \frac{1}{8N_m}$$

但如果采用各家系等数留种时，只要两个性别的留种个数在各家系是等量分布的，其 $\sigma_k^2 \approx 0$。实践上，只需做到每头公畜留下等数的儿子和等数的女儿参加繁殖，每头母畜留下等数女儿繁殖。此时群体有效规模和近交率正如 R. S. Gowe 论证的：

$$Ne = \frac{16N_f \cdot N_m}{3N_f + N_m} \quad 或 \quad \frac{1}{Ne} = \frac{3}{16N_m} + \frac{1}{16N_f}$$

因此 $\quad \Delta F = \dfrac{3}{32N_m} + \dfrac{1}{32N_f}$

由这 2 个公式可看到，采用各家系等数留种，不论群体性别比例如何，其保持群体遗传多样性的效率始终大于随机合并留种，如果在 Nm＝10，Nf＝90 的畜群中，采用随机合并留种时，$\Delta F = 0.0139$，Ne＝36。采用各家畜等数留种时，$\Delta F = 0.0097$，Ne＝51.43。

4. 交配制度

前已证明，在理想群体中，由于个体间的配子结合是随机的，群体中可能的配子对数是由群体的配子总数 $N\bar{k}$ 中取 2 之组合数，即：$\dfrac{N\bar{k}(N\bar{k} - 1)}{2}$。但如果交配不是随机的，每个配子可以组合的对象就要减少，群体可能的配子对总数也随之下降，结果有效规模亦变为：

$$Ne = \frac{4N - 2 - \bar{C}}{\sigma_k^2 + 2}$$

式中：$\bar{C}$ ——平均配子对数。

又 $\because \bar{C} \geqslant 0$

$$\therefore \frac{4N - 2 - \bar{C}}{\sigma_k^2 + 2} \leqslant \frac{4N - 2}{\sigma_k^2 + 2}$$

以上说明，非随机交配情况下群体有效规模小于理想群体。群体有效规模的缩小则会进一步提高近交率和遗传漂变速率。所以，一般而言，每头公畜随机等量的交配母畜，是保持群体遗传多样性的最有利交配制度。

5. 连续世代间群体有效规模的波动

在畜牧业生产中，各世代规模不等是普遍存在的现象。如果有 t 个相邻世代的群体有效规模分别为 Ne1，Ne2，Ne3，…Net。这时，由于世代基因频率的抽样方差由 $\sigma_k^2 = \frac{pq}{2Ne}$ 来度量，所以：

① t 世代的平均抽样方差为：

$$\sigma_{\Delta q}^2 = \frac{pq}{t}\left(\frac{1}{2Ne_1} + \frac{1}{2Ne_2} + \frac{1}{2Ne_3} + \cdots + \frac{1}{2Ne_t}\right)$$

② t 世代的平均近交率为：

$$\Delta\bar{F} = \frac{\sigma_{\Delta q}^2}{pq} = \frac{1}{t}\left(\frac{1}{2Ne_1} + \frac{1}{2Ne_2} + \frac{1}{2Ne_3} + \cdots + \frac{1}{2Ne_t}\right)$$

③ t 世代的平均有效规模为：

$$Ne = \frac{1}{2\Delta F} = \frac{t}{\sum_{i=1}^{t}\left(\frac{1}{Ne_i}\right)} \qquad (i = 1, 2, 3, \cdots t)$$

此式亦可改写为：$\frac{1}{Ne} = \frac{1}{t}\sum_{i=1}^{t}\left(\frac{1}{Ne_i}\right)$

这也就是说，平均有效规模是各世代有效规模的调和均数。

在连续 t 个世代中，每个世代的近交系数都是由两部分构成：一是以前各代累积起来的近交系数，另一是当代近交系数的增量。用公式表示则为：$F_t = \left(1 - \frac{1}{2Ne}\right)F_{t-1} + \frac{1}{2Ne}$。当代的群体有效规模只决定增量，而不影响既有的近交系数水平。因此，每个世代的近交系数与群体有效规模一样，都受以前各世代有效规模的影响，有效规模最小的世代，其效应最明显。

例：连续 5 个世代的群体有效规模（Ne）分别为：20，60，90，140，180，求其 5 个世代的平均有效规模。

解：

$$Ne = \frac{t}{\sum_{i=1}^{t}\left(\frac{1}{Ne_i}\right)} = \frac{5}{\frac{1}{20} + \frac{1}{60} + \frac{1}{90} + \frac{1}{140} + \frac{1}{180}} = 55.35$$

6. 世代间隔

世代间隔的长短与群体遗传多样性消失呈高度相关。世代间隔越长，遗传多样性消失越慢，反之世代间隔越短，群体近交系数上升幅度越大，即遗传多样性消失速度越快。

五、家养动物遗传资源保护的方法与途径

保存优良品种，可以采取常规保种法和现代生物技术保种法。

1. 常规保种法

为了保存一个品种，使其基因库中的每一优良基因都不丢失，一般应采取以下措施：

（1）划定保种基地。在保种基地中严禁引进其他品种的种畜，严防群体混杂。这是保种的一项首要措施。

（2）建立保种群。在良种基地中，应建立足够数量的保种核心群，其规模视畜种而定。实践证明：在保种核心群内，留种的公畜头数，大家畜应在 10 头以上，小家畜则应在 20 头以上；而留种的母畜头数与保种的关系不太大，如果没有其他生产和繁殖的任务，少一些对保种也无大妨碍，当然不应少于公畜的头数。如果在一个地方良种内，暂找不到上述数量的公畜来，则可先由少量开始，在以后世代中逐步增加公畜的头数。

（3）采用各家系等数留种法。各家系等数留种法，就是在每世代留种时都按照各家系等数留种法进行，即从每一公畜的后代中选留一遗传性确实的公畜，从每一母畜的后代中选留等数母畜；每世代保种规模不变。

（4）防止近亲交配。为了保存基因库中的每一个基因都不丢失，应该避免血缘关系很近的公母畜之间的交配。为此，下一代的选配可采用公畜不动，只调换另一家系的母畜与之交配。

例如，滩羊在保种基地内采用每世代选留 20 头以上的公羊，每头公羊配 5 头母羊，并采用各家系等数留种法留种，经计算，大约经过 100 年，其近交系数才增长 10%，在这种情况下，任何基因丢失的可能性都不大，这样一个品种基本上就算保住了。

2. 现代生物技术保种法

鉴于常规保种法所需的人力多，投资大，收益少，而且地方良种很多，不可能一一建立保种场。因此，采用现代生物技术来保种，有更广阔的前景。

用超低温冷冻方法保存精子，这在 20 世纪 50 年代初期即已获得成功，目前已广泛应用于生产实践。超低温保存牛精子的最长时间已达 30 余年，羊精子已达 10 多年，对受精能力并未见有明显影响。

用超低温冷冻方法保存受精卵（即胚胎），近年亦已成功，冷冻保存胚胎最长时间为 7 年。目前，许多国家都建立了"胚胎库"，如美国、联邦德国、加拿大等，且已进入商品化，可向国外销售推广。

克隆技术为保种乃至挽救濒临灭绝的品种，提供了更加现代化的技术支持。前 2 种保种方法均为性细胞保种；而克隆技术可以利用体细胞繁殖后代，必将对保存生物资源的多样性发挥巨大作用。

六、品种资源保护参数计算

1. 群体有效含量（Ne）和近交系数量（△Ft）的计算

A. 公母数相等随机留种时：$Ne = NS + ND$。

B. 公母数相等各家系等量留种时：$Ne = 2（NS + ND）$。

C. 公母数不等随机留种时：$Ne = 16NSND /（NS + ND）$。

第一代 $△Ft = 1/2Ne$ t 代的近交系数为 $Ft = 1 -（1 - △Ft）t$。

其中，NS——公畜头数；ND——母畜头数。

2. 公畜头数的估算

估算公畜头数可利用近交系数增量和母、公比例计算，也可以利用群体有效含量和母系头数计算。

A. 公母数相等随机留种时：$NS = 1/［（2 + 2N）Ft］$ $NS = Ne - ND$。

B. 公母数相等各家系等量留种时：$NS = 1/［（4 + 4N）Ft］$ $NS = Ne/2 - ND$。

C. 公母数不相等随机留种时：$NS =（N + 1）/8NFt$ $NS = NDNe /（4ND - Ne）$。

D. 公母数不相等各家系等量留种时：$NS =（8N + 1）/32NFt$ $NS = 3NDNe /（16ND - Ne）$。

3. 公母适宜比的估算

A. 随机留种时：

公母宜保种的比例　$N = Ms/Md = \sqrt{1/M}$。

母公适宜保种的比例　$N = Md/Ms = \sqrt{M}$。

B. 各家系等量留种时：

公母宜保种的比例　$N = Ms/Md = \sqrt{3/M}$。

母公适宜保种的比例　$N = Md/Ms = \sqrt{M/3}$。

其中，M——公母保种费用的比例。

第八章　养羊设施及环境控制

一、羊舍建造的基本要求

1. 羊舍地址选择原则

羊舍是羊的重要外界环境条件之一。羊舍建筑是否合理，能否保证羊的生理要求，对羊生产力发挥有一定的关系。

（1）羊舍地址的选择。羊舍地址应具备如下条件。

①羊舍地址要求地势高燥、地下水位低（2m 以下）、有微坡（1%～3%）：在寒冷地区要求羊舍背风向阳。切忌在低洼涝地、山洪水道、冬季风口等地修建羊舍。

②保证防疫安全：羊舍地址必须选择在历史上从未发生过羊的任何传染病。距主要的交通线（铁路和主要公路）300m 以上。并且，要在污染源的上坡上风方向。羊场内兽医室、病畜隔离室、贮粪池、尸坑等应位于羊舍的下坡下风方向，以避免场内疾病传播。

③水量充足，水质良好：水量能保证场内职工用水、羊饮水和消毒用水。舍饲羊只的需水量通常大于放牧羊只；夏季大于冬季。舍饲成年母羊和羔羊需水量分别为 10L/只·日和 5L/只·日，放牧相应为 5L/只·日和 3L/只·日。水质必须符合畜禽饮用水的水质卫生标准。同时，应注意保护水源不受污染。

④交通、通讯比较便利：便于饲草料、羊只的运输以及对外联系。

2. 羊舍建筑的基本要求

（1）羊舍建筑参数。一般跨度 6.0～9.0m，净高（地面到天棚）2.0～2.4m。单坡式羊舍，一般前高 2.2～2.5m，后高 1.7～2.0m，屋顶斜面呈 45°。

（2）面积参数。各类羊合理占用畜舍面积数据见表 8-1。

表 8-1　各类羊占用畜床面积

羊　别	面积（m²/只）	羊　别	面积（m²/只）
种公羊	4～6	春季产羔母羊	1.1～1.6
一般公羊	1.8～2.25	冬季产羔母羊	1.4～2.0
去势公羊和小公羊	0.7～0.9	1 岁母羊	0.7～0.8
小去势羊	0.6～0.8	3～4 月龄羔羊	占母羊面积的 20%

产羔室面积可按 20%～25% 基础母羊所占面积计算，运动场面积一般为羊舍面积的 2～2.5 倍。

（3）温度参数。冬季一般羊舍温度应在 0℃ 以上，产羔室温度应在 8℃ 以上；夏季羊舍温度不应超过 30℃。

（4）湿度参数。一般羊舍空气相对湿度应在 50%～70%，冬季应尽量保持干燥。

（5）通风换气参数。封闭羊舍排气管横断面积可按 0.005～0.006m² /只计算，进气管面积占排气管面积的 70%。

（6）采光参数。成年羊采光系数 1：（15～25），高产羊 1：（10～12），羔羊 1：（15～20）。

（7）羊舍门窗。一般 200 只羊设一个大门，门宽 2.5～3.0m，高 1.8～2.0m，一般窗宽 1.0～1.2m、高 0.7～0.9m，窗台距地面高 1.3～1.5m。

3. 羊舍建筑的基本构造要求

（1）地基。简易羊舍和小型羊舍，负荷小，可直接建在天然地基上，对大型和现代化羊舍，要求地基必须具有足够的承重能力。必须用砖、石、水泥、钢筋混凝土等建筑材料作地基。

（2）墙壁。羊舍墙壁要坚固耐久、厚度适宜、无裂缝、保温防潮、耐水、抗冻、抗震、防火、易清扫消毒。在材料选择上宜选用砖混结构。空心砖、多孔砖保温性好、容重低。为了防止吸潮，可用 1:1 或 1:2 的水泥勾缝和抹灰。墙壁厚度可根据气候特点及承重情况采用 12 墙（半砖厚），18 墙（3/4 砖厚），24 墙（一砖厚），或 37 墙（一砖半厚）等。

（3）屋顶。羊舍屋顶要求保温不漏雨，可采用多层建筑材料建造。羊舍多采用双坡式屋顶，对小型羊舍也可用单坡式。

（4）地面。舍内地面是羊躺卧休息、排泄和活动的地方，也叫羊床，其保暖与卫生很重要。所以，要求羊床具有较高的保温性能，多采用导热性小的、不渗水的材料建造。羊床以 1.0%～1.5% 的坡度倾斜，便于排流污水，有助于卫生和清扫。目前，羊舍多采用砖地和土质夯实地面，有条件可搞沥青地面或有机合成材料地面。

（5）天棚。天棚要用导热性小、结构严密、不透水、不透气、表面光滑的材料制作。

（6）门窗。一般每栋羊舍开设 2 个门，一端 1 个，正对通道，不设门槛和台阶，门要向外开启。在寒冷地区为保温，常设门斗以防冷空气侵入，并缓和舍内热量外流。门斗深度应不小于 2m，宽度应比门大出 1～1.2m。

窗户的数量视采光需要和通风情况而定，一般朝南窗户大些，朝北窗户小些，且南北窗户不对开，避免穿堂风。窗户的底边调试要高于羊背 20～30cm。屋顶设窗户，更有利于采光和通风，但散热多，羊舍保温困难，必须统筹兼顾。

二、常见羊舍基本类型

1. 塑料暖棚羊舍

（1）基本原理。在寒冷季节，给开放、半开放畜禽舍扣上密闭式塑料暖棚，充分利用太阳和畜禽自身散发的热量，提高棚内温度，人工创造适宜畜禽正常生态平衡的小气候环境，减少热能损耗，降低维持需要，并通过优良品种、配合饲料、饲养管理、疫病防治等配套措施，加速畜禽周转，提高经济效益。

（2）暖棚建设技术。

①选择地势开阔干燥，周围无高大建筑物及遮阴物，采光系数大，太阳入射角以45℃为宜。根据各自畜禽舍及日照情况以太阳能辐射到暖棚内畜床基为标准进行建造。

②地形避风向阳，地面平坦，周围无污染源，靠近村庄，交通方便，便于作业和管理。

③棚舍走向以东西走向，坐北向南，适当偏东10°为好，在工矿区早晨烟雾多，应适当偏西5°~10°为好。

④棚舍长宽比，要求长度相对大一些，跨度相对小一些，一般有柱暖棚（双列式）跨度为8~10m，无柱暖棚（单列式）跨度为5m左右。

⑤暖棚规格按类型分为单列式（半斜面、弓形）和双列式（双斜面、拱园形），各类畜禽按其不同要求确定其种类。一般按使用面积计算，每头猪占地 1.0m²，羊占地1.1m²，鸡占地 0.08m²，牛占地 1.8m²。

⑥暖棚面弧度与高跨比，棚面张度合理，可明显减轻棚膜摔打现象，其合理设计是，

$$弧线点高 = \frac{(4 \times 中高)}{跨度} \times 水平距离（跨度—水平距离）。$$

⑦暖棚保温：暖棚后墙凡土木结构要用草泥垛成，厚度60~80cm，凡砖筑结构砌成空心墙，中间填炉渣，暖棚前沿墙外 10cm 处，挖 70~80cm 深，30cm 宽的防寒沟，沟内填炉渣，麦衣等物，棚膜上面在夜间根据需要加盖草帘，以利保温。

（3）暖棚羊舍建造设计。

采用单列式半弓形塑料暖棚，方向坐北向南。圈舍中梁高 2.1m，后墙高 1.6m，前沿墙高 1.1m，后墙与中梁之间用木椽搭棚，中梁与前沿之间用竹片搭成弓形支架，上扣塑料薄膜，棚舍前后深 7m，左右宽 13m（按羊只数量确定）中梁直地面与前沿墙距离 2m，棚舍山墙留一高 1.8m，宽 1.5m 的门，供羊只和饲养人员出入，前沿墙基留几处通风孔，棚顶留一换气百叶窗，棚内沿墙设补饲槽、产仔栏（图8-1）。

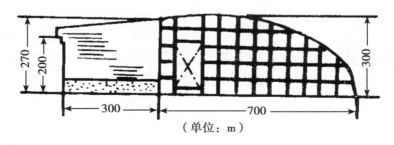

图8-1　暖棚羊舍建造

（4）暖棚建造。

①暖棚框架材料选择牢固结实，经济实用的木材、竹材、钢材、铝材和塑料板材。

②暖棚地基以石墙、混凝土砖墙为好。

③暖棚前沿墙、山墙用砖混结构，后墙可用土坯砌成，有条件的可砌成空心墙，以便保温。

④暖棚后坡用框架材料搭成单斜面棚架，用竹席和麦秸等盖上后用草泥封顶，上盖油毛毡，使其能隔热、保温、防漏。

⑤暖棚用膜必须选用无滴膜。

⑥根据建造条件，暖棚可设计为单层或双层（有一定间距），单层暖棚可附带活动式保温草帘，以便在夜间阴冷天气时使用。

⑦暖棚扣棚时间一般在 10 月下旬开始。

2. 开放、半开放结合单坡式羊舍

这种羊舍由开放舍和半开放舍两部分组成，羊舍排列成"厂"字形，羊可以在两种羊舍中自由活动。在半开放羊舍中，可用活动围栏临时隔出或分隔出固定的母羊分娩栏。这种羊舍，适合于炎热地区或当前经济较落后的牧区。

3. 半开放双坡式羊舍

这种羊舍，既可排列成"厂"字形，亦可排列成"一"字形，但长度增长。这种羊舍适合于比较温暖的地区，或半农半牧区。

4. 封闭双坡式羊舍

这种类型羊舍，四周墙壁封闭严密，屋顶为双坡，跨度大，排列成"一"字形，保温性能好。适合寒冷地区，可作冬季产羔舍。其长度可根据羊的数量适当加以延长或缩短（图 8-2）。

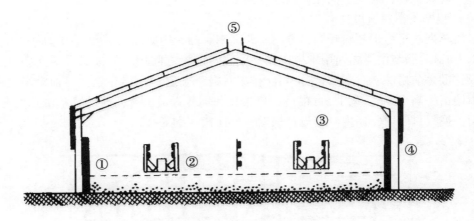

图 8-2　封闭双坡式羊舍

5. 漏缝地面羊舍

国外典型漏缝地面羊舍，为封闭、双坡式，跨度为 6.0m，地面漏缝木条宽 50mm，厚 25mm，缝隙 22mm。双列食槽通道宽 50mm，对产羔母羊可提供相当适宜的环境条件。

三、养羊主要设备

1. 饲料设备

（1）饲槽。饲槽用于舍饲或补饲，专门给羊饲喂精饲料、颗粒料或短草。常用的饲槽有固定水泥槽和移动木槽两种。

① 固定式水泥槽：由砖、土坯及混凝土砌成。槽体一般高23cm，槽内径宽23cm，深14cm，槽壁应用水泥砂浆抹光。槽长依羊的数量而定，一般按大羊30cm、羔羊20cm计算。

② 移动式木槽：用厚木板钉成，一般饲槽长200~300cm，顶高67.5cm，顶宽4cm，槽底宽30cm，槽体高12.5cm，槽开口斜面高25cm，槽内隔板高37.5cm，稳定横木长100cm。

（2）饲草架。饲草架形式多种多样，有长方形草架、三角形草架、联合式草架等。草架设置长度，成年羊按每只30~50cm，羔羊20~30cm。草架隔栅间距以羊头能伸入栅内采食为宜，一般15~20cm。

（3）饮水设备。羊舍内或放牧场内必须设置固定的足够数量的饮水槽，饮水槽可用砖、石砌或用木板制作。

（4）母子栏。在母羊产羔后，为了将母羊与羔羊从大群中分开隔离，使母羊采食与子女羊吮乳不受其他羊干扰，而专门设计制作的栅栏叫母子栏，每块栏高100cm，长120~150cm。常用的有重叠围栏、折叠栏和三角架围栏。

2. 剪毛和梳绒设备

（1）剪毛设备。剪毛机的类型较多，按其动力可分为手动式、机动式和电动式。常用的为四头机动剪毛机和六头电动剪毛机。

① 四头机动剪毛机：由单缸四冲程03型内燃机带动。这种剪毛机组的特点是构造简单，使用方便，效果比较好，适用于广大牧区流动性的剪毛作业。

② 六头电动剪毛机组：主要由三相交流机动发电机1台，移动式电力和照明电线1套，小型电动机6个，柔性轴和剪毛机6套，双圆盘磨刀装置1套所组成。这种剪毛机比较重，固定不动为宜，一般安置在专用剪毛房里。

3. 药浴设备

（1）小型药浴池。小型药浴池一般长150~250cm、宽100cm、高120cm，可盛1 500L左右的药液，一次同时浴3~4只小羊或2~4只成年羊。

（2）大型药浴池。大型药浴池可用水泥、砖、石头等材料砌成长方形，一般池长10~12m，池上部宽60~80cm，池底宽40~60cm，以羊能通过而不能转身为宜，深1.0~1.2m。入口处设喇叭形围栏，使羊单排依顺序进入浴池。浴池入口呈陡坡，羊走入时可迅速滑入池中；出口有一定倾斜度，斜坡上有小台阶或横木条，主要用途：一是不使羊滑倒；二是羊在斜坡上停留一些时间，使身上余存的药液流回浴池。

（3）淋浴式药浴装置。淋浴式药浴装置由机械喷淋部分和地面建筑组成，机械部分包括上喷管道、下淋管道、喷头、过滤筛、搅拌器、螺旋阀门、水泵、电机等；地面建筑包括淋场、待淋场、滴液栏、药液池和过滤系统等。

四、羊场环境污染及监控

1. 空气污染的调控

（1）大气中的污染物。大气中的污染物主要分为自然来源和人为来源两大类。自然界的各种微粒、硫氧化物、各种盐类和异常气体等，有时可造成局部的或短期的大气污染。人为的来源有工农业生产过程和人类生活排放的有一毒、有害气体和烟尘，如氟化物、二氧化硫、氮氧化物、一氧化碳、氧化铁微粒、氧化钙微粒、砷、汞、氯化物、各种农药产生的气体等。尤其是石化燃料的燃烧，特别是化工生产和生活垃圾的焚烧，是造成大气污染最主要的来源。燃烧完全产物主要有：二氧化碳、二氧化硫、二氧化氮、水蒸气、灰分（含有杂质的氧化物或卤化物，如氧化铁、氟化钙）等。燃烧不完全产物有一氧化碳、硫氧化物、醛类、碳粒、多环芳烃等。工业生产过程中向环境中排放大量的污染物。

（2）畜舍中的有害气体。集约化肉羊场以舍饲为主，肉羊起居和排泄粪尿都在畜舍内，产生有害气体和恶臭，往往造成舍内外空气污染。主要表现在空气中二氧化碳、水汽等增多，氮气、氧气减少；并出现许多有毒有害成分：如氨气、硫化氢、一氧化碳、甲烷、酰胺、硫醇、甲胺、乙胺、乙醇、丙酮、2-丁酮、丁二酮、粪臭素和吲哚等。

舍内有害气体的气味可刺激人的嗅觉，产生厌恶感，故又称为恶臭或恶臭物质，但恶臭物质除了家畜粪尿、垫料和饲料等分解产生的有害气体外，还包括皮脂腺和汗腺的分泌物、畜体的外激素以及黏附在体表的污物等，家畜呼出二氧化碳也会散发出不同的难闻气味。肉羊采食的饲料消化吸收后进入后段肠道（结肠和直肠），未被消化的部分被微生物发酵，分解产生多种臭气成分，具有一定的臭味。粪便排出体外后，粪便中原有的和外来的微生物和酶继续分解其中的有机物，生成的某些中间产物或终产物形成有害气体和恶臭，一般来说臭气浓度与粪便氮、磷酸盐含量成正比。有害气体的主要成分是硫化氢、有机酸、酚、醛、醇、酮、酯、盐基性物质、杂环化合物、碳氢化合物等。

（3）空气污染。

① 合理确定羊场位置是防止工业有害气体污染和解决畜牧场有害气体对人类环境污染的关键。场址应选择城市郊区、郊县、远离工业区、人口密集区，尤其是医院、动物产品加工厂、垃圾场等污染源。如宁夏大武口区潮湖村的羊正好处于发电厂煤烟走向的山沟里，结果造成2 000多只山羊因空气污染而生长停滞，发生空气氟中毒现象。

② 设法使粪尿迅速分离和干燥，可以降低臭气的产生。放牧情况下羊圈每半年或一年清理1次粪便。集约化羊场因饲养密度大，必须每日清理。

③ 研究表明，当pH值>9.5时，硫化氢溶解度提高，释放量减少；氨在pH值7.0~10.0时大量释放；pH值<7.0时释放量大大减少；pH值<4.5时，氨几乎不释放。

另外，保持粪床或沟内有良好的排水与通风，使排出的粪便及时干燥，则可大大减少舍内氨和硫化氢等的产生。

④ 应用添加剂可减少臭气、污染物数量。目前，常用的添加剂有微生态制剂沸石、膨润土、海泡石、蛭石和硅藻土等。

2. 水污染的调控

（1）水中微生物的污染。水中微生物的数量，在很大程度上取决于水中有机物含量，水源被病原微生物污染后，可引起某些传染病的传播与流行。由于天然水的自净作用，天然水源的偶然一次污染，通常不会引起水的持久性污染。但是如果长期地不间断的污染，就有可能造成流行病的污染。据报道，能够引起人类发病的传染病共有 148 种，其中，有 15 种是经水传播的。主要的肠道传染病有伤寒、副伤寒、副霍乱、阿米巴痢疾、细菌性痢疾、钩端螺旋传染病等。由病毒经水传播的传染病，到目前为止已发现 140 种以上。主要有肠病毒（脊髓灰质炎、柯萨奇病毒，人肠道外细胞病毒）、腺病毒。养羊场被水污染后，可引起炭疽、布鲁氏菌病、结核病、口蹄疫等疫病的传染。

（2）水中有机物质的污染。畜粪、饲料、生活污水等都含有大量的碳氢化合物、蛋白质、脂肪等腐败性有机物。这些物质在水中首先使水变混浊。如果水中氧气不足，则好气菌可分解有机氮为氨、亚硝酸盐，最终为稳定的硝酸盐无机物。如果水中溶解氧耗尽，则有机物进行厌氧分解，产生甲烷、硫化氢、硫醇之类的恶臭，使水质恶化不适于饮用。又由于有机物分解的产物是优质营养素，使水生生物大量繁殖，更加大了水的混浊度，消耗水中氧，产生恶臭，威胁贝类、藻类的生存，因而在有机物排放到水中时，要求水中应有充足的氧以对其进行分解，所以，亦可按水中的溶解氧量，决定所容许的污染物排放量。

（3）水的沉淀、过滤与消毒。肉羊场大都处于农村和远郊，一般无自来水供应，大部分采用自备井。其深度差别较大，污染程度也有所区别，通常需进行消毒。地面水一般比较浑浊，细菌含量较多，必须采用普通净化法（混凝沉淀及沙滤）和消毒法来改善水质。地下水较为清洁，一般只需消毒处理。有的水源较特殊，则应采用特殊处理法（如除铁、除氟、除臭、软化等）。

① 混凝沉淀水中较细的悬浮物及胶质微粒，不易凝集沉降，故必须加入明矾、硫酸铝和铁盐（如硫酸亚铁、三氯化铁等）混凝剂，使水中极小的悬浮物及胶质微粒凝聚成絮状物而加快沉降，此称"混凝沉淀"。

② 沙滤是把浑浊的水通过沙层，使水中悬浮物、微生物等阻留在沙层上部，水即得到净化。

集中式给水的过滤，一般可分为慢沙滤池和快沙滤池两种。一目前大部分自来水厂采用快沙滤池，而简易自来水厂多采用慢沙滤池。

分散式给水的过滤，可在河或湖边挖渗水井，使水经过地层自然滤过。如能在水源和渗水井之间挖一沙滤沟，或建筑水边沙滤井，则能更好地改善水质。

③ 消毒饮水消毒的方法很多，如氯化法、煮沸法、紫外线照射法、臭氧法、超声波法、高锰酸钾法等。目前应用最广的是氯化消毒法，因为，此法杀菌力强、设备简单、使用方便、费用低。

消毒剂的用量，除满足在接触时间内与水中各种物质作用所需要的有效氯量外，还应该使水在消毒后有适量的剩余，以保证持续的杀菌能力。

氯化消毒用的药剂为液态氯和漂白粉。集中式给水的加氯消毒，主要用液态氯。小型水厂和分散式给水多用漂白粉。漂白粉易受空气中二氧化碳、水分、光线和高温等影响而发生分解，使有效氯含量不断减少。因此，须将漂白粉装在密塞的棕色瓶内，放在低温、干燥、阴暗处。

3. 土壤中的矿物质与微生物

土壤原是肉羊生存的重要环境，但随着现代养羊业向舍饲化方向一的发展，其直接影响愈来愈小，而主要通过饮水和饲料等间接影响肉羊健康和生产性能。

畜体中的化学元素主要从饲料中获得，土壤中某些元素的缺乏或过多，往往通过饲料和水引起家畜地方性营养代谢疾病。例如，土壤中钙和磷的缺乏可引起家畜的佝病和软骨症；缺镁则导致畜体物质代谢紊乱、异嗜，甚至出现痉挛症；宁夏盐池县为高氟地区，常发生慢性氟中毒现象。

土壤的细菌大多是非病原性杂菌，如丝状菌、酵母菌、球菌以及硝化菌、固氮菌等。土壤深层多为厌氧性菌。土壤的温度、湿度、pH 值、营养物质等不利病原菌生存。但富含有机质或被污染的土壤，或逆性较强的病原菌，都可能长期生存下来，如破伤风杆菌和炭疽杆菌在土壤中可存活 16~17 年甚至更多年以上，霍乱杆菌可生存 9 个月，布鲁氏杆菌可生存 2 个月，沙门氏杆菌可生存 12 个月。土壤中非固有的病原菌如伤寒菌、疾病菌等，在干燥地方可生存 2 周，在湿润地方可生存 2~5 个月。各种致病寄生虫的幼虫和卵，原生动物如蛔虫、钩虫、阿米巴原虫等，在低洼地、沼泽地生存时间较长，常成为肉羊寄生虫病的传染源。

五、羊场环境的监控和净化

肉羊场环境主要指场区和舍区的环境。这些地方环境的好坏，直接影响肉羊生产力的发挥，对肉羊场环境的监控，主要依靠较好的消毒工作来实现。

1. 消毒的概念及分类

（1）概念。消毒是指运用各种方法消除或杀灭饲养环境中的各类病原体，减少病原体对环境的污染，切断疾病的传染途径，达到防止疾病发生、蔓延，进而达到控制和消灭传染病的目的。消毒主要是针对病原微生物和其他有害微生物，并不是消除或杀灭所有的微生物，只是要求把有害微生物的数量减少到无害化程度。

（2）分类。

① 疫源地消毒系指对存在或曾经存在过传染病的场所进行的消毒。主要指被病源微生物感染的羊群及其生存的环境如羊群、畜舍、用具等。一般可分为随时消毒和终末消毒两种。

② 预防性消毒对健康或隐性感染的羊群，在没有被发现有传染病或其他疾病时，对可能受到某种病原微生物感染羊群的场所环境、用具等进行的消毒，谓之预防性消毒。对养羊场附属部门如门卫室、兽医室等的消毒也属于此类型。

2. 消毒方法

（1）物理消毒。物理消毒包括过滤消毒、热力消毒（其中，干热消毒和灭菌有焚烧、烧灼、红外线照射灭菌、干烤灭菌等；湿热消毒有煮沸消毒、流通蒸汽消毒、巴氏消毒、低温蒸汽消毒、高压蒸汽灭菌等）、辐射消毒（包括紫外线照射消毒、电离辐射灭菌等）。常用的是热力消毒，其中，煮沸消毒最常用，优点是简便、可靠、安全、经济。其中常压蒸汽消毒是在 101.325kPa（1 个大气压下），用 100℃的水蒸气进行的消毒；高压蒸汽消毒具有灭菌速度快、效果可靠、穿透力强等特点；巴氏消毒主要用于不耐高温的物品，一般温度控制在 60~80℃，如牛奶类温度控制在 62.8~65.6℃，血清 56℃，疫苗 56~60℃。

（2）化学消毒。化学消毒指用于杀灭或消除外界环境中病原微生物或其他有害微生物的化学药品。所使用的消毒剂按消毒程度可分为高效、中效、低效消毒剂 3 种。若按消毒剂的化学结构可分为醛类、酚类、醇类、季铵盐类、氧化剂类、烷基化气体类、含碘化合物类、双肌类、酸类、醋类、含氯化合物类、重金属盐类以及其他消毒剂等。常用的消毒剂有氢氧化钠、福尔马林、克辽林（臭药水）、来苏儿（煤酚皂溶液）、漂白粉、新吉尔灭等。复合消毒剂有美国生产的农福（复合酚）、国产的有菌毒杀、复合酚、菌毒净、菌毒灭、杀特灵等。

（3）生物消毒。生物消毒是利用某种生物杀灭或消除病原微生物的方法。发酵是消毒粪便和垃圾最常用的消毒方法。发酵消毒可分为地面泥封堆肥发酵法和坑式堆肥发酵法两种。

（4）常用的消毒方法。主要有喷雾消毒，即用规定浓度的次氯酸盐、有机碘化合物、过氧乙酸、新吉尔灭、煤酚等，进行羊舍消毒、带羊环境消毒、羊场道路和周围以及进入场区的车辆消毒；浸液消毒即用规定浓度的新吉尔灭、有机碘混合物或煤酚的水溶液，洗手、洗工作服或对胶靴进行消毒；熏蒸消毒是指用甲醛等对饲喂用具和器械，在密闭的室内或容器内进行熏蒸；喷洒消毒是指在羊舍周围、人口、产房和羊床下面撒生石灰或氢氧化钠进行的消毒；紫外线消毒系指在人员入口处设立消毒室，在天花板上，离地面 2.5m 左右安装紫外灯，通常 6~15m³ 用 1 支 15W 紫外线灯。用紫外线灯对污染物表面消毒时，灯管距污染物表面不宜超过 1.0m，时间 30 分钟左右，消毒有效区为灯管周围 1.5~2.0m。

3. 肉羊场的消毒

（1）常规消毒管理。

① 清扫与洗刷为了避免尘土及微生物飞扬，清扫时先用水或消毒液喷洒，然后再清扫。主要清除粪便、垫料、剩余饲料、灰尘及墙壁和顶棚上的蜘蛛网、尘土等。

② 消毒药喷洒或熏蒸喷洒消毒液的用量为 1L/m²，泥土地面、运动场为 1.5L/m 左右。消毒顺序一般从离门远处开始，以墙壁、顶棚、地面的顺序喷洒一遍，再从内向外将地面重复喷洒 1 次，关闭门窗 2~3 小时，然后打开门窗通风换气，再用清水清洗饲槽、水槽及饲养用具等。

③ 饮水消毒肉羊的饮水应符合畜禽饮用水水质标准，对饮水槽的水应隔 3~4 小时更换 1 次，饮水槽和饮水器要定期消毒，为了杜绝疾病发生，有条件者可用含氯消毒剂进行饮水消毒。

④ 空气消毒一般畜舍被污染的空气中微生物数量每立方米 10 个以上，当清扫、更换

垫草，出栏时更多。空气消毒最简单的方法是通风，其次是利用紫外线杀菌或甲醛气体熏蒸。

⑤ 消毒池的管理在肉羊场大门口应设置消毒池、长度不小于汽车轮胎的周长，2m以上，宽度应与门的宽度相同，水深10~15cm，内放2%~3%氢氧化钠溶液或5%来苏尔溶液和草包。消毒液1周更换1次，北方在冬季可使用生石灰代替氢氧化钠。

⑥ 粪便消毒通常有掩埋法、焚烧法及化学消毒法几种。掩埋法是将粪便与漂白粉或新鲜生石灰混合，然后深埋于地下2m左右处。对患有烈性传染病家畜的粪便进行焚烧、方法是挖1个深75cm，宽75~100cm的坑，在距坑底40~50cm处加一层铁炉算子，对湿粪可加一些干草，用汽油或酒精点燃。常用的粪便消毒是发酵消毒法。

⑦ 污水消毒一般污水量小，可拌洒在粪中堆集发酵，必要时，可用漂白粉按每立方米8~10g搅拌均匀消毒。

（2）人员及其他消毒。

① 人员消毒：

第一，饲养管理人员应经常保持个人卫生，定期进行人畜共患病检疫，并进行免疫接种，如卡介苗、狂犬病疫苗等。如发现患有危害肉羊及人的传染病者，应及时调离，以防传染。

第二，饲养人员进入畜舍时，应穿专用的工作服、胶靴等，并对其定期消毒。工作服采取煮沸消毒，胶靴用3%~5%肠来苏儿浸泡。工作人员在工作结束后，尤其在场内发生疫病时，工作完毕，必须经过消毒后方可离开现场。具体消毒方法是：将穿戴的工作服、帽及器械物品浸泡于有效化学消毒液中，工作人员的手及皮肤裸露部位用消毒液擦洗、浸泡一定时间后，再用清水清洗掉消毒药液。对于接触过烈性传染病的工作人员可采用有效抗生素预防治疗。平时的消毒可采用消毒药液喷洒法，不需浸泡。直接将消毒液喷洒于工作服、帽上；工作人员的手及皮肤裸露处以及器械物品，可用蘸有消毒液的纱布擦拭，而后再用水清洗。

第三，饲养人员除工作需要外，一律不准在不同区域或栋舍之间相互走动，工具不得互相借用。任何人不准带饭，更不能将生肉及含肉制品的食物带入场内。场内职工和食堂均不得从市场购肉，所有进入生产区的人员，必须坚持在场区门前踏3%氢氧化钠溶液池、更衣室更衣、消毒液洗手，条件具备时，要先沐浴、更衣，再消毒才能进入羊舍内。

第四，场区禁止参观，严格控制非生产人员进入生产区，若生产或业务必需，经兽医同意、场领导批准后更换工作服、鞋、帽，经消毒室消毒后方可进入。严禁外来车辆入内，若生产或业务必需，车身经过全面消毒后方可入内。在生产区使用的车辆、用具，一律不得外出，更不得私用。

第五，生产区不准养猫、养狗，职工不得将宠物带入场内，不准在兽医诊疗室以外的地方解剖尸体。建立严格的兽医卫生防疫制度，肉羊场生产区和生活区分开，入口处设消毒池，设置专门的隔离室和兽医室、做好发病时隔离、检疫和治疗工作，控制疫病范围，做好病后的消毒净群等工作。当某种疫病在本地区或本场流行时，要及时采取相应的防制措施，并要按规定上报主管部门，采取隔离、封锁等措施。

第六，长年定期灭鼠，及时消灭蚊蝇，以防疾病传播。对于死亡羊的检查，包括剖检等工作，必须在兽医诊疗室内进行，或在距离水源较远的地方检查。剖检后的尸体以及死亡的畜禽尸体应深埋或焚烧。本场外出的人员和车辆，必须经过全面消毒后方可回场。运送饲料的包装袋，回收后必须经过消毒，方可再利用，以防止污染饲料。

② 饲料消毒：对粗饲料要通风干燥，经常翻晒和日光照射消毒，对青饲料防止霉烂，最好当日割当日用。精饲料要防止发霉，应经常晾晒，必要时，进行紫外线消毒。

③ 土壤消毒：消灭土壤中病原微生物时，主要利用生物学和物理学方法。疏松土壤可增强微生物间的拮抗作用；使受到紫外线充分照射。必要时，可用漂白粉或 5%～10% 漂白粉澄清液、4% 甲醛溶液、10% 硫酸苯酚合剂溶液、2%～4% 氢氧化钠热溶液等进行土壤消毒。

④ 羊体表消毒：主要方法有药浴、涂擦、洗眼、点眼、阴道子宫冲洗等。

⑤ 医疗器械消毒：各种诊疗器械及用器按要求消毒。

⑥ 疫源地消毒：疫源的消毒包括病羊的畜舍、隔离场地、排泄物、分泌物及被病原微生物污染和可能污染的一切场所、用具和物品等。

⑦ 发生疫病羊场的防疫措施：

第一，及时发现，快速诊断，立即上报疫情。确诊病羊，迅速隔离。如发现一类和二类传染病暴发或流行（如口蹄疫、痒病、蓝舌病、羊痘、炭疽等）应立即采取封锁等综合防疫措施。

第二，对易感羊群进行紧急免疫接种，及时注射相关疫苗和抗血清，并加强药物治疗、饲养管理及消毒管理。提高易感羊群抗病能力。对已发病的羊只，在严格隔离的条件下，及时采取合理的治疗，争取早日康复，减少经济损失。

第三，对污染的圈、舍，运动场及病羊接触的物品和用具都要进行彻底的消毒和焚烧处理。对传染病的病死羊和淘汰羊严格按照传染病羊尸体的卫生消毒方法，进行焚烧后深埋。

六、粪便及病尸的无害化处理

1. 粪便的无害化处理

（1）羊粪的处理。

① 发酵处理：即利用各种微生物的活动来分解粪中有机成分，有效地提高有机物质的利用率。根据发酵微生物的种类可分为有氧发酵和厌氧发酵两类。

（a）充氧动态发酵　在适宜的温度、湿度以及供氧充足的条件下，好气菌迅速繁殖，将粪中的有机物质分解成易被消化吸收的物质，同时，释放出硫化氢、氨等气体。在 45～55℃ 下处理 12 小时左右，可生产出优质有机肥料和再生饲料。

（b）堆肥发酵处理　堆肥是指富含氮有机物的畜粪与富含碳有机物的秸秆等，在好氧、嗜热性微生物的作用下转化为腐殖质、微生物及有机残渣的过程。堆肥过程产生的高温 50～700℃，可使病原微生物和寄生虫卵死亡。炭疽杆菌致死温度为 50～55℃，所需时间 1 小时；布氏杆菌分别为 65℃，2 小时；口蹄疫病毒在 50～60℃ 迅速死亡，寄生蠕虫卵和幼虫在50~60℃，1~3分钟即可杀灭。经过高温处理的粪便呈棕黑色、松软、无特殊臭味、不招苍蝇、卫生、无害。

（c）气发酵处理　沼气处理是厌氧发酵过程，可直接对水粪进行处理。其优点是产出的沼气是一种高热值可燃气体，沼渣是很好的肥料。经过处理的干沼渣还可作饲料。

② 干燥处理：

（a）脱水干燥处理　通过脱水干燥，使其中的含水量降低到15%以下，便于包装运输，又可抑制畜粪中微生物活动，减少养分（如蛋白质）损失。

（b）高温快速干燥　采用以回转圆筒烘干炉为代表的高温快速干燥设备，可在短时间（10分钟左右）内将含水率为70%的湿粪，迅速干燥至含水仅10%~15%的干粪。

（c）太阳能自然干燥处理　采用专用的塑料大棚，长度可达60~90m，内有混凝土槽，两侧为导轨，在导轨上安装有搅拌装置。湿粪装入混凝土槽，搅拌装置沿着导轨在大棚内反复行走，通过搅拌板的正反向转动来捣碎、翻动和推送畜粪，并通过强制通风排除大棚内的水汽，达到干燥畜粪的目的。夏季只需要约1周的时间即可把畜粪的含水量降到10%左右。

（2）羊粪的利用。

① 直接用作肥料：羊粪作为肥料首先根据饲料的营养成分和吸收率，估测粪便中的营养成分。另外，施肥前要了解土壤类型、成分及作物种类，确定合理的作物养分需要量，并在此基础上计算出畜粪施用量。

② 生产有机无机复合肥：羊粪最好先经发酵后再烘干，然后与无机肥配制成复合肥。复合肥不但松软、易拌、无臭味，而且施肥后也不再发酵，特别适合于盆栽花卉和无土栽培及庭院种植业。

③ 制作生物腐殖质：将羊粪与垫草一起堆成40~50cm高的堆后浇水，堆藏3~4个月，直至pH值达6.5~8.2，粪内温度28℃时，引入蚯蚓进行繁殖。蚯蚓在6~7周龄性成熟，每个个体可年产200个后代。在混合群体中有各种龄群。每个个体平均体重0.2~0.3g，繁殖阶段为每平方米5 000个，产蚯蚓个体数为每平方米3万~5万个。生产的蚯蚓可加工成肉粉，用于生产强化谷物配合饲料和全价饲料，或直接用于鸡、鸭和猪的饲料中。

（3）粪便无害化卫生标准。畜粪无害化卫生标准是借助卫生部制定的国家标准（GB7959—87）。适用于全国城乡垃圾、粪便无害化处理效果的卫生评价和为建设垃圾、粪便处理构筑物提供卫生设计参数。国家目前尚未制定出对于家畜粪便的无害化卫生标准，在此借鉴人的粪便无害化卫生标准，来阐述对家畜粪便无害化处理的卫生要求。

标准中的粪便是指人体排泄物；堆肥是指以垃圾、粪便为原料的好氧性高温堆肥（包括不加粪便的纯垃圾堆肥和农村的粪便、秸秆堆肥）；沼气发酵是以粪便为原料，在密闭、厌氧条件下的厌氧性消化（包括常温、中温和高温消化）。经无害化处理后的堆肥和粪便，应符合国家的有关规定，堆肥最高温度达50~55℃甚至更高，应持续5~7天，粪便中蛔虫卵死亡率为95%~100%，粪便大肠菌值0.01~0.1，能有效地控制苍蝇滋生，堆肥周围没有活动的蛆、蛹或新羽化的成蝇。沼气发酵的卫生标准是，密封贮存期应在30天以上，（53±2）℃的高温沼气发酵温度应持续2天，寄生虫卵沉降率在95%以上，粪液中不得检出活的血吸虫卵和钩虫卵，常温沼气发酵的粪大肠菌值应为 10^{-1}，高温沼气发酵应为 $10^{-2} \sim 10^{-1}$，有效地控制蚊蝇滋生，粪液中无孑孓，池的周围无活的蛆，蛹或新羽化的成蝇。

2. 病羊尸体的无害化处理

（1）销毁。患传染病家畜的尸体内含有大量病原体，并可污染环境，若不及时做无害化处理，常可引起人畜患病。对确认为是炭疽、羊快疫、羊肠毒血症、羊猝狙、肉氏梭菌中毒症、蓝舌病、口蹄疫、李氏杆菌病、布鲁氏菌病毒等传染病和恶性肿瘤或两个器官发现肿瘤的病畜的整个尸体以及从其他患病畜割除下来的病变部分和内脏都应进行无害销毁，其方法是利用湿法化制和焚毁，前者是利用湿化机将整个尸体送入密闭容器中进行化制，即熬制成工业油。后者是整个尸体或割除的病变部分和内脏投入焚化炉中烧毁炭化。

（2）化制。除上述传染病外，凡病变严重、肌肉发生退行性变化的其他传染病、中毒性疾病、囊虫病、旋毛虫病以及自行死亡或不明原因死亡的家畜的整个尸体或胴体和内脏，利用湿化机将原料分类分别投入密闭容器中进行化制、熬制成工业油。

（3）掩埋。掩埋是一种暂时看作有效，其实极不彻底的尸体处理方法，但比较简单易行，目前还在广泛地使用。掩埋尸体时应选择干燥、地势较高，距离住宅、道路、水井、河流及牧场较远的偏僻地区。尸坑的长和宽经容纳尸体侧卧为度，深度应在 2m 以上。

（4）腐败。将尸体投入专用的尸体坑内，尸坑一般为直径 3m、深 10 ~ 13m 的圆形井，坑壁与坑底用不透水的材料制成。

（5）加热煮沸。对某些危害不是特别严重，而经过煮沸消毒后又无害的患传染病的病畜肉尸和内脏，切成重量不超过 2kg，厚度不超过 8cm 的肉块，进行高压蒸煮或一般煮沸消毒处理。但必须在指定的场所处理。对洗涤生肉的泔水等，必须经过无害处理；熟肉决不可再与洗过生肉的潜水以及菜板等接触。

3. 病羊产品的无害化处理

（1）血液。

① 漂白粉消毒法：对患羊痘、山羊关节炎、绵羊梅迪/维斯那病、弓形虫病、雏虫病等的传染病以及血液寄生虫病的病羊血液的处理，是将 1 份漂白粉加入 4 份血液中充分搅匀，放入沸水中烧煮，至血块深部呈黑红色并成蜂窝状时为止。

② 高温处理：凡属上述传染病者均可高温处理。方法是将已凝固的血液切划成豆腐方块，放入沸水中烧煮，至血块深部呈黑红色并成蜂窝状时为止。

（2）蹄、骨和角。将肉尸作高温处理时剔出的病羊骨、蹄、角，放入高压锅内蒸煮至脱胶或胶脂时止。

（3）皮毛。

① 盐酸食盐溶液消毒法：此法用于被上述疫病污染的和一般病畜的皮毛消毒。方法是用 2.5% 盐酸溶液与 15% 食盐水溶液等量混合，将皮张浸泡在此溶液中，并使液温保持在 30℃左右，浸泡 40h，皮张与消毒液之比为 1 : 10 浸泡后捞出沥干，放入 200mL 氢氧化钠溶液中，以中和皮张上的酸，再用水冲洗后晾干。也可按 100mL 25% 食盐水溶液中加入盐酸 1mL 配制消毒液，在室温 15℃条件下浸泡 48h，皮张与消毒液之比为 1 : 4。浸泡

后捞出沥干，再放入 100mL 氢氧化钠溶液中浸泡，以中和皮张上的酸，再用水冲洗后晾干。

② 过氧乙酸消毒法：此法用于任何病畜的皮毛消毒。方法是将皮毛放入新鲜配制的 2%过氧乙酸溶液中浸泡 30 分钟捞出，用水冲洗后晾干。

③ 碱盐液浸泡消毒法：此法用于上述疫病污染的皮毛消毒。具体方法是将病皮浸入 5%碱盐液（饱和盐水内加 500 氢氧化钠）中室温（17~20℃）浸泡 24 小时，并随时加以搅拌，然后取出挂起，待碱盐液流净，放入 5%盐酸液内浸泡，使皮上的碱被中和，捞出，用水冲洗后晾干。

④ 石灰乳浸泡消毒法：此法用于口蹄疫和蟥病病皮的消毒。方法是将 1 份生石灰加 1 份水制成熟石灰，再用水配成 10%或 5%混悬液（石灰乳）。将口蹄疫病皮浸入 10%石灰乳中浸泡 2 小时；而将蟥病病皮浸入 10%石灰乳中浸泡 12 小时，然后取出晾干。

⑤ 盐腌消毒法：主要用于布鲁氏菌病病皮的消毒。按皮重量的 15%加入食盐，均匀撒于皮的表面。一般毛皮腌制 2 个月，胎儿毛皮腌制 3 个月。

七、羊场污染物排放及其监测

集约化养羊场（区）排放的废渣，是指养羊场向外排出的粪便、畜舍垫料、废饲料及散落的羊毛等固体物质。恶臭污染物是指一切刺激嗅觉器官，引起人们不愉快及损害生活环境的气体物质。臭气浓度是指恶臭气体（包括异味）用无臭空气稀释，稀释到刚刚无臭时所需的稀释倍数。最高允许排水量是指在养羊过程中直接用于生产的水的最高允许排放量。

1. 水污染物排放标准

集约化养羊场（区）的废水不得排入敏感水域和有特殊功能的水域。排放去向应符合国家和地方的有关规定。

（1）水污染物的排放标准。采用水冲工艺的肉羊场，最高允许排水量：每天每 100 只羊排放水污染物冬季为 1.1~1.3m³，夏季为 1.4~2.0m³。采用干清粪工艺的肉羊场，最高允许排水量：每天每百只羊冬季为 1.1m³，夏季为 1.3m³。集约化养羊场水污染物最高允许日均排放浓度：5 天生化需氧量 150mg/mL，化学需氧量 400mg/mL，悬浮物 200mg/mL，氨氮 80mg/mL，总磷（以磷计）8.0mg/mL，粪大肠杆菌数 10 个/mL，蛔虫卵 2 个/L。

（2）集约化养羊场废渣的固定贮存设施和场所。贮存场所要有防止粪液渗漏、溢流的措施。用于直接还田的畜粪须进行无害化处理。禁止直接将废渣倾倒入地表水或其他环境中。粪便还田时，不得超过当地的最大农田负荷量，避免造成面源污染的地下水污染。

2. 废渣及真气的排放

集约化养羊场经无害化处理后的废渣，蛔虫死亡率要大于 95%，粪大肠杆菌数小于每千克 10 个，恶臭污染物排放的臭气浓度应为 70mg/m³，并通过粪便还田或其他措施对所排放物进行综合利用。

3. 污染物的监测

污染物项目监测的采样点和采样频率应符合国家监测技术规范要求。监测污染物时生化需氧采用稀释与接种法，化学需氧用重铬酸钾法；悬浮物用重量法；氨氮用纳氏试剂比色法，水杨酸分光光度法；总磷用钼蓝比色法；粪大肠菌群数用多管发酵法一；蛔虫卵用吐温－80 柠檬酸缓冲液离心沉淀集卵法；蛔虫卵死亡率用堆肥蛔虫卵检查法；寄生虫卵沉降法用粪稀蛔虫卵检查法，臭气浓度用三点式比较臭袋法。

第九章　绵羊饲养管理技术

一、绵羊的生活习性和群体行为

1. 绵羊的生活习性

了解绵羊的生活习性，有助于人们更好地饲养管理和利用它，只有通过实践，多和它接触，才能更好地熟悉绵羊的生活习性。现将绵羊的主要生活习性说明如下。

（1）合群性强。绵羊有较强的合群性，受到侵扰时，互相依靠和拥挤在一起。驱赶时，有跟"头羊"的行为和发出保持联系的叫声。但由于群居行为强，羊群间距离近时，容易混群。所以，在管理上应避免混群。

（2）觅食能力强，饲料利用范围广。绵羊嘴较窄、嘴唇薄而灵活、牙齿锋利，能啃食接触地面的短草，利用许多其他家畜不能利用的饲草饲料。而且羊四肢强健有力，蹄质坚硬，能边走边采食。利用饲草饲料资源广泛，如多种牧草、灌木、农副产品以及禾谷类籽实等均能利用。在冬天，当草地积雪时，绵羊可扒开雪面采食牧草。试验证明，绵羊可采食占给饲植物种类 80% 的植物，对粗纤维的利用率可达 50%~80%。

（3）爱清洁。绵羊具有爱清洁的习性。羊喜吃干净的饲料，饮清凉卫生的水。草料、饮水一经污染或有异味，就不愿采食、饮用。因此，在舍内补饲时，应少喂勤添，以免造成草料浪费。平时要加强饲养管理，注意绵羊的饲草饲料清洁卫生，饲槽要勤扫，饮水要勤换。

（4）喜干燥，怕湿热。绵羊适宜在干燥、凉爽的环境中生活。羊舍潮湿、闷热，牧地低洼潮湿，容易使羊感染寄生虫病和传染病，导致羊毛品质下降，腐蹄病增多，影响羊的生长发育。汗腺不发达，散热机能差，在炎热天气应避免湿热对羊体的影响。

（5）性情温驯，胆小易惊。绵羊性情温驯，在各种家畜中是最胆小的畜种，自卫能力差。突然的惊吓，容易"炸群"。羊一受惊就不易上膘，管理人员平常对羊要和蔼，不应高声吆喝、扑打，以免引起惊吓。

（6）嗅觉和听觉灵敏。绵羊嗅觉灵敏，母羊主要凭嗅觉鉴别自己的羔羊，视觉和听觉起辅助作用。分娩后，母羊会舔干羔羊体表的羊水，并熟悉羔羊的气味。羔羊吮乳时母羊总要先嗅一嗅羔羊后躯部，以气味识别是不是自己的羔羊。利用这一特点，寄养羔羊时，只要在被寄养的孤羔和多胎羔羊身上涂抹保姆羊的羊水，寄养多会成功。个体羊有其自身的气味，一群羊有群体气味，一旦两群羊混群，羊可由气味辨别出是否是同群的羊。在放牧中一旦离群或与羔羊失散，靠长叫声互相呼应。

（7）扎窝特性。由于羊毛被较厚、体表散热较慢，故怕热不怕冷。夏季炎热时，常有"扎窝子"现象。即羊将头部扎在另一只羊的腹下取凉，互相扎在一起，越扎越热，越热越扎挤在一起，很容易伤羊。所以，夏季应设置防暑措施，防止扎窝子，要使羊休息乘凉，羊场要有遮阴设备，可栽树或搭遮阴棚，或驱赶至高山。

（8）抗病力强。绵羊的抗病力较强。体况良好的羊只对疾病有较强的耐受能力，病情较轻，一般不表现症状，有的甚至临死前还能勉强跟群吃草。因此，在放牧管理中必须细心观察，才能及时发现病羊。如果等到羊只已停止采食或反刍时再进行治疗，疗效往往不佳，会给生产带来很大损失。

（9）绵羊的调情特点。公羊对发情母羊分泌的外激素很敏感。公羊追嗅母羊外阴部的尿水，并发生反唇卷鼻行为，有时用前肢拍击母羊并发出求爱的叫声，同时作出爬胯动作。母羊在发情旺盛时，有的主动接近公羊，或公羊追逐时站立不动，小母羊胆子小，公羊追逐时惊慌失措，在公羊竭力追逐下才接受交配。

2. 绵羊的群体行为

绵羊是合群性的动物，主要活动在白天进行。合群活动时，个体间相互以视线保持全群联系。低头采食，不时伴以抬头环视同伴，是一明显特征。鸣叫是合群性的另一表征。离群羊用鸣叫呼唤同伴，同伴则应答以同样鸣叫，召唤离群羊回群。离群羊在听不到同伴应答声时，鸣叫加剧，骚动不安，摄食行为中断。

羊群多半按直线前进，宽道上的行进比窄道上的行进顺利。行进道路中遇有阻碍，即使是一不大的陌生物体，羊群往往在阻碍物前 3~5m 处止步，先止步的前头羊转身回走。另外，羊群行进途中，后面的羊要能看到前边的羊。走在拐弯处，前边的羊转过不见，对后面羊的跟上有影响。行进中不宜让前边的羊看到后面的羊，不然，前边的羊会停步不前，甚至转过来往回走。

羊胆怯，可以从暗处到明处，而不愿从明处走向暗处。遇有物体的折光、反光或闪光，例如，药浴池和水坑的水面，门窗栅条的折射光线，板缝和洞眼的透光等，常表现畏惧不前。这时，指挥带头羊先入或关进几头羊，哪怕是人抓、绳拴，也能带动全群移动。

羊喜登高。在山地，羊群行进走上坡路比下坡路好，上坡时能采食头前够得到的草叶，但不吃下坡草。在山道狭窄时，能自动列队，首尾相衔，随带头羊前走。

羊怕孤单，特别是刚离群时，单个被赶路、单圈时都难指挥，不易接近，表现激动不安，但当同圈同路有 1~2 个同伴，能减轻其不安程度。

二、羊饲养的一般原则

1. 多种饲料合理化搭配

应以饲养标准中各种营养物质的建议量作为配合日粮的依据，并按实际情况进行调整。尽可能采用多种饲料，包括青饲料（青草、青贮料）、粗饲料（干草、农作物秸秆）、精饲料（能量饲料、蛋白质饲料）、添加剂饲料（矿物质、微量元素非蛋白氮）等，发挥营养物质的互补作用。

2. 切实注意饲料品质，合理调制饲料

要考虑饲料的适口性和饲用价值，有些饲料（如棉、菜籽饼等）营养价值虽高，但适口性差或含有害物质，应限制其在日粮中的用量，并注意脱毒处理。青、粗及多汁饲料在羊的日粮中占有较大比例，其品质优劣对羊的生长发育影响较大，在日常饲养中必须引起足够重视，特别是秸秆类粗饲料，既要注意防霉变质，又要在饲喂前铡短或柔碎。

3. 更换饲料应逐步过渡

在绵羊饲养中，由于日粮的变化处理不当而引起死亡的例子很多。绵羊突然改变日粮成分则可能是致命的，或者至少会引起消化不良。这是因绵羊瘤胃微生物区系对特定日粮饲料类型是相对固定的，日粮中饲料成分变化，会引起瘤胃微生物区系的变化，当日粮饲料成分突然变化时，特别是从高比例粗饲料日粮突然转变为高比例精饲料日粮，此时，瘤胃微生物区系还未进行适应性改变，瘤胃中还不存在许多乳酸分解菌，最后由于产生过多的乳酸积累而引起酸中毒综合征。为了避免发生这种情况，日粮成分的改变应该逐渐进行，至少要过渡 2~3 周，过渡时间的长短取决于喂饲精料的数量，精料加工的程度以及喂饲的次数。

4. 制订合理的饲喂制度

为了给瘤胃微生物群落创造良好的环境条件，使其保持对纤维素分解的最佳状况，繁殖生长更多的微生物菌体蛋白，在绵羊的饲养中除要注意日粮蛋白、能量饲料的合理搭配及日粮饲料成分的相对稳定外，还要制订合理的饲喂方式、喂量及饲喂次数。绵羊瘤胃分解纤维素的微生物菌群对瘤胃过量的酸很敏感，一般 pH 值为 6.4~7.0 时最适合，如果 pH 值低于 6.2，纤维发酵菌的生长速率将降低，若 pH 值低于 6.0 时，其活动就会完全停止。所以，在饲喂绵羊时，需要设方延长绵羊的采食时间和反刍时间，通过增加唾液（碱性的）分泌量来中和瘤胃中的酸，提高瘤胃液的 pH 值。合理的饲喂制度应该是定时定量，"少吃多餐"，形成良好的条件反射，能提高饲料的消化率和饲料的利用率。

5. 保证清洁的饮水

羊场供水方式有井水、河水、湖塘水、降水等分散式给水和自来水供水的集中式给水。提供饮羊的井要建在没有污染的非低洼地方，井周围 20~30m 范围内不得设置渗水厕所、渗水坑、粪坑、垃圾堆和废渣堆等污染源。在水井 3~5m 的范围，最好设防护栏，禁止在此地带洗衣服、倒污水和脏物，水井至少距畜舍 30~50m。湖、塘水周围应建立防护设施，禁止在其内洗衣或让其他动物进入饮水区。利用降水、河水时，应修带有沉淀，过滤处理的贮水池，取水点附近 20m 以内，不要设厕所、粪坑和堆放垃圾。

三、羊管理的一般程序

1. 注意卫生，保持干燥

羊喜吃干净的饲料，饮清凉卫生的水。草料、饮水被污染或有异味，宁可受饿、受渴也不采食、饮用。因此，在舍内补饲时，应少喂勤添。给草过多，一经践踏或被粪尿污染，羊就不吃。即使有草架，如投草过多，羊在采食时呼出的气体使草受潮，羊也不吃而

造成浪费。

羊群经常活动的场所，应选高燥、通风、向阳的地方。羊圈潮湿、闷热，牧地低洼潮湿，寄生虫容易孳生，易导致羊群发病，使毛质降低，脱毛加重，腐蹄病增多。

2. 保持安静，防止兽害

羊是胆量较小的家畜，易受惊吓，缺乏自卫能力，遇敌兽不抵抗，只是逃窜或团团不动。所以，羊群放牧或在羊场舍饲，必须注意保持周围环境安静，以避免影响其采食等活动。另外，还要特别注意防止狼等兽害对羊群的侵袭，造成经济损失。

3. 夏季防暑，冬季防寒

绵羊夏季怕热，山羊冬季怕冷。绵羊汗腺不发达，散热性能差，在炎热天气相互间有借腹蔽荫行为（俗称"扎窝子"）。

一般认为羊对于热和寒冷都具有较好的耐受能力，这是因为羊毛具有绝热作用，既能阻止体热散发，又能阻止太阳辐射迅速传到皮肤，也能防御寒冷空气的侵袭。相比之下，绵羊较为怕热而不怕冷，山羊怕冷而不怕热。在炎热的夏季绵羊常有停止采食、喘气和"扎窝子"等现象，应注意遮阴避热。山羊对于寒冷都具有一定的抵御能力，到秋后羊体肥壮，皮下脂肪增多，羊皮增厚，羊毛长而密，虽能减少体热散发和阻止寒冷空气的影响。但环境温度过低，低于3~5℃以下，则应注意挡风保暖。

4. 合理分群，便于管理

由于绵羊和山羊的合群性、采食能力和行走速度及对牧草的选择能力有差异，因而放牧前应首先将绵羊与山羊分开。绵羊属于沉静型，反应迟钝，行动缓慢。不能攀登高山陡坡，采食时喜欢低着头、采食短小、稀疏的嫩草。山羊属活泼型，反应灵敏，行动灵活，喜欢登高采食，可在绵羊所不能利用的陡坡和山峦上放牧。

羊群的组织规模（1人一群的管理方式）一般是：

种公羊群：	20~50 只
绵羊母羊群：	300~350 只
青年羊群：	300~350 只
断奶羔羊群：	250~300 只
羯羊群：	400~450 只

若采用放牧小组管理法，由2~3个放牧员组成放牧小组，同放一群羊，这种羊群的组织规模一般是：

绵羊母羊群：	500~700 只
青年羊群：	500~600 只
断奶羔羊群：	400~450 只
羯羊群：	700~800 只

5. 适当运动，增强体质

种羊及舍饲养必须有适当的运动，种公羊必须每天驱赶运动2小时以上，舍饲养羊要有足够的畜舍面积和羊的运动场地，可以供羊自由进出，自由活动。山羊青年羊群的运动场内还可设置小山、小丘，供其踩跋，以增强体质。

四、绵羊的营养需要

绵羊的营养需要按生理活动可分为维持需要和生产需要两大部分。按生产活动又可分为妊娠、泌乳、产肉、产毛。维持需要是指羊为了维持其正常的生命活动所需要的营养，如空怀的母羊，它不妊娠，亦不泌乳，只需维持需要。而生产需要则是以维持需要为基数，再加上繁殖、生长、泌乳、肥育和产毛的营养需要。

1. 绵羊需要的主要营养物质

（1）碳水化合物。碳水化合物又称为"糖类"，是自然界的一大类有机物质，绵羊它含有碳、氢、氧3种元素。其中，氢和氧的比例大多数为2∶1。它可分为"单糖"（葡萄糖）、"双糖"（麦芽糖）和"多糖"（淀粉、纤维素）。植物性饲料中，碳水化合物含量很高。籽实饲料中，如淀粉、青草、青干草和蒿秆中的纤维素以及甘蔗与甜菜中的蔗糖，都属于碳水化合物，碳水化合物是绵羊的主要能量来源。

（2）蛋白质。蛋白质又称为"真蛋白质""纯蛋白质"。由多种氨基酸合成的一类高分子化合物，也是动植物体各种细胞与组织的主要组成物质之一。绵羊食入饲料蛋白质，能合成畜体蛋白质，是形成新的畜体细胞与组织的主要物质。蛋白质是绵羊生命活动的基础物质。绵羊产品，如肉、奶、毛、角等均是蛋白质形成的。完成消化作用的淀粉酶、蛋白酶和脂肪酶，完成呼吸作用的血红素与碳酸酐酶，促进家畜代谢的磷酸酶、核酸酶、酰胺酶、脱氢酶及辅酶等都是蛋白质。绵羊体内产生的免疫抗体也是蛋白质。因此，绵羊日粮中必须供给足够的蛋白质，如果长期缺乏蛋白质就会使羊体消瘦、衰弱，发生贫血，同时也降低了抗病力、生长发育强度、繁殖功能及生产水平（包括产肉、产毛、泌乳等）。种公羊缺乏会造成精液品质下降。母羊缺乏会造成胎儿发育不良，产死胎、畸形胎，泌乳减少，幼龄羊生长发育受阻，严重者发生贫血、水肿，抗病力弱，甚至引起死亡。豆科子实、各种油饼（如亚麻仁油饼、菜籽饼、花生饼、棉籽饼和葵花籽饼）及其他蛋白质补充饲料（如肉粉、血粉、鱼粉、蚕蛹和虾粉）等均含有丰富的蛋白质，是绵羊的良好蛋白质饲料。

（3）脂肪。脂肪又称"乙醚提出物"。由甘油和各种脂肪酸构成。脂肪酸又分为饱和脂肪酸和不饱和脂肪酸。在不饱和脂肪酸中，亚油酸（十八碳二烯酸，又称亚麻油酸）、亚麻酸（十八碳三烯酸，又称次亚麻油酸）和花生油酸（二十碳四烯酸）是绵羊营养中必不可缺的脂肪酸，称为必需脂肪酸，羊的各种器官、组织、如神经、肌肉、皮肤、血液等都含有脂肪。脂肪不仅是构成羊体的重要成分，也是热能的重要来源。另外，脂肪也是脂溶性维生素的溶剂，饲料中的脂溶性维生素包括维生素A、维生素D、维生素E、维生素K和胡萝卜素，只有被脂肪溶解后，才能被羊体吸收利用。羊体内脂肪主要有饲料中的碳水化合物转化为脂肪酸后再合成体脂肪，但羊体不能直接合成十八碳二烯酸（亚麻油酸）、十八碳三烯酸（次亚麻油酸）和二十碳四烯酸（花生油酸）3种不饱和脂肪酸，必须从饲料中获得。若日粮中缺乏这些脂肪酸，羔羊生长发育缓慢，皮肤干燥，被毛粗直，成年羊消瘦，有时易患维生素A、维生素D、维生素E缺乏症。必需脂肪酸缺乏时，会出现皮肤鳞片化，尾部坏死，生长停止，繁殖性能降低，水肿和皮下出血等症状，羔羊尤为明显。豆科作物子实、玉米糠及稻糠等均含丰富脂肪，是羊脂肪重要来源，一般羊日粮中不必添加脂肪，羊日粮中脂肪含量超过 10%，会影响羊的瘤胃微生物发酵，阻碍羊体对其他营养物质的吸收和利用。

（4）粗纤维。粗纤维是植物饲料细胞壁的主要组成部分，其中，含有纤维素、半纤维素、多缩戊糖和镶嵌物质（木质素、角质等）。是饲料中最难消化的营养物质。各类饲料的粗纤维含量不等。饲料中以秸秆含粗纤维最多，高达 30% ~ 45%；秕壳中次之，有 15% ~ 30%；糠麸类在 10% 左右；禾本科子实类较少，除燕麦外，一般在 5% 以内。粗纤维是羊不可缺少的饲料，有填充胃肠的作用，使羊有饱腹感，能刺激胃肠，有利于粪便排出。

（5）矿物质。矿物质是羊体组织、细胞、骨骼和体液的重要成分，有些是酶和维生素的重要成分，如钴是维生素 B_{12} 的重要成分；硒是谷胱甘肽过氧化物酶、过氧化物歧化酶、过氧化氢酶的主要成分；锌是碳酸酐酶、羧肽酶和胰岛素的必需成分。羊体缺乏矿物质，会引起神经系统、肌肉运动、消化系统、营养输送、血液凝固和酸碱平衡等功能紊乱，直接影响羊体的健康、生长发育、繁殖和生产性能及其产品质量，严重时，可导致死亡。羊体内的矿物质以钙最多，磷次之，还有钾、钠、氯、硫、镁，这 7 种元素称为常量元素；铁、锌、铜、锰、碘、鲭、钼、硒、铬、镍等称为微量元素。羊最易缺乏的矿物质是钙、磷和食盐。成年羊体内钙的 90%、磷的 87% 存在于骨组织中，钙、磷比例为 2 : 1，但其比例量随幼年羊的年龄增加而减少，成年后钙、磷比例应调整为（1 ~ 1.2）: 1。钙、磷不足会引起胚胎发育不良、佝偻病和骨软化等。植物性饲料中所含的钠和氯不能满足羊的需要，必须给羊补充氯化钠。

（6）维生素。维生素是羊体所必需的少量营养物质，但不是供应机体能量或构成机体组织的原料。在食入饲料中它们的含量虽少，但参加羊体内营养物质的代谢作用。是机体代谢过程中的催化剂和加速剂，是羊正常生长、繁殖、生产和维持健康所必需的微量有机化合物，生命活动的各个方面均与它们有关。如维生素 B，参与碳水化合物的代谢；维生素 B_2 参与蛋白质的代谢。维生素 D 参与钙、磷的代谢；当体内维生素供给不足时，即可引起体内营养物质代谢作用紊乱；严重时，则发生维生素缺乏症。缺乏维生素 A，能促使羊只上皮角质化，如消化器官上皮角质化后，可使大、小肠发生炎症，导致溃疡，妨碍消化和产生腹泻，羔羊因缺乏维生素 A，经常引起腹泻；呼吸器官上皮角质化后，羊只易患气管炎及肺炎；泌尿系统上皮组织角质化后，羊容易发生肾结石及膀胱结石；皮肤上皮组织角质化后，则羊体脂肪腺与汗腺萎缩，皮肤干燥，失去光泽；眼结膜上皮角质化后，则羊只发生干眼症。胡萝卜素在一般青绿饲料中含量较高，如胡萝卜、黄玉米中含胡萝卜素丰富。羊主要通过小肠将胡萝卜素转化为维生素 A。多用这类饲料喂羊，可防止维生素 A 缺乏症。维生素 E 是一种抗氧化物质，能保护和促进维生素 A 的吸收、贮存，同时在调节碳水化合物、肌酸、糖原的代谢起重要作用。维生素 E 和硒缺乏都易引起羔羊白肌病的发生，严重时，则病羊死亡。青鲜牧草、青干草及谷实饲料，特别是胚油，都含丰富的维生素 E。B 族维生素和维生素 K 可由羊消化道中的微生物合成，其他维生素一般都由植物性饲料中获得。尽管反刍动物瘤胃微生物可以合成 B 族维生素，在羔羊阶段仍要在日粮中添加 B 族维生素。

（7）水。水是组成羊体液的主要成分，对羊体的正常物质代谢有特殊的作用。羊体的水摄入量与羊体的消耗量相等。羊体摄入的水包括饲料中的水、饮水与营养物质代谢产生的水；羊体消耗的水包括粪中、尿中、泌乳、呼吸系统、皮肤表面排汗与蒸发的水。如果羊体摄入的水不能满足羊体消耗的水量，则羊体存积水减少，严重时造成脱水现象，影响羊体的生理功能与健康。如果水的摄入量多于水的消耗量，则羊体中水的存积量增加。水是羊体内的一种重要溶剂，各种营养物质的吸收和运输，代谢产物的排出需溶解在水中后才能进行；水是羊体化学反应的介质，水参与氧化——还原反应、有机物质合成以及细胞呼吸过程；水对体温调节起重要作用，天热时羊通过喘息和排汗使水分蒸发散热，以保持体温恒定。水还是一种润滑剂，如关节腔内的润滑液能使关节转动时减少摩擦，唾液能使饲料容易吞咽等。缺水可使羊的食欲减低、健康受损，生长羊生长发育受阻，成年羊生产力下降。轻度缺水往往不易发现，但常不知不觉地造成很大经济损失。羊如脱水 5% 则食欲减退，脱水 10% 则生理失常，脱水 20% 即可致死。构成机体的成分中以水分含量最多，是羊体内各种器官、组织的重要成分，羊体内含水量可达体重的 50% 以上。初生羔羊身体含水 80% 左右，成年羊含水 50%。血液含水量达 80% 以上，肌肉中含水量为 72%~78%，骨骼中为 45%。羊体内水分的含量随年龄增长而下降，随营养状况的增加而减少。一般来讲，瘦羊体内的含水量为 61%，肥羊体内的含水量为 46%。羊体需水量受机体代谢水平、环境温度、生理阶段、体重、采食量和饲料组成等多种因素影响。每采食 1kg 饲料干物质，需水 1~2kg。成年羊一般每日需饮水 3~4kg。春末、夏季、秋初饮水量较大，冬季、春初和秋末饮水量较少。舍饲养殖必须供给足够的饮水，经常保持清洁的饮水。

2. 维持需要

绵羊在维持阶段，仍要进行生理活动，需要从饲草、饲料中摄入的营养物质，包括碳水化合物、粗蛋白质、粗脂肪、粗纤维、矿物质、维生素和水等。绵羊从饲草饲料中摄取的营养物质，大部分用来作维持需要，其余部分才能用来长肉、泌乳和产毛。羊的维持需要得不到满足，就会动用体内贮存的养分来弥补亏损，导致体重下降和体质衰弱等不良后果。只有当日粮中的能量和蛋白质等营养物质超出羊的维持需要时，羊才具有一定的生产能力。空怀母羊和非配种季节的成年公羊，大都处于维持状态，对营养水平要求不高。

3. 生产需要

（1）公、母羊繁殖对营养的需要。要使公、母羊保持正常的繁殖力，必须供给足够的粗蛋白质、脂肪、矿物质和维生素，因为精液中包含有白蛋白、球蛋白、核蛋白、黏液蛋白和硬蛋白。羊体内的蛋白质随年龄和营养状况而有所不同的含量，瘦羊体内蛋白质含量为 16%，而肥羊则为 11%。纯蛋白质是羊体所有细胞、各种器官组织的主要成分，体内的酶、抗体、色素及对其起消化、代谢、保护作用的特殊物质均由蛋白质所构成。合理调整日粮的能量和蛋白质水平，公、母羊只有获得充分的蛋白质时，性功能才旺盛，精子密度大、母羊受胎率高。公羊的射精量平均为 1mL，每毫升精液所消耗的营养物质约相当于 50g 可消化蛋白质。繁殖母羊在较高的营养水平下，可以促进排卵、发情整齐、产羔期集中，多羔顺产。

当羊体内缺乏蛋白质时，羔羊和幼龄羊生长受阻，成年羊消瘦，胎儿发育不良，母羊泌乳量下降，种公羊精液品质差，繁殖力降低。碳水化合物对繁殖似乎没有特殊的影响，但如果缺少脂肪，公、母羊均受到损害，如不饱和脂肪酸、亚麻油酸、次亚麻油酸和花生油酸，是合成公、母羊性激素的必需品，严重不足时，则妨碍繁殖能力。维生素A对公、母羊的繁殖力影响也很大，不足时公羊性欲不强，精液品质差。母羊则阴道、子宫和胎盘的黏膜角质化，妨碍受胎，或早期流产。维生素D不足，可引起母羊和胚胎钙、磷代谢的障碍。维生素E不足，则生殖上皮和精子形成上发生病理变化，母羊早期流产。B族维生素虽然在羊的瘤胃内可合成，但它不足时，公羊出现睾丸萎缩，性欲减退，母羊则繁殖停止。维生素C亦是保持公羊正常性功能的营养物质。饲料中缺磷，母羊不孕或流产，公羊精子形成受到影响，缺钙亦降低繁殖力。

（2）胎儿发育对营养物质的需要。母羊在妊娠前期（前3个月），对日粮的营养水平要求不高，但必须提供一定数量的优质蛋白质、矿物质和维生素，以满足胎儿生长发育的营养需要。在放牧条件较差的地区，母羊要补喂一定量的混合精料或干草。妊娠后期（后2个月），胎儿和母羊自身的增重加快，对蛋白质、矿物质和维生素的需要明显增加，50kg重的成年母羊，日需可消化蛋白质90～120g、钙8.8g、磷4.0g，钙、磷比例为2∶1左右。更重要的是，丰富而均匀的营养，羔裘皮品质较好，其毛卷、花纹和花穗发育完全，被毛有足够的油性，良好的光泽，优等羔裘皮的比例高。如果母羊妊娠期营养不良，膘情状况差，则使胎儿的毛卷和花穗发育不足，丝性和光泽度差，小花增多，弯曲减少，羔裘皮面积变小，同时，羔羊体质虚弱，生活力降低，抗病力差，影响羔羊生长发育和羔裘皮品质。但母羊在妊娠后期若营养过于丰富，则使胚胎毛卷发育过度，造成卷曲松散，皮板特性和毛卷紧实性降低，大花增多，皮板增厚，也会大大降低羔裘皮品质。因此，后期通常日粮的营养水平比维持营养高10%～20%，已能满足需要。

（3）生长时期的营养需要。营养水平与羊的生长发育关系密切，羊从出生、哺乳到1.5～2岁开始配种，肌肉、骨骼和各器官组织的生长发育较快，需要供给大量的蛋白质、矿物质和维生素，尤其在出生至5月龄这一阶段，是羔羊生长发育最快的阶段，对营养需求量较高。羔羊在哺乳前期（8周）主要以母乳供给营养，采食饲料较少，哺乳后期（8周）靠母乳和补饲（以吃料为主，哺乳为辅），整个哺乳期羔羊生长迅速，日增重可达200～300g。要求蛋白质的质量高，以使羔羊加快生长发育。断奶后到了育成阶段则单纯靠饲料供给营养，羔羊在育成阶段的营养充足与否，直接影响其体重与体型，营养水平先好后差，则四肢高，体躯窄而浅；营养水平先差后好，则影响长度的生长，体型表现不匀称。因此，只有均衡的营养水平，才能把羊培育成体大、背宽、胸深各部位匀称的个体。

（4）肥育对营养的需要。肥育的目的就是增加羊肉和脂肪，以改善羊肉的品质。羔羊的肥育以增加肌肉为主，而成年羊肥育主要是增加脂肪，改善肉质。因此，羔羊肥育蛋白质水平要求较高；成年羊的肥育，对日粮蛋白质水平要求不高，只要能提供充足的能量饲料，就能取得较好的肥育效果。

（5）泌乳对营养的需要。哺乳期的羔羊，每增重100g，就需母羊奶500g，即羔羊在哺乳期增重量同所食母乳量之比为1∶5。而母羊生产500g的奶，需要0.3kg的饲料、33g的可消化蛋白质、1.2g的磷、1.8g的钙。羊奶中含有乳酪素、乳白蛋白、乳糖和乳脂、矿物质及维生素，这些营养成分都是饲料中不存在的，都是由乳腺分泌的。当饲料中蛋白质、碳水化合物、矿物质和维生素供给不足时，都会影响羊乳的产量和质量，且泌乳期缩短。因此，在羊的哺乳期，给羊提供充足的青绿多汁饲料，有促进产奶的作用。

（6）产毛对营养的需要。羊毛是一种复杂的蛋白质化合物，其中胱氨酸的含量占角蛋白总量的 9%～14%。产毛对营养物质的需要较低。但是，当日粮的粗蛋白水平低于 5.8% 时，就不能满足产毛的最低需要。矿物质对羊毛品质也有明显影响，其中，以硫和铜比较重要。毛纤维在毛囊中发生角质化过程中，有机硫是一种重要的刺激素，既可增加羊毛产量，也可改善羊毛的弹性和手感。饲料中硫和氮的比例以 1：10 为宜。缺铜时，毛囊内代谢受阻，毛的弯曲减少，毛色素的形成也受影响。严重缺铜时，还能引起铁的代谢紊乱，造成贫血，产毛量也下降。维生素 A 对羊毛生长和羊皮肤健康十分重要。放牧羊在冬、春季节因牧草枯黄后，维生素 A 已基本上被破坏，不能满足羊的需要。对以舍饲饲养为主的羊，应提供一定的青绿多汁饲料或青贮料，以弥补维生素的不足。

放牧羊的营养状况则显示营养成分不均衡，牧草丰盛期，蛋白质远远高于营养需要，成年母羊的粗蛋白质采食量甚至比营养需要高出 127.07%，羔羊也高出营养 81.25%。而在枯草季节则各种养分均处于贫乏状态。

五、不同生理阶段羊的饲养管理

1. 种公羊的饲养管理

种公羊应常年保持健壮的体况，营养良好而不过肥，这样才能在配种期性欲旺盛，精液品质优良。

（1）不同生理阶段种公羊的饲养管理。

①配种期：即配种开始前 45 天左右至配种结束这阶段时间。这个阶段的任务是从营养上把公羊准备好，以适应紧张繁重的配种任务。这时把公羊应安排在最好的草场上放牧，同时给公羊补饲富含粗蛋白质、维生素、矿物质的混合精料和干草。蛋白质对提高公羊性欲、增加精子密度和射精量有决定性作用；维生素缺乏时，可引起公羊的睾丸萎缩、精子受精能力降低、畸形精子增加、射精量减少；钙、磷等矿物质也是保证精子品质和体质不可缺少的重要元素。据研究，一次射精需蛋白质 25～37g。1 只主配公羊每天采精 5～6 次，需消耗大量的营养物质和体力。所以，配种期间应喂给公羊充足的全价日粮。

种公羊的日粮应由种类多、品质好、且为公羊所喜食的饲料组成。豆类、燕麦、青稞、黍、高粱、大麦、麸皮都是公羊喜吃的良好精料；干草以豆科青干草和燕麦青干草为佳。此外，胡萝卜、玉米青贮料等多汁饲料也是很好的维生素饲料；玉米籽实是良好的能量饲料，但喂量不宜过多，占精料量的 1/4～1/3 即可。

公羊的补饲定额，应根据公羊体重、膘情和采精次数来决定。目前，我国尚没有统一的种公羊饲养标准。一般在配种季节每头每日补饲混合精料 1.0～1.5kg，青干草（冬配时）任意采食，骨粉 10g，食盐 15～20g，采精次数较多时可加喂鸡蛋 2～3 个（带皮揉碎，均匀拌在精料中），或脱脂乳 1～2kg。种公羊的日粮体积不能过大，同时，配种前准备阶段的日粮水平应逐渐提高，到配种开始时达到标准。

②非配种期：配种季节快结束时，就应逐渐减少精料的补饲量。转入非配种期以后，应以放牧为主，每天早晚补饲混合精料 0.4~0.6kg、多汁料 1.0~1.5kg，夜间添给青干草 1.0~1.5kg。早晚饮水 2 次。

（2）加强公羊的运动。公羊的运动是配种期种公羊管理的重要内容。运动量的多少直接关系到精液质量和种公羊的体质。一般每天应坚持驱赶运动 2 小时左右。公羊运动时，应快步驱赶和自由行走相交替，快步驱赶的速度以使羊体皮肤发热而不致喘气为宜。运动量以平均 1 小时 5 千米左右为宜。

（3）提前有计划地调教初配种公羊。如果公羊是初配羊，则在配种前 1 个月左右，要有计划地对其进行调教。一般调教方法是让初配公羊在采精室与发情母羊进行自然交配几次；如果公羊性欲低，可把发情母羊的阴道分泌物抹在公羊鼻尖上以刺激其性欲，同时每天用温水把阴囊洗干净、擦干，然后用手由上而下地轻轻按摩睾丸，早、晚各 1 次，每次 10 分钟，在其他公羊采精时，让初配公羊在旁边"观摩"。

有些公羊到性成熟年龄时，甚至到体成熟之后，性机能的活动仍表现不正常，除进行上述调教外，配以合理的喂养及运动，还可使用外源激素治疗，提高血液中睾酮的浓度。方法是每只羊皮下或肌肉注射丙酸睾酮 100mg，或皮下埋藏 100~250mg；每只羊一次皮下注射孕马血清 500~1 200 国际单位，或注射孕马血 10~15mL，可用两点或多点注射的方法；每只羊注射绒毛膜促性腺激素 100~500 国际单位；还可以使用促黄体素（LH）治疗。将公羊与发情母羊同群放牧，或同圈饲养，以直接刺激公羊的性机能活动。

（4）定合理地操作程序，建立良好的条件反射。为使公羊在配种期养成良好的条件反射，必须制定严格的种公羊饲养管理程序，其日程一般安排如下。

上午：6：00　舍外运动。

　　　7：00　饮水。

　　　8：00　喂精料 1/3，在草架上添加青干草。放牧员休息。

　　　9：00　按顺序采精。

　　　11：30　喂精料 1/3，鸡蛋，添青干草。

　　　12：30　放牧员吃午饭，休息。

下午：1：30　放牧。

　　　3：00　回圈，添青干草。

　　　3：30　按顺序采精。

　　　5：30　喂精料 1/3。

　　　6：30　饮水，添青干草。放牧员吃晚饭。

　　　9：00　添夜草，查群。放牧员休息。

2. 母羊的饲养管理

配种准备期，即由羔羊断奶至配种受胎时期。此期是母羊抓膘复壮，为配种妊娠贮备营养的时期，只有将羊膘抓好，才可能达到全配满怀、全生全壮的目的。

妊娠前期，在此期的 3 个月中，胎儿发育较慢，所需营养并无显著增多，但要求母羊能继续保持良好膘情。日粮可根据当地具体情况而定，一般来说可由 50% 的苜蓿青干草、

25%的氨化麦秸、15%的青贮玉米和10%的精料来组成。管理上要避免吃霜冻饲草和霉变饲料，不使羊只受惊猛跑，不饮冰碴水，以防止早期流产。

妊娠后期，妊娠后期的两个月中，胎儿发育很快，90%的初生重在此期完成。因此，应有充足的营养，如果营养不足，会造成羊出生重小，抵抗力弱的现象。所以，在临产前的5~6周内可将精料量提高到日粮的22%左右。此期的管理措施，要围绕保胎来考虑，进出圈要慢，不要使羊快跑和跨越沟坎等。饮水和喂精料要防止拥挤。治病时不要投服大量的泻药和子宫收缩药，以免因用药不当而引起流产。同时，妊娠后期让其适量运动和给母羊增加适量的维生素A、维生素D，同样也是非常重要的。

围产期和哺乳期，产后2个月是哺乳母羊的关键阶段（尤其是前1月），此时，羔羊的生长发育主要靠母乳，应给母羊补些优质饲料，如优质苜蓿青干草、胡萝卜、青贮玉米及足量的优质精料等。待羔羊能自己采食较多的草料时，再逐渐降低母羊的精饲料用量。

另外，在产前10天左右可多喂一些多汁料和精料，以促进乳腺分泌。产后3~5天内应减少一些精料和多汁料，因为，此时羔羊较小，初乳吃不完，假如多汁料和精料过多，易患乳房炎。产后10天左右就可转入正常饲养。断奶前7~10天应少喂精料和多汁料，以减少乳房炎的发生。

3. 羔羊的饲养管理

（1）接产。首先剪去临产母羊乳房周围和后肢内侧的羊毛，用温水洗净乳房，并挤出几滴初乳，再将母羊尾根、外阴部、肛门洗净，用1%来苏尔消毒。母羊生产多数能正常进行，羊膜破水后10~30分钟，羔羊即能顺利产出，两前肢和头部先出，当头也露出后，羔羊就能随母羊努责而顺利产出。产双羔时，先后间隔5~30分钟，个别时间会更长些，母羊产出第一只羔羊后，仍表现不安，卧地不起，或起来又卧下，出现努责现象等，就有可能是双羔，此时，用手在母羊腹部前方用力向上推举，则能触到一个硬而光滑的羔体。经产母羊产羔较初产母羊要快。

羔羊产出后，应迅速将羔羊口、鼻、耳中的黏液抠出，以免引起窒息或异物性肺炎。羔羊身上的黏液必须让母羊舔净，既可促进新生羔羊血液循环，并有助于母羊认羔。冬天接产工作应迅速，避免感冒。

羔羊出生后，一般母羊站起脐带自然断裂，这时用0.5%碘酒在断端消毒。如果脐带未断，先将脐带内血向羔羊脐部挤压，在离羔羊腹部3~4cm处剪断，涂抹碘酒消毒。胎衣通常在母羊产羔后0.5~1小时能自然排出，接产人员一旦发现胎衣排出，应立即取走，防止被母羊吃后养成咬羔、吃羔等恶癖。

（2）羔羊的饲养管理。

①羔羊的饲养管理：羔羊生长发育快，可塑性大，合理地进行羔羊的培育，可促使其充分发挥先天的性能，又能加强对外界条件的适应能力，有利于个体发育，提高生产力。研究表明，精心培育的羔羊，体重可提高29%~87%，经济收入可增加50%。初生羔羊体质较弱，抵抗力差，易发病，搞好羔羊的护理工作是提高羔羊成活率的关键，管理要点如下。

②尽早吃饱初乳：初乳是指母羊产后3~5天内分泌的乳汁，其乳质黏稠、营养丰富，易被羔羊消化，是任何食物不可代替的食料。同时，由于初乳中富含镁盐，镁离子具有轻

泻作用，能促进胎粪排出，防止便秘；初乳中还含有较多的免疫球蛋白和白蛋白以及其他抗体和溶菌酶，对抵抗疾病，增强体质具有重要作用。

羔羊在初生后半小时内应该保证吃到初乳，对吃不到初乳的羔羊，最好能让其吃到其他母羊的初乳，否则，很难成活。对不会吃乳的羔羊要进行人工辅助。

③编群：羔羊出生后对母、仔羊进行编群。一般可按出生天数来分群，生后 3~7 日内母仔在一起单独管理，可将 5~10 只母羊合为一小群；7 天以后，可将产羔母羊 10 只合为一群；20 天以后，可大群管理。分群原则是：羔羊日龄越小，羊群就要越小，日龄越大，组群就越大，同时，还要考虑到羊舍大小，羔羊强弱等因素。在编群时，应将发育相似的羔羊编群在一起。

④羔羊的人工喂养：多羔母羊或泌乳量少的母羊，其乳汁不能满足羔羊的需要，应对其羔羊进行补喂。可用牛奶、羊奶粉或其他流动液体食物进行喂养，当用牛奶、羊奶喂羔羊，要尽量用鲜奶，因新鲜奶其味道及营养成分均好，且病菌及杂质也较小，用奶粉喂羊时应该先用少量冷或开水，把奶粉溶开，然后再加热水，使总加水量达奶粉总量的 5~7 倍。羔羊越小，胃也越小，奶粉对水量应该越少。有条件可加点植物油、鱼肝油、胡萝卜汁及多维，微量元素、蛋白质等。也可喂其他流体食物如豆浆、小米汤、代乳粉或婴幼儿奶粉。这些食物在饲喂前应加少量的食盐及骨粉，有条件再加些鱼油、蛋黄及胡萝卜汁等。

⑤补喂：补喂关键是做好"四定"，即定人、定时、定温、定量，同时，要注意卫生条件。

定人 定人就是自始至终固定专人喂养，使饲养员熟悉羔羊生活习性，掌握吃饱程度、食欲情况及健康与否。

定温 定温是要掌握好人工乳的温度，一般冬季喂 1 个月龄内的羔羊，应把奶凉到 35~41℃，夏季还可再低些。随着日龄的增长，奶温可以降低。一般可用奶瓶贴到脸上，不烫不凉即可。温度过高，不仅伤害羔羊，而且羔羊容易发生便秘；温度过低，往往容易发生消化不良，下痢、鼓胀等。

定量 定量是指限定每次的喂量掌握在七成饱的程度，切忌过饱。具体给量可按羔羊体重或体格大小来定。一般全天给奶量相当于初生重的 1/5 为宜。喂给粥或汤时，应根据浓度进行定量。全天喂量应低于喂奶量标准。最初 2~3 天，先少给，待羔羊适应后再加量。

定时 定时是指每天固定时间对羔羊进行饲喂，轻易不变动。初生羔每天喂 6 次，每隔 3~5 小时喂 1 次，夜间可延长时间或减少次数。10 天以后每天喂 4~5 次，到羔羊吃料时，可减少到 3~4 次。

⑥人工奶粉配制：有条件的羊场可自行配制人工奶粉或代乳粉。人工合成奶粉的主要成分是：脱脂奶粉、牛奶、乳糖、玉米淀粉、面粉、磷酸钙、食盐和硫酸镁 。用法：先将人工奶粉加少量不高于40℃的温开水摇晃至全溶，然后再加水。温度保持在 38~39℃。一般 4~7 日龄的羔羊需 200g 人工合成奶粉，加水 1 000mL。

⑦代乳粉配制：代乳粉的主要成分有：大豆、花生、豆饼类、玉米面、可溶性粮食蒸馏物、磷酸二钙、碳酸钙、碳酸钠、食盐和氧化铁。可按代乳粉 30%、玉米面 20%、麸

皮 10%、燕麦 10%、大麦 30% 的比例融成液体喂给羔羊。代乳品配制可参考下述配方：面粉 50%、乳糖 24%、油脂 20%、磷酸氢钙 2%、食盐 1%、特制料 3%。将上述物品按比例标准在热火锅内炒制混匀即可。使用时以 1∶5 的比例加入 40℃ 开水调成糊状，然后加入 3% 的特制料，搅拌均匀即可饲喂。

⑧提供良好的卫生条件：卫生条件是培育羔羊的重要环节，保持良好的卫生条件有利于羔羊的生长发育。舍内最好垫一些干净的垫草，室温保持在 5~10℃。

⑨加强运动：运动可使羔羊增加食欲，增强体质，促进生长和减少疾病，为提高其肉用性能奠定基础。随着羔羊日龄的增长，逐渐加长在运动场的运动时间。

以上各关键环节，任一出现差错，都可导致羔羊生病，影响羔羊的生长发育。

⑩断奶：采用一次性断奶法，断奶后母羊移走，羔羊继续留在原舍饲养，尽量给羔羊保持原来环境。

（3）育成羊的饲养管理。育成羊是指由断乳至初配，即 5~18 月龄时的公母羊。

羊在生后第一年的生长发育最旺盛，这一时期饲养管理的好坏，将影响羊的未来。育成羊在越冬期间，除坚持放牧外，首先要保证有足够的青干草和青贮料来补饲，每天补给混合精料 0.2~0.5kg，对后备公、母羊要适当多一些。由冬季转入春季，也是由舍饲转入青草期的过渡，主要抓住跑青环节，在饲草安排上，应尽量留些干草，以便出牧前补饲。

六、绵羊的放牧与补饲

1. 绵羊的放牧

羊是草食家畜，天然牧草是其主要饲料。科学的放牧，可以节省饲草料和管理费用，提高养羊业生产水平及加强畜产品开发利用。放牧是一项非常复杂的工作，应根据自然条件、季节、气候、品种和年龄等不同情况，因地制宜，灵活掌握。

（1）春季放牧。春季青草萌生，放牧时健康羊会一味领头往前跑，不但吃不饱，甚至会跑乏，使部分瘦弱羊只更加衰竭。因此，要切忌让羊"跑青"。一定要控制住羊群，走在前面挡住放。在山区先放滩地及阴坡吃枯草，等阴坡青草萌发时，再把羊群赶到阳坡进行全日放青。放牧时应照顾好瘦弱羊只，最好适当补给些精料，使其慢慢复壮，或分出就近放牧。

春季气候变化较大，如遇大风沙天，可采取背风方式放牧；暴风天应即时归牧，以免造成损失。

（2）夏季放牧。夏季青草旺盛，是羊只一年抓膘的好季节。夏季放牧应选在高山、丘陵及其他较高的地带，这里较干燥，风大风多，蚊虫少，羊能安静采食。由于绵羊怕热，要乘凉放牧，抓两头歇中间。夏季天长，一天可放牧 10 小时左右，清晨凉爽时早出发，中午天热时将羊群赶到山坡通风处或树阴下休息，下午凉爽时再抓紧放一段。

夏季如遇雷阵雨时，应尽量避开河漕及山沟，避免山洪给羊群造成损失。雨淋后的羊群，归牧后应先在圈外风干，再行入圈，以免羊体受热和影响被毛。

（3）秋季放牧。秋季牧草枯老，草籽成熟，是抓膘的又一个好时期，也是决定来年产羔好坏的重要季节。

应多变更牧地，使羊能吃到多种杂草和草籽。有条件的先放山坡草，等吃半饱后再放秋茬地。跑茬在农区对抓膘尤为重要，羊不仅可以吃到散落在地上的籽粒谷粮，还能吃到多样鲜嫩幼草和地埂上的杂草。在禾本科作物茬地放牧手法可松一些，放豆茬地前不宜空腹和牧后立即饮水。

秋季无霜时应早出晚归，晚秋霜降后应迟出早归，避免羊只吃霜草。同时要防止羊群吃霜后蓖麻叶、荞麦芽、高粱芽等，以免引起中毒。

（4）冬季放牧。冬季放牧不但可以锻炼羊的体质和抗寒能力，节省饲草料费用，而且对妊娠母羊的安全分娩和顺利越冬也是非常重要的。

冬季放牧，应选用背风向阳、干燥暖和、牧草较高的地方为冬季牧地。采用晴天放远坡，留下近坡以备天气恶劣时应用。放牧方法采用顶风出牧、顺风归牧。顶风出牧边走边吃，不至于使风直接吹开毛被受冷，顺风归牧则羊只行走较快，避免乏力走失。尽管冬季放牧草地广阔，也应准备气候变化和乏弱羊的补饲。

2. 绵羊的补饲

（1）补饲的意义。冬春不但草枯而少，而且粗蛋白质含量严重不足，加之此时又是全年气温最低，能量消耗加大，母羊妊娠、哺乳、营养需要增多的时期。此时，单纯依靠放牧，往往不能满足羊的营养需要，越是高产的羊，其亏损越大。

实践证明，羔羊的发病死亡，总是主要出在母羊身上，而母羊的泌乳多少，问题又主要出在本身的膘情变化上。

（2）补饲时间。补饲开始的早晚，要根据具体羊群和草料储备情况而定。原则是从体重出现下降时开始，最迟不能晚于春节前后。补饲过早，会显著降低羊本身对过冬的努力，对降低经营成本也不利。此时，要使冬季母羊体重超过其维持体重是很不经济的，补饲所获得的增益，仅为补充草料成本的1/6。但如补饲过晚，等到羊群十分乏瘦、体重已降到临界值时才开始，那就等于病危求医，难免会落个羊草两空，"早喂在腿上，晚喂在嘴上"，就深刻说明了这个道理。

补饲一旦开始，就应连续进行，直至能接上吃青。如果3天补2天停，反而会弄得羊群惶惶不安，直接影响放牧吃草。

（3）补饲方法。补饲安排在出牧前好，还是归牧后好，各有利弊，都可实行。大体来说，如果仅补草，最好安排在归牧后。如果草料俱补，对种公羊和核心群母羊的补饲量应多些。而对其他等级的成年和育成羊，则可按优羊优饲，先幼后壮的原则来进行。

在草料利用上，要先喂次草次料，再喂好草好料，以免吃惯好草料后，不愿再吃次草料。在开始补饲和结束补饲上，也应遵循逐渐过渡的原则来进行。

日补饲量，一般可按一羊0.5~1kg干草和0.1~0.3kg混合精料来安排。

补草最好安排在草架上进行，一则可避免干草的践踏浪费，再则可避免草渣、草屑的混入毛被。对妊娠母羊补饲青贮料时，切忌酸度过高，以免引起流产。

七、绵羊的育肥

1. 绵羊的育肥方式

（1）放牧育肥。利用天然草场、人工草场或秋茬地放牧，是绵羊抓膘的一种育肥方式。

大羊包括淘汰的公、母种羊，2年未孕不能繁殖的空怀母羊和有乳房炎的母羊。因其活重的增加主要决定于脂肪组织，故适于放牧禾本科牧草较多的草场。羔羊主要指断奶后的非后备公羔羊。因其增重主要靠蛋白质的增加，故适宜在以豆科牧草为主的草场放牧。成年羊放牧肥育时，日采食量可达7~8kg，平均日增重150~280g。育肥期羯羊群可在夏场结束；淘汰母羊群在秋场结束；中下等膘情羊群和当年羔在放牧后，适当抓膘补饲达到上市标准后结束。

（2）舍饲育肥。按饲养标准配制日粮，是肥育期较短的一种育肥方式，舍饲肥育效果好、肥育期短，能提前上市，适于饲草料资源丰富的农区或半农半牧区。

羔羊，包括各个时期的羔羊，是舍饲育肥羊的主体。大羊主要来源于放牧育肥的羊群，一般是认定能尽快达到上市体重的羊。

舍饲肥育的精料可以占到日粮的45%~60%，随着精料比例的增高，羊只育肥强度加大，故要注意预防过食精料引起的肠毒血症和钙磷比例失调引起的尿结石症等。料型以颗粒料的饲喂效果较好，圈舍要保持干燥、通风、安静和卫生，育肥期不宜过长，达到上市要求即可出售。

（3）混合育肥。放牧与舍饲相结合的育肥方式。它既能充分利用生长季节的牧草，又可取得一定的强度育肥效果。

放牧羊只是否转入舍饲肥育主要视其膘情和屠宰重而定。根据牧草生长状况和羊采食情况，采取分批舍饲与上市的方法，效果较好。

2. 绵羊育肥前的准备工作

（1）根据绵羊来源、大小和品种类型，制订育肥的进度。绵羊来源不同，体况、大小相差大时，应采取不同方案，区别对待。绵羊增重速度有别，育肥指标不强求一致。羔羊育肥，一般10月龄结束。采用强度育肥，结合舍饲育肥和精料型日粮，可提高增重指标。如采取放牧育肥，则成本较低，但需加强放牧管理，适当补饲，并延长育肥期。

（2）根据育肥方案，选择合适的饲养标准和育肥日粮。能量饲料是决定日粮成本的主要消耗，应以就地生产、就地取材为原则，一般先从粗饲料计算能满足日粮的能量程度，不足部分再适当调整各种饲料比例，达到既能满足能量需要，又能降低饲料开支的最优配合。日粮中蛋白质不足，首先考虑豆类、粕类植物性高蛋白质饲料。

（3）结合当地经验和资源并参考成熟技术，确定育肥饲料总用量。应保证育肥全期不断料，不轻易变更饲料。同时，对各种饲料的营养成分含量有个全面了解，委托有关单位取样分析或查阅有关资料，为日粮配制提供依据。

（4）做好育肥圈舍消毒和绵羊进圈前的驱虫工作，特别注意肠毒血症和尿结石的预防。防止肠毒血症，主要靠注射四联苗。为防止尿结石，在以谷类饲料和棉籽饼为主的日粮中，可将钙含量提高到 0.5% 的水平或加 0.25% 的氯化铵，避免日粮中钙、磷比例失调。

（5）自繁自养的羔羊，最好在出生后半月龄提前隔栏补饲，这对提高日后育肥效果，缩短育肥期限，提前出栏等有明显作用。

（6）提高有关绵羊生产人员的业务素质，逐步改变传统育肥观念。

3. 绵羊育肥开始后的注意事项

（1）育肥开始后，一切工作围绕着高增重、高效益进行安排。进圈育肥羊如果来源杂，体况、大小、壮弱不齐，首先要打乱重新整群，分出瘦弱羔，按大小、体重分组，针对各组体况、健康状况和育肥要求，变通日粮和饲养方法。育肥开始头 2~3 周，勤检查，勤观察，一天巡视 2~3 次，挑出伤、病羊，检查有无肺炎和消化道疾病，改进环境卫生。

（2）收购来的绵羊到达当天，不宜喂饲，只饮水和给以少量干草，在遮阴处休息，避免惊扰。休息过后，分组称重，注射四联苗和灌药驱虫。

（3）羊进圈后，应保持有一定的活动、歇卧面积，羔羊每头按 0.75~0.95m²，大羊按 1.1~1.5m² 计算。

（4）保持圈舍地面干燥，通风良好。这对绵羊增重有利。据估计，一只大羊一天排粪尿 2.7kg，一只羔羊 1.8kg。如果圈养 100 只羊，粪尿加上垫草和土杂等，一天可以堆成 0.28 m³（大羊）和 0.18m³（羔羊）。

（5）保证饲料品质，不喂湿、霉、变质饲料。喂饲时避免拥挤、争食，因此，饲槽长度要与羊数相称，一只大羊应有饲槽长度按 40~50cm，羔羊按 23~30cm 计算。给饲后应注意绵羊采食情况，投给量不宜有较多剩余，以吃完不剩为最理想，说明日粮中营养物质和饲料干物质计算量与实际进食量相符。必要时，可以重新计算日粮配制用量，核查有无计算错误及少给日粮投给量。

（6）注意饮水卫生，夏防晒，冬防冻。被粪尿污染的饮水，常是内寄生虫扩散的途径。羔羊育肥圈内必须保证有足够的清洁饮水，多饮水，有助于减少消化道疾病、肠毒血症和尿结石的出现率，同时，也有较高的增重速度。冬季不宜饮用雪水或冰水。

（7）育肥期间应避免过快地变换饲料种类和日粮类型，绝不可在 1~2 天内改喂新换饲料。精饲料间的变换，应以新旧搭配，逐渐加大新饲料比例，3~5 天内全部换完。粗饲料换精饲料，换替的速度还要慢一些，14 天换完。如果用普通饲槽人工投料，一天喂 2 次，早饲时仍给原饲料，午饲时将新饲料加在原饲料上面，混合喂，逐步加多新饲料，3~5 天替换完。

（8）天气条件允许时，可以育肥开始前剪毛，对育肥增重有利，同时，也可减少蚊蝇骚扰和羔羊在天热时扎堆不动的现象。

4. 羔羊早期育肥

1.5 月龄断奶的羔羊，可以采用任何一种谷物类饲料进行全精料育肥，而玉米等高能量饲料效果最好。饲料配合比例为，整粒玉米 83%、豆饼 15%、石灰石粉 1.4%、食盐 0.5%、维生素和微量元素 0.1%。其中，维生素和微量元素的添加量按每千克饲料计算为维生素 A 5 000IU、维生素 D 1 000IU、维生素 E 20IU；硫酸锌 150mg，硫酸锰 80mg，氧化镁 200mg，硫酸钴 5mg，碘酸钾 1mg。若没有黄豆饼，可用 10%的鱼粉替代，同时，把玉米比例调整为 88%。

羔羊自由采食、自由饮水，饲料的投给最好采用自制的简易自动饲槽，以防止羔羊四肢踩入槽内，造成饲料污染，降低饲料摄入量，扩大球虫病与其他病菌的传播；饲槽离地高度应随羔羊日龄增长而提高，以饲槽内饲料不堆积或不溢出为宜。如发现某些羔羊啃食圈墙时，应在运动场内添设盐槽，槽内放入食盐或食盐加等量的石灰石粉，让羔羊自由采食。饮水器或水槽内应始终有清洁的饮水。

羔羊断奶前半月龄实行隔栏补饲；或让羔羊早、晚一定时间与母羊分开，独处一圈活动，活动区内设料槽和饮水器，其余时期母子仍同处。羔羊育肥期常见的传染病是肠毒血症和出血性败血症。肠毒血症疫苗可在产羔前给母羊注射或断奶前给羔羊注射。一般情况下，也可以在育肥开始前注射快疫、猝疽和肠毒血症三联苗。

断奶前补饲的饲料应与断奶后育肥饲料相同。玉米粒不要加工成粉状，可以在刚开始时稍加破碎，待习惯后则以整粒饲喂为宜。羔羊在采食整粒玉米初期，有吐出玉米粒的现象，反刍次数增加，此为正常现象，不影响育肥效果。

育肥期一般为 50~60 天，此间不断水和断料。育肥期的长短主要取决于育肥的最后体重，而体重又与品种类型和育肥初重有关，故适时屠宰体重应视具体情况而定。

哺乳羔羊育肥时，羔羊不提前断奶，保留原有的母子对，提高隔栏补饲水平，3 月龄后挑选体重达到 25~27kg 的羔羊出栏上市，活重达不到此标准者则留群继续饲养。其目的是利用母羊的繁殖特性，安排秋季和冬季产羔，供节日应时特需的羔羊肉。

5. 断奶后羔羊育肥技术

断奶后羔羊育肥需经过预饲期和正式育肥期两个阶段，方可出栏。

预饲期大约为 15 天，可分为 3 个阶段。每天喂料 2 次，每次投料量以 30~45 分钟内吃净为佳，不够再添，量多则要清扫；料槽位置要充足；加大喂量和变换饲料配方都应在 3 天内完成。断奶后羔羊运出之前应先集中，空腹 1 夜后次日早晨称重运出；入舍羊只应保持安静，供足饮水，1~2 天只喂一般易消化的干草；全面驱虫和预防注射。要根据羔羊的体格强弱及采食行为差异调整日粮类型。

第一阶段 1~3 天，只喂干草，让羔羊适应新的环境。第二阶段 7~10 天，从第三天起逐步用第二阶段日粮更换干草日粮至第七天换完，喂到第十天。日粮配方为：玉米粒 25%、干草 64%、糖蜜 5%、油饼 5%、食盐 1%、抗生素 50mg。此配方含蛋白质 12.9%、钙 0.78%、磷 0.24%、精粗比为 36：64。第三阶段是 10~14 天，日粮配方为：玉米粒 39%、干草 50%、糖蜜 5%、油饼 5%、食盐 1%、抗生素 35mg。此配方含蛋白质 12.2%、钙 0.62%、精粗比为 50：50。预饲期于第十五天结束后，转入正式育肥期。

精料型日粮仅适于体重较大的健壮羔羊肥育用，如初重 35kg 左右，经 40~55 天的强度育肥，出栏体重达到 48~50kg。日粮配方为：玉米粒 96%、蛋白质平衡剂 4%，矿物质自由采食。其中，蛋白质平衡剂的组分为上等苜蓿 62%、尿素 31%、黏固剂 4%、磷酸氢钙 3%、经粉碎均匀后制成直径地 0.6cm 的颗粒；矿物质成分为石灰石 50%、氯化钾 15%、硫酸钾 5%、微量元素成分是在日常喂盐、钙、磷之外，再加入双倍食盐量的骨粉，具体比例为食盐 32%，骨粉 65%，多种微量元素 3%。本日粮配方中，每 kg 风干饲料含蛋白质 12.5%，总消化养分 85%。

管理上要保证羔羊每只每日食入粗饲料 45~90g，可以单独喂给少量秸秆，也可用秸秆当垫草来满足。进圈羊只活重较大，绵羊为 35kg 左右。进圈羊只休息 3~5 天注射三联疫苗，预防肠毒血症，再隔 14~15 天注射 1 次。保证饮水，从外地购来羊只要在水中加抗生素，连服 5 天。在用自动饲槽时，要保持槽内饲料不出现间断，每只羔羊应占有 7~8cm 的槽位。羔羊对饲料的适应期一般不低于 10 天。

粗饲料型日粮可按投料方式分为 2 种，一种普通饲槽用，把精料和粗料分开喂给；另一种自动饲槽用，把精粗料合在一起喂给。为减少饲料浪费，对有一定规模化的肉羊饲养场，采用自动饲槽用粗饲料型日粮。自动饲槽日粮中的干草应以豆科牧草为主，其蛋白质含量不低于 14%。按照渐加慢换原则逐步转到肥育日粮的全喂量。每只羔羊每天喂量按 1.5kg 计算，自动饲槽内装足 1 天的用量，每天投料 1 次。要注意不能让槽内饲料流空。配制出来的日粮在质量上要一致。带穗玉米要碾碎，以羔羊难以从中挑出玉米粒为宜。

6. 成年羊育肥技术

成年羊育肥，由于品种类型、活重、年龄、膘情、健康状况等差异较大，首先要按品种、活重和计划日增重指标，确定育肥日粮的标准。做好分群、称重、驱虫和环境卫生等准备工作。

夏季，成年羊以放牧育肥为主，适当补饲精料，每日采食 5~6kg 青绿饲料和 0.4~0.5kg 精料，折合干物质 1.6~1.9kg 和 150~170g 可消化蛋白质。日增重水平在 160~180g。

秋季，育肥成年羊来源主要为淘汰老母羊和瘦弱羊，除体躯较大、健康无病、牙齿良好、无畸形损征者外，一般育肥期较长，可达 80~100 天，投料量大，日增重偏低，饲料转化率不高。有一种传统做法是使淘汰母羊配上种，母羊怀胎后行动稳重，食欲增强，采食量增大，膘长得快，在怀胎 60 天前可结束育肥。也有将淘汰母羊转入秋草场放牧和进农田秋茬地放牧，膘情好转后再进圈舍饲育肥，以减少育肥开支。淘汰母羊育肥的日粮中应有一定数量的多汁饲料。

7. 当年羔羊的放牧育肥

所谓当年羔羊的放牧育肥是指羔羊断奶前主要依靠母乳，随着日龄的增长、牧草比例增加、断奶到出栏一直在草地上放牧，最后达到一定活重即可屠宰上市。

（1）育肥条件。当年羔羊的放牧育肥与成年羊放牧育肥不同之处，必须具备一定条件方可实行。其一，参加育肥的品种具有生长发育快，成熟早，肥育能力强，产肉力高的特点。如甘肃省的绵羊，是我国著名的绵羊地方类型。是放牧育肥的极好材料。其二，必须要有好的草场条件，如绵羊的原产地，在甘肃省玛曲县及其毗邻的地区，这里是黄河第一弯，降水量多，牧草生长繁茂，适合于当年羔羊的育肥。

（2）育肥方法。主要依靠放牧进行育肥。方法与成年羊放牧相似，但需注意羔羊不能跟群太早，年龄太小随母羊群放牧往往跟不上群，出现丢失现象，在这个时候如果因草场干旱，奶水不足，羔羊放牧体力消耗太大，影响本身的生长发育，使得繁殖成活率降低。其次在产冬羔的地区，3—4 月龄羔羊随群放牧，遇到地下水位高的返潮地带，有时羔羊易踏入泥坑，造成死亡损失。

（3）影响育肥效果的因素。产羔时间对育肥效果有一定影响，早春羔的胴体重高于晚春羔，在同样营养水平的情况下，早春羔屠宰时年龄为 7~8 月龄，平均产肉 18kg，晚春羔羊为 6 月龄，平均产肉 15kg，前者比后者多产 3kg，从而看出将晚春羔提前为早春羔，是增加产肉量的一个措施，但需要贮备饲草和改变圈舍条件，另外与母羊的泌乳量有关系，绵羊羔羊生长发育快，与母羊产奶量存在着正相关。整个泌乳期平均产奶量 105kg，产后 17 天左右每昼夜平均产奶 1.68kg，羔羊到 4 月龄断奶时出栏体重已达 35kg，再经过青草期的放牧育肥，可取得非常好的育肥效果。

8. 绵羊老母羊的肥育

对年龄过大或失去繁殖能力的绵羊老母羊进行补饲肥育，其目的是增加体重和产肉量，提高羊肉品质，降低成本，提高经济效益。

通过对老母羊进行放牧加补饲肥育结果看，经肥育的老母羊平均每只活重可达到 55~65kg，比肥育前增重 8~12kg，肥育能增加体脂沉积，改善肉质，提高屠宰率；而仅作放牧不加补饲的母羊活重只能达到 42kg；经肥育后的母羊皮板面积也有所增大，毛长增长，经济效益增加。同时，可以节省草场，节约的草场可供其他羊利用。绵羊老母羊的肥育期在 60~90 天，超过 90 天后饲养成本加大，经济效益降低。

近些年来，甘南藏族自治州一些地方养羊户对老龄淘汰母羊进行肥育，这样可大大增加养羊的经济效益。

绵羊老母羊肥育精料参考配方：玉米 50%，料饼 20%，黑面 10%，麸皮 5%，料精 4%，食盐 1%。饲喂量：果渣 1.0kg/只·天，青贮饲料 0.5kg/只·天，草粉 0.5kg/只·天，精料 1.0kg/只·天。

八、羊的常规管理技术

1. 捉羊方法

捕捉羊是管理上常见的工作，有的捉毛扯皮，往往造成皮肉分离，甚至坏死生蛆，造成不应有的损失。正确的捕捉方法是：右手捉住羊后腱部，然后左手握住另一腱部，因为腱部的皮肤松弛，不会使羊受伤，人也省力，容易捕捉。

导羊前进时，如拉住颈部和耳朵时，羊感到疼痛，用力挣扎，不易前进。正确的方法是一手在额下轻托，以便左右其方向，另一手在坐骨部位向前推动，羊即前进。

放倒羊的时候，人应站在羊的一侧，一手绕过羊颈下方，紧贴羊另一侧的前肢上部，另一只手绕过后肢紧握住对侧后肢飞节上部，轻拉后肢，使羊卧倒。

2. 分群管理

（1）种羊场羊群一般分为繁殖母羊群，育成母羊群，育成公羊群，羔羊群及成年公羊群。一般不留羯羊群。

（2）商品羊场羊群一般分为繁殖母羊群、育成母羊群、羔羊群、公羊群及羯羊群，一般不专门组织育成公羊群。

（3）肉羊场羊群一般分为繁殖母羊群，后备羊群及商品育肥羊群。

（4）羊群大小一般欧拉羊母羊羊 400～500 只，羯羊 800～1 000 只，育成母羊 200～300 只，育成公羊 200 只。

3. 羊年龄鉴定

羊年龄的鉴定可根据门齿状况、耳标号和烙角号来确定。

（1）根据门齿状况鉴定年龄。绵羊的门齿依其发育阶段分作乳齿和永久齿 2 种。

幼年羊乳齿计 20 枚，随着绵羊的生长发育，逐渐更为永久龄，成年时达 32 枚。乳齿小而白，永久齿大而微带黄色。上下颚各有白齿 12 枚（每边各 6 枚），下颚有门齿 8 枚，上颚没有门齿。

羔羊初生时下颚即有门齿（乳齿）一对，生后不久长出第二对门齿，生后 2～3 周长出第三对门齿，第四对门齿于生后 3～4 周时出现。第一对乳齿脱落更换成永久齿时年龄为 1～1.5 岁，更换第二对时年龄为 1.5～2 岁，更换第三对时年龄为 2～3 岁，更换第四对时年龄为 3～4 岁。四对乳齿完全更换为永久齿时，一般称为"齐口"或"满口"。

4 岁以上绵羊根据门齿磨损程度鉴定年龄。一般绵羊到 5 岁以上牙齿即出现磨损，称"老满口"。6～7 岁时门齿已有松动或脱落的，这时称为"破口"。门齿出现齿缝、牙床上只剩点状齿时，年龄已达 8 岁以上，称为"老口"。

绵羊牙齿的更换时间及磨损程度受很多因素的影响。一般早熟品种羊换牙比其他品种早 6～9 个月完成；个体不同对换牙时间也有影响。此外，与绵羊采食的饲料亦有关系，如采食粗硬的秸秆，可使牙齿磨损加快。

（2）耳标号、烙角号。现在生产中最常用的年龄鉴定还是根据耳标号、烙角号（公羊）进行。一般编号的头一个数是出生年度，这个方法准确、方便。

4. 编号

为了科学地管理羊群，需对羊只进行编号。常用的方法有：带耳标法、剪耳法。

（1）耳标法。耳标材料有金属和塑料两种，形状有圆形和长形。耳标用以记载羊的个体号、品种等号及出生年月等。以金属耳标为例，用钢字钉把羊的号数打在耳标上，第一个号数中打羊的出生年份的后一个字，接着打羊的个体号，为区别性别，一般公羊尾数为单，母羊尾数为双。耳标一般戴在左耳上。用打耳钳打耳时，应在靠耳根软骨部，避开血管，用碘酒在打耳处消毒，然后再打孔，如打孔后出血，可用碘酒消毒，以防感染。

（2）剪耳法。用特制的剪缺口剪，在羊的两耳上剪缺刻，作为羊的个体号。其规定是：左耳作个位数，右耳作十位数，耳的上缘剪一缺刻代表 3，下缘代表 1，耳尖代表 100，耳中间圆孔为 400；右耳上缘一个缺刻为 30，下缘为 10、耳尖为 200，耳中间的圆孔为 800。

5. 记录

羊只编号以后，就可对其进行登记做好记录，要记清楚其父母编号、出生日期、编号、初生重、断奶体重等，最好绘制登记表格。

6. 断尾

尾部长的羊为避免粪便污染羊毛及防止夏季苍蝇在母羊外阴部下蛆而感染疾病和便于母羊配种，必须断尾。断尾应在羔羊出生后 10 天内进行，此时尾巴较细不易出血，断尾可选在无风的晴天实施。常用方法为结扎法，即用弹性较好的橡皮筋套在尾巴的第三、第四尾椎之间，紧紧勒住，断绝血液流通。大约过 10 天尾即自行脱落。

7. 去势

对不做种用的公羊都应去势，以防止乱交乱配。去势后的公羊性情温顺，管理方便，节省饲料，容易育肥。所产羊肉无膻味且较细嫩。去势一般与断尾同时进行，时间一般为 10 天左右，选择无风、晴暖的早晨。去势时间过早或过晚均不好，过早睾丸小，去势困难；过晚流血过多，或可发生早配现象，去势方法主要有以下几种。

（1）结扎法。当公羊 1 周龄时，将睾丸挤在阴囊里，用橡皮筋或细线紧紧地结扎于阴囊的上部，断绝血液流通。经过 15 天左右，阴囊和睾丸干枯，便会自然脱落。去势后最初几天，对伤口要常检查，如遇红肿发炎现象，要及时处理。同时要注意去势羔羊环境卫生，垫草要勤换，保持清洁干燥，防止伤口感染。

（2）去势钳法。用特制的去势钳，在阴囊上部用力紧夹，将精索夹断，睾丸则会逐渐萎缩。此法无创口、无失血、无感染的危险。但经验不足者，往往不能把精索夹断，达不到去势的目的，经验不足者忌用。

（3）手术法。手术时常需两人配合，一人保定羊，使羊半蹲半仰，置于凳上或站立；一人用 3% 石炭酸或碘酒消毒，然后手术者一只手捏住阴囊上方，以防止睾丸缩回腹腔中，另一只手用消毒过的手术刀在阴囊侧面下方切开一个小口约为阴囊长度的 1/3，以能挤出睾丸为度，切开后，把睾丸连同精索拉出撕断。一侧的睾丸摘除后，再用同样的方法摘除另一侧睾丸。也可把阴囊的纵膈切开，把另一侧的睾丸挤过来摘除。这样少开一个口，利于康复。睾丸摘除后，把阴囊的切口对齐，用消毒药水涂抹伤口并撒上消炎粉。过 1~2 天进行检查，如阴囊收缩，则为正常；如阴囊肿胀发炎，可挤出其中的血水，再涂抹消毒药水和消炎粉。

8. 剪毛

羊一般年剪毛 1 次，剪毛开始的时间，主要决定于当地气候和羊群膘度，宜在气候稳定和羊只体力恢复之后进行。各种羊剪毛的先后，可按羯羊、公羊、育成羊和带羔母羊的顺序来安排。患疥癣和痘疹的羊最后剪，以免传染。

剪毛应注意的事项如下。

（1）应选在干净平整的地面进行，否则，应下铺苫布或苇席。因为，大量混有草刺、草棍和粪末的羊毛，在交售时是要降低等级和多扣分头的。

（2）毛在雨雪淋湿状态下绝对不能开剪，因湿毛在保存运输中易发热变黄，还易滋生衣蛾幼虫而蛀蚀羊毛。

（3）羊体上的任何临时编号和记号，都只能用专门的涂料来进行。绝不能用油漆或沥青，因这 2 种物质在羊毛加工时不易洗掉，影响毛产品质量。

（4）剪毛前 12 小时不应饮水和放牧，以保持空腹为宜。

（5）剪毛留茬高度，以保持 0.3~0.5cm 为宜。过高会影响剪毛量和降低毛长度。过低又易剪伤羊体皮肤。有时留茬即使偏高，也不要再剪第二刀，因二刀毛根本不能利用。

（6）对皱褶多的羊，可用左手在后面拉紧皮肤，剪子要对着皱褶横向开剪，否则易剪伤皮肤。

（7）剪时应力求保持完整套毛（这样有利于工厂化选毛），绝不能随意撕成碎片。

（8）对黑花毛、粪块毛、毡片毛、头腿毛、过肷毛及带有较多草刺草棍的混杂毛，要单独剪下和分别包装出售，千万不能与套毛掺混在一起。

（9）剪毛时注意不要剪破皮肤。

（10）对种公羊和核心群母羊，应做好剪毛量和剪毛后体重的测定和纪录工作。

总之，适时剪毛，正确剪毛，并做好包装储存，一般可提高剪毛量 7%~10%，交售等级也较高。

9. 药浴

绵羊易感染疥癣病，疥癣病主要由螨虫寄生皮肤所引起，绵羊所寄生的主要是痒螨。

疥癣病对养羊业的危害很大，不仅造成脱毛损失，更主要在于羊只感染后瘙痒不安，采食减少，很快消瘦，严重者受冻致死。

药浴是治疗疥癣最彻底有效的方法。常用药剂有敌百虫、除癞灵等。目前，采用的主要是敌百虫、敌百虫蝇毒磷合剂、磷丹、除癞灵等。但缺点是其残效期短，药效不够持久。"双甲脒"是一种能消灭疥癣、控制螨病扩大和蔓延的新药，特点是疗效高，残效期长，安全低毒，其废液在泥土中易降解，不污染环境。药浴浓度为 1kg 药液（20%含量乳油）500~600 倍稀释。局部可用 2mL 的安培药液加水 0.5kg 涂擦或喷雾。

剪毛后的 10~15 天，应及时组织药浴。为保证药浴的安全有效，应在大批入浴前，先用少量进行药效观察试验。不论是淋浴还是池浴，都应让羊多站停一会，使药物在身上停留时间长一些。力求全部羊只都能参加，无一漏洗。应注意有无中毒及其他事故发生。

平时应加强羊群检查，对冬季局部患有疥癣的羊，应及时用 0.1%辛硫磷软膏涂患处，并短期隔离。羊舍应经常保持干燥通风。

10. 驱虫

在冬春季节，羊只抵抗力明显降低。经越冬后的各种线虫幼虫，在每年的 3—5 月将有一个感染高峰，头年蛰伏在羊体胃肠黏膜下的受阻型幼虫，此时，也会乘机发作，重新发育成熟。

当大量虫体寄生时，就会分离出一种抗蛋白酶素，导致羊体胃腺分泌蛋白酶原障碍，对蛋白质不能充分吸收，阻碍蛋白质代谢机能，同时，还影响钙、磷代谢。寄生虫的代谢产物，也会破坏造血器官的功能和改变血管壁的渗透作用，从而引起贫血和消化机能障碍—拉稀或便秘。因此，对寄生虫感染较重的羊群，可在 2—3 月提前做 1 次治疗性驱虫。剪毛药浴后，再做 1 次普遍性驱虫。在寄生虫感染较重的地区，还有必要在入冬前再做 1 次驱虫。驱虫后要立即转入新的草场放牧，以防重新感染。

常用的驱虫药物有四咪唑、驱虫净、丙硫咪唑等。特别是丙硫咪唑，它是一种广谱、低毒、高效的新药，每千克体重的剂量为 15mg，对线虫、吸虫和绦虫都有较好的治疗效果。

九、绵羊的饲养模式

1. 不同饲养方式的养殖模式

羊的饲养方式归纳起来有 3 种，即放牧饲养、舍饲饲养和半放牧半舍饲饲养。饲养方式的选择要根据当地草场资源、人工草地建设、农作物副产品数量、圈舍建设和技术水平来确定，原则是高效、合理利用饲草料和圈舍资源，保证羊正常的生长发育和生产需要，充分发挥生产性能，降低饲养成本，提高经济效益。

（1）放牧饲养。放牧饲养方式是除极端天气外，如暴风雪和高降雨，羊群一年四季都在天然草场上放牧，是我国北方牧区、青藏高原牧区、云贵高原牧区和半农半牧区羊的主要生产方式。这些地区天然草地资源广阔，牧草资源充足，生态环境条件适宜放牧生产。羊的放牧一般选择地势平坦、高燥，灌丛较少，以禾本科为主的低矮型草场。

放牧饲养投资小，成本低，饲养效果取决于草畜平衡，关键在于控制羊群的数量，提高单产，合理保护和利用天然草场。应注意的是，在春季牧草返青前后，冬季冻土之前的一段时间，要适当降低放牧强度，组织好放牧管理，兼顾羊群和草原双重生产性能。

（2）舍饲饲养。舍饲饲养是把羊全年关在羊舍内饲喂，集约化和规模化程度较高，技术含量要求高，要有充足的饲草料来源、宽敞的羊舍和一定面积的运动场以及足够的养羊配套设备，如饲槽、草架、水槽等。开展舍饲饲养的条件是必须种植大面积人工草地、饲料作物，收集和储备大量的青绿饲料、干草、秸秆、青贮饲料、精饲料，才能保证全年饲草料的均衡供应。

舍饲饲养的人力物力投资大，饲养成本高，饲养效果取决于羊舍等设施状况和饲草料储备情况，羊品种的选择、营养平衡、疫病防控和环境条件的综合控制。

（3）半放牧半舍饲饲养。半放牧半舍饲饲养结合了放牧与舍饲的优点，既可充分利用天然草地资源，又可利用人工草地、农作物副产品和圈舍设施，规模适度，技术水平较高，产生良好的经济和生态效益，适合于羊生产。在生产实践中，要根据不同季节牧草生产的数量和质量、羊群自身的生理状况，规划不同季节的放牧和舍饲强度，确定每天放牧时间的长短和在羊舍内饲喂的次数和数量，实行灵活而不均衡的半放牧半舍饲饲养方式。一般夏秋季节各种牧草生长茂盛，通过放牧能满足羊的营养需要，可不补饲或少补饲。冬春季节，牧草枯萎，量少质差，只靠放牧难以满足羊的营养需要，必须加强补饲。

2. 不同经营方式的养殖模式

（1）农牧户分散饲养。农牧户分散饲养是目前我国羊饲养的主要形式，随着牧区草原承包经营责任制的深入推行，千家万户的分散饲养已成为羊生产的基本形式，饲养规模从数十只到成百上千只不等，主要由各家庭的劳动力和所承包的草原面积决定。这种饲养模式的特点是经营灵活，但经济效益不高，抗风险能力差，新技术的应用范围有限，对草原生态环境的破坏作用较大。

（2）"公司+农户"饲养。"公司+农户"饲养是由龙头企业牵头，根据市场需求设计产品生产方向，联合许多农牧户按照相对统一的生产标准进行羊的生产，由公司经营，农牧户仅仅发挥基地生产的作用。这种生产方式的标准化程度较高，产品的市场竞争能力较强，有一定的抵御风险能力，新技术的推广应用范围大，经济效益较高。

（3）专业合作社饲养。专业合作社饲养是由农牧区的细毛羊或半细毛羊生产经验"能人"以村或乡镇的管理机制组织养羊生产，成立专业合作社，有领导有组织，对生产职能分工负责，相互协调，统一规划草原、羊群、饲草料管理和贸易流通，是新兴的养羊生产模式，组织体系相对紧密，生产规模较大，新技术的转化能力较强。

（4）协会饲养。协会饲养主要是由当地牲畜经营大户组织农牧户开展细毛羊或半细毛羊的生产经营，组织体系较松散，主要目的是组织羊毛的市场交易，对羊的规范化生产有一定的促进作用。

（5）农牧户联户饲养。随着农牧区劳动力的转移和新牧区、养殖小区的建设，许多家庭联合生产，以节约劳动力和合理利用草场及饲草料资源为目的，进行农牧户联户饲养，组织有经验的家庭或成员统一组织羊群饲养，开展经营管理。这种饲养模式的优点是扩大了养殖规模，优化了草场和饲草料资源的利用，组织体系紧密，有利于进一步形成集约化、规模化的养殖模式。

3. 不同饲养规模的养殖模式

为了进一步做强做大羊产业，有关畜牧业管理部门、科研机构及企业和农牧民研究探索羊生产规模化养殖模式，鉴于目前我国羊分布区域广、生态环境多样、养殖户相对分散、规模较小的实际情况，以下几种模式可以借鉴参考，以促进羊业的规模化发展。

（1）组建羊"托羊所"。"托羊所"免费提供草原、羊舍等养羊设施，农牧户出资购买羊进驻，托养或自养，吸引农牧户把手中的闲散资金集中投向羊产业，使有限资金得到整合，实现了有效利用和良性循环；把相对分散的养殖户联结成为相对集中和稳固的养殖联合体，实现靠规模增效益，稳产稳收的目标；通过规模化养殖，集中剪毛和羊毛的标准化生产，统一销售，实现组织经营管理者和农牧户的双赢。

（2）多种渠道建设羊养殖小区。通过政策扶持，采取招商引资、项目投资、群众集资、合作社社员入股等多种方式，建设羊养殖小区。养殖小区模式可以实现羊的规模养殖，降低饲养成本，提升羊养殖效益；节约劳动力资源，使更多的农牧区劳动力从羊产业中剥离出来，从事其他产业增收。同时，也可实现羊饲养的品种、饲料、技术、管理、防疫、剪毛和销售7个方面的统一，达到科学化、标准化、规范化。还可以通过统一管理，机械化剪毛，羊毛分级打包，有效地保障羊毛优质优价。

（3）建设羊养殖示范园区。要利用项目资金或政府扶持资金，组建高标准的羊养殖示范园区，引进优质羊新品种，运用先进技术和科学的管理理念，内设参观走廊，定期组织广大羊养殖户前去参观学习，集教学、科技应用、典型示范于一体。可以有效提高广大羊养殖户学科技、用科技的思想意识，提升羊产业科技含量，进而加快羊产业标准化、科学化、现代化、集约化和规模化养殖进程。

（4）建设大型现代化羊生产牧场。对现有的羊规模养殖大户进行资金、政策、占地等多方面的倾斜，加大扶持力度，促使其上规模、上档次、上水平，进而建成大型的现代化家庭牧场，应用高、新、精、尖技术，靠规模增加效益，靠科技提升效益。同时，还可就地转移农牧区剩余劳动力，加快了羊产品转化增值，实现资源优势向经济优势的转变。

第十章 绵羊的疾病防治

绵羊的疾病防治主要包括普通病和疫病两个方面，其中普通病又包括内科病、外科病和产科病 3 个方面，而疫病则涉及传染病和寄生虫病 2 个方面。本章就以上有关绵羊的疾病分别予以简要的阐述，详细的防治知识可参照有关绵羊疾病防治的教材。

一、内科疾病

（一）消化系统疾病

1. 咽炎

（1）概念。咽炎是指扁桃体、软腭、咽部淋巴结和咽部黏膜及肌层的炎症。

临床特点：流涎、吞咽障碍，咽部触诊肿胀、疼痛。

（2）咽炎的分类。

①据渗出物性质分为：卡他性咽炎、格鲁布性咽炎（纤维素性咽炎）、蜂窝织性咽炎。

②据病程分为：急性咽炎和慢性咽炎。

③据病因分为：原发性咽炎、继发性咽炎。

（3）病因。咽炎多由咽部黏膜损伤所致，故凡能引起咽部黏膜损伤的一切因素都能引起咽炎发生。

①机械因子。

②化学因子。

③抵抗力下降：受寒、感冒或过劳，是咽炎的主要原因。

④诱因：气候突变、长途运输、过劳、饲料中维生素缺乏等。

⑤继发因素：如 FMD、绵羊痘病、巴氏杆菌等。

（4）临床症状。

①疼痛：头颈伸直，不安。

②流涎：炎症刺激促进分泌物增多。

③厌食：吞咽障碍，水及液体饲料能咽，干饲料吞咽后表现疼痛，痛苦，严重时，饲料从口鼻反流。

④咽部检查肿胀、增温，触诊时咽部敏感，有时出现咳嗽。

⑤咳嗽：如咽炎蔓延到喉部，则出现频频咳嗽。

⑥全身症状：如发生蜂窝织炎，则有：一是呼吸困难，听诊肺部无变化。二是体温升高。三是白细胞增多，核左移。而慢性咽炎主要是病程长，出现吞咽困难、咳嗽。

（5）病程及预后。原发性急性：3~4 天达到极期（高峰），1~2 周可愈。格鲁布性或蜂窝织性咽炎：病程长，往往继发肺炎及败血症。

（6）诊断。主要根据临床症状不难作出诊断。而与其他疾病的鉴别诊断如下。

①咽梗阻：由异物引起，咽部有异物阻塞，出现吞咽障碍。特点是：其一突然发生。其二咽部触诊发现有异物阻塞。

②食道阻塞：能在食道部触摸到阻塞物或有食入。

③喉炎：以咳嗽为主，而咽炎为吞咽障碍为主。

（7）治疗。

①加强护理：给予柔软易消化饲料，避免给予有刺激性的饲料；对吞咽障碍的，应及时输液，维持其营养。

②消肿、消炎：中成药，两种。

青黛散　青黛、儿茶、黄柏各 50g，磨碎过筛；冰片 5g，吸入或含服；明矾 25g。

冰硼散　冰片、朱砂、炉甘石（为天然产的菱锌矿，一种含碳酸锌的矿石）、硼砂等。

③治疗。

抗生素　可选用青霉素类、头孢菌素类等全身治疗。

清洁口腔　0.01pp 水（KMnO$_4$）、3%明矾液、1%硼酸。

收敛　碘甘油。

呼吸困难　气管切开。

封闭疗法　重剧性咽炎，呼吸困难、发生窒息现象时，用 0.25% 普鲁卡因溶液 20mL，结合应用青霉素进行咽喉封闭，具有一定效果。

2. 食道阻塞

（1）概念。食道阻塞是异物或食块阻塞于食道的某一段，引起以急性吞咽障碍为特征的一种急症。临床特点为：突然发生吞咽障碍，流涎，发生急性瘤胃膨气。

（2）分类。

①据阻塞的部位分为：颈部食道阻塞和胸部食道阻塞。

②据阻塞的程度分为：完全食道阻塞和不完全食道阻塞。

（3）病因。多由于唾液分泌障碍，或食块太大。

①原发性病因：

饲喂不规则　特别是长期饥饿，引起采食、唾液分泌、食管壁蠕动机能紊乱。

加工调制不当　块根、块茎类饲料太大。牛吃食时不细嚼，用舌头卷送，易引起阻塞。

饲喂过程中家畜受惊、争抢　如成群的狗在抢骨头时易发生。

过劳　肌肉、神经紧张性降低。

②继发性病因：一是矿物质代谢障碍：异食癖；二是手术麻醉后饲喂。

（4）症状。一是采食突然停止骚动不安，摇头缩颈、头颈伸直、背腰弓起，空口咀嚼；二是泡沫性流涎　口腔流出大量泡沫，转为安静；三是料水反流　再次采食时咽不下去，饲料和饮水从鼻腔逆流而出。

（5）诊断。

①触诊：颈部阻塞可摸到坚硬阻塞物，有时咳嗽；胸部阻塞可摸到阻塞物上部食道有波动性（积存食物、液体），向上方摸压，可见液体、饲料从口腔、鼻腔流出。

②视诊：可见胸部食道肌肉发生自上而下的逆蠕动。

③胃管探诊：可发现阻塞物。

④X 光检查：可判定阻塞部位、程度、性质。

⑤鉴别诊断：

咽炎　相同：吞咽障碍、流涎；不同：食道阻塞是在采食过程中突然发生。

瘤胃臌气　食道阻塞→嗳气障碍。而瘤胃臌气则与采食易发酵饲料有关；无饮水、饲料反流现象；显著的循环、呼吸障碍；发病急、死亡快。

（6）治疗。治疗方法取决于阻塞部位、阻塞程度及阻塞性质

①金属物阻塞：尤其是尖锐、有角的金属，只能用外科手术法。

②非金属物颈部阻塞：把阻塞物推到咽部，打开口腔，用抓出器把食团拿出。

③胸部阻塞：

推入法　家畜保定好，瘤胃臌气时要先穿刺放气，插上胃导管，将食道中液体吸出，灌进少许液体石脂或油，或灌水反复冲洗，也可预先肌注 6% 毛果芸香碱（拟胆碱药）10mg（促进食道壁肌肉蠕动，促分泌），过半小时后用胃管将阻塞物推入瘤胃即可。

急骤通噎法　缰绳短系于左前肢前部，快步驱赶，异物急咽。

打水通噎法　胃导管触到异物，用水冲击异物。

打气通噎法　在胃管上连接打气管并适量打气将异物推入胃内。

④锤叩法：颈部食道阻塞，一边锤，一边叩击，将异物击碎。

⑤外科法：使用食管切开术取出异物。

3. 前胃弛缓

（1）概念。前胃弛缓又称单纯性消化不良（Simple indigestion）是由于支配前胃的运动神经兴奋性降低，导致瘤胃收缩力减弱，影响了正常消化吸收的一种前胃机能紊乱性疾病。临床特点为瘤胃收缩力减弱，反刍不全，无力，有明显的瘤胃内环境变化。可继发瘤胃壁坏死、中毒性瘤胃炎等。

（2）病因。

①饲养管理不当：一是长期应用单一饲料饲喂。长期饲喂粗纤维多、营养成分少的稻草、麦秸、豆秸等饲草，消化机能过于单调和贫乏，一旦变换饲料，即引起消化不良。二是过多应用了精料。三是应用了粗硬不易消化吸收的饲料。如野生杂草，作物秸秆，小杂树枝饲喂牛、羊，由于纤维粗硬，刺激性强，难于消化，常导致前胃弛缓。四是饲喂了霉烂变质饲料。

②管理上的失误：一是饲料突变；二是饲养方式突变；三是气候突变；四是长途运输；过劳；五是劳疫后立即饲喂或饲喂后立即劳疫。

③继发病因：许多传染病、寄生虫病及营养代谢性疾病过程中都可继发前胃弛缓。

（3）前胃弛缓。

①一般症状：皮温不均　末梢（鼻尖、尾尖）冰凉，耳根发热。鼻镜发凉，甚至干燥。产乳量减少；严重时，出现明显的全身反应：体温下降，呼吸心跳加快，鼻镜皲裂。

②临床症状：前胃弛缓的基本症状是消化不良，即显著的消化机能紊乱。一是食欲反常。拒食酸性料（发酵产酸的青饲料，如青饲玉米等），或仅食几口青料，严重时食欲废绝。二是反刍不全，无力。三是排便迟滞、干固后发生下痢，出现水样便。四是出现轻度瘤胃臌气。五是听诊瘤胃蠕动次数减少至 1~2 次/分钟，正常为 5 次/分钟左右。六是瘤胃内瘤胃液 pH 值降低至 5.5 左右甚至更低（正常 6.5~7）。

（4）诊断。据发病原因、临床症状、检测瘤胃内容物的变化可以做出初步诊断。但要与瘤胃臌气、创伤性网胃炎、瘤胃积食和瓣胃阻塞等鉴别诊断。

（5）治疗。

①治疗原则：排除胃肠道积聚物（用泻剂），维持瘤胃内环境，恢复纤毛虫活性，促进胃肠蠕动，帮助消化，加强护理，注意营养，对症治疗。

②不论急性或慢性的前胃弛缓，均主张首先给予盐类泻剂或油类泻剂：然后在饮水或补液的条件下给予小苏打（$NaHCO_3$），以纠正瘤胃内环境变化，恢复纤毛虫活性；再用高渗盐水（促反也可）或拟胆碱药促进胃肠蠕动。当疾病恢复时，适当应用助消化药，在整个治疗过程中辅助全身疗法（补液、输糖等）。

③促进反刍动物胃肠道蠕动的方法与措施：

瘤胃兴奋剂　可用促反刍液（10%~20% 浓盐水 50~80mL，安呐咖 2~5mL 5%氯化钙 40~60mL 静脉注射）；也可用马钱子（酊）、姜酊、陈皮酊等口服健胃。

拟胆碱药　兴奋副交感神经，恢复体液调节机能，促进瘤胃蠕动，如氨甲酰胆碱、毛果云香碱、新斯得明、加兰他敏等皮下或肌内注射，但注意怀孕后期禁用；瘤胃臌气、心力衰竭禁用；瘤胃蠕动时用，如瘤胃不蠕动，效果不好。如以上药物中毒，用阿托品抢救。

临床应用方法　碱醋疗法，适用于慢性前胃弛缓，20%石灰水上清液 250mL（或小苏打 45g）、食醋 60mL。用 20%石灰水上清液灌服后半小时再用食醋 60mL 每天 1 次，连用 4~5 次。可调节瘤胃内容物 pH 值，恢复瘤胃内微生物群系及其共生系，增进前胃消化机能。

4. 瘤胃积食

（1）概念。瘤胃积食也称"瘤胃扩张""瘤胃食滞"，是由于采食了大量易臌胀、不易消化吸收的饲料而引起的瘤胃容积急剧扩张，最后引起麻痹的一种前胃机能紊乱性疾病。临床特点腹围急剧膨大，听诊蠕动音减弱甚至废绝，叩诊呈浊音；触诊内容物坚硬，有捻粉样感觉（手压留痕）。

（2）病因。

①原发性病因：一是贪食、精料过多；二是采食了大量不易消化吸收的饲料，如青草、苜蓿等；或易于膨胀的饲料，如玉米、大麦等。

②继发性病因：前胃弛缓、创伤性心包炎、瓣胃阻塞等继发引起。

（3）临床症状。

①亚急性临床症状：磨牙、拱背、努责、举尾、呻吟、踢腹。

②显著的消化紊乱：食欲、反刍、嗳气废绝，呕吐、便秘、腹泻。

③神经症状：血氨浓度增高→（血管壁）交感神经兴奋，使病畜出现兴奋不安、狂暴、昏睡等神经症状，同时视觉障碍、盲目徘徊。

④脱水和酸中毒：豆谷类饲料中毒特征。

⑤临床检查：一是视诊腹围急剧膨大，下方突出，后视呈梨状（臌气为上方突出）；二是听诊瘤胃蠕动音废绝，但可听到水泡上升音；三是叩诊左肷部呈浊音；四是触诊，由于瘤胃内充满内容物，感觉到捏粉样感觉，手压留痕，如豆谷类饲料，可摸到颗粒样感觉，疼痛表现；五是瘤胃左肷部穿刺，有少量气体放出，酸臭。

（4）诊断。根据采食了大量不易消化吸收的饲料，腹围膨大，听诊有水泡上升，叩诊呈浊音，触诊有捻粉样感觉等可以作出诊断。

（5）治疗。

①治疗原则：排除胃肠道积聚物，促进胃肠蠕动，纠正脱水，维持水、盐代谢，纠正酸碱平衡，防止酸中毒发生，帮助消化。

②治疗处方：一是首先绝食 1~2 天，给予清洁饮水，对轻度积食进行瘤胃按摩，每天 4 次，每次 20~30 分钟，结合灌服活性酵母粉 60~100g 或适量温水，并进行迁遛，效果良好。二是对较重的病例，除进行内服泻剂外，并配合使用制酵剂，如硫酸钠 60~100g，液状石蜡或植物油 100~200mL，鱼石脂 5g，酒精 10mL，温水 1~2L，1 次内服。三是对病程较长的病例，除以上治疗外，需强心补液，解除酸中毒，如 5%葡萄糖生理盐水 500mL，10%安呐咖 5mL，5%碳酸氢钠 100mL，静脉注射，1~2 次/日。四是危重病例要紧急进行瘤胃切开术取出异物，并用温食盐水冲洗，接种健康瘤胃液。五是可用加味大承气汤：大黄 10g，枳实 10g，厚朴 25g，槟榔 10g，芒硝 40g，麦芽 10g，藜芦 3g，共末，开水冲服，一日 1 剂，连用 1~3 剂。

5. 瘤胃臌气

（1）概念。瘤胃臌气中医又称"气胀"，是由于采食了大量易发酵的饲料，在瘤胃内微生物的作用下迅速发酵，产生大量气体，引起瘤胃、网胃急性臌胀，膈与胸腔器官受到压迫，影响呼吸与循环，并发生窒息现象的一种疾病。临床特点：发病急剧，左侧腹围显著膨大，瘤胃听诊可听到金属音，叩诊有鼓音，触诊紧张，弹性消失，嗳气抑制，显著的呼吸循环障碍。

（2）病因。

①原发性瘤胃臌气：

a. 大量饲喂了易发酵、产气饲料，主要是豆科牧草：如苜蓿、紫云英、三叶草、野豌豆等。特别是在生长发育旺盛期、或幼嫩的含水量高的，或开花前期大量合用氮肥，其中，含有植物浆蛋白，可引起泡沫性瘤胃臌气的发生。

b. 过多饲喂了幼嫩青草，沼泽地生长的水草等，不含有植物细胞浆蛋白，不引起泡沫性瘤胃臌气的发生，但含有嗳气、反刍抑制因子，可引起非泡沫性瘤胃臌气的发生。

c. 饲喂了冰霜冻结的饲料、淀粉渣、啤酒糟等。

d. 过多饲喂了精料或配合不当的饲料。

e. 饲喂了霉烂变质饲料（少→臌气，多→中毒）。

f. 遗传因素和个体差异。

②继发性瘤胃鼓气：常继发于前胃迟缓、创伤性网胃炎、瓣胃阻塞、食道阻塞等疾病。

（3）临床症状。

①发病急剧：急性瘤胃臌气，通常在采食大量饲料后迅速发病。采食后 0.5~2 小时急性发作，病程急剧，0.5~2 小时内死亡。

②出现疼痛症状，如背腰弓起，呻吟等。

③反刍、嗳气变化：开始嗳气加强，频频嗳气，后来嗳气消失，反刍抑制。

④显著的呼吸循环机能变化：呼吸显著困难，气喘。

⑤视诊：腹围臌大，特别是左侧；后视呈苹果状，突出背线。

⑥听诊：初期蠕动亢进，后期逐渐抑制，可出现"矿性音""金属音"。

⑦叩诊：呈鼓音。

⑧触诊：瘤胃高度紧张，手压不留痕。

（4）诊断。

①症状诊断：根据才是大量的易发酵的饲料后很快发病不难确诊。

②胃管检查和瘤胃穿刺：能大量排出气体，膨胀明显减轻为非泡沫性臌气，若只能断断续续的排出气体，并有大量泡沫则为泡沫性臌气。

（5）治疗。

①治疗原则：防止窒息，排气，消气，阻止胃肠道内容物继续腐败发酵，对症治疗。

②治疗：

排气　轻症：采用机械性压迫排气。按摩瘤胃或牵遛运动，上下坡驱赶。口腔内横一木棒，上涂松木油，促进排气，做拉舌运动。重症：在瘤胃最高点穿刺放气。注意事项：放气应缓慢，过快易引起脑贫血休克死亡；放气后注入止酵药；避免感染，应注射抗生素，防感染。胃导管放气对泡沫性瘤胃臌气效果差。

消气　用消泡剂，主要的消泡剂，植物油（食用油）：100~200mL 灌服，6 小时 1 次，用 2~3 次；松节油、酒精、鱼石脂、止酵膏、二甲基硅油（消气灵）、土霉素等；防止内容物继续腐败发酵，可用 2%~3%NaHCO₃ 溶液，进行瘤胃洗涤，调节瘤胃 pH 值。

（6）预防。预防泡沫性臌气是一个世界性难题。

①限制饲喂易发酵牧草：因原发性瘤胃臌气多发于牧草丰盛的夏季。每年于清明前后，到夏至之前最为常见，所以，在这个时候要特别注意。在放牧前，先喂给青干草、稻草，以免放牧时过食青料，特别是大量易发酵的青绿饲料。

②加油：在新西兰和澳大利亚，用自动投药器口服抗泡沫剂，每天给予 2 次，每次 20~30mL 的油，以预防瘤胃臌气，但只能维持几小时。可将油做成乳化剂，喷洒在将要饲喂的草料上。

③加非离子性的表面活性剂：即聚氧乙烯、聚氧丙烯。方法：羊在放牧前 1~2 周，先给予聚氧乙烯或聚氧丙烯 5~7g，加豆油少量，然后再放牧，可以预防本病。

6. 瓣胃阻塞

（1）概念。瓣胃阻塞又称"瓣胃秘结"，中兽医又称为"百叶干"是由于前胃运动神经机能障碍及兴奋性降低，而导致瓣胃收缩力量减弱，使瓣胃内容物不能运送到真胃，水分被吸干而引起的一种阻塞性疾病。临床特点：排便显著困难 频频作排便姿势，但不见粪便排出；尿液开始色浓、少，而后无尿。听诊蠕动音废绝；穿刺感觉内容物坚硬，液体回抽困难，纤维长。羊发病较少，在秋冬季饲料枯萎季节多发。

（2）原因。本病的病因，通常见于前胃弛缓，可分为原发性和继发性2种。

①原发性：一是饲喂粗硬的、不易消化的尖锐植物。如枯萎的茅草、蔓藤、竹梢、树梢等；二是长期饲喂粉料。

②继发性：前胃弛缓、瘤胃积食、皱胃溃疡等

（3）临床症状。

①开始出现前胃弛缓症状，当小叶发生压迫性坏死，则出现瓣胃阻塞症状；

②鼻镜干燥、龟裂；体温不均；

③出现进行性消化紊乱，病程1~2周，食欲、反刍、嗳气减弱至废绝；

④有渴欲，大量饮水，使腹围膨大；

⑤显著的排便障碍 病羊出现频频的排粪动作：拱背、努责、举尾，后肢拼命往后伸展、呻吟，或头向右侧观腹，左侧横卧。

⑥排便停止 粪便干硬、色黑，呈算盘珠状，内含不消化纤维，纤维长6cm；粪表面有带血的黏液，后期仅见排粪动作而无粪便排出，或仅见胶冻样物；

⑦尿液变化 开始色浓、量少，后来发展为无尿；

⑧瓣胃检查 位于右季肋部，与第七至第十一肋间隙相对，听诊多在右侧第十肋骨前缘，与肩关节水平线相交点或水平线上或下1~2指处。如为卧地状态，则在第九肋骨前缘。听诊要听3~5分钟，正常是捻发音、吹风音或踏雪音，发病时蠕动音消失；叩诊可出现疼痛变化；触诊右侧第七至第九肋，可摸到坚硬而肿大的瓣胃；穿刺正常时为穿破牛皮时的感觉，如发病：注射液体时感觉阻力很大，打进去后回抽很困难，回收的液体中纤维长；实验室检查嗜中性白细胞增多，有核左移现象。

（4）治疗。

①治疗原则：加强护理，排除瓣胃内异物，促胃肠道蠕动，对症治疗。

②治疗措施：

处方1：

10%NaCI：100mL。

5%CaCI$_2$：20（mL）×3（支）。

10%安那咖：10（mL）×1/2（支），混合，一次静注。

毛果芸香碱：10mg皮下注射。或新斯的明50mg或氨甲酰胆碱0.4mg皮下注射。

处方2：

MgSO$_4$：100g。

液状石蜡：100mL。

普鲁卡因：0.5g。

土霉素：2.0g。

常水（自来水）：100mL。

进行第三胃注射，如采用保守治疗病情无明显好转，考虑其经济价值进行瘤胃切开术，用胃管冲洗瓣胃效果良好。

（二）常见呼吸系统疾病

1. 感冒

（1）概念。感冒是由于寒冷作用引起的、以上呼吸道炎症为主的急性热性全身性疾病。临床上以咳嗽、流鼻液、羞明流泪、体温突然升高为特征。本病无传染性，一年四季均发，多以早春和晚秋、气候多变季节多发。

（2）病因。最常见的原因是寒冷因素的作用。如圈舍条件差，贼风侵袭；羊在寒冷的条件下露宿；出汗后被雨淋、风吹；营养不良、过劳等使抵抗力降低，致使呼吸道常在菌大量繁殖而引起本病。

（3）主要症状。发病较急，精神沉郁，食欲减退，体温升高，皮温不均，鼻端发凉；眼结膜潮红或轻度肿胀，羞明流泪，有分泌物，咳嗽，鼻塞，病初流浆液性鼻液，后转化为黏液或黏脓性鼻液；呼吸加快，肺泡呼吸音粗粝，并伴发支气管炎时出现干性或湿性啰音，心跳加快和前胃弛缓症状。

（4）诊断。根据受寒病史，体温升、皮温不均、流鼻液、流泪、咳嗽等症状可以诊断。但要注意与流行性感冒的鉴别诊断，流行性感冒时体温升高到40~41℃，全身症状较重，传播较快，有明显的流行性，往往大批发病。

（5）治疗。

①治疗原则：以解热镇痛为主，为防止继发感染，适当抗菌消炎。

②治疗措施：充分休息，多给饮水，适当增加精料。解热镇痛可用安痛定、安乃近、氨基比林等，防止继发感染可用抗生素或磺胺类药物。

处方1：

30%安乃近注射液：5~10mL　肌内注射，每日1~2次。

青霉素：按每千克体重2万~3万IU，用适量注射用水溶解后肌内注射，一日2~3次，连用2~3天。

处方2：

荆防败毒散：荆芥8g，防风8g，羌活7g，柴胡9g，前胡8g，枳实8g，桔梗8g，茯苓10g，川芎4g，甘草4g，共为细末，开水冲调，凉温后一次性灌服，可配合抗生素肌内注射。

2. 支气管炎

（1）概念。支气管炎是指支气管黏膜表层或深层炎症。临床特点：咳嗽，流鼻液，肺部听诊有肺泡呼吸音增强，有捻发性啰音；叩诊无变化；X光检查，支气管纹理增厚；不定型发热。

（2）分类。

①根据炎症部位分：大支气管炎、细支气管炎、弥漫性支气管炎。

②根据病程来分：急性和慢性支气管炎。

（3）发病情况。本病多发于年老体弱家畜，有气候变化剧烈时，秋冬早春多发。

（4）临床症状。

①病初：咳嗽为短、干，并有疼痛表现，3~4天后，咳嗽变为湿润、延长，疼痛也减轻，有时咳出痰液，多为连续、强咳（与肺炎区别：肺炎为湿音，半声），早上、傍晚、饲喂、饮水后严重，多由冷风刺激引起。

②鼻液多为浆液性：如继发腐败性感染，则为脓性。

③低热：不定型发热，一般升高0.5℃左右。

④呼吸困难：大支气管炎，不出现；细支气管炎，可出现呼吸困难，一般为呼气性困难，但也有混合性。

⑤听诊：肺泡呼吸音增强，捻发性啰音，吸气时：肺泡呼吸音，呼气时：支气管音，听到支气管呼吸音，则至少为肺炎，空气为声音的不良导体，支气管音正常时听不到，只有炎性渗出物充满肺与胸膜，才能听到吸气时的支气管音，即支气管呼吸音。

⑥触诊：触诊喉头或气管，其敏感性增高，常诱发持续性咳嗽。

⑦痰液检查：初期，多量脓细胞、少量白细胞、红细胞；后期，脓细胞减少，红细胞、白细胞增多。

⑧X光检查：支气管纹理增厚。

（5）治疗。

①平喘：0.1%麻黄素（喷雾或片剂）；复方异丙基肾上腺素液；阿托品：效果好，但易复发。

②祛痰剂：炎症渗出物黏稠，不易咳出时，可使用。如NH_4Cl，用3~5g。

③抗菌消炎：有病源微生物感染时用抗生素或磺胺药治疗。

3. 支气管肺炎

（1）概念。支气管肺炎是指个别的肺小叶或几个肺小叶的炎症，故又称小叶性肺炎（lobular pneumonia）。通常由于肺泡内充满由上皮细胞、血浆与白细胞组成的卡它性炎症渗出物，故也称为卡他性肺炎。临床特点：咳嗽、流涕、弛张热，肺部听诊有捻发性啰音；叩诊有散在性浊音。

（2）发病情况。本病为常见病、多发病，多发于年老体弱、幼年羊。约占呼吸道病的70%。

①原发性病因：引起支气管肺炎的发生，2个条件。一是机体屏障机能破坏。二是病原微生物毒力增强。导致局部地区散发性发病，所以，仅从体内分离出细菌，就认为是这种疾病，这种方法是错误的，发现本病，一定要作传染病处理，作隔离、消毒，以防病原扩散。

②继发性病因：支气管肺炎多是一种继发性疾病，通常是由支气管炎症蔓延，然后波及所属肺小叶，引起肺泡炎症和渗出现象，导致小叶性肺炎。继发于传染病、败血症等。

（3）临床症状。一是咳嗽，多为弱咳，单声（1~2声），初为干、短、后为湿长，疼痛性逐渐减轻；二是鼻液，初期为浆液性，后期为脓性、恶臭；三是有明显的全身反应，精神沉郁、食欲废绝；体温升高，中度发热，高1~2℃，弛张热型。由于各小叶的炎症不同时进行，首次升起的体温，可很快下降。每当炎症蔓延到新的小叶时，则体温升高；而当任何小叶的炎症消退时，则体温下降，但不会降到常温；四是呼吸困难，其程度随炎症范围的大小而有差异，发炎的小叶越多，则呼吸越浅越困难，呼吸频率增加；五是肺部检查，在病灶部分：病初肺泡呼吸音减弱，随病情发展，由于炎性渗出物阻塞了肺泡和细支气管，空气不能进入：从而肺泡呼吸音消失，可能听到支气管呼吸音；而在其他健康部位：则肺泡呼吸音亢盛；六是叩诊，小叶群发炎面积达到6~12cm，则可听到散在性浊音，浊音区周围，可听到过清音；七是X光检查有散在性阴影病灶；八是血液学检查，白细胞总数和嗜中性白细胞增多，并伴有核左移现象；

（4）诊断。根据有无发生支气管炎的病史和弛张热、听诊有捻发音，肺泡呼吸音减弱或消失、X光检查出现散在的局灶性阴影不难作出诊断。

（5）治疗。加强护理，注意营养，保持安静，肺炎病灶易扩散。

①病畜要注意休息，吸收期或适当运动，给予维生素A或B族维生素。

②抗菌消炎，镇咳祛痰　痰液较黏稠，不易咳出时用NH_4Cl：用10~20g。

③减少渗出，促进炎性渗出物吸收

钙制剂　注意：静注，不能皮下注射，如流入皮下或肌肉，可引起坏死。可用10%$MgSO_4$中和，用5%$CaCl_2$ 50mL。10%葡萄酸钙50~60mL静注，每天1次，连用2~3天。

激素　氢化可的松100mg肌注，或地塞米松20mg肌注。

④防止酸中毒发生：5%碳酸氢钠，40mL静注。

4. 大叶性肺炎

（1）概念。大叶性肺炎是指整个肺叶发生的急性炎症过程。因为炎性渗出物为纤维素性物质，故又称为纤维素性肺炎（fibrious pneumonia）或格鲁布性肺炎（croupous pneumonia）。临床特点表现：高热稽留，铁锈色鼻液，肺部的广泛性浊音区。

（2）病因。包括传染性和非传染性两种

①传染性病因：大叶性肺炎是一种局限于肺脏中的特殊传染病，如羊的巴氏杆菌感染，此外，绿脓杆菌、大肠杆菌、坏死杆菌、链球菌等都可引起大叶性肺炎的发生。

②非传染性病因：大叶性肺炎是一种变态反应性疾病。侵入肺脏的微生物，通常开始于深部组织，一般在肺的前下部尖叶和心叶。侵入该部的微生物迅速繁殖并沿着淋巴、支气管周围及肺泡间隙的结缔组织扩散，引起肺间质发炎；并由此进入肺泡并扩散进入胸膜。细菌毒素和炎症组织的分解产物被吸收后，影响延脑的体温中枢调节机能，可引起动物机体的全身性反应，如高热、心脏血管系统紊乱以及特异性免疫体的产生。

③病理变化：典型的炎症过程，可分为四个时期，即充血水肿期，红色肝变期，灰色肝变期，吸收消散期（溶解期），具体变化见动物病理学大叶性肺炎。

④症状：咳嗽、流鼻液，可见干咳、气喘，呼吸困难；铁锈色鼻液，这是由于红细胞中的血红蛋白在酸性的肺炎环境中分解为含铁血红素所致。如果这种渗出物在后期继续流出，是说明疾病处于进行性发展阶段；结膜黄染；高热稽留，病初，体温迅速升高，可达40~41℃甚至更高，并维持至溶解为止，一般为6~9日；脉搏的增加与体温的升高不完全

一致，体温升高 2~3℃时，脉搏增加 10~15 次（一般体温每升高 1℃，脉搏增加 8~10次）。血液学检查时白细胞总数增多，淋巴细胞比例下降，单核细胞消失，中性粒细胞增多。

⑤诊断：主要根据高热稽留、铁锈色鼻液，不同时期听诊和叩诊的变化作出诊断，血液学检查和 X 射线检查有助于诊断。但要注意与胸膜炎和胸疫的鉴别诊断。

⑥治疗：

A. 治疗原则　加强护理，消除炎症，控制继发感染，防止渗出和促进炎性产物的吸收。

B. 治疗措施

处方 1：

硫酸卡那霉素 按每千克体重 5~7.5mg 肌内注射，每日 2 次；

阿莫西林按每千克体重 4~7mg 注射用水 10~15mL，溶解后肌注，每日 2 次；

地塞米松 4~12mg 分为 2 次肌注或静注，连用 2~3 天。

处方 2：

a. 10%磺胺嘧啶钠：50mL。

40%乌洛托品：20mL。

10%氯化钙：20mL。

10 安呐咖：5mL。

10 葡萄糖：500mL。

一次静脉注射，连用 5~7 天。

b. 碘化钾 1~3g 或碘酊 3~5mL，拌在流质性饲料中灌服，每日 2 次。

⑦预后：如无并发症（如肺脓肿、坏疽、胸膜炎等），一般可治愈，若有溶解期或其后仍保持高温，或愈后反复升温，均为预后不良之兆。

（三）常见心血管系统疾病

1. 心肌炎

（1）概念。心肌炎是伴发心肌兴奋性增强和心肌收缩机能减弱为特征的心脏肌肉炎症。很少单独发病，常继发于各种传染病、脓毒败血症或中毒病。临床特征为

（2）分类。

①按病理过程来分：

心肌变性　以心肌纤维发生变性坏死为特征。

心肌炎症　心肌营养不良、兴奋性增高，收缩力量减弱

②按病程来分：急性心肌炎和慢性心肌炎

③按病因来分：原发性心肌炎、继发性心肌炎，但本病单独发生较少，大多继发或并发于其他疾病中。

（3）病因。可继发于白肌病（硒缺乏症）；口蹄疫可因急性心肌炎而死亡；风湿症心内膜花菜样增生；药物过敏可引起急性心肌炎，如青霉素、磺胺类药物、先锋霉素（头孢霉素）过敏等；败血症和中毒病。

（4）临床症状。心肌兴奋性增高，心跳加快，心音亢进，脉搏充盈、快，后期代偿失调而出现心力衰竭时呼吸困难，可视黏膜发绀。心性喘息，对称性水肿（多见于下垂部分，如胸前、颌下、垂肉等）。

（5）鉴别诊断。创伤性心包炎伴有心包磨擦音或心包拍水音，都出现垂肉水肿。

心肌炎：在查清病因时对因治疗，并休息、补充葡萄糖、钙制剂后水肿减轻。

2. 心包炎

（1）概念。心包的炎症及渗出过程称为心包炎。

（2）分类。

①根据病原分为：传染性心包炎（由细菌或病毒引起）和非传染性心包炎（又分为创伤性心包炎和非创伤性心包炎）。

②根据炎性渗出物的性质分为：一是浆液性心包炎；二是浆液性-纤维素性心包炎；三是纤维素性心包炎；四是腐败性心包炎。

（3）病因。

①传染性心包炎：由传染性胸膜肺炎、猪出血性败血症、猪丹毒、猪瘟等继发引起。

②非传染性心包炎：又分为创伤性心包炎和非创伤性心包炎，见于某些内科疾病，如感冒，上呼吸道感染、肺炎、化脓性胸膜炎、心肌炎、维生素缺乏症等。

（4）临床症状。发病2～3天内，体温升高1～2℃，热型为弛张热或稽留热，以后体温下降，恢复正常。但体温下降后脉搏仍旧加快，这种体温与脉搏不相一致的现象为创伤性心包炎的示病症状，具诊断价值。具特异的异常姿势，左侧肘头外展，不愿行走，忌左转弯，上坡容易下坡难，多立少卧，呈马的卧地起立姿势，保持前高后低姿势，正常颈静脉波动。水肿多发部位为垂肉、颌下、胸前，水肿液为淡黄色。

（5）诊断。根据静脉怒张、摩擦音、拍水音等可初步诊断。

（6）治疗。用钙剂，易好转。

3. 贫血

（1）概念。贫血指单位容积血液中红细胞数、血红蛋白量及红细胞比容（压积）值低于正常水平的一种综合征。贫血不是一个独立的疾病，而是多疾病共同出现的临床综合征。

（2）分类。

①按病因来分：分为溶血性贫血、出血性贫血、营养性贫血、再生障碍性贫血。

②按血色指数来分：分为高色素性贫血和低色素性贫血。

（3）病因。

①溶血性贫血：梨形虫病，钩端螺旋体病、马传贫等；某些细菌感染，如链球菌、葡萄球菌、产气荚膜杆菌引起的败备症，都可引起溶血性贫血。

某些中毒病，如汞、砷、铅、二氧化硫及氨中毒等，都可引起溶血；新生幼畜溶血性贫血。

②出血性贫血：见于血管受到损伤，如外伤、手术、内脏出血、肝脾破裂。

③营养性贫血：造血原料缺乏。蛋白质缺乏 是血红蛋白的主要成分，蛋白质缺乏时，可使骨髓造血机能降低，引起低色素性贫血；Fe缺乏：是最常见的一种贫血。铁在体内

有反复被利用的特点，一般不会引起机体缺铁。只有在以下情况下才会引起：铁需要量增高 如幼畜生长期、母畜妊娠或哺乳期，而饲料中缺铁，铁吸收障碍 如消化不良、胃酸缺乏、胆汁分泌和排泄障碍；铜缺乏，铜是红细胞形成过程中所必需的辅助因子。在血红蛋白合成及红细胞成熟过程中，铜起促进作用；钴缺乏，钴 是 VB12（钴胺素）组分，参与蛋白质和核酸合成，缺乏时细胞不能分裂，引起巨幼红细胞性贫血。

④再生障碍性贫血：是由于骨髓造血机能障碍引起的贫血，在血液中红细胞、白细胞和血小板同时减少。某些化学物质对骨髓造血机能有毒性抑制作用，如砷、苯、汞；某些药物，如氯霉素以及磺胺类。这些毒性物质不仅抑制红细胞生成，而且也可抑制白细胞及血小板的生成，使骨髓多能干细胞受到损害；物理损伤常为放射性损害，如 X 射线、同位素。可干扰骨髓干细胞 DNA、RNA 及蛋白质的合成，使红细胞的分裂受阻；骨髓肿瘤：如白血病、多发性骨髓瘤等，都可使骨髓造血机能降低或丧失，引起贫血。

（4）临床综合征。生长发育受阻或停滞，可视黏膜皮肤颜色苍白，红细胞减少，血红蛋白减少，红细胞比容值降低、血液稀薄、凝固不良，有间隙性下痢或便秘；严重贫血时，在胸腹部、下颌间隙及四肢末端水肿、体腔内积液，胃肠吸收和分泌机能降低，经常下痢；溶血性贫血可出现黄疸、衰弱，易出汗、疲劳或昏厥生活力和抵抗力下降，易继发感染。

（5）诊断。病史调查 查明病因或原发疾病。

（6）治疗。祛除病因，治疗原发病；止血压迫性止血或血管结扎。

①毛细血管出血：可用 1% 肾上腺素涂布。

②内出血可用止血药：安络血、VK$_3$、凝血酶等。

③输血：反复小剂量输血，可刺激骨髓造血机能。输血前最好做血凝试验，因血型不同时可发生抗原抗体反应，出现溶血。

④补充造血原料：如 Fe（血红蛋白）、Cu（铜蓝蛋白）、Co、VB$_{12}$、叶酸等。

提高血容量 用血浆代用品，如人造血浆或全血。

（四）泌尿系统疾病

1. 肾炎

（1）概念。肾炎是肾小球、肾小管和肾间质炎症的总称。临床上以泌尿机能障碍、肾区疼痛、水肿及尿内出现蛋白、血液、管型、肾上皮细胞等为特征。按病程分为急性肾炎和慢性肾炎。

（2）病因。

①急性肾炎：原发性急性肾炎很少见，继发性最常见的病因是感染、中毒

和某些传染病。如传染性胸膜肺炎、口蹄疫等是由于病毒或细菌及其毒素作用于肾脏引起，或是由于变态反应而引起；中毒性因素包括内源性中毒（如胃肠道炎症、大面积烧伤或烫伤）和外源性中毒（如采食了有毒植物或霉变饲料，或化学物质中毒，如汞、砷、磷等，有毒物质经肾排出时产生强烈刺激作用而发病）；继发于邻近器官的炎症，如膀胱炎、子宫内膜炎、阴道炎等；诱因：如受寒感冒。

②慢性肾炎：慢性肾炎由于病程长，常伴发间质结缔组织增生，致实质（肾小球、

肾小管）变性萎缩。其病因与急性肾炎相同，只是刺激作用轻微，持续时间长，引起肾的慢性炎症过程。急性炎症由于治疗不当或不及时，可转化为慢性肾炎或由变态反应引起。

（3）临床症状。肾区敏感、疼痛，表现腰背僵硬，步伐强拘，小步前进，少尿，后期无尿；频频做排尿姿势，但每次排出尿量较少；个别病例会有无尿现象，同时尿色变浓，比重增高，出现蛋白尿、血尿及各种管型，尿检发现，尿中蛋白质含量增高，尿沉渣中见有透明管型、颗粒管型或细胞管型；肾性高血压，动脉血压增高，动脉第二心音增强，脉搏强硬，病程延长时，出现血液循环障碍和全身静脉淤血现象；水肿不一定经常出现，在病的后期有时会出现，可见有眼睑、胸腹下或四肢末端发生水肿，严重时，伴发喉水肿、肺水肿或体腔积水；重症病畜的血液中非蛋白氮含量增高，呈现尿毒症症状。

（4）诊断。据是否患有某些传染病、中毒病、是否有受寒感冒的病史，结合临床症状，如肾区敏感疼痛，少尿或无尿、血尿，血压升高，水肿，尿毒症等初诊，确诊需做尿液检查。

（5）治疗。

①加强护理：注意营养，适当限制饮水和食盐饲喂量；

②抗菌消炎：用青、链霉素，磺胺类药物对肾毒性最大，饲喂时用小苏打，促使其排出；呋喃类药物最好用呋喃坦丁钠。

③免疫抑制疗法：应用免疫抑制剂促肾上腺皮质激素（ACTH），可促进肾上腺皮质分泌糖皮质激素而间接发挥作用，可抑制免疫早期反应，同时，有抗菌消炎作用，如醋酸泼尼松 、氢化可的松、醋酸可的松等静注或肌注。

④利尿消肿：当有明显水肿时，以利尿消肿为目的，应用利尿剂，如速尿、氯噻酮、双氢克尿噻，若严重水肿，用利尿药效果不好，可用脱水剂，如甘露醇或山梨醇静注；尿路消毒可根据病情选用尿路消毒药，如乌洛托品 ，本身无抗菌作用，内服后以原形从尿中排出，遇酸性尿分解为甲醛而起到尿路消毒作用。对症疗法，心力衰竭时用强心药，如安钠咖、樟脑、洋地黄；酸中毒时用碳酸氢钠静注，血尿时用止血剂，如止血敏等。

2. 尿石症

（1）概念。尿液中析出过饱和盐类结晶，刺激泌尿道黏膜，引起局部发生充血、出血、坏死和阻塞的一种泌尿器官疾病。临床特征为排尿障碍，严重时尿闭，有亚急性疼痛症状，膀胱破裂，尿毒症。

（2）分类。根据尿石形成和移行部位来分类，可分为四类

①肾结石：尿石形成的原始部位主要是肾脏（肾小管、肾盂、肾盏），肾小管内的尿石多固定不动，但肾盂尿石可移动到输尿管。

②输尿管结石。

③膀胱结石。

④尿道结石：尿石在公畜、母畜都可形成，但尿道结石仅见于公畜。

（3）病因

①饲料：饲喂高能量饲料大量给予精料，而粗饲料不足，可使尿液中粘蛋白、粘多糖含量增高，这些物质有黏着剂的作用，可与盐类结晶凝集而发生沉淀；饲喂高磷饲料，富

含磷的饲料有玉米、米糠、麸皮，棉壳、棉饼等，易使尿液中形成磷酸盐结晶（如磷酸镁、磷酸钙）；过多饲喂了含有草酸的植物，如大黄、土大黄、如蓼科、水浮莲等，易形成草酸盐结晶；有些地区习惯于以甜菜根、萝卜、马铃薯、青草或三叶草为主要饲料，易形成硅酸盐结石；饲料中 VA 或胡萝卜素含量不足时，可引起肾及尿路上皮角化及脱落，导致尿石核心物质增多而发病。

②与尿液 pH 值有关：碱性尿液易使草食动物发生慢性膀胱炎、尿液贮留、发酵产氨可使尿液 pH 值升高。磷酸盐和碳酸盐在碱性尿液中呈不溶状态，促进尿石形成；与饮水的数量、质量有关，饮水少，促进结石形成，多喝水，可预防尿石，硬水中矿物质多，易导致结石。

③甲状旁腺机能亢进：甲状旁腺素大量分泌，使骨中的钙、磷溶解，进入血液。

④感染因素：在肾和尿路感染的疾病过程中，由于细菌、脱落的上皮细胞及炎性产物的积聚，可成为尿中盐类晶体沉淀的核心。特别是肾炎，可破坏尿液中晶体与胶体的正常溶解与平衡状态，导致盐类晶体易于沉淀而形成结石。

⑤其他因素：尿道损伤、应用磺胺类药物等。

（4）临床症状。

①肾结石：有肾炎样症状：肾区敏感疼痛、腰背僵硬、步态强拘、血尿等。

②输尿管结石：家畜表现强烈疼痛，单侧输尿管结石不表现尿闭，直检可摸到阻塞上方一侧输尿管扩张、波动。

③膀胱结石：有时不表现任何症状，但多数表现频尿或血尿，如阻塞到颈部，则尿闭或尿淋漓。

④尿道结石：占 70%～80%，不完全阻塞时排尿痛苦、排尿时间延长，尿液呈线状、断续状或滴状流出，常常在发病开始时出现；完全阻塞时发生尿闭，病畜后肢叉开、弓背举尾，频频排尿但无尿液排出，尿道探诊时，可触及尿石所在部位，直检时膀胱膨满，体积膨大，富有弹性，按压无小便排出；严重者膀胱破裂，疼痛现象突然消失，表现很安静，似乎好转，腹围膨大，由于尿液大量流入腹腔，直检时腹腔内有波动感，但无膀胱，腹腔穿刺液有尿味，含蛋白。

（5）诊断。可根据临床症状、尿液检查、尿道探诊、外部触诊（指尿道结石）等的结果作出诊断。

（6）治疗。尿道口阻塞较多，对大的结石可施行尿道切开术取出结石，同时注意饲喂含矿物质少和富含维生素的饲料和饮水；对小的结石可给予利尿剂和尿道消毒剂，如双氢克尿噻、乌洛托品等，使其随尿排出；为防止膀胱破裂，应及时膀胱穿刺排除尿液；中药治疗应以清热利尿、排石通淋为原则，可参照处方：金钱草 30g　木通 10g　瞿麦 15g　萹蓄 15g　海金沙 15g　车前子 15g　生滑石 15g　栀子 10g　水煎去渣，候温灌服。

（7）预防。避免长期单调饲喂富含某种矿物质的饲料或饮水。钙磷比例应为（1.5～2）：1；粮中应补充足够的 VA，防止上皮形成不全或脱落；对泌尿系统疾病（如肾炎、膀胱炎）应及时治疗，以免尿液潴留；平时应适当地给予多汁饲料或增加饮水，以稀释尿液，减轻泌尿器官的刺激，并保持尿中胶体与晶体的平衡；对舍饲的家畜，应适当地喂给食盐或添加适量的氯化铵，以延缓镁、磷盐类在尿石外周的沉积。

二、绵羊营养代谢病的防治

动物营养代谢疾病学是研究动物营养物质（糖、脂肪、蛋白质）、矿物元素（常量元素及微量元素）、维生素等缺乏、不足、或过量而引起代谢障碍，从而出现的临床综合征。动物的营养代谢病很多，这里近几个常见的疾病做以叙述。

（一）硒、VE 缺乏症

1. 硒的发现和研究过程

1917 年：发现硒元素；1937 年：认为有剧毒，必须从饲料中除去；1950 年：认识是动物必需的营养元素；1963 年：确定硒缺乏是白肌病的病因，但机理尚不清楚；1973 年：认识硒是谷胱甘肽过氧化物酶的中心元素，缺乏后可引起该酶活性降低。

2. 硒、VE 缺乏症的发病原因

（1）土壤中硒含量。应大于 5mg/kg，如小于 5mg/kg，则为缺硒地区，多见于以下几种土壤：一是酸性土壤。酸性土壤中含丰富的铁，铁与硒结合形成硒酸铁，影响硒的吸收；二是火山形成岩，硒被挥发；三是见于密集灌溉，造成硒流失；四是煤燃烧放出硫，散落于土壤中，造成土壤中硒与硫不平衡，影响硒的吸收。

（2）饲料中硒缺乏。饲料中含硒量应达到 0.1 ~ 0.15mg/kg（国标），实际要加到 0.3 ~ 0.4mg/kg，一般认为 0.06mg/kg 为临界水平，低于 0.06mg/kg，则硒缺乏。禾本科植物中缺硒，如玉米，只含 0.01 ~ 0.02mg/kg；豆科植物富硒。如苜蓿、黄芪（黄芪补气是因为富硒）、小花棘豆（其中毒初以为是硒中毒，后查明为生物碱中毒）

（3）饲料中 VE 缺乏。饲料中 VE 含量要达到 25mg/kg，此时生长发育最快，如 VE 含量小于 5mg/kg，则认为是 VE 缺乏。一是青饲料缺乏，青饲料，尤其是胚芽中 VE 含量丰富；二是饲料中含过多的不饱和脂肪酸，可使 VE 破坏；三是饲料贮存不当，贮存时间过长，VE 易氧化而失效，玉米放半年以上则有 50% 被破坏，贮存、堆积、发酵使 VE 破坏；四是生长发育快，或妊娠、泌乳，使 VE 需要量增高。

3. 发病机理

（1）硒的生理作用。

①硒和 VE 为生理性抗氧化剂：可使组织免受体内过氧化物的损害而对细胞起保护作用，正常机体中的不饱和脂肪酸，会发生过氧化作用而产生过氧化物，过氧化物对细胞、亚细胞（线粒体、溶酶体等）的脂质膜产生破坏作用。轻者变性，重者坏死，体内有一种酶可以促进过氧化物分解，阻止它对脂质膜的毒性作用，这种酶就是谷胱甘肽过氧化物酶（GSHPx），GSHPx 由四个亚单位组成，每个亚单位含有 1 个硒原子，所以，硒是 GSHPx 的活性元素。硒缺乏后该酶活性下降，补硒后该酶活性增高。

②VE 的生理作用：VE 为生理性的抗氧化剂，可保护脂质膜中的不饱和脂肪酸不被氧化。

③硒与 VE 两者有协同作用：但硒的抗氧化作用要比 VE 大 7 000 ~ 10 000 倍，当硒与

VE缺乏后，不饱和脂肪酸发生过氧化作用所产生的过氧化物对细胞和亚细胞脂质膜产生毒作用，脂质膜最丰富的器官如脑、心肌、肝、肌肉、肾等，最易受到损害，从而出现一系列的症状。

4. 病型

发现有40多种动物可发生此病，病型及病变有20多种，幼畜病变以白肌病为主，称为"肌肉营养不良"，成畜以繁殖性障碍为主，表现流产、死胎。

5. 治疗与预防

本病在缺硒地区尤其要以预防为主，按照不同的制剂在饲料或饮水中补充，主要用亚硒酸钠。一旦发生硒缺乏症，可采用亚硒酸钠口服或肌注治疗，也可用亚硒酸钠-VE肌注治疗有良好效果。

（二）钙磷缺乏症

1. 骨质软化症

（1）概念。骨质软化症是成年动物由于钙磷代谢障碍引起的骨营养不良，包括骨软症和纤维性营养不良，羊多见于骨软症。

（2）病因。钙磷不足或比例失调；维生素D不足；饲料中其他成分影响；继发因素。

（3）症状。顽固性消化不良；运动障碍；骨变形。

（4）诊断要点。病时调查发现日粮配合不合理或其他继承发因素；运动障碍，骨变形；饲料化验发现钙磷不足。

（5）治疗。骨软化症以补磷为主，维性营养不良以补钙为主；对症治疗以调整胃肠机能促进消化吸收，用安乃近，安痛定等药物止痛．卧地不起要垫8～10cm的垫草防止疮。

（6）预防。加强饲养管理，注意日粮配合，给予充足钙磷合理的比例。

2. 佝偻病

（1）概念。佝偻病是幼龄动物由于维生素D不足或钙磷代谢引起，临床特征是消化紊乱，异嗜癖，跛行及骨骼变形，常见于犊羊，羔羊等。

（2）病因。病因是动体内钙磷不足或比例失调，维生素缺乏所致。

（3）症状。消化障碍；运动障碍；骨变形：长骨变形，呈"X"腿或"O"型腿。

（4）诊断要点。年龄和饲养管理情况，运动障碍，骨变形。

（5）治疗。补充维生素D 1 500～3 000IU/kg体重肌内注射，补钙：骨粉羊5～10g内服。

（三）绵羊异食癖

（1）概念。绵羊异食癖是由于代谢机能紊乱，摄取正常食物以外的物质的多种疾病的综合征。临床上以舔食、啃咬异物为特征。多发生于冬季和早春舍饲的羊只。

（2）病因。一般认为是绵羊机体内矿物质和维生素不足，引起盐类物质代谢紊乱所致。绵羊食毛症可能与含硫氨基酸和矿物质缺乏有关。

（3）症状。病初食欲缺乏，消化不良，继而出现异食现象。病羊常舔食墙壁、饲槽、粪尿、垫草、石块、煤渣、破布等异物。皮肤干燥，弹力减弱被毛松乱，磨牙，弓腰，畏寒发抖，贫血、消瘦，食欲逐渐恶化，尤其是互相啃咬身上的被毛而粪毛球阻塞幽门或肠道引起阻塞性疾病，或在寒冷的季节引起大批死亡。

（4）诊断。根据临床症状可初步诊断，确诊需要采集当地土壤进行矿物质化验，确定缺乏的元素方可确诊。

（5）治疗。注意防寒，尤其在寒冷季节；改善日粮，日粮中添加乳酸钙1g/只动物，复合维生素B 0.2g，葡萄糖粉1g铬，镍，钴适量，能化验出缺乏的元素更好，可根据实际情况将缺乏物质加入植物秸秆，配合其他矿物质制作颗粒饲料，定时饲喂有良好治疗和预防效果。

（四）其他矿物质缺乏

1. 缺锌

（1）病因。饲料中缺锌；饲料中其他成分影响．其他因素。

（2）症状。生长发育迟滞，皮肤角化不全．骨骼发育异常，繁殖机能障碍，被毛质量差。

（3）治疗。硫酸锌1～2mg/kg体重，肌肉注射或内服1次/每天，连用10天。

（4）预防。保证日粮中含有足够的锌，并适当限制钙的水平。

2. 反刍兽低血镁搐搦

（1）病因。牧草含镁量不足；镁吸收减少；天气因素。

（2）症状。

①急性型：惊恐不安，停止采食，盲目疾走或狂乱奔跑，行走时前肢高提，四肢僵硬，步态踉跄，常跌地，倒地后口吐白沫，全身肌肉强直。

②亚急性型：频频排粪，排尿，头颈回缩，有攻击行为。

③慢性型：病初症状不明显，数周后出现步态强拘，后躯踉跄，上唇，腹部，四肢肌肉震颤，感觉过敏，后期感觉失，陷于瘫痪状态。

（3）治疗。10%氯化钙成年动物100～150mL，犊牛和羊10～20mL；10%葡萄糖500～1 000mL静注。

（五）维生素缺乏症

1. 维生素B缺乏

（1）维生素B_1缺乏。表现厌食，多发性神经炎症，表现出"观星姿势"。

（2）维生素B_2缺乏。表现足趾内弯，飞节着地，行走困难。

（3）维生素B_{12}和叶酸缺乏。主要表现恶性贫血。

防治以补充维生素B族和改善营养为主。

2. 维生素E缺乏症

维生素E缺乏是以脑软化，渗出性互助质般营养不良为特征，治疗见硒缺乏症。

3. 维生素A缺乏症

（1）病因。饲料中维生素A和维生素A源不足，饲料中其他成分的影响，继发因素。

（2）症状。夜盲症、干眼病、神经症状。

（3）治疗。补充维生素 A，改善饲养，对症治疗。

三、绵羊中毒病的防治

本节掌握急性中毒的一般症状及处理措施，了解发生急性中毒病的原因和预防方法。在各类中毒病中以亚硝酸盐中毒、氢氰酸中毒、青杠叶中毒有机磷农药中毒、食盐中毒的毒理、症状、治疗与预防。

1. 亚硝酸盐中毒

（1）概念。动物因食用含多量硝酸盐或亚硝酸盐的饲料而引起的中毒。临床上以可视黏膜发绀、呼吸困难并迅速窒息死亡为特征。也称为"肠源性青紫症"，因本病是通过消化道途径发生，引起皮肤、口腔黏膜呈青紫色。临床特征：采食后突然发病死亡，口吐白沫，呕吐，呼吸困难，可视黏膜发紫，血液呈暗红色（或咖啡色）。各种动物都能发生，但不同动物对亚硝酸盐的敏感性不一样，猪>牛>羊>马，家禽和兔也可发生，本病一年四季皆可发生，但以春末、秋冬发病最多。

（2）病因。

①加工调制不当：烧的半生不熟，焖煮过夜（灶下有余火），再来喂动物，很容易引起亚硝酸盐中毒。

②有一定的湿度：通过硝化细菌的作用（如大肠杆菌、梭状芽孢杆菌），可使硝酸盐还原为亚硝酸盐。如堆积发酵或霉烂。

③反刍动物：其瘤胃内的理化和生物条件都适合，硝酸盐在瘤胃内纤毛虫作用下还原为亚硝酸盐。

④其他原因：饮用硝酸盐含量过高的水，如过施氮肥地区的井水或附近的水源，水中的 NO_3^- 含量超过 $200\sim500mg/L$，即可引起牛、羊中毒。咸菜：盐少或浸泡时间过长，也可产生亚硝酸盐。

（3）临床症状。中毒病牛羊采食后 1~5 小时发病，发病延迟可能系瘤胃中硝酸盐转化为亚硝酸盐之故。表现显著不安，呈严重的呼吸困难，脉搏急速细弱，全身发绀，体温正常或偏低，躯体末梢部位冰凉，耳尖、尾端的血管中血液量少而凝滞，在刺破时仅渗出少量黑褐色血液，尚可能出现流涎、疝痛、腹泻，甚至呕吐等症状。

（4）诊断。根据有饲喂大量腐烂变质或加工不当的青料病史和呕吐、腹泻、抽筋、黏膜发紫做出初步诊断。确诊需做血液中变性血红蛋白的测定，振荡试验：抽取静脉血 5mL 观察，如为亚硝酸盐中毒，血液中有大量 MHb，故颜色呈酱油色，在空气中用力振荡 15 分钟，血液颜色仍不变。正常者在振荡中遇氧即变为鲜红色。但如加有抗凝剂，在 5~6 小时后才变为鲜红色，一般有 10% 左右的红细胞血红蛋白变为 MHb，如变为 40%，则中毒；如 60%，则死亡。

（5）治疗。治疗原则：使高铁血红蛋白还原为氧合血红蛋白 $MHb \rightarrow HbO_2$。

①美兰：用于用于反刍兽的剂量约为 20mg/kg，如静注有困难，也可改为皮下注射，

但剂量要大 1 倍。

②甲苯胺蓝：疗效较高，用量 5mg/kg，配成 5%，静注或肌注。

③其他治疗方法：吃下饲料不久，刚出现症状，还可立即服用 0.05%~0.1% 的高锰酸钾溶液 500~600mL，可使瘤胃中残存的亚硝酸盐变为硝酸盐。

2. 有机磷农药中毒

（1）概念。有机磷农药中毒是由于接触、吸入或采食了某种有机磷制剂所引致的病理过程，以体内的胆碱酯酶活性受抑制、从而导致神经生理机能的紊乱为特征。临床特征为瞳孔缩小，分泌物增多，肺水肿，呼吸困难，肌肉发生纤维性震颤（痉挛）。

（2）病因。有机磷农药是一类毒性很强的接触性神经毒，经消化道和皮肤可引起中毒，中毒的主要原因如下。

①采食了被有机磷农药污染的饲料，用盛装过农药的容器存放饲料或饮水，农药与饲料混杂装运，饲料库内或附近存放、配制或搅拌农药。

②应用有机磷农药不当，敌百虫治疗癣病用 3% 浓度，治蛔虫用 0.1g/kg。

③呼吸道途径吸入引起中毒，如喷雾消毒时发生。

（3）临床症状。

①毒蕈碱样作用：当机体受毒蕈碱的作用时，表现为肺水肿，出现呼吸困难而窒息死亡，流口涎、眼泪、鼻液等，瞳孔缩小，甚至失明；开始尿频，膀胱括约肌发生痉挛性收缩；后来出现尿闭：膀胱括约肌麻痹。腹泻、腹痛和呕吐，羊发生急性瘤胃臌气。

②烟碱样作用：表现为肌纤维震颤、呼吸困难、血压上升，肌紧张度减退，兴奋不安、狂暴、全身痉挛，心跳加快、变弱。

③诊断：根据病史调查、临床特征和病理剖检（真胃内有大蒜味）不难诊断。

④治疗：必须注意"早"治，"快"治，稍有延误，虽非常有效的治疗，也无法挽救，应立即用特效解毒剂，解磷定、氯磷定、双解磷、双复磷等隔 2~3 个小时注射 1 次，最好静脉注射，也可肌肉注射，直至解除毒性为止。急性中毒，一定要配合应用阿托品，以拮抗胆碱酯酶作用。

3. 其他中毒病

（1）食盐中毒。主要由于食物中加入过量的食盐导致中毒，表现胃肠炎、脑水肿及神经症状为特征。治疗时饮用淡水，通常采用对症治疗，给予钙剂、利尿剂、镇静剂，同时，缓解脑水肿和降低颅内压，可用甘露醇、高渗糖等静脉注射。

（2）龙葵素中毒。由于采食含有龙葵素的马铃薯引起，出现神经症状、胃肠炎和皮肤湿疹为特征。治疗时采用洗胃、镇静、灌肠（0.1% 高锰酸钾）、灌服吸附性止泻剂（如鞣酸蛋白、药用炭等），同时，静注 5% 糖盐水或 5%~10% 葡萄糖注射液以增强肝脏的解毒功能。

（3）氢氰酸中毒。由于绵羊采食富含大量氰苷的青饲料引起，主要表现呼吸困难、震颤、惊厥等的组织中毒性缺氧症。富含氰苷的食物如小麦、青稞等的青苗，杏、枇杷、桃等的叶片和种子内。治疗时用特效解毒剂亚硝酸钠 0.1~0.2g，配成 5% 的溶液静脉注射，随后静注 10% 硫代硫酸钠 10~30mL。

（4）青杠叶中毒。以绵羊采食大量的青杠叶发生少尿或无尿、腹下水肿及便秘为特征的疾病。该病有一定的季节性，多在每年清明节前后饲料缺乏时，而青杠又很早发芽，羊在饥饿情况下大量采食引起中毒。治疗时要促进胃内毒物的排除，可用3%食盐水800~1 000mL瘤胃注射，或莱菔子油150~250mL，加鸡蛋清3~5个灌服。解毒选用硫代硫酸钠5~8g，配为5%~10%溶液静脉注射，一日1次，连用2~3天。同时，强心、利尿、消肿，可用10%葡萄糖300~500mL，10%安呐咖5mL，静注，一日1次，连用3~5天。

四、绵羊寄生虫病的防治

绵羊的主要寄生虫病：片形吸虫病、脑多头蚴病、胃肠道线虫病、羊狂蝇蛆病、莫尼茨绦虫病、外寄生虫病、焦虫病等。

1. 球虫病

由孢子虫纲真球虫目艾美尔科的各种球虫引起的畜禽一种流行性寄生虫病。特征是消瘦、贫血、血痢和发育不良。牛、羊易感，对羔羊的为害性大。该病呈地方性流行，有一定季节性，多发生在多雨潮湿的5—8月。

（1）症状。成年羊感染症状不明显，2~6月龄小羊易发病。病羊精神不振，食欲减退或消失，渴欲增加，被毛粗乱，可视黏膜苍白，腹泻，粪便中常混有血液、剥脱的黏膜和上皮，有恶臭，含有大量卵囊。

（2）治疗。可选用以下药物有效。

①氨丙啉：25mg/kg体重，1次口服，连用14~19天。

②磺胺二甲基嘧啶：80mg/kg体重，1次口服，连用3~5天。

③磺胺喹噁啉：60mg/kg体重，1次内服，连用3~5天。

④球痢灵：50~70mg/kg体重，混入饲料中喂给，连用5~7天。

⑤硫化二苯胺：0.4~0.6g/kg体重，每天口服1次，连用3天后停药1天，再服3天。在使用以上一种药物治疗的基础上，临床上配合止泻、强心和补液等对症治疗。

（3）预防。加强饲养管理，搞好羊圈及环境、用具的消毒。成年羊和羔羊最好分群饲养。定期进行药物全群预防。

2. 肝片吸虫病

本病是由片形科、片形属的肝片吸虫寄生在牛羊的胆管和肝脏内所引起的，表现为急性或慢性肝炎、胆管炎等症。以精神萎靡，食欲减退，腹泻，贫血，消瘦及水肿为特征的一种病。夏秋季常流行，为害较大。

（1）症状。感染虫数少。饲养条件好，羊抵抗力强时，一般不表现症状，但感染虫数多，羊抵抗力弱时，则可引起急性或慢性肝炎等症。急性型表现为急性肝炎。病畜体温升高，疲倦，食欲废绝，腹泻，贫血，黏膜苍白，眼睑、颌下、腹胸下发生水肿，周期性腹胀，便秘与下痢交替发生。严重病例，肝脏受到严重创伤，出血流入腹腔，形成腹血症死亡。

（2）治疗。可选用以下药物治疗。

①丙硫咪唑（抗蠕敏）：按每千克体重 15mg，1 次灌服，对成虫有良效，幼虫效果较差。

②硝氯酚（拜耳 9015）：每千克体重 4~5mg，灌服，或针剂按 0.75~1.0mg，深部肌注，对成虫有效，幼虫无效。

③三氯苯哒唑（肝蛭净）：每千克体重 12mg，配为 5%悬液或含 250mg 的丸剂口服，对成虫、幼虫均有效。

④四氯化碳与液状石蜡等量混合：摇匀后，成年羊每次肌注 34mL，小羊 12mL。

⑤碘硝酚腈：按每千克体重 15mg，皮下注射或按每千克体重 30mg 一次性口服。

（3）预防。

①避免到潮湿和沼泽地放牧，不让羊饮沟里或坑里的死水。

②每年春秋各进行 1 次预防性驱虫。

③用硫酸铜或生石灰灭螺。

④处理粪便，堆肥发酵以杀灭虫卵。

3. 梨形虫病

本病是梨形虫寄生于绵羊血细胞中所致的寄生虫病。各种年龄的羊均可感染。主要感染绵羊的病原有发现于四川省甘孜藏族自治州的莫氏巴贝斯虫和流行于四川、甘肃和青海等省的山羊泰勒虫。本病的发生季节性较强，并呈地方流行性，经蜱吸血传播，其流行季节与蜱的活动有明显的一致性。

（1）症状。突发稽留高热，40~42℃，精神差，反刍停止，食欲减退或消失，便秘或下痢，出现血红蛋白尿，呈贫血、黄疸，随着贫血现象增剧，心脏机能逐渐衰弱，伴发胸前、腹下及肺水肿，呼吸极度困难，鼻孔流出大量黄白色泡沫状液体，精神高度沉郁，最后卧地不起，陷入昏迷而死。

（2）治疗。可选用以下药物治疗。

①贝尼尔（血虫净、三氮脒）：每 kg 体重 7mg，配成 7%溶液，每天 1 次深部肌内注射，连用 3 天，若血液中感染虫数不降，还可再用 2 天。

②黄色素（吖啶黄、锥黄素）和阿卡普林（盐酸喹啉脲）合用：第一至第二天用黄色素，按每千克体重 3~4mg，配为 0.5%~1%溶液静脉注射，一日 1 次，第三天用阿卡普林，按每千克体重 0.6~1mg，配为 5%溶液皮下注射，每天用药 1 次。

③咪唑苯脲：按每千克体重 1~3mg，配为 10%溶液肌肉注射，对各种梨形虫均有良好效果。

④辅助治疗：输血或静注 5%葡萄糖生理盐水、维生素、安钠咖等。

（3）预防。关键在于灭蜱。

①消灭牛、羊体表上的蜱：用 5%液体敌百虫液喷洒羊体表，每月 3 次。

②消灭圈舍内的蜱：可用敌百虫等杀虫药物对圈舍墙壁缝隙等进行喷洒。

③在发病季节：对羔羊注射贝尼尔、咪唑苯脲等预防。

4. 羊仰口线虫病（钩虫病）

本病分布普遍，成虫吸血对羊危害甚大，引起以贫血为特征的寄生虫病。由于虫体前端稍向背侧弯曲，如一小钩，故称钩虫，由它引起的疾病称为钩虫病。

（1）症状。钩虫主要以吸食血液、血液流失和毒素作用及移行引起的损伤，表现渐进性贫血、严重消瘦、下颌水肿、顽固性下痢，排黑色稀粪，带血，体重下降，羔羊发育受阻，有时出现神经症状，最后因恶病质而死亡。

（2）治疗。

①左旋咪唑：皮下或肌肉注射，羊为5mg/kg体重。

②伊维菌素（害获灭）：羊为0.2mg/kg体重，一次性口服或皮下注射。

③敌百虫、噻苯咪唑、硫化二苯胺：该药物都有较好驱虫作用。

（3）预防。

①预防性驱虫：一般春秋各进行1次。

②在严重流行地区：要将硫化二苯胺混于精料或食盐内自行舔服，持续2~3个月，有较好预防效果。

③加强管理：尽可能避开潮湿草地和幼虫活跃的时间放牧。建立清洁的饮水点，合理地补充精料和无机盐，全面规划牧场，有计划地进行分区轮放，适时转移牧场。

5. 羊螨病

羊螨病是由疥螨和痒螨寄生在体表而引起的慢性寄生性皮肤病，以接触感染、剧痒和各种皮炎为特征，螨病又称为疥癣、疥疮、骚、癞等。

（1）虫体特点和生活史。

①疥螨：疥螨寄生于皮下角化层下，并不断在皮内挖凿隧道，虫体即在隧道内不断发育和繁殖。疥螨的成虫形态特征：虫体小，长0.2~0.5mm，肉眼不易见到；体和圆形，浅黄色，体表生有大量小刺，前端口器呈蹄铁形；虫体腹面前部和后部各有两对粗短的足，后两对足不突出于体后缘之外，每对足上均有角化的支条。

②痒螨：寄生于皮肤表面。虫体呈长圆形，较大，长0.5~0.9mm，肉眼可见。口器长，呈圆锥形。4对足细长，尤其是前两对更为发达。雌虫第一、第二、第四对足有细长的柄和吸盘，柄分3节雌虫第三对足上有两根长刚毛，尾端有两个尾突，在尾突前方腹面上有两个性吸盘。疥螨与痒螨的全部发育都是在宿主体上度过，包括虫卵、幼虫、若虫和成虫4个阶段，其中，雄螨有1个若虫期，雌螨有2个若虫期。疥螨的发育是在羊的表皮内不断挖掘隧道，并在隧道中不断繁殖和发育，完成一个发育周期约需8~22天。痒螨在皮肤表面进行繁殖和发育，完成一个发育周期性约10~12天。本病的传播是由于健畜与患畜直接接触，或通过被螨及其卵所污染的厩舍、用具的间接接触引起感染。

（2）诊断要点。该病主要发生于冬季和秋末、春初。此季节光照不足，被毛密而厚，皮肤湿度大，圈舍阴暗拥挤，有利于螨的繁殖和传播。发病时，山羊（由疥螨引起）病一般始发于皮肤柔软且毛稀短的部位，如嘴唇、口角、鼻面、眼圈及耳根部，在皮肤角层下挖掘隧道，食皮肤，吸吮淋巴液，以后皮肤炎症逐渐向周围蔓延；痒螨（绵羊多发）病则始于被毛稠密和温度、湿度比较恒定的皮肤部部位，在皮肤表面移行和采食，吸吮淋巴液，引起皮肤剧痒。如绵羊、多发生于背部、臀部及尾根部，以后才向体侧蔓延。夏季光照充足，毛短稀小皮肤干燥，不利于螨的生长繁殖。

（3）临床症状。该病初发时，因虫体小刺、刚毛和分泌的毒素刺激神经末梢，引起剧痒，可见病羊不断在圈舍干墙栏柱等处磨擦；阴雨天气、夜间、通风不好的圈舍以及随病情的加重，痒觉表现更为剧烈；由于患羊的磨擦和啃咬，患病皮肤出现丘疹、结节、水疱，甚至脓痂，以后形成痂皮和龟裂。绵羊患疥螨病时，因病变主要局限在头部，病变部皮肤如干涸的石灰，固有"石灰头"之称。发病后患羊因终止啃咬和磨擦患部，烦躁不安，影响正常的采食和休息，日渐消瘦，最终不免极度衰竭而死亡。实验室检查，根据羊的症状表现及流行情况，刮取皮肤组织查找病原，以便确诊。

（4）防治。治疗方法及注意事项如下。

①注射或口服药物疗法：可选用伊维菌素或阿维菌素，剂量按每千克体重 0.2mg，口服或皮下注射。涂药疗法适合于病羊数量少，患部面积小的情况，可在任何季节应用，但每次涂药面积不得超过体表的 1/3。可用药物如：一是克辽林擦剂：克辽林 1 份，软肥皂 1 份、酒精 8 份调和即成。二是 3% 敌百虫溶液：来苏尔 5 份，溶于温水 100 份中，再加入 3 份敌百虫即成。此外，亦可用溴氰菊酯（倍特）、双甲脒、巴胺磷等药物。按说明书涂擦使用。

②药浴疗法：适用于病羊多且气候温暖和季节，也是预防本病的主要方法。药浴时，药液可选 0.025%～0.030% 林丹乳油水溶液，0.05% 蝇毒磷乳剂溶液，0.5%～1.0% 敌百虫水溶液，0.05% 辛硫磷乳油水溶液，0.05% 双甲脒溶液等。

③治疗时的注意事项：为使药液有效杀灭虫体，涂擦药物时应剪除患部周围的被毛，彻底清洗并除去痂皮及污物。大规模药浴最好选择绵羊剪毛后数天进行。药浴温度按药物种类所要求的温度予以保持，药浴时间应维持 1 分钟左右，药浴时，应注意羊头的浸浴。

大规模治疗时，应对选用的药物需做小群安全试验。药浴前让羊饮足水，以免误饮药液。工作人员亦应注意自身的安全保护。

因大部分药物对螨的虫卵无杀灭作用，治疗时可根据使用药物情况重复用药 2～3 次，每次间隔 5 天，方能杀灭新孵出的螨虫，达到彻底治愈的目的。预防每年定期对羊群进行药浴，可取得预防双重效果；加强检疫工作，对新、购进的羊应隔离检查后再混群；经常保持圈舍的卫生、干燥和通风良好，定期对圈舍和用具清扫和消毒，0.5% 敌百虫喷墙；80℃以上 20% 的热石灰水消毒，对患畜应及时隔离，治疗，可疑患畜应隔离饲养；治疗期间，应注意对饲养人员、圈舍、用具同时进行消毒，以免病原散布，不断出现重感染。

新灭癞灵释成 1%～2% 的水溶液刷洗患部；用 0.05% 的辛硫磷或螨净治疗。药浴在剪毛后部 5～7 天进行。秋季再浴 1 次。

④药浴注意事项：准备好中毒抢救药品（镇静剂、阿托品、强心剂、氢化可的松等），及药浴药品；选择平坦、背风、温暖处进行；小群试验；浴前充分饮水，不加入肥皂水、苏打水等碱性物质，防增加毒性；及时补加药量；浴 1 分钟；注意人畜安全；发现中毒症状，立即抢救。药浴水不能乱排，防止鱼类中毒。

6. 硬蜱

硬蜱是寄生于绵羊体表的一种寄生虫，分布广泛，种类繁多，宿主范围广，对人畜健康为害很大。硬蜱呈卵圆形，褐色，芝麻大到米粒大，雌蜱饱血后膨胀到蓖麻籽大。

（1）流行特点。硬蜱有明显季节性，多数在温暖季节活动，由于寻找宿主吸血，绝大多数种类生活在野外，也有少然寄居在畜舍或畜圈周围。多寄生于宿主皮肤柔薄而少毛部位，吸血时间较长，一般不离开宿主。有越冬和耐饥的能力。

（2）危害。吸血时咬伤皮肤引起发炎，绵羊出现消瘦、贫血或造成蜱性瘫痪（毒素的作用），多量寄生可致使病畜衰竭，又可传播很多为害严重的动物血液原虫病、细菌病、病毒病和立克次氏体等传染性疾病，是一种重要的自然疫源性疾病和人畜共患病。

（3）防治。因地制宜采取综合性防治措施，人工捕捉或使用杀虫剂可有效灭蜱，每千克体重 20~50mg 溴氰菊酯（倍特）、250mg 嗪农（螨净）、50~250mg 巴胺磷（赛福丁）、250~500mg 双甲脒喷涂、药浴或洗刷杀灭畜体上的蜱，也可用伊维菌素皮下注射；日常加强对畜舍和外界环境的灭蜱，尽量做到避蜱放牧或使用驱蜱剂；现在也采用人工培养的无生殖能力的雄蜱进行生物学灭蜱。

7. 肺丝虫病

本病是肺丝虫寄生于绵羊肺脏、支气管中所引起的以阵发性咳嗽，流黏性鼻液及呼吸困难为特征的一种寄生虫病。主要病原有网尾科的胎生网尾线虫和丝状网尾线虫（寄生于气管和细支气管，属于大型肺线虫）和原圆科的柯氏原圆线虫和毛样缪勒线虫（寄生于肺泡、毛细支气管和肺实质等处，属于小型肺线虫）。

（1）症状。轻者咳嗽，特别在被驱赶和夜间休息最为明显，重者呼吸迫促，咳嗽频繁而剧烈，流黏液性鼻涕。食欲减退，被毛粗乱，精神沉郁，逐渐消瘦，一般体温没有变化，当并发感染肺炎时，体温升高，头和四肢水肿，最后因肺炎或严重消瘦死亡。

（2）治疗。

①丙硫咪唑：10~15mg/kg 体重，一次性灌服。

②左旋咪唑：8~10mg/kg 体重，1 次内服。

③伊维菌素或阿维菌素：0.2mg/kg 体重，口服或皮下注射。

（3）预防。

①每年定期驱虫 2 次，药物以左旋咪唑，丙硫咪唑最佳。

②加强羊饲养管理，饮水清洁，不饮池塘死水。

③有条件对粪便堆肥发酵以消灭病原和进行轮牧。

④尽量将羔羊和成年羊分群放牧，以保护羔羊少感染病原。

8. 双腔吸虫病

双腔吸虫病是由双腔科双腔属的矛形双腔吸虫和中华双腔吸虫寄生于绵羊的胆管和胆囊所引起的一种寄生虫病，常和片形吸虫混合感染。主要发生于牛、羊、骆驼等反刍动物，其病理特征是慢性卡他性胆管炎、胆囊炎、肝硬化和代谢障碍与营养不良。

（1）病原。矛形双腔吸虫比片形吸虫小，色棕红，扁平而透明；前端尖细，后端较钝，因呈矛形而得名。虫体长 5~15mm，宽 1.5~2.5mm。矛形双腔吸虫在发育过程中需要两个中间宿主，第一中间宿主为多种陆地螺（包括条纹蜗牛和枝小丽螺），第二中间宿主为蚂蚁。当易感反刍兽吃草时，食入含有囊蚴的蚂蚁而感染，幼虫在肠道脱囊，由十二指肠经胆总管到达胆管和胆囊，在此发育为成虫。

（2）症状。双腔吸虫病常流行于潮湿的放牧场所，无特异性临床表现。疾病后期可出现可视黏膜黄染，消化功能紊乱，从而出现腹泻或便秘，病羊逐渐消瘦、贫血、皮下水肿，最后因体质衰竭而死亡。

（3）诊断。生前取粪便做虫卵检查，死后诊断以胆管和胆囊中发现大量虫体即可确诊。

（4）防治。预防矛形双腔吸虫的原则是对患羊在每年的秋末冬季驱虫，消灭中间宿主可用人工捕捉或草地放养鸡，并避免牛吞食含有蚂蚁的饲料。

治疗该病常选用的药物如下。

①吡喹酮：按60~70mg/kg体重一次性口服。

②海涛林（三氯苯丙酰嗪）：按每40~50mg/kg体重，一次性口服。

③六氯对二甲苯（血防846）：按200~300mg/kg体重，一次性口服。

④丙硫咪唑：按30~40mg/kg体重，一次性口服。

9. 棘球蚴病

棘球蚴病也称包虫病，是由寄生于狗、狼、狐狸等肉食动物小肠的细粒棘球蚴等多种幼寄生于牛、羊、人等多种哺乳动物的肝脏、肺脏等内而引起的一种为害极大的人兽共患寄生虫病。主要见于草地放牧的牛、羊等。

（1）病原。在犬等的小肠内的棘球绦虫很细小，长26mm，由一个头节和34个节片构成，最后一个体节较大，内含多量虫卵。含有孕节或虫卵的粪便排出体外，污染饲料、饮水或草场，牛、羊、猪、人食入这种体节或虫卵即被感染。虫卵在动物或人这些中间宿主的胃肠内脱去外膜，游离出来的六钩蚴钻入肠壁，随血流散布全身，并在肝、肺、肾、心等器官内停留下来慢慢发育，形成棘球蚴囊泡。肉食动物如吞食了含有棘球蚴寄生的器官，每一个头节便在小肠内发育成为一条成虫。

棘球蚴囊泡有3种，即单房囊、无头囊和多房囊棘球蚴。前者多见于绵羊和猪，囊泡呈球形或不规则形，大小不等，由豌豆大到人头大，与周围组织有明显界限，触摸有波动感，囊壁紧张，有一定弹性，囊内充满无色透明液体；在牛有时可见到一种无头节的棘球蚴，称为无头囊棘球蚴。多房囊棘球蚴多发生于牛，几乎全位于肝脏，有时也见于猪；这种棘球蚴特征是囊泡小，成群密集，呈葡萄串状，囊内仅含黄色蜂蜜样胶状物而无头节。在牛，偶尔可见到人型棘球蚴，从囊泡壁上向囊内或囊外可以生出带有头节的小囊泡（子囊泡），在于囊泡壁内又生出小囊泡（孙囊泡）。因而，一个棘球蚴能生出许多子囊泡和孙囊泡。

（2）症状。临床症状随寄生部位和感染数量的不同差异明显，轻度感染或初期症状均不明显，主要危害为机械性压迫、毒素作用及过敏反应等。绵羊肝部大量寄生棘球蚴时，主要表现为病羊营养失调，反刍无力，身体消瘦；当棘球蚴体积过大时可见腹部右侧臌大，有时可见病羊出现黄疸，眼结膜黄染。当羊肺部大量寄生时，则表现为长期的呼吸困难和微弱的咳嗽；听诊时，在不同部位有局限性的半浊音灶，在病灶处肺泡呼吸音减弱或消失；若棘球蚴破裂，则全身症状迅速恶化，体力极为虚弱，通常会窒息死亡。

（3）诊断。生前诊断困难，仅临床症状一般不能确诊此病。在疫区内怀疑为本病时，可利用X光或超声波、ELISA等方法检查；也可用皮内变态反应诊断，即用新鲜棘球蚴囊液，无菌过滤使绝不含原头蚴，在绵羊颈部皮内注射0.2mL，注射后5~10分钟观察，若皮肤出现红斑且直径在0.5~2cm，并有肿胀或水肿者即为阳性，此法准确率70%。

（4）防治。禁止犬、狼、豺、狐狸等终末宿主吞食含有棘球蚴的内脏是最有效的预防措施。另外，疫区护养犬经常定期驱虫以消灭病原也是非常重要的，如吡喹酮，按

5mg/kg 体重，或甲苯咪唑，按 8mg/kg 体重，1 次口服。犬驱虫时，一定要把犬拴住，以便收集排出的虫体与粪便，彻底销毁，以防散布病原。该病目前尚无有效治疗药物，只有早诊断，采用丙硫咪唑，按 90mg/kg 体重，一次性口服，一日 1 次，连用两次；确诊后采取手术摘除，手术摘除时切忌不可弄破囊壁，以免造成病羊过敏或引发新的囊体形成。

10. 脑多头蚴病

脑多头蚴病是由寄生于犬、狼等肉食动物小肠的多头绦虫的幼虫（脑多头蚴）寄生于牛、羊的脑部所引起的一种绦虫病，俗称脑包虫病。因能引起患畜明显的转圈症状，又称为转圈病或旋回病。

（1）病原。脑多头蚴呈囊泡状，囊内充满透明的液体，外层为一层角质膜；囊的内膜上约有 100~250 个头节；囊泡的大小从豌豆大到鸡蛋大。多头绦虫成虫呈扁平带状，虫体长为 40~80cm，有 200~250 个节片；头节上有 4 个吸盘，顶突上有两圈角质小钩（22~32 个小钩）；成熟节片呈方形；孕卵节片内含有充满虫卵的子宫，子宫两侧各有 18~26 个侧支。寄生在狗等肉食兽小肠内的多头绦虫的孕卵节片，随粪便排出，当牛等反刍动物吞食了虫卵以后，卵内的六钩蚴随血液循环到达宿主的脑部，经 7~8 个月发育成为多头蚴；当犬等肉食兽吃到牛、羊等动物脑中的多头蚴后，幼虫的头节吸附在小肠黏膜上，发育为成虫。

（2）症状。在感染初期，当六钩蚴钻入血管移行到达脑部时，可损伤脑组织，引起脑炎的症状。可表现为体温升高，呼吸、脉搏加速，强烈的兴奋或沉郁，有前冲、后退或躺卧等神经症状，于数日内死亡。若耐过之后则转入慢性，病羊表现为精神沉郁，逐渐消瘦，食欲缺乏，反刍减弱。数月后，若虫体发育并压迫一侧的大脑半球，则会影响全身，可出现向有虫体的一侧做转圈运动，对侧或双侧眼睛失明；若虫体寄生在脑前部，则有头低垂于胸前、前冲或前肢蹬空等表现；若虫体寄生在小脑，则病羊会出现四肢痉挛、敏感等症状；若虫体寄生在脑组织表面，则局部的颅骨可能萎缩并变薄，手触时局部有隆起或凹陷。多头蚴有时也可寄生于脊髓，寄生于脊髓时，因由体的逐渐增大使脊髓内压力增加，可出现后躯麻痹，有时可见膀胱括约肌麻痹，小便失禁。

（3）诊断。根据临床症状和病史可初步诊断，也可用 X 光和超声波诊断，近年来，采用变态反应（眼内滴入包囊液）和 ELISA 诊断本病，死后诊断明显，但无多大意义。由于多头蚴病的症状相对特殊，因此，在临床上容易和其他疾病区别，但仍须与莫尼茨绦虫病、脑部肿瘤或脑炎等相鉴别。莫尼茨绦虫病与脑多头蚴区别：前者在粪便中可以查到虫卵，患羊应用驱虫药后症状立即消失。脑部肿瘤或炎症与脑多头蚴区别：脑部肿瘤或炎症一般不会出现头骨变薄、变软和皮肤隆起的现象，叩诊时头部无半浊音区，转圈运动不明显。

（4）防治。本病预防从理论上讲并非难事，只要不让犬等肉食动物吃到带有多头蚴的牛、羊等动物的脑和脊髓，则可得到控制。患病羊只的头颅脊柱应予以烧毁。羊患本病的初期尚无有效疗法，但近年来采用丙硫咪唑和吡喹酮治疗，结合对症治疗取得了良好的效果。在后期多头蚴发育增大神经症状明显能被发现时，可借助 x 光或超声波诊断确定寄生部位，然后用外科手术将头骨开一圆口，先用注射器吸去囊中液体使囊体缩小，然后摘除之。手术摘除脑表面的多头蚴效果尚好；若多头蚴过多或在深部不能取出时，可囊腔内注射酒精等杀死多头蚴。

五、绵羊外产科病的防治

本节重点掌握难产、子宫脱出、胎衣不下、子宫内膜炎，其他产科疾病通过查阅兽医产科学的相关章节；而外科疾病主要掌握损伤、外科感染、风湿病四肢疾病等，其他疾病查阅动物外科学的相关内容。

1. 难产

（1）概念。难产指母羊分娩过程异常，胎儿不能顺利产出的疾病，同时子宫及产道可能受到损伤。分娩过程能否正常，取决于产力、产道和胎儿这3个因素，其中之一有异常就可能发生难产。

（2）病因。发生难产的原因很多，母羊个体小加上产道狭窄，配种过早，产道损伤；瘦弱无力，不能产出胎儿，胎儿过大、畸形、死胎、胎位异常、胎势不正也会发生难产。对怀孕母羊要加强饲养管理，严禁喂给霉败和不易消化的饲料；不得过于拥挤，经常保持清洁，干燥，并给予适当运动和阳光照射；母羊初配不易太小。

（3）症状。怀孕母羊产期已到，表现阵缩、努责、流出羊水等产前征兆，但不能顺利地将胎儿产出。病羊烦躁不安，频繁起卧，常发呻吟。

（4）防治。处理难产母羊称为助产，助产以手术为主。

①娩出力弱，手术取出胎儿。

②产道狭窄，手术扩张产道，拉出胎儿。

③骨盆狭窄，灌入润滑剂，配合母畜阵缩及努责拉出胎儿。

④胎位、胎向及胎势不正，应先将胎儿手术正位，再配合母畜努责拉出胎儿。

⑤难产母畜在经以上处理仍难以产出胎儿时，应对母畜实施剖腹产。

2. 胎衣不下

（1）概念。胎衣不下是产后超期未排出胎衣的疾病。羊4小时后胎衣仍滞留在子宫内时，可视为胎衣不下。

（2）病因。主要原因有2个方面，一是产后子宫收缩无力，主要因为怀孕期间饲料单纯，缺乏无机盐、微量元素和某些维生素；或是产双胎，胎儿过大及胎水过多，使子宫过度扩张。二是胎盘炎症，怀孕期间子宫受到感染发生隐性子宫内膜炎及胎盘炎，母子胎盘粘连。此外，流产和早产等原因也能导致胎衣不下。

（3）症状。病羊表现拱背、举尾及努责，腐败产物被吸收后，可出现体温升高，厌食、前胃弛缓，泌乳减少或停止等病状。

（4）治疗。

①选用促进子宫收缩的药物使滞留的胎衣排出，如垂体后叶素或催产素注射液，己烯雌酚注射液，10%氯化钠液，马来酸麦角新碱，中药（生化汤）等。

②手术施行胎衣剥离术。手术完毕后，向子宫内送入抗菌药物，避免术后感染。

3. 子宫脱出

（1）概念。子宫角的一部分或全部翻转于阴道之内（称子宫内翻），或者子宫翻转并脱垂于阴门之外（称子宫完全脱出）。

（2）症状。子宫内翻时，病畜表现不安、努责、拱背，作排尿动作。阴道检查可摸到翻入阴道的子宫角尖端。子宫完全脱出时，可见翻转脱出的子宫角呈长筒形物悬垂于阴门外。

（3）治疗。以手术为主，将脱出子宫推入复位。术前，手术者手臂洗净、消毒，术后，为防止病畜感染，可向子宫内注入抗生素药物，还需采用全身抗菌治疗。

4. 子宫内膜炎

子宫内膜炎症，常导致母畜不育。主要由于细菌感染，在配种、人工授精及阴道检查时消毒不严，难产，胎衣不下，子宫脱出，流产等情况下，细菌侵入而引起。

（1）病因。产房卫生差或在粪、尿污染的厩床上分娩；临产母羊外阴、尾根部污染粪便而未彻底清洗消毒；助产或剥离胎衣时，术者的手臂、器械消毒不严；胎衣不下腐败分解，恶露停滞等，均可引起产后子宫内膜感染。

（2）症状。急性子宫内膜炎病畜体温升高，食欲减退，泌尿减少，常努责和作排尿姿势，阴道流出黏液性或黏液脓性分泌物。慢性子宫内膜炎，主要表现屡配不孕，间断地从阴道流出不透明黏液或脓液（子宫积脓）。

（3）治疗。

①急性子宫内膜炎尤其产后感染时，应以全身抗感染治疗为主，配合局部处理。

②在急性期过后（全身症状消失时）和慢性子宫内膜炎时，则应以局部处理为主，即子宫冲洗（0.1%高锰酸钾液、0.02%呋喃西林液、0.02%新洁尔灭液等）和灌注抗菌药（青霉素、氨苄青霉素、头孢菌素等）。

③对屡配不孕而无病状及检查异常的隐性子宫内膜炎病羊，冲洗子宫的药液可用糖碳酸氢钠盐溶液（葡萄糖90g，碳酸氢钠3g，氯化钠1g，蒸馏水1 000mL）。

5. 卵巢囊肿

卵巢囊肿可分为卵泡囊肿和黄体囊肿。

（1）病因。确切原因尚不完全清楚。目前认为，卵巢囊肿可能与内分泌机能失调、促黄体素分泌不足、排卵机能受到破坏有关。

（2）症状。卵泡囊肿时，病羊一向发情不正常，发情周期变短，而发情期延长，或者出现持续而强烈的发情现象，成为慕雄狂。母羊极度不安，大声咩叫，食欲减退，频繁排粪排尿，经常追逐或爬跨其他母羊。

（3）治疗。近年来多采用激素疗法治疗囊肿，效果良好。

①促性腺激素释放激素类似物：病羊每次肌内注射80~100μg，每日1次，可连续14次，但总量不得超过500μg。一般在用药后15~20天，囊肿逐渐消失而恢复正常发情排卵。

②促黄体素（LH）：无论卵泡囊肿或黄体囊肿，牛1次肌肉注射200~400IU，一般3~6天后囊肿症状消失，形成黄体、1 520天恢复正常发情。如用药1周后未见好转，可第二次用药，剂量比第一次稍增大。

③人绒毛膜促性腺激素（HCG）：具有促使黄体形成的作用。病羊静脉注射 400～500IU 或肌肉注射 0.1 万～0.5 万 IU，溶于 5mL 蒸馏水中。

6. 损伤

（1）概念。损伤是由各种不同的外界因素作用于动物机体，引起组织器官产生解剖上的破坏和生理上的紊乱，并伴有不同程度的局部或全身反应的病理现象。在损伤中以创伤最为常见。

（2）分类。

①按组织器官的性质分：包括软组织损伤和硬组织损伤

②按损伤的病因分：包括机械性损伤、物理性损伤、化学性损伤和生物性损伤

（3）创伤的概念和组成。创伤是有锐性外力或强烈的钝性外力的作用，使受伤部位的皮肤或黏膜出现伤口及深在组织与外界相通的机械性损伤。一般由创缘、创口、创壁、创底、创腔、创围等组成。

（4）特征症状和分类。

①特征症状：表现出血、创口裂开、疼痛及机能障碍等。

②分类：一是按创伤的时间分，有陈旧创和新鲜创；二是按有无感染分，有无菌创、污染创和感染创；三是按致伤物的形状分，有刺创、切创、砍创、挫创、裂创、压创等。

（5）创伤的愈合。包括第一期愈合、第二期愈合和痂皮下愈合三方面。

（6）治疗。

①治疗的一般原则：抗休克、防治感染、纠正水与电解质失衡、消除影响创伤的因素、加强饲养管理等。

②治疗的基本方法：

a. 创围清洁法　可先用清洁纱布覆盖，再剪毛，并用 3%双氧水清洗，再用 70%酒精反复擦洗皮肤，最后用 5%碘伏擦洗消毒。

b. 创面清洁法　揭去纱布后用生理盐水冲洗创面后，除去异物、血凝块或脓痂，再用生理盐水清洗，并用灭菌纱布清除创腔内液体和污物即可。

c. 清创手术　修整创缘，扩创，疏通创液通道，切除过多组织等。

d. 创伤用药　为防止创伤感染，促进愈合速度，必要时，在创伤部涂撒或滴入抗菌消炎或促进肉芽组织生长的药物，如消炎粉等。

e. 创伤的缝合　对不同的愈合可采用初期缝合、延期缝合及肉芽创缝合等。

f. 床上的引流、包扎和全身治疗　一般用引流纱布条引流，包扎多用创伤绷带，为防止感染可用抗生素等抗菌药进行输液、肌注等全身治疗。

7. 外科感染

（1）概念。外科感染是动物有机体与侵入体内的病原微生物的相互作用所产生的局部和全身反应。表现红、肿、热、痛和机能障碍及不同程度的全身症状。主要包括疖、痈、脓肿、蜂窝织炎等。

（2）病原及症状。引起外科感染的病原主要有葡萄球菌、链球菌、大肠杆菌、绿脓杆菌、坏死杆菌等，感染后表现单一感染、混合感染、继发感染、再感染等，临床中主要表现混合感染。

局部症状表现红、肿、热、痛和机能障碍，但这些症状并不一定全部出现，而随着病程迟早、病变范围及位置深浅而异；全身症状轻重不一，轻微感染的几乎无症状表现，而较重的感染则表现发热、心跳和呼吸加快、精神沉郁、食欲减退等；更为严重的可继发感染性休克、器官衰竭，甚至出现败血症。

（3）治疗措施。

①局部治疗：

a. 休息和患部制动　使病畜安静，减少运动以减轻疼痛和恢复病畜体力，必要时对患部进行细致的外科处理后包扎。

b. 急性感染　早期冷敷以减少渗出，慢性感染应热敷促进渗出物吸收，发病 2 天内，局部可用 10%鱼石脂酒精、90%酒精或复方醋酸铅溶液冷敷，并用 0.25%～0.5%普鲁卡因青霉素 20～30mL 在病灶周围分数点封闭，发病 4～5 天后用温热疗法，如热水局部清洗、电烤等。

②手术疗法：根据不同的外科感染，如脓肿、蜂窝织炎等，可用手术刀或穿黄针进行扩创或引流，并用 3%双氧水、0.1%新洁尔灭、0.1%高锰酸钾溶液冲洗，必要时用浸有 50%硫酸镁的引流纱布引流。

③全身治疗：早期应用大量抗生素或磺胺类等抗菌药物，同时，配合强心、纠正酸中毒，大量给予饮水，补充维生素等，如 5%葡萄糖生理盐水 500～1 000mL、40%乌洛托品 10～15mL、5%碳酸氢钠 100～150mL，静脉注射，10%樟脑磺酸钠或 10%安呐咖（CNB）5mL，肌肉注射。

8. 疝

（1）概念。疝是腹腔脏器从自然孔道或病理性破裂孔脱到皮下或邻近的解剖腔内，又称为赫尔尼亚。

（2）分类。

①按疝向体表突出与否分为内疝和外疝；

②按解剖部位分为腹股沟阴囊疝、脐疝、腹壁疝等；

③按疝内容物活动性的不同可分为可复性疝和不可复性疝（嵌闭性疝）。

（3）疝的组成。由疝孔（疝轮）、疝囊、疝内容物组成。

（4）腹壁疝。由于钝性外力的作用于腹壁，使腹肌、腱膜及腹膜破裂，但皮肤完整性仍保持，腹腔脏器经破裂孔脱至皮下形成的疝。

①主要症状：皮肤受伤后突然出现一个局限性扁平、柔软的肿胀（形状、大小不同），触诊有疼痛，多为可复性的，并能摸到疝轮，听诊局部有肠蠕动音。

②诊断：根据病史、临床症状等做出诊断，注意与淋巴外渗、腹壁脓肿、蜂窝织炎等的鉴别诊断。

③治疗：

a. 治疗原则　还纳内容物，密闭疝轮，消炎镇痛，严防腹膜炎和疝轮再次裂开。

b. 绷带压迫法　适于刚发生的、较小的，疝孔位于腹壁 1/2 以上的可复性的病例。将内容物还纳到腹腔后，可用橡胶轮胎或绷带卷进行固定，随时检查绷带的位置在疝轮部位，15 天后镜检查已愈合可解除绷带。

c. 手术疗法 手术是本病的根治方法，术前应保定麻醉，局部剪毛消毒，再皱襞切开疝轮，还纳内容物，如果有粘连，应细心剥离，用生理盐水冲洗并撒上青霉素粉，再将内容物还纳腹腔。若为嵌闭性疝，扩大疝轮，若肠管能恢复正常颜色，出现蠕动，可及时还纳肠管，若肠管颜色变黑坏死，先切除坏死部分并进行肠吻合后再将肠管还纳。然后按具体情况先缝合腹膜，然后缝合腹肌，或腹膜和腹肌一起缝合。如果疝轮较大，常采用纽扣状缝合。

（5）脐疝。脐疝是腹腔脏器经扩大的脐孔脱至脐部皮下，多见于羔羊，分为先天性的和后天性的 2 种。

①病因：先天性的主要由于脐孔发育闭锁不全或未闭锁引起，后天性的为脐孔闭锁不全，加上接产时过度牵拉脐带、脐带化脓、腹压增加（便秘努责、用力过猛的跳跃等）引起。

②症状：脐部局部出现局限性球形肿胀，质地柔软，少数紧张，缺乏红、肿、热等炎性反应，听诊局部有肠蠕动音。

③诊断：参照腹壁疝的诊断。

④治疗：

a. 保守治疗 较小的脐疝可用绷带压迫疗法使疝轮缩小、组织增生而痊愈。也可用95%酒精碘溶液或 10%~15%氯化钠溶液在疝轮周围分点注射，每点 3~4mL，对促进疝轮愈合有一定效果。

b. 手术疗法 术前禁食，按常规方法进行无菌手术，全身麻醉或局部浸润麻醉，对可复性疝可仰卧或后躯仰卧保定。在疝轮基部切开皮肤，稍加分离还纳内容物，在脐孔处结扎腹膜，剪除多余部分。疝轮做纽扣状缝合或袋口缝合，切除多余皮肤，并结节缝合，局部消毒。对嵌闭性疝，先在患部皮肤上切一小口，手指探查有无粘连，其余参照腹壁疝。

9. 直肠和肛门脱垂

（1）概念。肛门脱垂是直肠末端的黏膜层脱出肛门（脱肛）或直肠一部分甚至大部分向外翻转脱出肛门（直肠脱）。

（2）病因。主要为直肠韧带松弛，直肠黏膜下组织、肛门括约肌松弛和机能不全；也可由长时间拉稀、便秘、病后瘦弱、病理性分娩等诱发，或用刺激性泻药引起强烈努责。

（3）症状。轻者在病羊卧地或排粪后部分脱出，站立或稍息片刻后自行缩回。严重者在以上症状出现后的一定时间内不能自行复位，脱出的黏膜发炎，很快水肿，呈圆球状，颜色淡红或暗红；如果直肠壁全层脱出则呈圆筒状，表面粘有脏物，黏膜出血、糜烂、坏死。

（4）治疗。治疗原则：消除病因，整复，固定，手术治疗。

①整复：整复是治疗直肠脱出的首要任务，发病初期用 0.25%的高锰酸钾溶液或 1%明矾溶液清洗患部，然后谨慎地将直肠还纳原位，再在肛门处温敷以防止再次脱出；脱出时间较长，水肿严重，黏膜干裂或坏死的病例，按"洗、剪、擦、送、温敷"5 个步骤进行。即先用温水洗净患部，再用温防风汤冲洗，再用剪刀或手指剪除或剥离干裂坏死的黏

膜，再用撒上适量明矾粉揉搓，挤出水肿液，用温生理盐水冲洗后，涂 1%～2% 碘石蜡油润滑或抗生素软膏，然后从肠腔口开始谨慎地将肠管送入肛门内，再在肛门处温敷。

②固定：为防止整复后继续努责的病例，需要进行固定。主要采用肛门周围缝合（一般采用荷包缝合法）和药物注射（常用 70% 酒精 3～5mL 或 10% 明矾溶液 5～10mL，配合 2% 普鲁卡因 3～5mL，在肛门上、左、右 3 个部位注射）。

③手术切除：脱出过多、整复有困难、脱出的直肠坏死、穿孔或有套叠不能整复时可采用手术。具体可参照动物外科学相关的手术操作。

10. 风湿病

风湿病是一种反复发作的急性或慢性非化脓性炎症，以胶原纤维发生纤维素样变为特征。病变主要累及全身结缔组织，其中，骨骼肌、心肌、关节囊和蹄是最常见的发病部位。而且骨骼肌和关节囊发病后常呈游走性和对称性，疼痛和机能障碍随运动而减轻。

（1）病因。发病原因迄今尚不明确。近年来研究认为是一种变态反应性疾病，与溶血性链球菌感染有关。此外，风、寒、潮湿、雨淋、过劳等在本病的发生上起重要作用。

（2）症状。主要症状是发病的肌群、关节和蹄的疼痛和机能障碍。主要有以下几种。

①肌肉风湿：主要发生于活动性较大的肌群，如肩臂肌群、背腰肌群、臀肌群及颈肌群等。表现因肌肉疼痛而运动不协调，步态强拘不灵活，常发生跛行，且跛行随运动量的增加和时间的延长而减轻，触诊患部肌肉有痉挛性收缩，肌肉表面凹凸不平、肿胀，并有全身症状。

②关节风湿：多发生于活动性较大的关节，表现对称性和游走性，关节外形粗大，触诊温热、疼痛、肿胀，运动时跛行。

③心脏风湿：主要表现心内膜炎的症状，听诊时第一、第二心音均增强，有时出现期外收缩性杂音。

（3）诊断。主要根据病史和临床症状加以诊断，近年来，辅助用水杨酸皮内试验、纸上电泳法等实验室诊断方法。

（4）治疗。治疗原则：消除病因，加强护理，祛风除湿，解热镇痛，消除炎症，加强饲养管理。

①解热、镇痛及抗风湿疗法：应用解热、镇痛及抗风湿的药物，包括水杨酸、水杨酸钠及阿司匹林等，大剂量使用以上药物对急性肌肉风湿有较高的疗效，对慢性较差。如 2～5g/次，口服或注射，1 次/日，连用 5～7 天，也可配合乌洛托品、樟脑磺酸钠、葡萄糖酸钙；又如保泰松片剂（0.1g/片）：33mg/kg，口服，2 次/日，3 天后减半。

②皮质激素疗法：常用的皮质激素主要有：氢化可的松、地塞米松、强的松、强的松龙注射液等。

③抗生素疗法：风湿病发作时要抗菌消炎，首选青霉素，不主张用磺胺类药物，80 万～160 万 IU/次，2～3 次/日，连用 1～2 周。

④中兽医疗法：多采用针灸和中药（通经活络散和独活寄生散）。

⑤物理疗法：对慢性风湿病效果较好，主要有局部温热疗法、电疗法、冷疗法、激光疗法等。

六、绵羊传染病的防治

本节主要了解绵羊主要传染病发生发展的基本规律及扑灭措施及羊的主要传染病：气肿疽、羊肠毒血症、羊快疫、羔羊痢疾等病的病原、流行病学、症状、病理剖检、诊断、防治等基本技术。

1. 总论

传染病是为害绵羊最严重的一类疾病，它不但可引起绵羊的大批死亡，造成巨大的经济损失，同时，某些传染病如炭疽、布氏杆菌病、梭菌并等，不仅引起绵羊大批死亡，造成巨大的经济损失，还能危及人类的生命安全。

为了预防和消灭传染病，保护畜牧业生产和人们身体健康。1997 年国家主席江泽民签发了第 87 号主席令，公布了《中华人民共和国动物防疫法》，于 1998 年 1 月 1 日起施行。这是我国开展畜禽防疫工作的法律武器。畜禽防疫必须贯彻执行"预防为主"的方针。平时要采取"养、防、检、治"为基本环节的综合性措施。加强饲养管理、自繁自养、执行动物防疫制度；定期接种疫苗；定期消毒、驱虫、粪便无害化处理，灭鼠杀虫；认真检疫及早发现和消灭传染源。在发生疫情时要坚决贯彻"早、快、严、小"的原则，及时确诊和报告疫情；迅速隔离病畜，对有规定的传染病实施疫区封锁；进行紧急免疫接种，及时治疗和淘汰病畜，开展紧急消毒，处理好病畜尸体、排泄物和污染物等。

2. 口蹄疫

（1）概念。口蹄疫俗称"口疮""蹄癀"是由口蹄疫病毒引起的偶蹄兽的一种急性、发热性、高度接触性传染病。其临床特征是口腔黏膜、蹄部和乳房皮肤发生水疱和溃烂。

（2）流行特点。本病以呼吸道感染为主，消化道也是感染的"门户"，也可经损伤的皮肤黏膜感染。牲畜流动，畜产品的运输及被病畜的分泌物、排泄物和畜产品污染的车辆、水源、牧地、用具、饲料、饲草等媒介亦能进行传播。

（3）临床症状。羊发生口蹄疫，潜伏期 24 天，体温升高 40℃以上，精神委顿，食欲缺乏，流口水，口腔呈弥漫性黏膜炎，蹄部、蹄冠、蹄叉、趾间易破溃产生溃疡，并引起深部组织的坏死，甚至造成蹄壳脱落。乳房乳头皮肤有时可出现水泡，很快破裂形成烂斑，如波及乳腺则引起乳房炎。羔羊及牛犊有时有出血性胃肠炎，常因心肌炎而造成死亡。

（4）防治。对本病应采取综合性防治措施。每年定期预防接种口蹄疫疫苗。

①发生疫情时：一是上报疫情，鉴定毒型。

②划定疫区，实行封锁。

③就地扑捕杀病畜及同群畜，然后焚烧深埋。

④疫区进行严格的消毒：可用烧碱、生石灰、菌毒敌、消毒威等药物消毒。

⑤紧急预防接种，对疫区和受威胁区的家畜免疫注射口蹄疫疫苗。

3. 炭疽

炭疽是由炭疽杆菌所引起的人和动物共患的一种急性、热性、败血性传染病，常呈散发或地方性减行。其特征舟脾脏肿大，皮下和浆膜下出血性胶样浸润，血液凝固不良，死后尸僵不全。

（1）病原。炭疽杆菌是一种不运动的革兰氏阳性大肠杆菌，长 3~8μm，宽 11.5μm。在血液中单个或成对存在，少数呈 3~5 个菌体组成的短链，菌体两端平截，有明显的荚膜；在培养物中菌体呈竹节状的长链，但不易形成荚膜；体内之菌体无芽孢，但在体外接触空气后很快形成芽孢。本菌菌体抵抗力不强，在夏季腐败情况下 24~96 小时死亡；煮沸 2~5 分钟立即死亡；对青霉素敏感。但该菌之芽孢抵抗力则特别强，在直射阳光下可生存 4 天，在干燥环境中可存活 10 年，在土壤中可存活 30 年；煮沸 1 小时尚能检出少数芽孢，加热 100℃，2 小时才能全部杀死。消毒药杀芽孢的效果为：乙醇对芽孢无害；3%~5% 石炭酸 13 天；3%~5% 来苏儿 12~24 小时；4% 碘酊 2 小时；2% 福尔马林、0.1% 升汞为 20 分钟，若在 0.1% 升汞中加入 0.5% 盐酸则 15 分钟；据报道，20% 漂白粉或 10% 氢氧化钠消毒作用显著。

（2）流行特点。各种家畜均可感染，其中，牛、马、绵羊感受性最强；山羊、水牛、骆驼和鹿次之；猪感受性较低。试验动物与人亦具感受性。本病具有发病急、病程短，可视黏膜发绀、天然孔出血等流行特点。病畜的分泌物、排泄物和尸体等都可作为传染来源。该病入侵途径主要是消化道，也有经皮肤及呼吸道感染者。该菌入侵门户主要是咽、扁桃体、肺和皮肤。该病多为散发，常发生于夏季。

（3）症状。自然感染者潜伏期 1~5 天，也有长至 14 天的。根据病程可分为最急性、急性和亚急性三型。病羊多呈最急性经过，外表健康的羊只突然倒地，全身战栗，摇摆，昏迷，磨牙，呼吸困难，可视黏膜发绀，天然孔流出带泡沫的暗色血液，常于数分钟内死亡。

（4）病理变化。急性型表现败血型，也可表现为痈型。病羊尸僵不全或缺如，尸体极易腐败而致腹部膨大；从鼻孔和肛门等天然孔流出不凝固的暗红色血液；可视黏膜发绀，并散在出血点；因机体缺氧、脱水和溶血，故血液黑红、浓稠、凝固，呈煤焦油样；剥开皮肤可见皮下、肌肉及浆膜下有出血性胶样浸润；脾脏显著肿大，较正常大 23 倍，脾体暗红色，软如泥状；全身淋巴结肿大、出血，切面黑红色。

（5）诊断。因炭疽病经过急、死亡快，加之疑似炭疽病例严禁剖检，故诊断较为困难。其诊断要点如下。

①血液、病变组织和淋巴结涂片细菌检查时发现炭疽杆菌；

②天然孔出血，血液黑色、凝固不良，如煤焦油样；

③黏膜、浆膜多发生出血，浆膜腔积液；

④败血脾及出血性淋巴结炎；

⑤为进一步确诊可采用动物接种试验、血清学诊断及鉴别诊断等。

（6）防治。炭疽病要抓好预防注射和尸体处理 2 个主要环节。每年定期注射无毒炭疽芽孢苗预防注射。疑似炭疽尸体应严禁剖检、焚烧或深埋。一旦发病，应及时报告疫情，立即封锁隔离，加强消毒并紧急预防接种。封锁区内羊舍用 20% 漂白粉或 10% 氢氧化钠消毒，病羊粪便及垫草应焚烧。疫区封锁必须在最后一头病畜死亡或痊愈后 14 天，经全面大消毒方能解除，特别要告诫广大牧民严禁使用本病病羊的肉品。

炭疽病早期应用抗炭疽血清可获得良好效果，成年羊静脉或皮下或腹腔注射 30～60mL；若注射后体温仍不下降，则可于 12～24 小时后再重复注射 1 次。按每 4 000～8 000 IU/kg 肌内注射青霉素，每日 2～3 次，治疗效果良好；若将青霉素与抗炭疽血清或链霉素合并应用，则效果更好；土霉素之疗效亦较理想。磺胺类药物对炭疽有效，以磺胺嘧啶为最好；首次剂量 0.2g/kg，以后减半，每日 1～2 次。

4. 布氏杆菌病

布氏杆菌病是由布氏杆菌引起人畜共患的一种传染病，呈慢性经过，临诊主要表现流产、睾丸炎、腱鞘炎和关节炎，病理特征为全身弥漫性网状内皮细胞增生和肉芽肿结节形成。

（1）病原。布氏杆菌共分为牛、羊、猪、沙林鼠、绵羊和犬布氏杆菌六种。在我国发现的主要为前 3 种。布氏杆菌为细小的短杆状或球杆状，不产生芽孢，鹦兰氏染色阴性的杆菌。布氏杆菌对热敏感，70℃ 10 分钟即可死亡；阳光直射 1 小时死亡；在腐败病料中迅速失去活力；一般常用消毒药都能很快将其杀死。

（2）流行特点。自然病例主要见于牛、山羊、绵羊和猪。母羊较公羊易感，成年羊较羔羊易感。病羊是本病的主要传染来源，该菌存在于流产胎儿、胎衣、羊水、流产母羊的阴道分泌物及公畜的精液内，多经接触流产时的排出物及乳汁或交配而传播。本病呈地方性流行。新疫区常使大批妊娠母羊流产；老疫区流产减少，但关节炎、子宫内膜炎、胎衣不下、屡配不孕、睾丸炎等逐渐增多。

（3）症状。潜伏期短者 2 周，长者可达半年。羊流产发生在妊娠的 3～4 个月，流产前阴道流出黄色黏液，公羊发生睾丸炎和附睾炎。

（4）病理变化。母羊的病变主要在子宫内部。在子宫绒毛膜间隙有污灰色或黄色无气味的胶样渗出物；绒毛膜有坏死病灶，表面覆以黄色坏死物或坊灰色脓液；胎膜因水肿而肥厚，呈胶样浸润，表面覆以纤维素和脓汁。流产的胎儿主要为败血症变化，脾与淋巴结肿大，肝脏中有坏死灶，肺常见支气管肺炎。流产之后母牛常继发 IIE 性子宫炎，子宫内膜充血、水肿，呈坊红色，有时还可见弥漫性红色斑纹，有时尚可见到局灶性坏死和溃疡；输卵管肿大，有时可见卵巢囊肿；严重时，乳腺可因间质性炎而发生萎缩和硬化。公牛主要是化脓坏死性睾丸爽或跗皋炎。卑丸显著肿大，其被膜与外浆膜层粘连，切面可见到坏死灶或化脓灶。阴茎可以出现红肿，其黏膜上有时可见到小而硬的结节。

（5）诊断。本病之流行特点、临惨症状和病理变化均无明显特征。流产是最重要的症状之一，流产后的子宫、胎儿和胎膜均有明显病变，因此，确诊本病只有通过细菌学、血清学、变态反应等实验室手段。

（6）防治。防治本病主要是保护健康牛群、消灭疫场的布氏杆菌病和培育健康羔羊 3 个方面，措施如下。

①加强检疫：引种时检疫，引入后隔离观察 1 个月，确认健康后方能合群；

②定期预防注射：如布氏杆菌 19 号弱毒菌苗或冻干布氏杆菌羊 5 号弱毒菌苗可于成年母羊每年配种前 12 个月注射，免疫期 1 年；

③严格消毒：对病羊坊染的圈舍、运动场、饲槽等用 5% 克辽林、5% 来苏尔、10%～

20%石灰乳或2%氢氧化钠等消毒；

④培育健康羔羊：约占50%的隐性病羊，在隔离饲养条件下可经24年而自然痊愈；6个月后做间隔为5~6周的两次检疫，阴性者送入健康羊群；阳性者送入病羊群，从而达到逐步更新、净化羊场的目的。对流产后继续于宫内膜炎的病羊，可用0.1%高锰酸钾冲洗子宫和阴道，每日1~2次，经2~3天后隔日1次。严重病例可用抗生素或磺胺类药物治疗。中药益母散对母羊效果良好，益母草5g、黄芩3g、川芎3g、当归3g、热地3g、白术3g、二花3g、连翘3g、白芍3g，共研细末，开水冲，候温服。

5. 羊痘

羊痘是痘病毒引起的急性、发热性传染病，其特征是皮肤和黏膜上发生特殊的丘疹和疱疹（痘疹）。本病多发生在春、秋两季，主要通过呼吸道，也可通过损伤的皮肤或黏膜侵入机体引起发病。

（1）症状。病初鼻孔闭塞，呼吸迫促，有的羊只流浆液或黏液性鼻涕，眼睑肿胀，结膜充血，有浆液性分泌物，体温升高到41~42℃，鼻孔周围、面部、耳部、背部、胸腹部、四肢无毛区发生硬币大小的块状疹，疹块破溃后，有淡黄色液体流出，时间长了结痂。病程4周左右，若并发其他感染，可引起脓毒败血症而死亡。

（2）治疗。羊痘用青、链霉素无效，主要采用如下药物和疗法。

①免疫血清：大羊10~20mL，小羊5~10mL皮下注射。

②对症疗法：10%NaCl液40~60mL或NaHCO$_3$液250mL，静脉滴注。局部用0.1%高锰酸钾液洗涤患部，再涂擦碘甘油。

③支持疗法：10%葡萄糖液500mL，5%葡萄糖酸钙40mL，青霉素380万，链霉素2g，一次性静脉滴注。

（3）预防。

①注意环境卫生，加强饲养管理。

②加强检疫工作，引进种羊要隔离观察4周左右，确定无疫后才能混群饲养。

③羊痘鸡化弱毒苗预防接种，0.5mL/只尾根部皮下注射，免疫期一年。

④发病羊立即进行隔离治疗，对环境彻底消毒，病死羊尸体深埋，防止病源扩散。

6. 羊传染性胸膜肺炎

本病是由丝状霉形体引起的高度接触性传染病，通过空气飞沫经呼吸道传染，主要见于冬季和早春枯草季节，发病率可达87%，死亡率达34.5%。以高热、咳嗽、肺和胸膜发生浆液性或纤维素性炎症为特点。

（1）症状。临床上可分为最急性、急性和慢性三型，以急性型最为常见。病羊高热，病初体温升高达41~42℃，呈现稽留热或间歇热，病羊精神沉郁，反应迟钝，食欲减退，但饮欲随病程的发展而增强，呼吸困难，有时呻吟、气喘、湿咳，初期流浆液性鼻涕，1周后变为脓性，铁锈色。按压羊只胸壁表现敏感疼痛。

（2）治疗。

①健康羊和病羊隔离饲养，羊舍、食槽及周围环境用20%石灰乳消毒。

②用"914"静注或磺胺嘧啶肌内注射，或病初使用足够剂量的土霉素、氯霉素有治疗效果。

（3）预防。

①严格检疫检验，防止本病传入。

②加强饲养管理，注意防寒防冻。

③免疫接种，每年5月注射山羊传染性胸膜肺炎菌苗，大羊每只5mL，小羊每只肌注3mL，免疫期为一年。

7. 羊传染性角膜结膜炎

羊传染性角膜结膜炎又称红眼病，其特征为眼结膜和角膜发生明显的炎症变化，伴有大量流泪，其后发生角膜混浊或呈乳白色，严重者导致失明。

（1）症状。潜伏期3~7天，多数病初一侧眼患病，后期为双眼感染。病初患眼流泪，怕光、畏光，眼睑肿胀疼痛，其后结膜潮红有分泌物。角膜周围血管充血，中央有灰白色小点，严重的角膜增厚，发生溃疡，甚至角膜破裂晶体脱出。有的病羊发生眼房积脓，有的发生关节炎、跛行。病羊全身症状不明显，体温、呼吸、脉搏均无明显变化，但眼球化脓的羊体温升高，食欲减退，精神沉郁，离群呆立。

（2）治疗。

① 3%~5%硼酸水溶液冲洗患眼，拭干。

②涂红霉素或四环素、金霉素软膏，每日3次。

③角膜混浊时，涂1%~2%黄降汞软膏，每日3次。

④严重者，眼底（太阳穴）注射氯霉素、氢化可的松，交替使用，每日1次。

（3）预防。病畜立即隔离，早期治疗，彻底消毒羊舍；夏季注意灭蝇，避免强烈阳光刺激。

8. 羊传染性脓疱

羊传染性脓疱俗称羊口疮，是由病毒引起的一种传染病，其特征为口唇等处皮肤和黏膜形成丘疹、脓疱、溃疡和结成疣状厚痂。

（1）症状。临床上可分为唇型、蹄形和外阴型，以唇型最为常见。病羊先于口角上唇或鼻镜处出现散在小红斑，以后逐渐变为丘疹和小结节，继而成为水疱、脓疱、脓肿互相融合，波及整个口唇周围，形成大面积痂垢，痂垢不断增厚，整个嘴唇肿大、外翻，呈桑葚状隆起，严重影响采食。病羊表现为流涎、神精萎缩、被毛粗乱、日渐消瘦。

（2）治疗。采用综合性防治措施，可明显缩短病程，疗效显著。首先对感染羊只隔离饲养，圈舍彻底消毒。给予病羊柔软的饲料、饲草（麸皮粉、青草、软干草），保证清洁饮水。剥净痂垢，用淡盐水或0.1%高锰酸钾水溶液清洗疮面，再用2%龙胆紫或碘甘油涂擦疮面，间隔3~5天再用1次。同时，肌内注射 $V_E0.5~1.5g$ 及 $V_B20~30g$，每日2次，连续3~4天。

（3）预防。保护羊只皮肤黏膜不受损伤，搞好环境消毒。特异性预防，采用疫苗预防，未发疫地区，羊口疮弱毒细胞冻干苗，每头0.2mL口唇黏膜注射。发病地区，紧急接种，仅限内侧划痕；也可采用把患羊口唇部痂皮取下，剪碎，研制成粉末状，然后用5%甘油灭菌生理盐水稀释成1%浓度，涂于内侧、皮肤划痕或刺种于耳，预防本病效果不错。

9. 羊梭菌性疾病

由梭状芽孢杆菌属微生物引起的一类传染病的总称，包括羊快疫、羊肠毒血症、羊猝狙、羊黑疫、羔羊痢疾等病。这些疾病发病急，传播快，病死率高，对养羊业为害很大。

（1）羊快疫。由腐败梭菌引起的一种急性传染病，发病突然，病程极短。其特征为真胃出血性炎性损伤。羊只发病多在 6~18 个月，绵羊较山羊更为常见。

①症状：病羊突然发病死亡，有的腹部膨胀，有腹痛症状，口内流出带血色的泡沫，排粪困难，粪便杂有黏液或黏膜间带血丝，病羊最后极度衰竭昏迷，数分钟或几小时死亡。

②防治：由于病程极短，往往来不及治疗，必须加强平时的预防及隔离消毒工作，每年定期注射羊四防氢氧化铝菌苗。

（2）羊肠毒血症。由 D 型魏氏梭菌引起的一种急性毒血症，以肾肿大充血变软为主要特征，又称软肾病。

①症状：羊只突然不安，四肢步态不稳，四处奔走，眼神失灵，严重的高高跳起坠地死亡。体温一般不高，食欲废绝，腹痛、腹胀，全身颤抖，头颈向后弯曲，转圈，口鼻流沫，排出黄褐色或血水样粪便，病程极短的气喘，常发出呻吟，数分钟至几小时内死亡。

②防治：病羊发现较早可注射羊肠毒血症高免血清 30mL，或肌肉注射氟苯尼考，每次 1g，2 次／日，连用 3~5 天。每年春秋定期注射羊四防氢氧化铝菌苗是预防该病的有效办法。

（3）羊猝狙。由 C 型魏氏梭菌引起的一种毒血症，以腹膜炎、溃疡性肠炎和急性死亡为特征。

①症状：病程极短，往往在未见到症状即死亡，有的仅见掉群，不安，卧地，抽搐，迅速死亡。

②防治：发病早期病羊可注射高免血清或使用土霉素、四环素有疗效。每年春秋定期注射羊四防氢氧化铝菌苗，可控制本病发生。

（4）羔羊痢疾。由 B 型魏氏梭菌引起的初生羔羊的急性毒血症。以剧烈腹泻和小肠发生溃疡为特征。

①症状：潜伏期 12 天，病初精神萎靡，不想吃奶，有的表现神经症状，呼吸快，体温降至常温以下，不久发生腹泻，粪便稀薄如水，恶臭，到了后期，带有血液，直至血便，羔羊逐渐消瘦，卧地不起，如不及时治疗，常在 12 天死亡。

②治疗：

a. 土霉素 0.2~0.3g，或加胃蛋白酶 0.2~0.3g，加水灌服，每日 2 次。

b. 0.1% 高锰酸钾水 10~20mL 灌服，每日 2 次。

c. 针对其他症状对症治疗。

③预防：每年秋季给母羊注射羊四防氢氧化铝菌苗，产前 2~3 周再免疫 1 次。羔羊出生后 12 小时内，灌服土霉素 0.15~0.2g，每日 1 次，连服 3 天，有一定预防效果。

（5）羊黑疫。羊黑疫又称传染性坏死性肝炎，是由 B 型诺维氏梭菌引起的一种以肝脏坏死，高度致死性毒血症为特征的急性传染病。本病的流行与肝片吸虫感染羊只有很大关系，以 2~4 岁羊发病最多。

①症状：病程急促，绝大多数未见症状，即突然死亡，少数病例可拖延 12 天，病羊掉群，呼吸困难，体温在 41.5℃左右，睡姿呈俯卧状。

②治疗：肌内注射血清 50mL。

③预防：

a. 控制肝吸虫的感染。

b. 每年春秋定期免疫羊五联或羊黑疫苗。

第十一章 绵羊屠宰加工与质量安全检验

食品安全问题已经成为食品生产加工企业的重中之重，任何忽略食品安全的行为都将给政府、企业和个人带来不可挽回的损失，这种走钢丝的行为已经成为制约食品企业发展的瓶颈。肉类食品生产加工企业的卫生安全问题早在 20 世纪就已经提了出来，政府提出了"放心肉"工程，同时，通过肉类食品企业的整合，部分解决了肉类食品安全的问题。然而，由于传统的肉类生产加工企业特点和市场营销模式，导致肉类食品在生产加工、物流、市场营销等环节存在巨大的卫生安全隐患，一旦出现问题，不但会导致消费者受到侵害，而且极易引起大范围的恐慌情绪，使整个行业的发展受到威胁，作为百姓餐桌上必不可少的重要食品之一，将会从养殖、生产加工、深加工到产品销售等环节受到重创，这对整个国民经济的发展和创造和谐社会都是极为不利的。工厂化屠宰则是肉类食品安全的可靠保证，这是因为工厂化屠宰，是以规模化、机械化生产，现代化管理和科学化检疫、检验为基础，以现代科技为支撑，通过屠宰加工全过程质量控制，来保证肉品安全、卫生和质量，只有实行工厂化屠宰才能将"放心肉食品"送到消费者的餐桌上。因此，欧拉羊的屠宰加工走出小作坊和个体模式，以现代化、规模化的集中屠宰已势在必行。

一、宰前检验

宰前检验是对待宰绵羊进行的临床健康检查，评价其产品是否适合人类消费的过程，是保证肉品卫生质量的重要环节之一。它在贯彻执行病、健隔离，病、健分宰，防止肉品污染，提高肉品卫生质量方面起着重要的把关作用。绵羊通过宰前临床检验以初步确定其健康状况，尤其是能够发现许多在宰后难以发现的传染病，如破伤风、口蹄疫以及某些中毒性疾病。从而做到及早发现，及时处理，减少损失，可以防止绵羊疫病的传播。合理地宰前处理不仅能保障绵羊健康，降低发病率，而且也是获得优质绵羊肉品的重要措施。

1. 宰前检验的程序

宰前检验包括验收检验、待宰检验和送宰检验。

（1）验收检验。

① 验讫证件，了解疫情：当商品绵羊运到屠宰加工企业后，在未卸下车之前，兽医检疫人员应先向了解产地有无疫情，索取产地动物防疫监督机构开具的检疫合格证明，并临车观察，未见异常，证货相符时准予卸车。

② 视检绵羊群，病健分群：检疫人员亲自到车，仔细察看绵羊群，核对只数。如发

现数目不符或见到死绵羊和症状明显的绵羊时，必须认真查明原因。如果发现有疫情或有疫情可疑时，不得卸载，立即将该批绵羊转入隔离圈（栏）内，进行仔细的检查和必要的实验室诊断，确诊后根据疾病的性质按有关规定处理。经上述查验认可的商品绵羊，准予卸载。卸车后应观察绵羊的健康状况，按检查结果进行分圈管理。

A、合格的绵羊送待宰圈；

B、可疑病畜送隔离圈观察，通过饮水、休息后，恢复正常的，并入待宰圈；

C、病羊和伤残的绵羊送急宰间处理。

③ 抽样检温，剔除病羊：供给进入预检圈（栏）的藏群充足饮水，待安静休息4小时后抽检体温。将体温异常的绵羊移入隔离圈（栏）。经检查确认健康的绵羊则赶入饲养圈。

④ 个别诊断，按章处理：隔离出来的病绵羊或可疑病绵羊，经适当休息后，进行仔细的临床检查，必要时辅以实验室诊断，确诊后按章处理。

（2）待宰检验。

① 入场验收合格的绵羊在宰前饲养管理期间，兽医人员应经常深入圈（栏），对绵羊群进行静态、动态和饮食状态等的观察，以便及时发现漏检的或新发病的绵羊，做出相应的处理，发现病羊送急宰间处理。

② 待宰绵羊送宰前应停食静养12~24小时、宰前3小时停止饮水。

（3）送宰检查。

进入宰前饲养管理场的健康绵羊，经过2天左右的休息管理后，即可送去屠宰。为了最大限度地控制病绵羊，在送宰之前需再进行详细的外貌检查，未发现病绵羊或可疑病绵羊时，可开具送宰证明。

① 绵羊送宰前，应进行1次群检；

② 绵羊进行抽测体温的正常体温是38.5~40.0℃；

③ 经检验合格的绵羊，由宰前检验人员签发《宰前检验合格证》，注明送宰只数和产地，屠宰车间凭证屠宰；

④ 体温高、无病态的，可最后送宰；

⑤ 病羊由检验人员签发急宰证明，送急宰间处理。

2. 宰前检疫的方法

宰前检疫多采用群体检查和个体检查相结合的办法，宜采用看、听、摸、检等方法。

（1）群体检查。群体检查是将来自同一地区或同批的绵羊作为一组，或以圈、笼、箱划群进行检查；检查时可按静态、动态、饮食状态3个环节进行，对发现的异常个体标上记号。

① 静态检查：检疫人员深入到圈舍，在不惊扰绵羊使其保持自然安静的情况下，观察其精神状态、睡卧姿势、呼吸和反刍状态，注意有无咳嗽、气喘、战栗、呻吟、流涎、嗜睡和孤立一隅等反常现象。

② 动态检查：静态检查后，可将绵羊哄起，观察其活动姿势，注意有无跛行、后腿麻痹、打晃踉跄、屈背弓腰和离群掉队等现象。

③ 饮食状态检查：在绵羊进食时，观察其采食和饮水状态，注意有无停食、不饮、

少食、不反刍和想食又不能吞咽等异常状态。

（2）个体检查。个体检查是对在群体检查中被剔除的病畜禽和可疑病畜禽集中进行较详细的临床检查。个体检查的方法可归纳为看、听、摸、检四大要领。

① 看：主要是观察畜禽的精神、被毛和皮肤、运步姿态、呼吸动作、可视黏膜、排泄物等是否正常。

② 听：主要是听畜禽的叫声、呼吸音、心音、胃肠音等是否正常。

③ 摸：主要是触摸耳和角根大概判定其体温的高低；摸体表皮肤注意胸前、颌下、腹下、四肢、阴鞘及会阴部等处有无肿胀、疹块或结节；摸体表淋巴结主要是检查淋巴结的大小、形状、硬度、温度、敏感性及活动性；摸胸廓和腹部触摸时注意有无敏感或压痛。

④ 检：重点是检测体温。对可疑有人畜共患病的绵羊还需要根据病畜临床症状，有针对性地进行血、尿常规检查以及必要的病理组织学和病原学等实验室检查。

3. 宰前检验后的处理

经过宰前检验的绵羊，根据其健康状况及疾病的性质和程度，进行以下处理。

（1）准宰。凡是健康、符合卫生质量和商品规格的绵羊，准予屠宰。

（2）急宰。确诊为有无碍肉食卫生的普通病患绵羊以及一般性传染病而有死亡危险的畜禽，可随即签发急宰证明书，送往急宰。

① 凡疑似或确诊为口蹄疫的绵羊立即急宰，其同群绵羊也应全部宰完；患布氏杆菌病、结核病、肠道传染病和其他传染病，均须在指定的地点或急宰间屠宰；

② 急宰间凭宰前检验人员签发的急宰证明，及时屠宰检验。在检验过程中发现难于确诊的病变时，应请检验负责人会诊和处理；

③ 死畜不得屠宰，应送非食用处理间处理。

（3）缓宰。确认为一般性传染病和普通病，且有治愈希望者，或患有疑似传染病而未确诊的绵羊应予以缓宰。但应考虑有无隔离条件和消毒设备，以及病羊短期内有无治愈的希望，经济费用是否有利成本核算等题。否则，只能送去急宰。

此外，宰前检查发现口蹄疫及其他当地已基本扑灭或原来没有流行过的某些传染病，应立即报告当地和产地兽医防疫机构。

（4）禁宰。凡是患有危害性大而且目前防治困难的疫病，或急性烈性传染病，或重要的人畜共患病以及国外有而国内无或国内已经消灭的疫病的患病绵羊严禁屠宰。

经检查确诊为炭疽、鼻疽、羊快疫、羊肠毒血症等恶性传染病的绵羊，采取不放血法扑杀；肉尸不得食用，只能工业用或销毁；其同群全部绵羊，立即进行测温。体温正常者在指定地点急宰，并认真检验；不正常者予以隔离观察，确诊为非恶性传染病的方可屠宰；宰前检疫的结果及处理情况应做记录留档。发现新的传染病特别是烈性传染病时，检疫人员必须及时向当地和产地兽医防检机构报告疫情，以便及时采取防治措施；病死绵羊不得屠宰，应送非食用处理间处理。

二、宰前管理

（1）宰前休息。宰前适当休息可消除应激反应，恢复肌肉中的糖原含量，排出体内过多的代谢产物，减少动物体内淤血现象，有利于放血，并可提高肉的品质和耐贮性，提高肉的商品价值。宰前休息时间一般为 24~48 小时。

（2）宰前禁食、供水。屠宰绵羊在宰前 12~24 小时断食，这样既可避免饲料浪费，又有利于屠宰加工，同时，还能提高肉的品质。断食时间必须适当，时间不宜过长，以免引起骚动。一般羊宰前断食 24 小时。断食时，应供给足量的饮水，使绵羊进行正常的生理机能活动。但在宰前 2~4 小时应停止给水，以防止屠宰绵羊倒挂放血时胃内容物从食道流出污染胴体及摘取内脏的困难。

（3）宰前淋浴。用 20℃温水喷淋绵羊畜体 2~3 分钟，以清洗体表污物。淋浴可降低体温，抑制兴奋，促使外周毛细血管收缩，提高放血质量。冬季可不进行此项工作。

三、绵羊的屠宰工艺

家畜经致昏、放血、去除毛皮、内脏和头、蹄，最后形成胴体的过程称为屠宰加工。屠宰加工方法和程序叫屠宰工艺。羊屠体指羊宰杀放血后的躯体；羊胴体指羊屠体去皮（毛）、头、蹄、内脏的躯体；白内脏指羊的胃、肠、脾；红内脏指羊的心、肝、肺、肾。

1. 绵羊的屠宰工艺流程 （图 11-1）

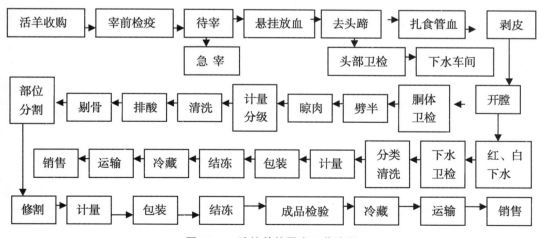

图 11-1 欧拉羊的屠宰工艺流程

2. 主要工艺操作要点

（1）淋浴。一般在屠宰车间前部设淋浴器，冲洗羊体表面污物。冬季水温接近羊的体温，夏季不低于 20℃。

（2）击晕、挂羊。

击晕：采用麻电致昏。致昏要适度，羊昏而不死。羊的麻电器前端形如镰刀状为鼻电极，后端为脑电极。麻电时，手持麻电器将前端扣在羊的鼻唇部，后端按在耳眼之间的延脑区即可。手工屠宰法不进行击晕过程，而是提升吊挂后直接刺杀。羊屠宰击晕的条件：电压90V，电流强度0.2A，电击时间3~4秒。清真类屠宰厂可不采用该工序。

挂羊：用已编号的不锈钢吊钩吊挂待宰羊的右后蹄，由自动轨道传送到放血点。

①用扣脚链扣紧羊的右后小腿，匀速提升，使羊后腿部接近输送机轨道，然后挂至轨道链钩上。

②用高压水冲洗羊腹部、后腿部及肛门周围。

③挂羊要迅速，从击昏到放血之间的时间间隔不超过1.5分钟。

（3）宰杀放血。屠宰时将羊固定在宰羊的槽形凳上，或者固定在距地面30cm的木板或石板上宰杀。

①宰羊者左手把住羊嘴唇向后拉直，右手持尖刀，刀刃朝向颈椎沿下颌角附近刺透颈部，刀刃向颈椎剖去，以割断颈动脉，将羊后躯稍稍抬高，并轻压胸腔，使血尽量排尽；羊清真屠宰厂由阿訇主刀按伊斯兰屠宰方式宰杀。

②刺杀放血刀应准备至少两把，放血后应清洗消毒，轮换使用。

③宰后羊只随自动轨道边走边放血，放血时间不少于5分钟。

现代化屠宰方法将羊只挂到吊轨上，利用大砍刀在靠近颈前部横刀切断三管（食管、气管和血管），俗称大抹脖，缺点是食管和气管内容物或黏液容易流出，污染肉体和血液。

（4）结扎肛门，去头、蹄。

①结扎肛门：冲洗肛门周围，将橡皮盘套在左臂上，将塑料袋反套在左臂上。左手抓住肛门并提起，右手持刀将肛门沿四周割开并剥离，随割随提升。提高至10cm左右，将塑料袋翻转套住肛门，像皮盘扎住塑料袋。将结扎好的肛门送回深处。

②去头：用刀在羊脖一侧割开一个手掌宽的孔，将左手伸进孔中抓住羊头，沿放血刀口处割下羊头，挂同步检验轨道。

（5）剥皮。羊头蹄去掉后，趁热剥皮。将腹皮沿正中线剥开，沿四肢内侧将四肢皮剥开，然后用手工或机械将背部皮从尾根部向前扯开与肉尸分离。

①剥后腿皮：从附关节下刀，刀刃沿后腿内侧中线向上挑开羊皮，沿后部内侧线向左右两侧剥离，从附关节上方至尾根部。

②去后蹄：从附关节下刀，割断连接关节的结缔组织、韧带及皮肉，割下后蹄，放入指定的容器中。

③剥脚、腹部皮：用刀将羊脚腹部皮沿脚腹中线从脚部挑到裆部，沿腹中线向左右两侧剥开脚腹部羊皮至肷窝止。

④剥颈部及前腿皮：从腕关节下刀，沿前腿内侧中线挑开羊皮至脚中线，沿胸中线自下而上挑开羊皮，从胸颈中线向两侧进刀，剥开胸颈部皮及前腿皮至两肩止。

⑤去前蹄：从腕关节下刀，割断连接关节的结缔组织、韧带及皮肉，割下前蹄放入指定的容器内。

⑥羊尾剥皮：腹侧面羊皮基本剥离，从尾根部向下拉扯羊皮，直到彻底分离，要防止污物、毛皮、脏手黏污胴体，将剥下的羊皮从专门通道口送至羊皮暂存间。

⑦及时把皮张刮除血污、皮肌和脂肪，及时送往加工处，不得堆压、日晒。

机械剥皮分立式和卧式2种。使用剥皮机之前应先行手工预剥。立式剥皮操作方法：预剥完的羊体运行至剥皮机旁，操作人员一手用铁链将尾皮套住（山羊套两腿皮），另一手将铁环挂在运行的剥皮机挂钩上，随着剥皮机转动，将羊皮徐徐拽下。卧式剥皮操作方法：预剥完的羊体运至剥皮机旁，将预剥的皮用压皮装置压住，再将套着羊体两前腿的链钩挂在运转的拉链上，拉皮链运转而将皮剥下。

（6）开膛、结扎食管。

①从胸软骨处下刀，沿腹中线向下贴着气管和食管边缘，切开腹腔。剥离气管和食管，将气管与食管分离至食道和胃结合部。将食管顶部结扎牢固，使内容物不流出。

②剖腹取内脏：用刀经腹中线剖开腹腔取内脏。

A 取白内脏　刀尖向外，刀刃向下，由上向下推刀割开肚皮至脚软骨处。用左手扯出直肠，右手持刀伸入腹腔，从左到右割离腹腔内结缔组织，切忌划破胃肠、膀胱和胆囊，脏器不准落地，胸腹、脏器要保持连接；用刀按下羊肚，取出胃肠送入同步检验盘，然后扒净腰油。

B 取红内脏　左手抓住腹肌一边，右手持刀沿体腔壁从左到右割离横膈肌，割断连接的结缔组织，留下小里脊。取出心、肝、肺，挂到同步检验轨道。割开羊肾的外膜，取出肾并挂到同步检验轨道。

③劈半：劈半前，先将背部用刀从上到下分开，称作描脊或划背。然后用电锯或砍刀沿脊柱正中将胴体劈为两半。

（7）冷却（排酸）。羊胴体在屠宰后如果尽快地冷却，就可以得到质量好的肉，同时，还可以减少损耗。冷却间温度一般为2~4℃，相对湿度75%~84%，冷却后的胴体中心温度不高于7℃，羊一般冷却24小时。

（8）胴体整理。

①切除头、蹄取出内脏的全胴体，应保留带骨的尾、胸腺、横膈肌、肾脏和肾脏周围的脂肪（板油）和骨盆中的脂肪，公羊应保留睾丸。

②用温水由上到下冲洗整个胴体内侧，冲洗羊颈血迹、内腔及胴体表面的污物，相关人员操作时不得交叉污染。

③保证胴体整洁卫生，符合商品要求。

④一手拿镊子，一手持刀，对胴体进行检查，依次去除阴鞘、输精管、阴囊皱襞、残余膈肌及零散的脂肪和肌肉，修刮残毛、血污、淤斑及伤痕等，使胴体达到无血、无粪、无污物等不洁物。

四、宰后检验及处理

宰后检验的目的是发现各种妨碍人类健康或已丧失营养价值的胴体、脏器及组织，并作出正确的判定和处理。

宰后检验是肉品卫生检验最重要的环节，是宰前检验的继续和补充。因为宰前检验不能剔出症状明显的病绵羊和可疑病羊，处于潜伏期或症状不明显的病羊则难以发现，只有留待宰后对胴体、脏器作直接的病理学观察和必要的实验室化验，进行综合分析判断才能检出。

1. 宰后检验的方法

宰后检验的方法以感官检查和剖检为主，必要时辅之以实验室化验。宰后检验采用视、触、嗅等感官检验方法，头、屠体、内脏和皮张应统一编号，对照检验。

（1）视检。即观察肉尸的皮肤、肌肉、胸腹膜等组织及各种脏器的色泽、形态、大小、组织状态等是否正常，这种观察可为进一步剖检提供线索。如结膜、皮肤和脂肪发黄，表明有黄疸可疑；应仔细检查肝脏和造血器官，甚至剖检关节的滑液囊及韧带等组织，如喉颈部肿胀，应考虑检比炭疽和巴氏杆菌病。

（2）剖检。借助检验器械，剖开以观察肉尸、组织、器官的隐蔽部分或深层组织的变化、这对淋巴结、肌肉、脂肪、脏器和所有病变组织的检查以及疾病的发现和诊断是非常重要的。

（3）触检。借助于检验器械触压或用于触摸，判断组织、器官的弹性和软硬皮，以便发现软组织深部的结节病灶。

（4）嗅检。对于不显特征变化的各种局外气味和病理性气味，均可用嗅觉判断出来。如屠宰绵羊生前患尿毒症，肉组织必带尿味；芳香类药物中毒或芳香类药物治疗后不久屠宰的羊肉，则带有特殊的药味。

在宰后检验中，检验人员在剖检组织脏器的病损部位时，还要采取措施防止病料污染产品、地面、设备、器具以及卫检人员的手。卫检人员应备两套检验刀具、以便遇到病料污染时，可用另一套消过毒的刀具替换，被污染的刀具在清除病变组织后，应方即置于消毒液中消毒。

2. 宰后检验技术

（1）兽医卫检人员必须熟悉动物解剖学、兽医病理学、动物传染病学和寄生虫病学等方面的知识，并熟练掌握宰后检验的技能，具有及时识别和判定屠宰绵羊组织和器官病理变化之能力。

（2）为了保证在流水作业的屠宰加工条件下，迅速、准确地对屠宰绵羊的健康状态做出判定，兽医卫检人员必须按规定检查最能反映机体病理变化的器官和组织，并遵循一定的方式、方法和程序进行检验，养成良好的工作习惯，避免漏检。

（3）为确保肉品的卫生质量和商品价值，剖检只能在一定的部位切开，切口深浅应适度，切忌乱划或拉锯式切割。肌肉应顺肌纤维方向切割，非必要不得横断，以免造成开性切口，招致细菌和蝇蛆的污染；检验淋巴结时，应尽可能从剖开面检查，以免皮肤切口太多，损伤商品外观。

（4）对每一屠宰绵羊的胴体、内脏、头、皮张在分开检验时要编上同一号码，以便查对，避免在检出病变的脏器时找不到相应的胴体或在检出病变的胴体后找不到相应的脏器，使无害化处理难以进行。采用"同步检验"可解决这些问题。

（5）当切开脏器和组织的病变部位时，应防止病变组织污染产品、地面、设备和检验人员的手。

（6）每位检验人员均应配备两套检验刀和钩，以便污染后替换，被污染的器械应立即消毒。同时卫检人员应搞好个人防护，穿戴清洁的工作服、鞋帽、围裙和手套上岗，工作期间不得到处走动。

3. 宰后检验的项目

宰后检验包括头部检验、内脏检验、胴体检验和复验盖章。

（1）羊头部检验。

①发现皮肤上生有脓疱疹或口鼻部生疮的连同胴体按非食用处理。

②正常的将附于气管两侧的甲状腺割除。

（2）内脏检验。在屠体剖腹前后检验人员应观察被摘除的乳房、生殖器官和膀胱有无异常。随后对相继摘出的胃肠和心肝肺进行全面对照观察和触检，当发现有化脓性乳房炎，生殖器官肿瘤和其他病变时，将该胴体连同内脏等推入病肉岔道，由专人进行对照检验和处理。

①胃肠检验：

a. 先进行全面观察，注意浆膜面上有无淡褐色绒毛状或结节状增生物、有无创伤性胃炎、脾脏是否正常；

b. 然后将小肠展开，检验全部肠系膜淋巴结有无肿大、出血和干酪变性等变化，食管有无异常；

c. 当发现可疑肿瘤、白血病和其他病变时，连同心肝肺将该胴体推入病肉岔道进行对照检验和处理；

d. 胃肠于清洗后还要对胃肠黏膜面进行检验和处理；

e. 当发现脾脏显著肿大、色泽黑紫、质地柔软时，应控制好现场，请检验负责人会诊和处理。

②心脏检验：

a. 检验心包和心脏，有无创伤性心包炎、心肌炎、心外膜出血；

b. 必要时切检右心室，检验有无心内膜炎、心内膜出血、心肌脓肿和寄生性病变；

c. 当发现以及上生有蕈状肿瘤或见红白相间、隆起于心肌表面的白血病病变时，应将该胴体推入病肉岔道处理；

d. 当发现以及上有神经纤维瘤时，及时通知胴体检验人员，切检腋下神经丛。

③肝脏检验：

a. 观察肝脏的色泽、大小是否正常，并触检其弹性；

b. 对肿大的肝门淋巴结和粗大的胆管，应切开检查，检验有无肝淤血、混浊肿胀、肝硬化、肝脓肿、坏死性肝炎、寄生性病变、肝富脉斑和锯屑肝；

c. 当发现可疑肝癌、胆管癌和其他肿瘤时，应将该胴体推入病肉岔道处理。

④肺脏检验与胃肠先后作对照检验：

a. 观察其色泽、大小是否正常，并进行触检；

b. 切检每一硬变部分；

c. 检验纵膈淋巴结和支气管淋巴结，有无肿大、出血、干酪变性和钙化结节病灶；

d. 检验有无肺呛血、肺淤血、肺气肿、小叶性肺炎和大叶性肺炎，有无异物性肺炎、肺脓肿和寄生性病变；

e. 当发现肺有肿瘤或纵膈淋巴结等异常肿大时，应通知胴体检验人员将该胴体推入病肉岔道处理。

（3）胴体检验。绵羊的胴体检验以肉眼观察为主，触检为辅。

①观察体表有无病变和带毛情况；

②胸腹腔内有无炎症和肿瘤病变；

③有无寄生性病灶；

④肾脏有无病变；

⑤触检髂下和肩前淋巴结有无异常。

（4）胴体复验与盖章。

①胴体复验：羊的胴体不劈半，按初检程序复查。

a. 检查有无病变漏检；

b. 肾脏是否正常；

c. 有无内外伤修割不净和带毛情况。

②盖章：

a. 复验合格的，在胴体上加盖本厂（场）的肉品品质检验合格印章，准予出厂；

b. 对检出的病肉盖上相应的检验处理印章。

4. 宰后检验的处理

（1）胴体和脏器的处理。胴体和脏器经过兽医卫生检验后，根据鉴定的结果进行相应处理。其原则是既要确保人体健康，又要尽量减少经济损失。通常有以下几种处理方式。

①适于食用：品质良好，符合国家卫生标准的胴体和脏器，盖以兽医验讫印戳，可不受任何限制新鲜出厂。对于屠宰检验合格的绵羊产品，除在胴体上加盖验讫印章或验讫标志外，运输或销售前，尚需出具动物产品检疫合格证明。

②有条件的食用：凡患有一般性传染病、轻症寄生虫病和病理损伤的胴体和脏器，根据《病害动物和病害动物产品生物安全处理规程》（GB 16548—2006）进行高温处理后，使其传染性、毒性消失或寄生虫全部死亡者，可以有条件地食用。认为经过无害化处理后可供食用的胴体和脏器，盖以高温或食用油或复制的印戳。

③非食用：凡患有严重传染病、寄生虫病、中毒和严重病理损伤的胴体和脏器，不能在无害化处理后食用，应根据《病害动物和病害动物产品生物安全处理规程》（GB 16548—2006）进行化制。不适于食用的胴体和脏器，盖以非食用的印戳。

④销毁：凡患有重要人畜共患病或危害性大的畜禽传染病的绵羊尸体、宰后胴体和脏器，必须在严格的监督下根据《病害动物和病害动物产品生物安全处理规程》（GB 16548—2006）进行销毁。评价为应销毁的胴体和脏器，盖以销毁的印戳。

（2）不合格肉品的处理。

①创伤性心包炎：根据病变程度，分别处理。

a. 心包膜增厚，心包囊极度扩张，其中，沉积有多量的淡黄色纤维蛋白或脓性渗出物、有恶臭，胸、腹、腔中均有炎症，且膈肌、肝、脾上有脓肿的，应全部作非食用或销毁；

b. 心包极度增厚，被绒毛样纤维蛋白所覆盖，与周围组织膈肌、肝发生粘连的，割除病变组织后，应高温处理后出厂（场）；

c. 心包增厚被绒毛样纤维蛋白所覆盖，与膈肌和网胃连着的，将病变部分割除后，不受限制出厂（场）。

②骨血素病（卟啉沉着症）：全身骨髓均呈淡红褐色、褐色或暗褐色，但骨膜、软骨、关节软骨、韧带均不受害。有病变的骨骼或肝、肾等应作为工业用，肉可以作为复制品原料。

③白血病：全身淋巴结均显著肿大、切面呈鱼肉样、质地脆弱、指压易碎，实质脏器肝、脾、肾均见肿大，脾脏的滤泡肿胀，呈西米脾样，骨髓呈灰红色。应整体销毁。

在宰后检验中，发现可疑肿瘤，有结节状的或弥漫性增生的，单凭肉眼常常难于确诊，发现后应将胴体及其产品先行隔离冷藏，取病料送病理学检验，按检验结果再作出处理。

④种公羊：健康无病且有性气味的，不应鲜销，应作复制品加工原料。

⑤有下列情况之一的病羊及其产品，应全部作非食用或销毁。

a. 脓毒症；

b. 尿毒症；

c. 急性及慢性中毒；

d. 恶性肿瘤、全身性肿瘤；

e. 过度瘠瘦及肌肉变质、高度水肿的。

⑥组织和器官仅有下列病变之一的，应将有病变的局部或全部作非食用或销毁处理。

a. 局部化脓；

b. 创伤部分；

c. 皮肤发炎部分；

d. 严重充血与出血部分；

e. 水肿部分；

f. 病理性肥大或萎缩部分；

g. 变质钙化部分；

h. 寄生虫损害部分；

i. 非恶性肿瘤部分；

j. 带异色、异味及异臭部分及其他有碍食肉卫生部分。

检验结果登记每天检验工作完毕，应将当天的屠宰只数、产地、货主、宰前和宰后检验查出的病畜和不合格肉的处理情况进行登记。

五、绵羊肉的分割

肉的切割分级方法有两种。一种是按胴体肌肉的发达程度及脂肪厚度分级；另一种是按同一胴体的不同部位、肌肉组织结构、使用价值和加工用途分割。通常将胴体分割成大小和形状不同的肉块称作分割肉。

目前，羊胴体的切块分割法有两段切块、五段切块、六段切块和八段切块4种，其中，以五段切块和八段切块最为实用。

1. 两段切块

切割分界线是在第十二至第十三对肋骨，在后躯段保留一对肋骨，将胴体分切成前躯和后躯两部分。

2. 五段切块

将羊的胴体切成肩颈肉、肋肉、腰肉、后腿肉和胸下肉5个部分。

（1）肩颈肉。由肩胛骨前缘至第四、第五肋骨垂直切下的部分。

（2）肋肉。由第四、第五肋骨间至最后一对肋骨间垂直切下的部分。

（3）腰肉。由最后一对肋骨间，腰椎与荐椎间垂直切下的部分。

（4）后腿肉。由腰椎与荐椎间垂直切下的后腿部分。

（5）胸下肉。沿肩端胸骨水平方向切割下的胴体下部肉，还包括腹下肉无肋骨部分和前腿腕骨以上部分。

3. 八段切块

将胴体切成肩背部、腰腿（臀）部、颈部、胸部、下腹部、颈端部、前（小）腿和后（小）腿8个部分。

这八大块可以分成3个商业等级：属于第一等的部位有肩部和臀部，属于第二等的有颈部、胸部和腹部，属于第三等的有颈部切口、前腿和后小腿。

将胴体从中间分切成两片，各包括前躯及后躯肉两部分。前躯肉与后躯肉的分切界限，是在第十二与第十三肋骨，即在后躯肉上保留着一对肋骨（图11-2、图11-3）。

后腿肉：从最后腰椎处横切。

腰肉：从第十二对肋骨与第十三对肋骨之间横切。

肋肉：从第十二对肋骨处至第四与第五对肋骨间横切。

肩肉：从第四对肋骨处起，包括肩胛部在内的整个部分。

胸肉：包括肩部及肋软骨下部和前腿肉。

腹肉：整个腹下部分的肉。

4. 肥羔羊胴体的分割

肥羔胴体从中间切成两个半片，其重量约各占胴体的50%。然后把前躯与后躯肉切开，其分界线是在第十二至第十三肋骨。切开时，要在后躯肉上保留着一对肋骨。

后腿肉：是从最后腰椎横切下的后面一块肉。

腰肉：从最后一个腰椎至最后一根肋骨处横切。

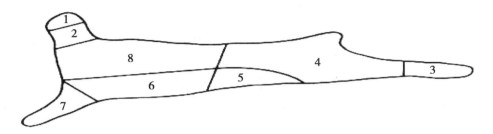

图 11-2　羊胴体商业分割示意图

1. 颈部切口肉；2. 肩背肉；3. 后小腿肉；4. 臀部肉；5. 腹部肉；6. 胸部肉；

7. 前小腿肉；8. 颈部肉

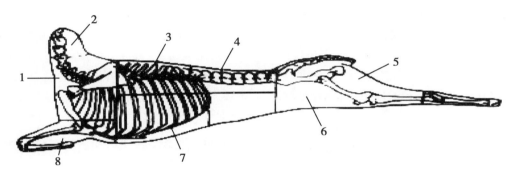

图 11-3　美国羊肉的分割图

1. 肩部肉；2. 颈部肉；3. 肋排肉；4. 腰部肉；5. 腿部肉；6. 腹部肉；7. 胸部肉；8. 前腿肉

肋肉：为第十二与第十三肋间，至第四与第五肋间横切，去掉腹肉。

肩肉：从肩端沿肩胛前缘向鬐甲后直切，留下包括前腿在内，并去掉腹肉的肩胛肉的全部。

肋颈肉：自最后颈椎处切下的整个肋颈三角部分。

颈肉：为最后颈椎处切下的整个颈部肉。

腹肉又称边缘肉：从前腿腑下起沿肋软骨向后直至后腿横切处直线切下，包括胸骨在内的整个下腹边缘部分。

六、分割羊肉的初加工

分割羊肉的加工，要求在比较好的条件下进行，以保证分割肉的质量。要求有宽敞的场地、良好的卫生条件、适宜的温湿度和高质量的原料肉。

一般坚持"能短期加工处理的肉类，绝不冻结贮藏"的原则，这样可以避免冻结肉在冷藏过程中的干耗以及解冻过程中汁液流失等缺陷。分割肉的冷加工是按销售规格要求，将肉按部位或肥瘦分割成小肉块，然后冷冻，称其为分割冷冻肉。若不冷冻，只进行冷却处理，则称其为分割冷却肉。分割羊肉的初加工主要有：

（1）剔骨。目前分割肉的加工方法有2种：一种是将屠宰后的35~38℃的热鲜肉立即进行分割加工，称为热剔骨。这种方法的好处是操作方便、出肉率高、易于整修。但在炎热季节，加工过程容易受微生物的污染，表面发黏，肉的色泽恶化；另一种方式是将鲜肉冷却到0~7℃再进行剔骨分割，又称冷剔骨。这种方式的优点是可减少污染，产品质量好，但肥肉的剥离、剔骨、修整都比较困难，肌膜易于破裂，色泽不艳丽。国内热剔骨采用较多，但近年来趋向于冷剔骨。但由于能源问题，国外又提倡热剔骨。

（2）修整。修整就是对分割、剔骨的肉进行整理。必须注意修割伤斑、出血点、碎骨、软骨、血污、淋巴结、脓疱等，保持肉的完整、美观。同时，可根据不同要求和产品种类对羊肉进行初加工，例如切片等。

（3）预冷。将修整好的羊肉放在平盘中，送入冷却间内进行冷却。冷却间内的温度为-3~-2℃。在24小时内，使肉温降至0~4℃。

（4）包装。包装间的温度要求在0~4℃，以保证冷却肉温度不回升。按品种、部位、规格、等级等，分别采用纸箱或塑料托盘包装。包装后可进行冻结或冷藏。冻结室的温度是-25~-18℃，时间不超过72小时，肉内的温度不高于-15℃；冷藏库温在-18℃以下，肉温在-15℃或-12℃以下；相对湿度控制在95%~98%，空气为自然循环。

七、绵羊屠宰加工中的危害分析和关键控制点（HACCP）

HACCP即危害分析与关键控制点（Hazard Analysis Critical Control Point）的英文缩写。它是一个以预防食品安全危害为基础的食品安全生产、质量控制的保证体系，被国际权威机构认可为控制由食品引起的疾病最有效的方法，被世界上越来越多的国家认为是确保食品安全的有效措施。

近年来，随着全世界对食品安全的日益关注，经济全球化已经成为企业申请HACCP体系认证的主要推动力。目前，美国、欧盟已立法强制性要求食品生产企业建立和实施HACCP体系，日本、加拿大、澳大利亚等国家食品卫生当局也已开始要求本国食品企业建立和实施HACCP体系，我国也将食品安全问题列入《中国食物与营养发展纲要》。某些著名食品生产营销企业也开始以HACCP作为考核供应商的重要条件，从而使HACCP成为食品企业竞争国际市场的一张"通行证"。

（一）HACCP与常规质量控制模式的区别

1. 传统监控方式的不足

（1）抽样规则本身存在误判风险。

（2）费用高、周期长。

（3）可靠性仍是相对的。

（4）即使检测符合标准，仍不能满足消费者对食品安全的顾虑。

2. HACCP 控制体系的特点

（1）针对性强。主要针对食品的安全卫生，是为了保证食品生产系统中任何可能出现的危害或有危害危险的地方得到控制。

（2）预防性。预防性是一种用于保护食品防止生物、化学和物理的危害的管理工具，它强调企业自身在生产全过程的控制作用，而不是最终的产品检测或者是政府部门的监管作用。

（3）经济性。设立关键控制点控制食品的安全卫生，降低了食品安全卫生的检测成本，同以往的食品安全控制体系比较，具有较高的经济效益和社会效益。

（4）实用性。已在世界各国得到了广泛的应用和发展。

（5）强制性。被世界各国的官方所接受，并被用来强制执行。同时，也被联合国粮农组织和世界卫生组织联合食品法典委员会 CAC 的认同。

（6）动态性。HACCP 中的关键控制点随产品、生产条件等因素改变而改变，企业如果出现设备＼检测仪器＼人员等的变化，都可能导致 HACCP 计划的改变。虽然，HACCP 是一个预防体系，但绝不是一个零风险体系。

3. 食品生产企业建立和实施 HACCP 的益处

畜禽肉特别是熟肉制品污染变质引起的中毒事故，一直占较高比例，这引起了人们的重视。肉类食品的安全卫生问题，已成为世界性的重大课题。因此，当今消费者不仅要求卫生、美味、营养丰富，而且对屠宰加工和流通领域提出了更高的要求，即在生产、屠宰、加工、贮运、销售各环节确保安全卫生、无污染，使消费者吃上放心肉。

为了保证肉类食品的安全卫生，不断提高安全性，世界发达国家普遍采用了 ISO9000 族标准和企业质量保证体系认证、食品生产良好操作规范（GMP）及危害分析和关键控制点（HACCP）等先进的质量管理和质量控制方法，消除生物、化学、物理性危害，确保肉类食品安全与质量。

肉食品生产企业建立和实施 HACCP 质量管理体系，其益处主要体现在如下方面。

（1）提高肉品的安全性。

（2）增强组织的肉品风险意识。

（3）强化肉品及原料的可追溯性。

（4）增强顾客信心。

（5）肉品符合检验标准。

（6）符合法律法规要求。

（7）降低成本。

（8）对于出口外向型企业，拥有第三方的 HACCP 认证证书，可满足美国食品与药物管理局（FDA）进口商验证程序（产品的安全卫生指标、确诊步骤）中的确认步骤要求，避免烦琐的进口商验证。

（二）HACCP 的内容

1. 有关定义

（1）危害分析及关键控制点。HACCP 是控制食品微生物、化学和物理性的危害及经济性掺假手段的专门检测系统。

（2）控制点与关键控制点。在特定的食品生产、加工体系中，任何一个失去控制而导致对产品卫生造成不可接受的环节。

（3）严重缺陷。任何一个对使用和信赖产品的消费者，将造成危害或不安全善的缺陷

（4）临界值。一个或多个为确保关键控制点能有效地控制各有关危害，规定必须达到的允许最低限度。

（5）偏差。未能达到关键控制点上规定的临界值。

（6）HACCP 方案。根据总原则用文字叙述须遵循的正式程序的文件。

2. HACCP 的七项原则

原则 1 进行危害分析。

原则 2 确定关键控制点。

原则 3 建立关键限值。

原则 4 建立监控关键控制点控制体系。

原则 5 当监控表明个别 CCP 失控时所采取的纠偏措施。

原则 6 建立验证程序、证明 HACCP 体系工作的有效性。

原则 7 建立关于所有适用程序和这些原理及其应用的记录系统。

（三）HACCP 的应用研究的程序和步骤

1. 程序

（1）咨询并听取公众意见。

（2）成立制订 HACCP 方案的使用研讨小组。

（3）在工厂内进行两阶段的验证试验。

（4）鉴定。

2. 步骤

步骤一 进行危害分析

对原料和配料、加工、生产、运输、销售、配制及食用有关的危险及危害进行分析和评价。

（1）危害分级的原则。

产品是否含有易遭微生物污染的成分；

工艺中是否含有能有资格杀灭有害微生物、并可控制的杀菌程序；

是否在控制杀菌后有遭到有害微生物及其毒素污染的危险；

是否由于在销售中或消费者对食品处理不当，可能在食用时造成对健康的危害；是否在包装后或在家庭烧煮时有最终加热程序。

（2）危害分析及危险分类。

A 级危害：适用于指定的未消毒杀菌的食品；

B 级危害：产品中含有对微生物敏感的成分；

C 级危害：工艺过程中不含有经控制能有效杀灭有害微生物的热杀菌程序；

D 级危害：产品在热杀菌后包装前、易遭二次污染；

E 级危害：由于销售处理不当，或消费者对产品处理不当，致使产品在食用时有很大可能危害健康；

F 级危害：产品在包装后，或在家庭烧煮时，无最终热杀菌处理。

HACCP 应用逻辑程序图，见图 11-4。

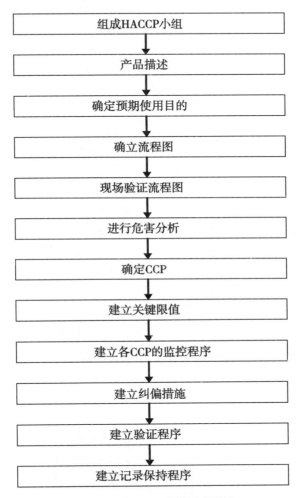

图 11-4 HACCP 逻辑应用程序

步骤二 识别关键控制点 CCP

在食品生产中凡需要对产生危害的微生物进行控制的地方就是 CCP。CCP 包括：烧煮、冷却、消毒、配方控制、防止交叉污染、人员和环境卫生等。

步骤三 为 CCP 制定临界值

临界值：是指一个或多个规定最低必须达到，以确保在 CCP 上有效控制微生物对健康的危害的限值；作为临界限值的标准有：温度、时间、湿度、水分活度、pH 值、可滴定酸度、保存剂、食盐浓度、有效氯、黏度以及在某些情况下食品的组织、气味、外形等感官指标。

步骤四 制定 CCP 的监控方法

包括监测程序和监测手段，是对 CCP 及其临界值的预定检查和试验，监测必须有记录。最理想的监测是可进行连续的监测（100%的效果），如不能在全部时间内监测临界值，则有必要确定间断的监测，能十分可靠地表示危害在控制之下，用于监测的理化测定项目：温度、时间、pH 值、CCP（关键危害点）上的卫生状况、具体的交叉污染预防措施、具体的食品处理程序、水分、其他。

步骤五 制定和采取纠偏措施

采取的措施必须能由 HACCP 方案出现的偏差所造成的实际或潜在的危害，并将有关食品进行保证安全的处理。如发生偏差，在按方案采取修正措施并在进行分析之前，应将产品控制住。

步骤六 制定有效的记录程序

食品企业必须有 HACCP 专用档案，内容包括：原料和配料；有关产品安全的记录；杀菌；包装；贮存和销售；偏差记录资料。

步骤七 建立验证程序

制订用以验证 HACCP 运转正常的方案，验证包括方法、程序以及进行的试验，以确定 HACCP 系统是否符合 HACCP 方案。

3. 判断树以及 CCP 识别顺序图（图 11-5）

（四）绵羊屠宰分割中 HACCP 应用实例

根据以上步骤，从绵羊的宰前管理、屠宰加工、预冷、分割和成熟等方面入手，运用 HACCP 原理，规范整个屠宰加工流程，降低原料肉的初始菌数，并通过监控检测程序验证和完善 HACCP 体系，从而制定出一套完整、切实可行的绵羊屠宰加工的 HACCP 食品安全管理模式，取得了良好的效果。

1. 产品描述

产品名称：冷冻分割绵羊肉。

产品特性：以青藏高原特有畜种——绵羊为原料，经过屠宰、清洗、排酸、分割、速冻而制成的产品。在生产、贮藏、运输及销售等均有严格的温度要求，属低温冷冻产品。

保存方法：贮存在低于-18℃的冷藏库。冷藏库每 24 小时，升、降温幅度不得超过 1℃，相对湿度大于 90%。

保质期：12 个月。

食用方法：经解冻烹调后食用。

消费者类型：一般消费者。

2. 绵羊屠宰加工的危害分析

根据绵羊分割肉屠宰工艺流程中的每一环节进行危害分析，指出对最终产品造成危害的原因，分析结果，见表 11-1。

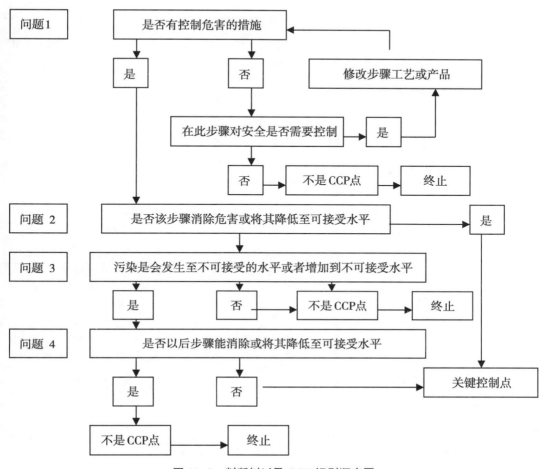

图 11-5　判断树以及 CCP 识别顺序图

（本图引用自 Annex to CAC/RCP 1-1969, Rev. 4〈2003〉）

表 11-1　冷冻分割绵羊肉危害分析工作单

加工厂名称：×××××加工厂　　　　　加工厂地址：××××路 1 号

产品名称：冷冻分割绵羊肉　　　　　预期用途和消费者：一般消费大众

销售和贮存方法：冷藏库贮存，温度-18~-15℃；运输温度-15℃。

（1） 加工 工序	（2） 本工序被引入、控制 或增加的潜在危害	（3） 潜在的 危害是 否显著	（4） 对潜在危害判断 的提出依据	（5） 能用于显著危害的预防措 施是什么	（6） 该工序是 否是关键 控制点
活羊 收购	生物的：细菌、病 毒、寄生虫	是	活羊本身携带病	查验检疫合格，运输工具 消毒证明、非疫区证明、 圈舍卫生保持、分圈管 理，停食静养 12~24 小 时，充分给水至宰前 3 小 时，异常拒收	否

（续表）

加工工序	本工序被引入、控制或增加的潜在危害	潜在的危害是否显著	对潜在危害判断的提出依据	能用于显著危害的预防措施是什么	该工序是否是关键控制点
宰前检疫 CCP_1	生物的：细菌、病毒、寄生虫	是	活羊本身携带病	羊抽检 20%～30%，测温并进行感观检查，异常隔离	是
	化学的：兽药残留	是	饲养过程中兽药残留	未使用违禁药品	
	物理的：粪便污染	是			
待宰		否			否
悬挂放血	生物的：微生物污染	是	二次污染	刀具消毒	否
去头蹄	生物的：微生物污染	是	二次污染	刀具消毒，轮换使用	否
扎食管	生物的：微生物污染	是	二次污染	人工扎紧食管；培训员工良好操作规程，增加洗手消毒规章	否
	物理的：胃容物	是	胃内容物回流		
剥皮	生物的：微生物污染	是		消毒刀具、修去受污染的区域，培训员工良好的操作规程	否
	物理的：毛等	是	毛等杂质污染胴体		
开膛 CCP_2	生物的：微生物污染	是		培训员工良好操作规程，清洗并修去污染部分	是
	物理的：粪便污染	是	内容物外溢		
胴体卫检 CCP_3	生物的：微生物污染	是	羊本身携带病	严格执行检疫规程，必要时借助化验手段，同时隔离	是
晾肉	生物的：微生物污染	是	二次污染	调整胴体距离，预冷间温湿度	否
	物理的：杂质污染	是	二次污染	培养员工良好操作规程，增加刀具及员工洗手、消毒频率	
胴体计量分级	生物的：微生物污染	是	二次污染	培养员工良好操作规程，增加刀具及员工洗手、消毒频率	否
	物理的：杂质污染	是	二次污染		
清洗	生物的：微生物污染	是	水可能被污染	SSOP 控制水源；严格工艺操作，保证清洗水压	否
	物理的：杂质污染	是	二次污染		
排酸 CCP_4	生物的：微生物污染	是	冷却温度过高，易致病菌繁殖	调整工艺参数（温、湿度及风速），控制时间，增加消毒次数	是
	化学的：颜色变化	是	色泽氧化		
剔骨	生物的：微生物污染	是	二次污染	SSOP 控制交叉污染	否
	物理的：杂质污染				

（续表）

加工工序	本工序被引入、控制或增加的潜在危害	潜在的危害是否显著	对潜在危害判断的提出依据	能用于显著危害的预防措施是什么	该工序是否是关键控制点
部位分割	生物的：微生物污染	是	分割人员的手，分割的操作台以及工具污染	分割间的室温在 0～8℃，滞留时间不超过 1 小时；做好分割人员卫生，设备与工具定期消毒，保持清洁	否
	物理的：病变组织、粪、胆污和泥污、凝血块	是			
修割	生物的：微生物污染	是	分割人员手，操作台以及工具污染	SSOP 控制人员及工器具卫生	否
计量包装	生物的：微生物污染	否	包装材料不合格，有有害物污染；计量器具不准，计量错误	使用符合要求包装材料，培训合格的专业人员负责计量，定期检修称量设备，核对结果并记录	否
	化学的：有害物污染	是			
结冻	生物的：微生物污染、虫鼠害	是	虫、鼠害造成微生物污染以及影响胴体外观	SSOP 控制虫、鼠害	否
	物理的：肉体压扁、冰霜干枯	否			
成品检验 CCP$_5$	生物的：微生物污染	是	二次污染	严格按照产品检验要求进行检验，确保产品质量符合要求	是
冷藏	生物的：微生物污染，虫鼠害	是	虫鼠害，冷藏库库温达不到要求，可能致微生物繁殖	SSOP 控制虫、鼠害；及时调整冷藏库库温	否
	物理的：肉体压扁、冰霜干枯	否			
运输销售	生物的：微生物污染	是	运输工具不洁，温度达不到要求，可能使致病菌繁殖	SSOP 控制运输工具卫生，控制运输工具的温度达到要求	否

3. 绵羊屠宰加工的 HACCP 计划（表 11-2）

在对绵羊屠宰加工工序进行认真的分析研究和检测的基础上，确定了 5 个工序为关键控制点，即活羊宰前检疫、开膛、胴体检验、排酸及成品检验。

表 11-2 关键控制点分析表

工序	第一问题回答	第二问题回答	第三问题回答	第四问题回答	原因
宰前检疫 CCP$_1$	肯定	肯定			漏检、病羊屠宰，后续环节无补救措施
开膛 CCP$_2$	肯定	肯定	肯定	肯定	内容物外溢，造成污染
胴体检验 CCP$_3$	肯定	肯定	肯定		病羊漏检，后续环节无法消除

（续表）

工序	第一问题回答	第二问题回答	第三问题回答	第四问题回答	原因
排酸 CCP$_4$	肯定	肯定	肯定		排酸间温度、湿度控制不当，致胴体表面细菌繁殖增快，色泽氧化，后续环节无补救措施
成品检验 CCP$_5$	肯定	肯定			二次污染，后续环节无补救措施

4. 制订 HACCP 计划

按照 HACCP 系统建立的常规步骤，在列出可能出现的安全危害及确立关键控制点后，建立对关键控制点的危害临界值、监控程序及修正措施，以便在日后工作中能对每一工序进行有效的监督管理，充分保证绵羊肉成品卫生（表 11-3）。

表 11-3　绵羊屠宰加工的 HACCP 计划表

1	2	3	4	5	6	7	8	9	10
关键控制点	显著危害	关键限值	监控				纠偏行动	验证	记录
			对象	方法	频率	人员			
宰前检疫 CCP$_1$	致病微生物、寄生虫残留宰前管理不当，导致羊产生应激反应，产生异常肉	①羊来自非疫区，健康无病；②宰前休息不少于 12 小时，宰前 24 小时断食，3 小时断水；③产地证	第三栏中所指证明的有效文本	①查阅动检部门检疫合格证；②"三观一检"，三观即对羊静、动、饮食状态的观察，一检对可疑个体检验	目测，羊抽测体温 20%~30% 并进行感观检查，异常隔离	兽医检疫人员	病羊挑出，作无害化处理；禁收规定之外的羊，临床检查看、摸、检	检查记录，确保胴体编号与活羊编号相同	活羊宰前检记录
开膛 CCP$_2$	微生物污染、肠道内容物污染	内脏完整，胴体污染率为零	第三栏限值	目测	每只	质检员	清除污染肉；增加操作人员；减慢链速度；工器具消毒	监督记录与操作；肉随机抽样	随机抽样记录
胴体检验 CCP$_3$	羊胴体带有疾病进入下道工序，造成交叉污染	①淋巴结无明显病灶；②肉类色泽正常，无明显创伤面	第三栏限值	钩取淋巴结进行检验；必要时做病理切片，实验室检测	每只	质检员	发现漏检病羊，核实后停止宰杀	胴体编号与活羊相符，宰后验证	宰后检验记录

（续表）

1	2	3	监控				8	9	10
关键控制点	显著危害	关键限值	对象	方法	频率	人员	纠偏行动	验证	记录
排酸CCP$_4$	①预冷不当造成胴体发生寒缩或细菌繁殖较快，影响肉品；②胴体干耗失重；③劣化褐变	排酸预冷间相对湿度；80%~90%；温度范围0~4℃；风速控制在≤1m/s；预冷时间：8~24小时；胴体间隔0.25~0.50cm	第三栏限值	目测	每2小时一次	排酸间操作工	如发现三种工艺参数变化异常，及时通知制冷控制；增加消毒次数，改进消毒手段	温度计校准记录和空隙控制；定期监测肌肉冷却速率	温湿度变化曲线图及记录
成品检验CCP$_5$	①虫鼠害；②包装污染或不完整	包装完整，标志清楚	第三栏值	目测	每批成品	库管	包装不完整，更换包装	检查出库记录	出库记录

5. 对关键控制点进行监测和调整控制

对关键控制点组成专班进行负责和管理，建立检测和监督机制，在具体操作和实施过程中当微生物指标不合格可采用两种途径处理：一是通过调节，包括温度、pH 值、物理或化学的方法进行控制并恢复正常；二是紧急处理，停止生产或清洁消毒，将污染因素全面消除。

6. HACCP 控制体系的记录和验证

每次生产时详细记载关键控制指标，以便为发现污染及时防治提供参考依据，若发现其他关键因素应列入关键控制点予以实施和记录，以确保整个生产过程在有效控制之中，使 HACCP 体系能正确运作。

在绵羊分割肉的生产与流通过程中，建立 HACCP 食品安全体系，采用良好的屠宰卫生规范（GMP）和操作卫生程序（SSOP）是保证肉品质量的前提。建立 HACCP 食品安全体系，可弥补传统的绵羊肉食品生产质量、卫生管理方法的不足，满足消费者对绵羊肉食品质量及安全卫生问题的关注，同时，它也是法制建设的需要和绵羊肉食品出口的"通行证"，它的应用将使产品质量管理规范化和科学化。但 HACCP 系统并不是一成不变的，它应随着企业肉产品的不断更新而处于一种动态平衡之中。只有企业在实践中不断地发现和总结问题，才能使本企业的 HACCP 品质管理体系更加完善、合理。

八、绵羊肉的贮藏与保鲜

（一）羊肉的贮藏

羊肉中含有丰富的营养物质，是微生物繁殖的良好场所。如贮藏不当，外界微生物会污染肉的表面，并大量繁殖，致使肉腐败变质，甚至会产生对人体有害的毒素，引起食物中毒。另外，肉自身所含的酶类也会使肉产生一系列变化，在一定程度上可改善肉质，但若控制不当，亦会造成肉的变质，导致较为严重的经济损失。据统计，近年来我国肉类食品因贮藏不当所造成的损失总量为 10%～19%。

随着肉类贮藏保鲜技术的不断发展与完善，羊肉的贮藏方法越来越多，其贮存期也得到了很大的提高。目前，实用的方法主要有低温贮藏、热处理、辐照贮藏、真空、充气包装贮藏以及干燥贮藏等。

1. 低温贮藏

食品腐败变质的主要原因是微生物作用和酶的催化作用，而这些作用的强弱与温度紧密相关。温度的降低可以抑制微生物繁殖，降低生物化学反应的速率。根据 TTT（time temperature to lerance）原则，食品品质下降是随时间累积的，不可逆的。温度越低，品质下降的过程越缓慢，允许期也就越长，从而达到阻止或延缓食品腐烂变质的速度的目的。低温贮藏是羊肉贮藏的最好方法之一。低温可以抑制羊肉中微生物的生命活动和酶的活性，从而达到贮藏保鲜的目的。由于低温能保持肉的颜色和组织状态，方法简单易行，安全可靠，因而低温贮藏肉类的方法多年来一直被广泛应用。低温贮藏一般分为冷却贮藏和冻结贮藏。

冷却贮藏是指经过冷却后的肉在 0℃ 左右的条件下进行贮藏，相对湿度应维持在 88%～90%，羊肉可贮存 10～14 天。由于冷却贮藏仅适合于短期贮藏，若要长期贮藏，应采用冻结贮藏，即将羊肉的温度降低到 −18℃ 以下，使肉中的绝大部分水分形成冰结晶。羊肉冻结贮存要求冷藏室温度为 −20～−18℃ 以下，通常肉可贮藏 8～11 个月。

低温由于能保持肉的颜色和状态，方法易行，冷藏量大，安全卫生，因而低温贮藏原料羊肉和分割羊肉的方法一直被广泛应用。

2. 辐照贮藏

羊肉辐照贮藏是利用放射性元素 Co^{60}、Cs^{137} 在一定剂量范围内辐照肉，杀灭病原微生物及腐败菌或抑制肉品中某些生物活性物质的生理过程，从而达到贮藏或保鲜的目的。该方法早已被 WHO 和 FDA 证实是安全、高效、节能的肉类保藏方法。此方法不会使肉内温度升高，不会引起肉在色、香、味等方面的变化，所以能最大限度地减少食品的品质和风味的损失。属于物理处理过程，无化学药物残留，不污染环境，且方法简便，适合于各种包装的肉。我国目前拥有 150 座 Co^{60} 辐照装置，分布在全国各地，有条件的地方可用聚乙烯复合膜对羊肉进行真空封装后，在一定剂量下辐射，可使羊肉贮藏期达到一年左右。由于辐射保藏是在温度不升高的情况下进行杀菌，所以有利于保持羊肉制品的新鲜程度，而且免除冻结和解冻过程，是较先进的食品保藏方法。

我国目前研究应用的辐射源，主要是同位素 Co^{60}、Cs^{137} 放射出来的 γ 射线。当 Co^{60}、Cs^{137} 产生的 γ 射线或电子加速器产生的 β 射线对肉类等食品进行照射时，附着于表面的微生物 DNA 分子发生断裂、移位等一系列不可逆变化，酶等生物活性物质失去活性，进而新陈代谢中断，生长发育受阻，最终导致死亡，从而达到保藏的目的。

3. 热处理

热处理保存是通过加热来杀死羊肉中的腐败菌和有害微生物，抑制酶类活动的一种保存方法，也是熟肉制品防腐必不可少的工艺环节。蒸煮加热的目的之一，是杀灭或减少肉制品中存在的微生物，使制品具有可贮性，同时，消除食物中毒隐患。但经过加热处理的肉制品中，仍有一些耐高温的芽孢，这些芽孢只是量少并处于抑制状态。在偶然的情况下，经一定时间，仍然有芽孢增殖，导致肉制品变质的可能。因此，应对灭菌之后的保存条件予以特别的重视。

一般羊肉制品的加热温度设定为 72℃ 以上。如果提高温度，可以缩短加热时间，但是细菌死亡与加热前的细菌数、添加剂和其他各种条件都有关系。如果热加工至羊肉制品中心温度达 70℃，尽管耐热性芽孢菌仍能残存，但致病菌已基本完全死亡。此时产品外观、气味和味道等感官质量保持在最佳状态。结合以适当的干燥脱水、烟熏、真空包装、冷却、贮存等措施，则产品已具备可贮性。在羊肉保存中有 2 种热处理方法，即巴氏杀菌和高温杀菌。

（1）巴氏杀菌。把羊肉在低于 100℃ 的水或蒸汽中处理、使肉的中心温度达到 65～75℃、保持 10～30 分钟的杀菌方法称为羊肉巴氏杀菌。在此温度下，羊肉制品内几乎全部的酶类和微生物均被灭活或杀死，可以延长保存期。并赋予羊肉更重要的功能，如使蛋白质变性、凝结、且部分脱水使肉品具有弹性和良好的组织结构，这对于绞碎的肉糜制品（如西式火腿、火腿肠等）的制造是非常重要的，但经过巴氏杀菌后细菌的芽孢仍然存活。因此，杀菌处理应与日后的冷藏相结合，同时，要避免羊肉制品的二次污染。

（2）高温灭菌。羊肉在 100～121℃ 的温度下处理的灭菌方法称为羊肉高温灭菌。主要用于生产罐装的羊肉制品，如钢听的肉罐头、铝箔装的软罐头等。经这样处理，基本可以杀死羊肉中存在的所有细菌及芽孢，即使仍有极少数存活，也已不能生长繁殖引起肉品腐败，从而使羊肉制品在常温下可以保存半年以上而不变质。

巴氏杀菌和高温杀菌加热法的区别在于：一个是高压加热；另一个是常压加热。实际上为延长保存期进行的加热，要根据初期微生物数量而定。当然，细菌种类和贮藏温度及其他各种条件不同，微生物的生长状况也不一样，即使初期微生物的污染程度相同，保存期也未必相同。但初期微生物数量，对保存性的影响极大，通过加热可减少微生物的数量，提高保存性。温度对加热灭菌起着很重要的作用。当然最终结果是由温度决定的，但并非温度越高越好，因为，过高的温度会使大多数蛋白质变性，降低蛋白质的营养价值，热处理过度对羊肉制品中蛋白质的品质和其组织结构是不利的。另外，某些维生素对热不稳定，如硫胺素经加热后损失量可达 2/3。因此，在具体操作中应根据原料羊肉的性质、被污染的程度、贮藏的环境等来综合考虑，确定出适合的热处理温度。

4. 真空、充气、托盘包装贮藏

真空、充气包装贮藏主要应用于分割羊肉的短期贮藏。若在−3~−2℃的条件下存放，其贮存期可达到6~12月。随着分割羊肉销售的增多，利用真空、充气包装来贮绵羊肉的方法则越来越普及。

（1）真空包装是采用气密性的复合包装袋，在真空度为−0.4~−0.8Mpa的条件下，通过真空包装机对分割羊肉进行包装。真空包装分割羊肉，可避免氧气对羊肉的不利影响，抑制嗜氧性细菌的繁殖，在冷链系统中真空包装的分割羊肉的货架期至少可达到3周，但肉色较暗。当包装被去除，产品暴露在空气中，其鲜亮的红色又可恢复。真空包装可用于批发的胴体、零售的分割肉和肉糜等的包装贮藏。

（2）充气包装是控制腐败微生物、延长鲜羊肉货架期的最新技术。充气包装的基本原则是改变包装容器或包装袋内的气体组分和浓度，常用的三种气体是二氧化碳、氧气和氮气。二氧化碳主要是抑制细菌和真菌的生长；氮气可防止脂肪的氧化酸败和包装的瘪变，也可抑制真菌的生长；氧气可以抑制厌氧性腐败微生物的生长。二氧化碳、氮气和氧气按一定比例有机组合的气调贮藏是非常有效的储存手段。10%二氧化碳，5%氧气和85%氮气可使鲜羊肉的货架期达到10天以上。

（3）托盘包装是将肉切分后用泡沫聚苯乙烯托盘包装，上面用PVE或聚乙烯覆盖。冷却肉在冷柜中的货架期为1~3天。托盘包装的肉处于有氧环境，主要以好氧和兼性好氧的微生物为主，如假单孢菌和大肠菌群等。托盘包装简单适用且成本较低，但由于此包装不阻隔空气，会使肉的保质期大大缩短。因此，在一般情况下，分割剔骨后的冷却肉在工厂先制成真空大包装，冷藏运输到商场后，再拆除真空包装，制成托盘小包装。这样既有利于保证冷却肉的保质期，方便运输，又有利于零售时冷却肉恢复鲜红颜色。

5. 干燥贮藏

干燥贮存是一种古老的贮藏手段。羊肉中含水量高达70%左右，经脱水后可使水分含量减少到6%~10%。水分下降可阻碍微生物的繁殖、降低脂肪氧化速度，从而达到保藏的目的。

干燥羊肉的方法目前主要采用低温升华干燥，即在低温且具有一定真空度的密闭容器中，肉中水分直接从冰升华为蒸汽使其脱水干燥。这种方法干燥速度快，能保持羊肉的特性，加水后可迅速恢复到原来的状态，是近年来重点发展的一种高、新肉类贮藏方法。但设备较复杂、投资大、费用高。

如果采用远红外真空干燥法，将切成适当大小的羊肉放入真空容器，通过安装在真空容器中的远红外加热器产生的远红外线，将肉品低温真空干燥，在干燥过程中，肉内部的血液、蛋白质、脂肪等成分均为发生变化，完好的保存在肉中，复水后则能恢复鲜肉状态。

6. 盐渍贮藏

食盐的作用主要是降低水分活性，造成生理干燥，抑制微生物活动。食盐吸水性很强，与水分接触时，很快变成食盐溶液，当与贮藏物（羊肉）接触时，该物质的细胞被盐液所包围。这时细胞内水分通过细胞膜向外渗透，食盐向细胞内渗透，至内外盐溶液浓度平衡为止。结果使肉脱水，肉表面的微生物也因相同作用而失去活性。食盐除脱水作用

外，氯离子可以直接阻碍蛋白酶的分解作用，从而阻碍微生物对蛋白质的分解。但是，有些好盐和耐盐性微生物，对食盐的抵抗力很强。因此，单用食盐不能达到长期保藏的目的。同时，食盐抑制微生物的生长繁殖，但并不能杀菌。当浓度高于15%~20%时才能起到防腐作用，这样高的浓度远远超过人们所能接受的范围。饱和食盐溶液的 Aw 值为0.75，所以，在可供食用的范围内，单凭食盐并不能使 Aw 值有显著下降。因此要起到防腐作用，必须与其他方法结合使用，用食盐保绵羊肉时，必须防止腐败菌的污染和降温，才能取得较满意的效果。在羊肉贮藏腌制剂中，硝酸盐或亚硝酸盐也是其重要的组成成分，它不仅具有发色作用，使肉制品光泽鲜艳，而且具有很强的抑菌作用。

7. 其他贮藏方法

其他贮藏方法主要有微波处理、高压处理及控制初始菌量等方法。

微波杀菌保藏食品是近年来在国际上发展起来的一项新技术。具有快速、节能，并且对食品的品质影响较小等特点。微波杀菌的机理是当微波炉磁控管产生的高频率微波照射到食品时，食品中微生物的各种极性基、活性基就会发生激烈的振动、旋转，当这些极性分子以每秒24.5亿次的惊人速度运动时，分子间因剧烈摩擦而产生热量，从而引起蛋白质、核酸等不可逆性变性，从而达到杀菌的目的。

高压技术在食品工业中应用最多的是利用高压进行杀灭微生物，延长食品的保质期。由于加热灭菌使食品中质量变劣、产生热臭味、营养损失等原因，近年来非加热的高压杀菌技术受到广泛重视。自从1914年 Bridgmen 发现蛋白质的加压凝固导致霉变性失活和杀灭微生物以来，已有为数众多的研究报道证明了100~600Mpa 的高压作用5~10分钟可以使一般细菌和酵母、真菌数减少，甚至将酵母和真菌完全杀灭，600Mpa 作用15分钟时食品中绝大多数的微生物被杀灭。高压处理在小包装分割鲜羊肉的贮藏方面，具有广泛的发展前景。

控制初始菌量即严格原料获取（屠宰、分割初加工）及产品加工各个环节的卫生条件，是保证羊肉可贮性的先决条件。初始菌量小的羊产品，其保存期可比初始菌量高的产品长1~2倍。只有控制好羊肉的初期菌量，减少污染，才能够提高羊肉的贮藏期。

（二）羊肉的保鲜

肉类食品的保鲜一直是人们研究的课题，随着时代的进步，现代生活方式和节奏的改变，传统的肉类食品保鲜技术已不能满足人们的需求，深入研究肉类的防腐保鲜技术已变得日益重要。采用综合保鲜技术才能发挥各种保藏方法的优势，达到优势互补，相得益彰的目的。

肉类食品的腐败变质主要是由于肉中的酶以及微生物的作用，使蛋白质分解以及脂肪氧化而引起的。目前，羊肉保鲜技术主要有以下几种。

1. 涂膜保鲜技术

涂膜保鲜是将羊肉涂抹或浸泡在特制的保鲜剂中，在肉的表面形成一层保护性的薄膜，以防止外界微生物侵入、肉汁流失、肉色变暗，在一定时期内保持羊肉新鲜的一种方法。

目前使用的涂膜多为可食性的，涂膜保鲜的具体方法是先配制高黏度涂膜溶液，现多使用的配方是：水 10kg、食盐 1.8kg、葡萄糖 0.3kg、麦芽糊精 6kg，用柠檬酸调节 pH 值，使 pH 值为 3.5。配置时，若不需要这么多溶液，可按比例减少。使用时，先将新鲜羊肉切成 2kg 左右的条或块，放入配制好的溶液中浸一下，使肉的表面形成一层薄膜。实践表明，经处理的鲜肉，在 40℃ 下可保鲜 4~6 天。所配制的高黏度溶液可保持 6 个月不变质，并能继续使用。

2. 可食性包装膜保鲜技术

在可食性包装膜的研制开发上，近年来也有不少可喜的成果。美国南卡罗来纳州克雷姆逊大学研制的谷类薄膜，以玉米、大豆、小麦为原料，将玉米蛋白质制成纸状，用于香肠等肉食品的包装，使用后可供家禽食用，或作肥料。美国"纳蒂克"开发的胶原薄膜，采用动物蛋白胶原制成，具有强度高、耐水性和隔绝水蒸气性能好等特点，解冻烹调时即溶化可食用，用于包装羊肉食品不会改变其风味。日本三菱人造纤维公司开发的薄膜，以红藻类提取的天然多糖为原料制成，呈半透明状，质地坚韧且热封性好。

3. 改善和控制气氛保鲜技术

气调包装即改善和控制气氛的包装，是最具有发展前景的肉品保鲜技术，其特点是以小包装形式将产品封闭在塑料包装材料中，其内部环境气体可以是封闭时提供的，或者是在封闭后靠内部产品呼吸作用自发调整形成的。目前，改善和控制气氛包装得到广泛的使用，最常见的方法就是真空和充气包装、MAP 及 CAP 等。

4. 防腐保鲜剂保鲜技术

由于世界性的能源短缺，各国的研究人员都在致力于开发节能型的保鲜技术，各种防腐剂的应用成为目前研究的又一热点。防腐保鲜剂又分为化学防腐保鲜剂和天然防腐保鲜剂，防腐保鲜技术经常与其他保鲜技术结合使用。使用较多的肉类天然保鲜剂有儿茶酚、香辛料提取物、乳酸链球菌素（Nisin）、维生素 E、红曲色素及溶菌酶等。

5. 含气调理保鲜技术

新含气调理肉品加工保鲜技术是针对目前普遍使用的真空包装、高温高压杀菌等常规方法存在的不足之处，而开发出来的一种适合于加工各类新鲜方便肉品或半成品的新技术。由于采用原材料的灭菌化处理、充氮包装和多阶段升温的温和式杀菌方式，能够比较完美的保存烹饪肉品的品质和营养成分，肉品原有的色泽、风味、口感和外观几乎不发生改变。这不仅解决了高温高压、真空包装食品的品质劣化问题，而且也克服了冷藏、冷冻食品的货架期短、流通领域成本高等缺点。

新含气调理肉品保鲜加工技术的工艺流程可分为初加工、预处理（灭菌化处理）、气体置换包装和调理杀菌 4 个步骤。在此加工工艺流程中，灭菌化处理与多阶段升温的温和式杀菌相互配合，在较低的条件下杀菌，即可达到商业上的无菌要求，从而最大限度地保留了肉品的色、香、味、口感和形状。新含气调理食品多使用高阻隔性的透明包装材料，在常温避光的条件下可保存半年到一年。

6. 纳米保鲜技术

利用纳米技术，使常规保鲜膜具有气调、保湿和纳米材料缓释防霉等多种功能。以常规 LDPE 保鲜膜配方组分为载体，添加含银系纳米材料母粒，吹塑研制出纳米粒径 D = 40~70μm 的纳米防霉保鲜膜，结果表明，已接种灰真菌的 PDA 培养基，经 4%（w/w）

银系纳米母粒浸提液浸泡的滤纸圆片处理于26~28℃恒温培养条件下，其最大抑菌效率较对照提高1倍，含4%（w/w）银系纳米材料保鲜膜制品圆片的最大抑菌效率提高67.9%。

7. 真空冻干保鲜技术

真空冷冻干燥脱水技术是一项对食品、药物护色、保鲜、保质、保味的高新技术，简称为冻干技术。是在低温条件下，对含水物料冻结，再在高真空度下加热，使固态冰升华，脱去物料中的水分；食用时，将这种物品浸入水中很快就能复原，好似鲜品，最大限度地保留了原有的色、香、味及营养成分和生理活性成分。

8. 臭氧保鲜技术

用臭氧对分割肉、熟制品的原料肉和成品进行杀菌，可大大减少原料肉和成品的带菌量，分解肉类食品中的荷尔蒙，从而保证产品的品质，延长货架期。臭氧对于解决分割肉的沙门氏菌的污染问题，有着极佳的效果。

9. 栅栏技术（屏障理论）

目前，保鲜研究的主要理论依据是栅栏因子理论，它是德国学者Leistner博士提出的一套系统科学地控制食品保质期的理论。该理论认为：食品要达到可贮性与卫生完全性，其内部必须存在能够阻止食品所含腐败菌和病原菌生长繁殖的因子，这些因子通过临时和永久性地打破微生物的内平衡，而抑制微生物的致腐与产毒，保持肉品品质，这些因子被称为物的内平衡，栅栏因子。在实际生产中，运用不同的栅栏因子，并合理地组合起来，从不同的侧面抑制引起食品腐败的微生物，形成对微生物的多靶攻击，从而起到保护肉品品质的作用。

随着肉类食品保鲜技术的发展，出现了许多新型栅栏因子，如pH值类：微胶囊酸化剂；压力类：超高压生产设备；射线类：微波、辐射、紫外线等；生化类：菌种、酶等；防腐类：次氯酸盐、美拉德反应产物、液氯螯合物、酒精等；其他类：磁振动场、高频无线电、荧光、超声波等。

在实际生产中，可以根据具体情况，设计不同障碍，利用其产生的各种协同效应，以达到延长产品货架期的目的。

肉品的保鲜贮藏技术与科学的管理密不可分，HACCP管理体系已成为目前食品界公认的确保食品安全的最佳管理方案，是我国今后肉品屠宰加工企业管理的发展方向，也是肉品保鲜技术进一步发展的基础。

羊肉及其制品的贮藏、保鲜，在方法和技术上往往是相互依赖、相互作用，密不可分的，与此同时，羊肉各种保存方法的应用也应与羊肉制品加工相结合。为了更有效地使羊肉类食品保鲜，应该采用多种方法，建立一套综合保鲜体系。

九、羊肉质量安全检验

1. 常规检测

羊肉腐败变质后，营养物质分解，感官性状改变，通过检验肌肉、脂肪的色泽与黏度、组织状态与弹性、气味、骨髓和筋腱状态，可鉴定羊肉的新鲜程度。

（1）色泽与黏度。将被检羊肉置于白色瓷盘中，在自然光线下仔细观察。新鲜羊肉外表具有干膜，肌肉和脂肪有其固有的色泽、表面不发黏，切面湿润、不发黏；腐败变质羊肉颜色变暗，呈褐红色、灰色或淡绿色，表面于膜很干或发黏，有时被覆有霉层，切面发黏，肉汁呈灰色或淡绿色。

（2）组织状态与弹性。用手指按压羊肉表面，新鲜羊肉富有弹性，结实，紧密，指压凹陷很快恢复；变质羊肉无弹性，指压凹陷不能恢复。

（3）气味。在常温（20℃）下检查羊肉的气味，首先判定外表的气味，然后用刀切开判定深层的气味，注意检查骨骼周围组织的气味。新鲜羊肉有其固有的气味，无异味，腐败变质羊肉有酸臭、霉味或其他异味。

2. 实验室检测

如需进行羊肉产品质量安全认证，应在常规检测的基础上，采用验室检测方法获取多方面的数据。

（1）煮沸后肉的检测。

①方法：称取 20g 切碎的肉样，置于 200mL 烧杯中，加水 100mL，用表面皿盖上，加热至 50~60℃，开盖检查气味，然后再加热煮沸 20~30 分钟后，迅速检查肉汤的气味、滋味、透明度及表面浮脂肪的状态、多少、气味和滋味。

②鉴定：新鲜羊肉的肉汤透明、芳香，使人增加食欲，肉汤表面有大的油滴，脂肪气味和滋味正常。变质羊肉的肉汤混浊，有絮毛，具腐臭气味，肉汤表面几乎不见油滴，具酸败脂肪的气味。

（2）理化检验。按国家有关规定，进行挥发性盐基氮的测定，重属、农药和兽药残留检测。

（3）微生物学检验。按国家有关规定，进行细菌总数、大肠菌群及致病菌检验。

第十二章　羊肉的加工

羊肉加工业是养羊业生产的连续和延伸，是实现养羊业商品化生产的条件和重要内容。绵羊肉加工增值作为使畜牧业资源优势、产品优势转化为经济优势的媒介，对国民经济资金积累起着重要作用，对促进相关工业、商业、服务业、外贸、科技教育、城乡建设和安排农村剩余劳动力等都具有重要作用。

随着社会物质文明的发展，人们对肉制品的要求越来越高。除了用猪肉、牛肉为主要原料制成的各类肉类加工产品外，羊肉制品也备受欢迎，尤其是天然、绿色的绵羊肉制品更受消费者青睐，具有很广阔的发展前景。可以借鉴较为成熟的猪肉、牛肉制品的生产加工技术，开发低温、高温、西式、中式和中西结合式的羊肉制品。特别是中式羊肉制品如咸羊肉、腊羊肉、酱羊肉、羊肉松、羊肉脯、羊肉干、羊肉发酵香肠、羊肉罐头、五香系列羊产品、烤全羊、羊肉串、羊肉酱和明眼羊肝等，若能在保鲜、保质、包装、贮运等方面获得突破，实现工业化生产，必将焕发出新的生命力。虽然目前羊肉制品的产量很低，品种少，但羊肉制品将是今后研究与发展的方向。

一、肉制品的分类

（一）传统肉制品的分类（表 12-1）

表 12-1　肉制品分类的定义和特征

类别	种类	含义	代表肉品
1.	腌腊制品类	肉经腌制、酱渍、晾晒（或不晾晒）、烘烤等工艺制成的生肉类制品，食用前需经加工	
（1）	咸肉类	肉经过腌制加工而成的生肉类制品，使用前需经熟加工	咸羊肉
（2）	腊肉类	肉经腌制后，再经晾晒或烘焙等工艺而成的生肉类制品，食用前需经熟加工，有腊香味	腊羊肉
（3）	酱（封）肉类	肉用食盐、酱料（甜酱或酱油）腌制、酱渍后再经风干或晒干、烘干、熏干等工艺制成的生肉制品，食用前需经熟煮。色棕红，有酱油味，是咸肉和腊肉制作方法的延伸和发展	

（续表）

类别	种类	含义	代表肉品
（4）	风干肉类	肉经腌制、洗晒（某些产品无此工序）、晾挂、干燥等工艺制成的生、干肉类制品，食用前需经熟加工	风干羊肉
2.	酱卤制品类	肉加调料和香辛料以水为加热介质，煮制而成的熟肉类制品	
（1）	白煮肉类	肉经（或不经）腌制后，在水（盐水）中煮制而成熟肉类制品，一般在食用时再调味，产品保持固有的色泽和风味，是酱卤肉未经酱制或卤制的一个特例	白切羊肉
（2）	酱卤肉类	肉在水中加食盐或酱油等调味料和香辛料一起煮制而成的一类熟肉类制品。某些产品在酱制或卤制后，需再烟熏等工序。产品的色泽和风味主要取决于所用的调味料和香辛料	
（3）	糟肉类	肉在白煮后，再用"香糟"糟制的冷食熟肉制品。产品保持固有的色泽和曲酒香味。是用酒糟或陈年香糟代替酱汁或卤汁的一类产品	
3.	熏烧烤制品类	肉经腌、煮后，再以烟气、高温空气、明火或高温固体为介质的干热加工制成的熟肉类制品。有烟熏肉类、烧烤肉类。熏、烤、烧3种作用往往互为关联，极难分开。以烟雾为主者属熏烤；以火苗或以盐、泥等固体为加热介质煨制而成者属烧烤	
（1）	熏烧烤肉类	肉经煮制（或腌制）并经决定产品基本风味的烟熏工艺而制成的熟（或生）肉类制品	
（2）	烧烤肉类	肉经配料、腌制，再经热气烘烤，或明火直接烧烤，或以盐、泥等固体为加热介质煨烤而制成的熟肉类制品	烤羊肉、烤羊排
4.	干制品类	瘦肉先经熟加工，再成型干燥，再经熟加工制成的干、熟肉类制品。可直接食用，成品为小的片状、条状、粒状、絮状或团粒状	
（1）	肉松类	瘦肉经煮制、撇油、调味、收汤、炒松、干燥或进而油酥等工艺制成的肌肉纤维蓬松成絮状或团粒状	羊肉松、羊肉粉松
（2）	肉干类	瘦肉经预煮、切片（条、丁）调味、复煮、收汤和干燥等工艺制成的干、熟肉制品	羊肉干
（3）	肉脯类	瘦肉经切片（或绞碎）、调味、腌制、摊筛、烘干和烧制等工艺制成的干、熟薄片型的肉制品。有肉脯、肉糜脯	羊肉脯
5.	油炸肉制品类	油炸肉制品门类是以食用油作为加热介质为其主要特征。经过加工调味或挂糊后的肉（包括生原料、半成品、熟制品）或只经干制的生原料、以食用油为加热介质，高温炸制（或浇淋）的熟肉类制品	油炸羊肉丸
6.	香肠制品类		

（续表）

类别	种类	含义	代表肉品
（1）	中国腊肠类	以羊肉为主要的原料，经切碎或绞碎成肉丁，用食盐、（亚）硝酸盐、白糖、曲酒和酱油等辅料腌制后，充填入可食性肠衣中，经晾晒、风干或烘烤等工艺制成的肠衣类制品。食用前经过熟加工，具有酒香、糖香和腊香	
（2）	发酵肠类	以牛肉或羊肉为主要原料，经过绞碎或粗斩成颗粒，用食盐、（亚）硝酸盐、糖、等辅料腌制，并经自然发酵或人工接种，充填入可食用肠衣内，再经烟熏、干燥和长期发酵等工艺而成的生肠类制品，可直接食用	发酵羊肉肠
（3）	熏煮肠类	以肉为主要原料，经切碎、腌制（或不腌制）、细绞或粗绞，加入辅料搅拌（或斩拌），充填如肠衣内，再经烘烤、熏煮、烟熏（或不烟熏）和冷却等工艺制成的熟肠类制品。包括绞肉香肠、一般香肠、乳化型香肠、熏香肠	
（4）	肉粉肠类	以淀粉、肉为主要原料，肉块经腌制，（或不腌制），绞切成块或糜，添加淀粉及各种辅料，充填入肠衣或肚皮中，再经烘烤、蒸熏和烟熏等工序制成的一类熟肠制品。干淀粉的添加量超过肉重的10%	
（5）	其他肠类	除中国腊肠类、发酵肠类、熏煮肠类、肉粉肠类等以外的肠类制品外，还有生鲜香肠、肝肠、水晶肠等	
7.	火腿制品类	用大块肉经腌制加工而成的肉类制品。虽然中国火腿与西式火腿在工艺上差异很大，但在名称上是一致的，有利于归纳和检索，在"类"这一层次，无疑是符合工艺一致性的原则的	
（1）	中国火腿类	用带骨、皮、爪尖的整只猪后腿，经腌制、洗晒、风干和长期发酵、整形等工艺制成的中国传统的生腿制品，食用前应熟加工	
（2）	发酵火腿类	用带骨、皮（或去皮、去骨）猪腿肉，经腌制、处理和长期发酵、成熟而成的生肉制品，都生食	发酵羊肉火腿
（3）	熏煮火腿类	用大块肉经整形修割（剔去骨、皮、脂肪和结缔组织，或部分去除）、腌制（可注射盐水）、嫩化、滚揉、捆扎（或充填入粗直径的肠衣、模具中）后，再经蒸煮、烟熏（或不烟熏）、冷却等工艺制成的熟肉制品。熏煮火腿类有：盐水火腿、方腿、熏圆火腿和庄园火腿等	
（4）	压缩火腿类	用羊的小肉块（≥20g/块）为原料，并加入兔肉、鱼肉等茭肉，经腌制、充填入肠衣或模具中，再经蒸煮、烟熏（或不烟熏）、冷却等工艺制成的熟肉制品	
8.	其他制品门类		

（续表）

类别	种类	含义	代表肉品
（1）	肉糕类	以肉为主要原料，经绞碎，切碎或斩拌，以洋葱、大蒜、番茄、蘑菇等蔬菜为配料，并添加各种辅料混合在一起，装入模子后，经蒸制或烧烤等工艺制成的熟食类制品。肉糕有：肝泥糕、血和泥糕等	
（2）	肉冻糕	以肉为主要原料，调味煮熟后充填入模子中（或添加各种经调味、煮熟后的蔬菜），以食用明胶作为黏结剂，经冷却后制成的半透明的凝冻状熟肉制品，冷食。肉冻类有：肉皮冻、水晶肠、猪头肉冻等	

（二）国家标准的肉制品分类

按照 GB 2760—2007《食品添加剂使用卫生标准》附录 F 食品分类系统可将肉制品分为预制肉制品（调理肉制品即生肉添加调理料和腌腊肉制品类，如咸肉、腊肉、板鸭、中式火腿、腊肠等）、熟肉制品两大类，其中，熟肉制品包括酱卤肉制品类、白煮肉类、酱卤肉类、糟肉类、熏、烧、烤肉类、油炸肉类、西式火腿（熏烤、烟熏、蒸煮火腿）类、肉灌肠类（高温蒸煮肠、低温蒸煮肠及其他肉肠）、发酵肉制品类、熟肉干制品、肉松类、肉干类、肉脯类、肉罐头类、可食用动物肠衣类、其他肉及肉制品等。

二、肉类加工厂卫生要求

根据《肉类加工厂卫生规范》（GB 12694）的要求，规定了肉类加工厂的设计与设施、卫生管理、加工工艺、成品贮藏和运输的卫生要求。

（一）肉制品工厂设计与设施的卫生

1. 选址

（1）肉制品厂应建在地势较高，干燥，水源充足，交通方便，无有害气体、灰沙及其他污染源，便于排放污水的地区。

（2）肉制品加工厂（车间）经当地城市规划、卫生部门批准，可建在城镇适当地点。

2. 厂区和道路

（1）厂区应绿化，厂区主要道路和进入厂区的主要道路（包括车库或车棚）应铺设适于车辆通行的坚硬路面（如混凝土或沥青路面）。路面应平坦，无积水，厂区应有良好的给、排水系统。

（2）厂区内不得有臭水沟、垃圾堆或其他有碍卫生的场所。

3. 布局

（1）生产作业区应与生活区分开设置。

（2）运送活畜与成品出厂不得共用一个大门；厂内不得共用一个通道。

（3）为防止交叉污染，原料、辅料、生肉、熟肉和成品的存放场所（库）必须分开设置。

（4）各生产车间的设置位置以及工艺流程必须符合卫生要求。肉类联合加工厂的生产车间一般应按饲养、屠宰、分割、加工、冷藏的顺序合理设置。

（5）化制间、锅炉房与贮煤场所、污水与污物处理设施应与分割肉车间和肉制品车间间隔一定距离，并位于主风向下风处。锅炉房必须设有消烟除尘设施。

（6）生产冷库应与分割肉和肉制品车间直接相连。

4. 厂房与设施

（1）厂房与设施必须结构合理、坚固，便于清洗和消毒。

（2）厂房与设施应与生产能力相适应，厂房高度应能满足生产作业、设备安装与维修、采光与通风的需要。

（3）厂房与设施必须设有防止蚊、蝇、鼠及其他害虫侵入或隐匿的设施，以及防烟雾、灰尘的设施。

（4）厂房地面：应使用防水、防滑、不吸潮、可冲洗、耐腐蚀、无毒的材料；坡度应为1%~2%；表面无裂缝、无局部积水，易于清洗和消毒；明地沟应呈弧形，排水口须设网罩。

（5）厂房墙壁与墙柱：应使用防水、不吸潮、可冲洗、无毒、淡色的材料；墙裙应贴或涂刷不低于2m的浅色瓷砖或涂料；顶角、墙角、地角呈弧形，便于清洗。

（6）厂房天花板：应表面涂层光滑，不易脱落，防止污物积聚。

（7）厂房门窗：应装配严密，使用不变形的材料制作。所有门、窗及其他开口必须安装易于清洗和拆卸的纱门、纱窗或压缩空气幕，并经常维修，保持清洁；内窗台须下斜45°或采用无窗台结构。

（8）厂房楼梯及其他辅助设施：应便于清洗、消毒，避免引起食品污染。

（9）生产冷库一般应设有预冷间（0~4℃）、冻结间（-23℃以下）和冷藏间（-18℃以下），所有冷库（包括肉制品车间的冷藏室）应安装温度自动记录仪或温度湿度计。

5. 供水

（1）生产供水。工厂应有足够的供水设备，水质必须符合GB5749的规定。如需配备贮水设施，应有防污染措施，并定期清洗、消毒。使用循环水时必须经过处理，达到上述规定。

（2）制冰供水。应符合GB5749的规定。制冰及贮存过程中应防止污染。

（3）其他供水。用于制汽、制冷、消防和其他类似用途而不与食品接触的非饮用水，应使用完全独立、有鉴别颜色的管道输送，并不得与生产（饮用）水系统交叉联结或倒吸于生产（饮用）水系统中。

6. 卫生设施

（1）废弃物临时存放设施。应在远离生产车间的适当地点设置废弃物临时存放设施。其设施应采用便于清洗，消毒的材料制作；结构应严密，能防止害虫进入，并能避免废弃物污染厂区和道路。

（2）废水、废气处理系统。必须设有废水、废气处理系统，保持良好状态。废水、废气的排放应符合国家环境保护的规定。厂内不得排放有害气体和煤烟。生产车间的下水道口须设地漏、铁篦。废气排放口应设在车间外的适当地点。

（3）更衣室、淋浴室、厕所。必须设有与职工人数相适应的更衣室、淋浴室、厕所。更衣室内须有个人衣物存放柜、鞋架（箱）。车间内的厕所应与操作间的走廊相连，其门、窗不得直接开向操作间；便池必须是水冲式；粪便排泄管不得与车间内的污水排放管混用。

（4）洗手、清洗、消毒设施。

①生产车间进口处及车间内的适当地点，应设热水和冷水洗手设施，并备有洗手剂。

②分割肉和熟肉制品车间及其成品库内，必须设非手动式的洗手设施。如使用一次性纸巾，应设有废纸巾贮存箱（桶）。

③车间内应设有工器具、容器和固定设备的清洗、消毒设施，并应有充足的冷、热水源。这些设施应采用无毒、耐腐蚀、易清洗的材料制作，固定设备的清洗设施应配有食用级的软管。

④车库、车棚内应设有车辆清洗设施。

⑤活畜进口处及病畜隔离间、急宰间、化制车间的门口，必须设车轮、鞋靴消毒池。

⑥肉制品车间应设清洗和消毒室。室内应备有热水消毒或其他有效的消毒设施，供工器具、容器消毒用。

7. 设备和工器具

（1）接触肉品的设备、工器具和容器，应使用无毒、无气味、不吸水、耐腐蚀、经得起反复清洗与消毒的材料制作；其表面应平滑、无凹坑和裂缝。禁止使用竹木工器具和容器。

（2）固定设备的安装位置应便于彻底清洗、消毒。

（3）盛装废弃物的容器不得与盛装肉品的容器混用。废弃物容器应选用金属或其他不渗水的材料制作。不同的容器应有明显的标志。

（4）照明车间内应有充足的自然光线或人工照明。照明灯具的光泽不应改变被加工物的本色，亮度应能满足兽医检验人员和生产操作人员的工作需要。吊挂在肉品上方的灯具，必须装有安全防护罩，以防灯具破碎而污染肉品。车库、车棚等场所应有照明设施。

（5）通风和温控装置车间内应有良好的通风、排气装置，及时排出污染的空气和水蒸气。空气流动的方向必须从净化区流向污染区。通风口应装有纱网或其他保护性的耐腐蚀材料制作的网罩。纱网或网罩应便于装卸和清洗。分割肉和肉制品加工车间及其成品冷却间、成品库应有降温或调节温度的设施。

（二）工厂的卫生管理

1. 实施细节培训

（1）工厂应根据本规范的要求，制订卫生实施细则。

（2）工厂和车间都应配备经培训合格的专职卫生管理人员，按规定的权限和责任负责监督全体职工执行本规范的有关规定。

（3）维修、保养厂房、机械设备、设施、给排水系统，必须保持良好状态。正常情况下，每年至少进行 1 次全面检修，发现问题应及时检修。

2. 清洗、消毒

（1）生产车间内的设备、工器具、操作台应经常清洗和进行必要的消毒。

（2）设备、工器具、操作台用洗涤剂或消毒剂处理后，必须再用饮用水彻底冲洗干净，除去残留物后方可接触肉品。

（3）每班工作结束后或在必要时，必须彻底清洗加工场地的地面、墙壁、排水沟，必要时进行消毒。

（4）更衣室、淋浴室、厕所、工间休息室等公共场所，应经常清扫、清洗、消毒、保持清洁。

3. 废弃物处理

（1）厂房通道及周围场地不得堆放杂物。

（2）生产车间和其他工作场地的废弃物必须随时清除，并及时用不渗水的专用车辆运到指定地点加以处理。废弃物容器、专用车辆和废弃物临时存放场应及时清洗、消毒。

4. 除虫灭害

（1）厂内应定期或在必要时进行除虫灭害，防止害虫滋生。车间内外应定期、随时灭鼠。

（2）车间内使用杀虫剂时，应按卫生部门的规定采取妥善措施，不得污染肉与肉制品。使用杀虫剂后应将受污染的设备、工器具和容器彻底清洗，除去残留药物。

5. 危险品的管理

（1）工厂必须设置专用的危险品库房和贮藏柜，存放杀虫剂和一切有毒、有害物品。这些物品必须贴有醒目的有毒的标记。

（2）工厂应制定各种危险品的使用规则。使用危险品须经专门管理部门核准，并在指定的专门人员的严格监督下使用，不得污染肉品。

（3）厂区禁止饲养非屠宰动物（科研和检测用的实验动物除外）。

（三）个人卫生与健康

1. 卫生教育

工厂应对新参加工作及临时参加工作的人员进行卫生安全教育，定期对全厂职工进行《中华人民共和国食品卫生法（试行）》、本规范及其他有关卫生规定的宣传教育；做到教育有计划，考核有标准，卫生培训制度化和规范化。

2. 健康检查

生产人员及有关人员每年至少进行一次健康检查。必要时进行临时检查。新参加或临时参加工作的人员，必须经健康检查取得健康合格证方可上岗工作。工厂应建立职工健康档案。

3. 健康

要求凡患有下列病症之一者，不得从事屠宰和接触肉品的工作：痢疾、伤寒、病毒性肝炎等消化传染病（包括病源携带者）；活动性肺结核；化脓性或渗出性皮肤病；其他有碍食品卫生的疾病。

4. 受伤处理

凡受刀伤或有其他外伤的生产人员，应立即采取妥善措施包扎防护，否则，不得从事屠宰或接触肉品的工作。

5. 洗手

要求生产人员遇有下述情况之一时必须洗手、消毒，工厂应有监督措施：开始工作之前；上厕所之后；处理被污染的原材料之后；从事与生产无关的其他活动之后。分割肉和熟肉制品加工人员离开加工场所再次返回前应洗手、消毒。

6. 个人卫生

（1）生产人员应保持良好的个人卫生，勤洗澡，勤换衣，勤理发，不得留长指甲和涂指甲油。

（2）生产人员不得将与生产无关的个人用品和饰物带入车间；进车间必须穿戴工作服（暗扣或无纽扣，无口袋）、工作帽、工作鞋，头发不得外露；工作服和工作帽必须每天更换。接触直接入口食品的加工人员，必须戴口罩。

（3）生产人员离开车间时，必须脱掉工作服、帽、鞋。

（四）肉制品加工的卫生要求

（1）工厂应根据产品制订工艺卫生规程和消毒制度，严格控制可能造成成品污染的各个关键因素；并应严格控制各种肉制品的加工温度，避免因加工温度不当而造成的食物中毒。

（2）原料肉腌制间的室温应控制在2~4℃，防止腌制过程中半成品或成品腐败变质。

（3）用于灌肠产品的动物肠衣应搓洗干净，清除异味。使用非动物肠衣须经食品卫生监督部门批准。

（4）熏制各类产品必须使用低松脂的硬木（木屑）。

（5）有条件可食肉的处理 采用高温或冷冻条件处理可食肉时，应选择合适的温度和时间，达到使寄生虫和有害微生物致死的目的，保证人食无害。

（6）化制。

①化制必须在兽医卫生检验员的监督下进行。

②工厂应制订严格的消毒制度及防护措施。

③化制产品必须安全无害，不得造成重复污染。

（7）包装。

①包装熟肉制品前，必须将操作间消毒。

②各种包装材料必须符合国家卫生标准和卫生管理办法的规定。

③包装材料应存放在通风、干燥、无尘、无污染源的仓库内；使用前应按有关卫生标准检验、化验。

④成品的外包装必须贴有符合 GB 7718 规定的标签。

（五）成品贮藏与运输的卫生

1. 贮藏

（1）无外包装的熟肉制品应限时存放在专用成品库中，超过规定时间必须回锅复煮；如需冷藏贮存，应严密包装，不得与生肉混存。

（2）各种腌、腊、熏制品应按品种采取相应的贮存方法。一般应吊挂在通风、干燥的库房中。咸肉应堆放在专用的水泥台或垫架上，如夏季贮存或需延长贮存期，可在低温下贮存。

（3）鲜肉应吊挂在通风良好、无污染源、室温 0~4℃的专用库内。

2. 运输

（1）鲜冻肉不得敞运，没有外包装的冻肉不得长途运输。

（2）运送熟肉制品应使用专用防尘保温车，或将制品装入专用容器（加盖）用其他车辆运送。

（3）头蹄、内脏、油脂等应使用不渗水的容器装运。胃、肠与心、肝、肺、肾不得盛装同一容器内，并不得与肉品直接接触。

（4）装、卸鲜、冻肉时，严禁脚踩、触地。

（5）所有运输车辆、容器应随时、定期清洗、消毒，不得使用未经清洗、消毒的车辆、容器。

（六）卫生与质量检验管理

（1）工厂必须设有与生产能力相适应的兽医卫生检验和质量检验机构，配备经专业培训并经主管部门考核合格的各级兽医卫生检验及质量检验人员。

（2）工厂检验机构在厂长直接领导下，统一管理全厂兽医卫生工作和兽医检验、质量检验人员；同时，接受上级主管部门的监督和指导。检验机构有权直接向上级有关主管部门反映问题。

（3）检验机构应具备检验工作所需要的检验室、化验室、仪器设备，并有健全的检验制度。

（4）检验机构必须按照国家或有关部门规定的检验或化验标准，对原料、辅料、半成品、成品、各个关键工序进行细菌、物理、化学检验、化验，以及病原实验诊断，经兽医检验或细菌检验不合格的产品，一律不得出厂，外调产品必须附有兽医检验证书。

（5）计量器具，检验、化验仪器、设备，必须定期检定、维修、确保精度。

（6）各项检验、化验记录保存 3 年，备查。

三、熟肉制品卫生标准

根据《熟肉制品卫生标准》（GB 2726—2005）规定，熟肉制品的卫生要求如下。

1. 原料要求

原辅料应符合相应标准和有关规定。

2. 感官指标

无异味、无酸败味、无异物，熟肉干制品无焦斑和霉斑。

3. 理化指标

符合表 12-2 的规定。

表 12-2　理化指标

项目		指标
水分（g/100g）		
肉干、肉松、其他肉制品	≤	20.00
肉脯、肉糜脯	≤	16.00
油松肉松、肉松粉	≤	4.00
复合磷酸盐（以 PO_4^{3-} 计）（g/kg）		
熏煮火腿	≤	8.00
其他肉制品	≤	5.00
苯并（a）芘[b]（μg/kg）	≤	5.00
铅（Pb）/（mg/kg）	≤	0.50
无机砷/（mg/kg）	≤	0.05
镉（Cd）/（mg/kg）	≤	0.10
总汞/（mg/kg）	≤	0.05
亚硝酸盐		按 GB 2760 执行

A 复合磷酸盐残留量包括肉类本身所含磷及加入的磷酸盐，不包括干制品
B 限于烧烤和烟熏肉制品

4. 微生物指标

微生物指标应符合表 12-3 的规定。

表 12-3　微生物指标

项目		指标
菌落总数（cfu/g）		
烧烤类、肴肉、肉灌肠	≤	50 000
酱卤肉	≤	80 000
熏煮火腿、其他熟肉制品	≤	30 000
肉松、油松肉松、肉松粉	≤	30 000

（续表）

项目		指标
肉干、肉脯、肉糜脯、其他熟肉干制品	≤	10 000
大肠菌群（MPN/g）		
肉灌肠	≤	30
烧烤肉、熏煮火腿、其他熟肉制品	≤	90
肴肉、酱卤肉	≤	150
肉松、油松肉松、肉松粉	≤	40
肉干、肉脯、肉糜脯、其他熟肉干制品	≤	30
致病菌（沙门氏菌、金黄色葡萄球菌、志贺氏菌）		不得检出

5. 食品添加剂

食品添加剂质量应符合相应的标准和有关规定。

四、羊肉制品的加工

（一）羊肉腌腊制品

1. 腌制的基本原理

肉的腌制通常用食盐或以食盐为主并添加硝酸钠、蔗糖和香辛料等辅料对原料肉进行浸渍的过程。肉的腌制是肉品贮藏的一种传统手段，是肉品生产常用的加工方法。近年来，随着食品科学的发展，在腌制时常加入品质改良剂如磷酸盐、异维生素 C、柠檬酸等以提高肉的保水性，获得较高的成品率。同时，腌制的目的已从单纯的防腐保藏发展到主要为了改善风味和色泽，提高肉制品的质量，从而使腌制成为许多肉类制品加工过程中一个重要的工艺环节。

2. 腊羊肉的加工

腊羊肉是我国传统的肉制品之一。它是指羊肉经过加盐和香料腌制后，又通过一个寒冬腊月，使其在较低的气温下自然风干成熟，形成色泽鲜亮、有独特风味的羊肉制品。

（1）工艺流程（图 12-1）。

原料肉选择 → 配料 → 腌制 → 晾晒 → 烘烤 → 成品

图 12-1　腊羊肉加工流程

（2）参考配方。

配方一：羊肉 100kg，食盐 4~5kg，白糖 1.0~1.5kg，花椒粉 400g，白酒 1 000mL，

五香粉 150g，硝酸钠 20g。

配方二：羊肉 100kg，食盐 5kg，白砂糖 1kg，白酒 1kg，花椒 0.3kg，五香料 100g。

（3）操作要点。

①原料肉的选择和整理：选择符合食品卫生要求的新鲜羊肉，以后腿肉为佳。剔除羊肉的脂肪膜和筋腱，顺羊肉条纹切成长条状为（20~30）cm×3~（5×2）cm~3cm 大小。

②配料：按配方要求对配料进行相应处理，称重后加入。

③腌制：将上述辅料拌匀并均匀地涂抹在肉条表面，入缸内腌制。冬天腌 72 小时，夏天腌 36 小时，中间翻缸一次，以便腌透。

肉的腌制常用的机械设备有：盐水配制器、盐水注射机、拌和机、腌制室（池）等。根据产品要求，有的厂家还配备蛋白活化机、按摩机、滚揉机、真空滚揉机等。真空滚揉机属于新型设备，将活化、嫩化、盐水注射后的原料，在真空条件下，对不同畜禽肉及不同部位肉块进行均匀滚动、按摩，使盐水、辅料与肉中蛋白质相互浸透，以达到肉块嫩化的效果。

④晾晒、烘烤：腌透的羊肉出缸后用清水洗去辅料，穿绳结扣挂晾，至外表风干。暴晒或在 40~50℃烘烤房内，烘 20~25 小时，冷却后即为成品。成品可采用防湿包装予以定量包装，一般保质期可达一年左右。

有些腊羊肉制品，腌制后直接煮熟食用，可不经烘烤、日晒。为了颜色美观，常在煮锅内加入适量食用红色素。

（4）产品特点。成品色泽鲜明，呈金黄色或红棕色，截面完整，肉质坚实，鲜香味美，肉质酥松，咸烂可口。

3. 咸羊肉的加工

咸羊肉是羊肉经过腌制加工而成的生肉类制品，使用前需经熟加工。具有肥肉呈白色，瘦肉呈玫瑰红色，具有独特的腌制风味，较咸的特点。

4. 风干羊肉的加工

风干肉类指肉经腌制、洗晒（或无）、晾挂、干燥等加工工艺加工而成的生肉类制品。具有干而耐咀嚼，回味绵长等特点，如风干羊肉。

（二）羊肉干肉制品

1. 干制的原理和方法

肉类食品的脱水干制是一种有效的加工和贮藏手段。新鲜肉类食品不仅含有丰富的营养物质，而且水分含量一般都在 60%以上，如保管贮藏不当极易引起腐败变质。经过脱水干制，其水分含量可降低到 20%以下。

各种微生物的生命活动，是以渗透的方式摄取营养物质，必须有一定的水分存在。如蛋白质性食品适于细菌生殖发育最低限度的含水量为 25%~30%，真菌为 15%，因此，肉类食品脱水之后使微生物失去获取营养物质的能力，抑制了微生物的生长，以达到保藏的目的。

羊肉干制品包括羊肉干、羊肉松及羊肉松等。

2. 特色羊肉干的加工

肉干是用羊的瘦肉经煮熟后，加入配料复煮，烘烤而成的一种肉制品。因其形状多为1cm大小的块状，故称为肉干。按形状分为片状、条状、粒状等；按配料分为五香肉干、辣味肉干和咖喱肉干等。

（1）工艺流程。（图12-2）

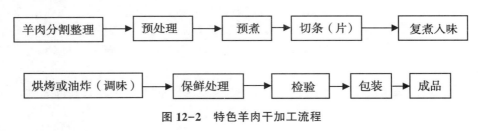

图12-2 特色羊肉干加工流程

（2）配方。

普通型：混合香料0.35%，鲜姜0.5%，鲜桔皮1.0%，白糖3.0%，味精0.15%，花椒粒0.20%，干辣椒0.20%，胡椒粒0.20%，食盐2.30%。

五香型：食盐2.50%，酱油5.00%，白糖3.50%，白酒1.00%，味精0.10%，丁香0.50%，小茴香0.20%，生姜2.00%，五香粉0.40%。

麻辣型：食盐2.00%，酱油4.50%，白糖1.50%，白酒1.00%，味精0.10%，丁香0.50%，小茴香0.20%，大葱1.00%，生姜2.00%，胡椒粉0.30%。

咖喱型：食盐3.00%，酱油4.00%，白糖12.00%，白酒2.00%，味精0.50%，丁香0.50%，小茴香0.20%，咖喱粉2.00%。

（3）操作要点。

①分割整理：剔除原料肉中的脂肪块、筋腱、淤血及淋巴结等，然后洗净沥干，切成0.2kg左右的肉块（要求外形规则），用清水浸泡1小时左右除去血水、污物，沥干后备用。

②预处理：按比例加入除膻剂、增色剂入肉块中，混匀，腌1小时左右。

③预煮：目的是通过煮制进一步挤出血水，并使肉块变硬以便切坯。预煮时以水盖过肉面为原则，一般不加任何辅料，但有时为了去除异味，可加1%~2%的鲜姜。初煮时水温保持在90℃以上，并及时撇去汤面污物。初煮时间随肉的嫩度及肉块大小而异，以切面呈粉红色、无血水为宜。通常初煮30~60分钟。肉块捞出后，汤汁过滤待用。

煮制后捞出，冷凉切片（条），要求顺肌丝方向切成薄片（条），尽量大小一致，厚薄均匀。

④切条：肉块冷却后，可根据工艺要求在切坯机中切成小片、条、丁等形状。不论什么形状，要大小均匀一致。

⑤复煮入味：复煮是将切好的肉坯放在调味汤中煮制，其目的是进一步熟化和入味。复煮汤料配制时，取肉坯重20%~40%的过滤初煮汤，将配方中不溶解的辅料装袋入锅煮沸后，加入其他辅料及肉坯（水约为原料肉的40%）煮沸20分钟，再加入切好的原料肉（此时，以水刚好淹没原料肉为好，不足部分加原羊肉汤），先用大火煮制，等汤快干时

改用文火，加入肉重 2%的高度白酒快速炒干，起锅，根据需要生产各种口味。

用大火煮制时随着剩余汤料的减少，应减小火力以防焦锅。复煮汤料配制时，盐的用量各地相差无几，但糖和各种香辛料的用量变化较大，无统一标准，以适合消费者的口味为原则。

麻辣肉干　油炸：将复煮炒干的羊肉片，投入 130℃左右的植物油锅中油炸，至手捏硬度适中，脆而不焦时起锅（约 10 分钟）；调味：将油炸好的肉片凉至 60℃，按比例拌入麻辣调味粉、熟植物油，拌和均匀。辣椒粉、花椒粉等需经消毒后使用。

五香肉干　将复煮入味好的羊肉丁，加入适量的五香粉、姜黄粉，拌匀后入 70℃的恒温烤箱中烤干。

香酥型肉干　经油炸好的羊肉片，再入锅中文火炒，同时，加入香脆的芝麻，绞碎的花生粒及糖粉，制成香酥回甜的肉干。

烧烤型肉干　将复煮入味好的羊肉片，再入文火中烘烤炒干，拌入配制好的烧烤用调味粉，后入 70℃的恒温烤箱中烤干。

⑥肉干脱水：常规的脱水方法有 3 种。

烘烤法　将收汁后的肉坯铺在竹筛或铁丝网上，放置于三用炉或远红外烘箱烘烤。烘烤温度前期可控制在 80~90℃，后期可控制在 50℃左右，一般需要 5~6 小时则可使含水量下降到 20%以下。在烘烤过程中要注意定时翻动。

炒干法　收汁结束后，肉坯在原锅中文火加温，并不停搅翻，炒至肉块表面微微出现蓬松茸毛时，即可出锅，冷却后即为成品。

油炸法　先将肉切条后，用 2/3 的辅料（其中白酒、白糖、味精后放）与肉条拌匀，腌渍 10~20 分钟后，投入 135~150℃的菜油锅中油炸。炸到肉块呈微黄色后，捞出并滤净油，再将酒、白糖、味精和剩余的 1/3 辅料混入拌匀即可。

⑦冷却、包装：冷却以在清洁室内摊晾、自然冷却较为常用。必要时可用机械排风，但不宜在冷库中冷却，否则，易吸水返潮。肉干制品在普通塑料袋包装，常温下货架期为 3 个月，不利于产品销售。羊肉干生产中，一方面要严格生产过程的质量管理；另一方面对肉干要进行保鲜处理，重点进行防霉、防菌处理，使其保质期达到 5 个月以上。包装时应采用复合软塑包装袋进行真空包装。包装以复合膜为好，尽量选用阻气、阻湿性能好的材料。最好选用 PET/Al/PE 等膜，但其费用较高；PET/PE，NY/PE 效果次之，但较便宜。

（4）羊肉干的特点。烘干的肉干色泽酱褐泛黄，略带绒毛；炒干的肉干色泽淡黄，略带茸毛；油炸的肉干色泽红亮油润，外酥内韧，肉香味浓。

（5）莎脯。随着肉类加工业的发展和生活水平的提高，消费者要求干肉制品向着组织较软、色淡、低甜方向发展。Leistner 等（1993）在调查中式干肉制品的配方、加工和质量的基础上，对传统中式肉干的加工方法提出了改进，并把这种改进工艺生产的肉干称为莎脯（Shafu）。蒋爱民等（1993）也进行了类似产品工艺的研究并投产。结果表明，这种新产品既保持了传统肉干的特色，如无需冷冻保藏时细菌学稳定、质轻、方便和富于地方风味，但感官品质如色泽、质地和风味又不完全与传统肉干相同。

①工艺流程：原料肉修整→切块→腌制→熟化→切条→脱水→包装。

②配方：原料肉 100kg，食盐 3.00kg，蔗糖 2.0kg，酱油 2.00kg，黄酒 1.50kg，味精 0.20kg，抗坏血酸钠 0.05kg，亚硝酸钠 0.01kg，五香浸出液 9.00kg，姜汁 1.00kg。

③质量控制：选用羊肉，剔除脂肪和结缔组织，切成大约 4cm 的块，每块约重 200g。然后按配方要求加入辅料，在 4~8℃下腌制 48~56 小时。腌制结束后，在 100℃蒸汽下加热 40~60 分钟至中心温度 80~85℃，冷却到室温后再切成大约 3mm 厚的肉条。然后将其置于 85~95℃下脱水直肉表面成褐色，含水量低于 30%，成品的 Aw 低于 0.79（通常为 0.74~0.76）。最后用真空包装，成品无需冷藏。

3. 即食羊肉松的加工

肉松是指瘦肉经煮制、撇油、调味、收汤、炒松干燥或加入食用植物油或谷物粉炒制而成的肌肉纤维蓬松成絮状或团粒状的干熟肉制品。随着原料、辅料、产地等的不同，肉松的名称及品种不同，但就其加工工艺而言，肉松类包括肉绒和油松两种。肉绒习惯上称为肉松，是指瘦肉经煮制、调味、炒松等工艺而制成的丝状干熟肉制品。因此，肉松实际上是加工成蓬松状的肌纤维丝。油酥肉松是瘦肉经煮制、撇油、调味、收汤、炒松后，再加入食用油脂炒制而成的肌肉纤维断碎成团粒状的肉制品。

肉粉松是将瘦肉经煮制、撇油、调味、收汤、炒松后，再加入食用油脂和谷物粉炒制而成的团粒状、粉状肉制品，谷物粉的量不超过成品重的 20%。油酥肉松与肉粉松的主要区别在于肉粉松添加了较多的谷物粉，其加工工艺基本相同。肉粉松加工中，一般先将谷物粉用一定量的食用动物油或植物油炒好后再与炒好的肉松半成品混合后炒制而成。有时也将煮熟的肉经绞碎后，再与炒制好的谷物粉混合后炒制而成。

以羊肉为原料，采用 2 次高压蒸煮工艺，经过煮制、炒压等工序生产的即食肉制品羊肉松作为一种休闲食品会有较大市场前景，以其味美，肉质细腻，口感松软等特点深受人们的喜爱。

（1）工艺流程。因其加工工艺不同可分为传统加工工艺和改进加工工艺。

工艺流程一：传统加工工艺（图 12-3）。

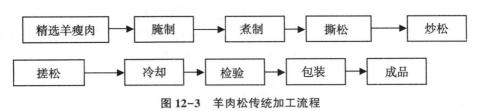

图 12-3 羊肉松传统加工流程

工艺流程二：改进的工艺流程（图 12-4）。

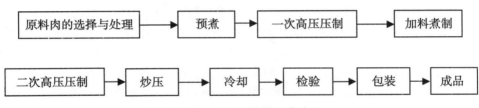

图 12-4 羊肉松改进工艺流程

（2）参考配方。

配方一：羊肉 5kg，精盐 150g，白糖 150g，葱末 100g，姜末 50g，茴香末 5g，味精 10g，丁香末 2.5g，高粱酒 10g。

配方二（麻辣味）：羊肉 500g，食盐 40g，白糖 30g，味精 115g，胡椒粉 1g，茴香 0.15g，砂仁 1g，生姜 2g，草果 1g，丁香 2g，食醋 15g，酱油 20g，白酒 10g。

配方三（咖喱味）：羊肉 25kg，食盐 700g，白糖 4kg，酱油 1 500mL，白酒 500mL，味精 350g，砂仁 20g，草果 100g，丁香 100g，生姜 600g，抗坏血酸钠 10g，咖喱粉 300g，孜然粉 20g。

（3）改进工艺的操作要点。

①原料肉的选择与处理：选择经检验合格的新鲜绵羊前腿或后腿肉为原料，去骨、筋腱、脂肪和淤血等。结缔组织的剔除一定要彻底，否则，加热过程中胶原蛋白水解后，导致成品黏结成团块而不能呈良好的蓬松状。将修整好的原料肉切成 1.0~1.5kg 的肉块。切块时尽可能地避免切断肌纤维，以免成品中短绒过多。

②预煮：随时撇去上浮的血沫与油脂。

③一次压制：注意压力与压制时间，以防将肉质压的过于松散给后续工艺带来困难。

④加料煮制：将香辛料用纱布包好后和肉一起入夹层锅，加与肉等量水，用蒸汽加热常压煮制。煮沸后撇去油沫。煮制结束后起锅前须将油筋和浮油撇净，这对保证产品质量至关重要。若不除去浮油，肉松不易炒干，炒松时易焦锅，成品颜色发黑。煮制的时间和加水量应根据肉质老嫩决定。肉不能煮的过烂，否则，成品绒丝短碎。以筷子稍用力夹肉块时，肌肉纤维能分散为宜。煮肉时间 2~3 小时。

⑤二次压制：将汤收干的肉放入高压灭菌锅内，经过高压蒸煮工艺后的肉已非常酥烂，当用筷子夹住肉时稍加压力，肉纤维就自行散开。

⑥炒压：采用中等火力，用锅铲一边压散肉块，一边翻炒。炒时特别要注意火候，同时不停地翻动，以免把肉松烧焦，直至最后肉松成为淡黄色为止。

⑦包装与贮藏：传统肉松生产工艺中，在肉松包装前需约 2 天的凉松。凉松过程不仅增加了二次污染的概率，而且肉松含水量会提高 3% 左右。肉松吸水性很强，不宜散装。短期贮藏可选用复合膜包装，贮藏 3 个月左右；长期贮藏多选用玻璃瓶或马口铁罐，可贮藏 6 个月左右。

羊肉松生产的理想工艺参数：在 0.12MPa 的压力下，对原料肉压制 25 分钟，再对其进行煮制，然后进行二次压制，即在 0.12MPa 的压力下对煮制后的肉再压制 25 分钟，最后在小火下炒制 40 分钟。

（4）产品特点。金黄色或淡黄色，带有光泽，絮状，纤维纯洁疏松，无异味异臭。

传统工艺加工的羊肉松肉色较深，肉纤维较粗，口感不细腻，产品蓬松度不够，水分含量较高，不宜长期贮存。采用改进工艺加工后的羊肉松色泽呈金黄色，肉纤维较细，口感较为细腻，产品有蓬松度，水分含量较低，产品质量轻，便于贮存和携带。同时改进工艺由于采用了两次高压蒸煮工艺，缩短了肉煮烂的时间，提高了产品的收率，降低了生产成本。打破了传统工艺中煮烂期长达 4 小时以上的惯例，克服了由于原料肉制的不同给后续加工带来的困难，降低了劳动强度，缩短了加工时间。

4. 羊肉脯的加工

肉脯是指瘦肉经切片（或绞碎）、调味、腌制、摊筛、烘干、烤制等工艺制成的干熟薄片型的肉制品，质地酥脆，色泽红棕透明，风味独特的肉制品，作为休闲食品具有广阔的市场前景。与肉干加工方法不同的是肉脯不经水煮，直接烘干而制成。同肉干一样，随着原料、辅料、产地等的不同，肉脯的名称及品种不尽相同，但就其加工工艺而言，不外乎传统工艺和新工艺两种。羊肉脯是在保持传统肉脯风味特色的前提下，以羊肉为原料，将斩拌、抹片、微波干燥技术用于肉脯加工中，开发出的羊肉新产品。

（1）工艺流程。

①传统工艺流程（图12-5）：

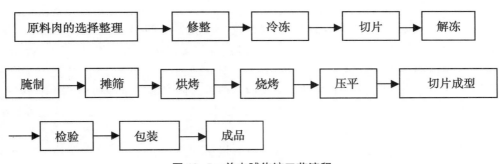

图12-5 羊肉脯传统工艺流程

②肉脯生产新工艺（图12-6）：

用传统工艺加工肉脯时，存在着切片、摊筛困难，难以利用小块肉和小畜禽及鱼肉，无法进行机械化生产。因此，提出了肉脯生产新工艺并在生产实践中广泛推广使用。

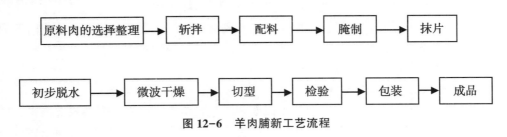

图12-6 羊肉脯新工艺流程

（2）配方。

配方一（五香味）：羊肉片100kg，无色酱油4kg，食盐2kg，白糖12kg，味精2kg，五香粉0.30kg，抗坏血酸钠0.02kg，山梨酸钾0.02kg。

配方二：改进型调味配比（以100kg羊肉计）：食盐3kg，白糖2kg，硝石0.05kg，料酒1.50kg，味精0.05kg，花椒0.20kg，胡椒0.20kg，生姜0.10kg，孜然0.01kg，茴香0.02kg，鸡蛋2.50kg。

此为韩玲在传统猪肉脯配方基础上，结合绵羊肉特点，添加抑膻调味料和鸡蛋，改善风味和组织状态而形成的配方，有效改善了传统肉脯肌膜相连，咀嚼困难的状况。

（3）操作要点。

①原料选择整理：选择健康新鲜绵羊肉，剔除骨骼、筋腱、脂肪等，只留精瘦肉，分

切成适当大小的肉块，洗净沥水。要求肉块外形规则，边缘整齐，无碎肉、淤血。

②斩拌：将肉块送入斩拌机，在 3 400 转/分钟下，经 4 分钟斩成肉糜。

影响肉脯质地的主要因素中肉糜斩拌的细度影响最大，肉脯厚度次之，而腌制剂的浓度和腌制时间对肉脯质地及口感的影响相对较小。肉糜斩得越细，腌制剂的渗透就越迅速、充分，盐溶性蛋白的溶出量就越多。同时，肌纤维蛋白质也越容易充分延伸为纤维状，形成蛋白的高黏度网状结构，其他成分充填于其中而使成品具有韧性和弹性。因此，在一定范围内，肉糜越细，肉脯质地及口感越好。

③配料腌制：用少量水先将硝石溶解，与其他配料混合后加入肉中，用拌馅机充分搅拌后在 15~20℃ 下，腌制 30 分钟，使肉色变成均匀鲜红色，最后加入酒和味精，搅拌均匀即可。

④抹片：将肉糜均匀抹在耐高温的塑料烘盘中，成 2mm 薄片。

肉脯的涂抹厚度以 1.5~2.0mm 为宜。因随涂抹厚度增大，肉脯柔性及弹性降低，且质脆易碎。腌制时间对肉脯色泽无明显影响，而对质地和口感影响很大。这是因为即使不进行腌制，发色过程也可以在烘烤过程中完成。但若腌制时间不足或机械搅拌不充分，肌动球蛋白转变不完全，加热后不能形成网状凝聚体，导致成品口感粗糙，缺乏弹性和柔韧性。

⑤初步脱水：抹好片的烘盘送入（70±2）℃烘房，烘烤脱水 30 分钟，使肉呈半干状态，有香味散出时取出，用铲刀掀片，使肉、盘分离。

⑥微波干燥：将初步脱水的肉糜片送入 900W、2 450MHz、高档火的微波干燥器中，继续干燥一定时间，使肉片呈半透明、酥脆状态，具有独特风味即可。

此步也可采用烘烤和烧烤工艺，需注意温度。若烘烤温度过低，不仅费时耗能，且香味不足、色浅、质地松软。若温度超过 75℃，在烘烤过程中肉脯很快卷曲，边缘易焦，质脆易碎，且颜色开始变褐。烘烤温度 70~75℃ 则时间以 2 小时左右为宜。烧烤时若温度超过 150℃，肉脯表面起泡现象加剧，边缘焦煳、干脆。当烧烤温度高于 120℃ 则能使肉脯具有特殊的烤肉风味，并能改善肉脯的质地和口感。因此，烧烤以 120~150℃、2~5 分钟为宜。

⑦切形包装：通过在肉脯表面涂抹蛋白液和压平机压平，可以使肉脯表面平整，增加光泽，防止风味损失和延长货架期。在烘烤前用 50% 的全鸡蛋液涂抹肉脯表面效果很好。在烧烤前进行压平效果较好，因肉脯中水分含量在烧烤前比烧烤后高，易压平；同时，烧烤前压平也减少污染。脱水后的肉片乘热切成一定形状，用真空或充气包装后即为成品。

（4）产品特点。按照此法生产的产品，因在配料中加入抑膻调味料，使产品香味浓郁，风味独特，无异味，并且质地酥脆，咀嚼性好，杀菌彻底，始终保持良好品质。

（三）酱卤羊肉制品

酱卤肉制品是肉调味料和香辛料，以水为介质，加热煮制而成的熟肉类制品。包括白煮肉类（最大限度地保持了原料肉固有的色泽和风味，如白切羊肉）、酱卤肉类（具有色泽鲜艳、味美、肉嫩的特点，如五香酱羊肉）。

1. 普通酱羊肉

（1）工艺流程（图12-7）。

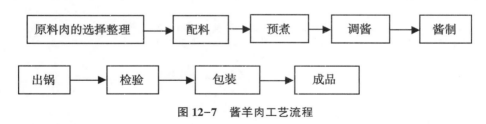

图12-7　酱羊肉工艺流程

（2）配方。绵羊肉（以羊肋肉为好）2.5kg，白萝卜（切块）500g，小红枣25g，干黄酱250g，食盐75g，大料面20g，桂皮5g，丁香5g，砂仁5g，料酒50g。

（3）操作要点。

①原料选择与整理：羊肉应该选用不肥不瘦的新鲜优质羊肉，肉质不宜过嫩，否则煮后容易松散，不能保持形状。将原料肉冷水浸泡，清除淤血，洗干净后进行剔骨，然后把肉块倒入清水中洗涤干净，同时，要把肉块上面覆盖的薄膜去除干净，放入冷水盆浸约4小时，取出控水，放锅中，加水淹没羊肉，下入白萝卜，旺火烧开，断血即可捞出，洗净血污。这样做，羊肉腥膻味可进入白萝卜和水中。

②预煮：将选好的原料肉按不同的部位、嫩度放入锅内大火煮1小时，目的是去除腥膻味，可在水中加入几块胡萝卜。煮好后把肉捞出，再放在清水中洗涤干净，洗至无血水为止。

③调酱：用一定量的水和黄酱拌和，把酱渣捞出，煮沸1小时，并将浮在汤面酱沫撇净，盛入容器内备用。

④酱制：将捞出的羊肉切成大块，交叉放在锅内。锅架火上，放水没过羊肉，再下入黄酱、盐，旺火烧开，撇净浮沫，再下入大料面、桂皮、丁香、砂仁、料酒、小红枣（起助烂作用）等调配料，改用小火焖煮3个小时左右。在煮的过程中，汤面始终保持微沸，即水温在90~95℃，要有专人看锅和翻锅，防止糊底。

将预煮好的原料肉要按不同部位分别放在锅内。通常将结缔组织较多肉质坚韧的部位放在底部，较嫩的，结缔组织较少的放在上层，然后倒入调好的汤液进行酱制。要求水与肉块平齐，待煮沸之后再加入各种调味料。锅底和四周应预先垫以竹竿，使肉块不贴锅壁，避免烧焦。煮制时，每隔1小时左右倒锅1次，再加入适量老汤和食盐。务使每块肉均匀浸入汤中，再用小火煮制约1小时，等到浮油上升，汤汁减少时，将火力减小，最后封火煨焖。煨焖的火候掌握在汤汁沸动，但不能冲开上浮油层的程度。煮好后取出淋上浮油，使肉色光亮滑润

⑤出锅：出锅时注意保持完整，用特制的铁铲将肉逐一托出，并将锅内余汤洒在肉上，即为成品。然后晾凉，切块切片，包装检验，入库。

（4）产品特点。色泽酱黄，肉香扑鼻，瘦不塞牙，肥而不腻，滋味纯正，鲜美适口。

2. 五香酱羊肉

（1）工艺流程（图12-8）。

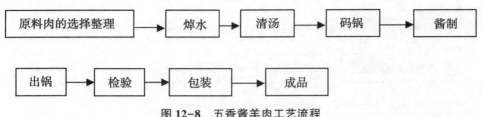

图 12-8　五香酱羊肉工艺流程

（2）配方。

配方一：羊肉 50kg，食盐 2.5～3.0kg，大葱 500g，鲜姜 250g，花椒 100g，大料 100g，桂皮 150g，小茴香 50g，丁香 50g，砂仁 35g，豆蔻 20g，白砂糖 100g。

配方二：羊肉 100kg、干黄酱 10kg、丁香 0.20kg、桂皮 0.20kg、八角 0.80kg、食盐 3.00kg、砂仁 0.20kg。

配方三：羊肉 100kg、花椒 0.2kg、桂皮 0.3kg、丁香 0.1kg、砂仁 0.07kg、豆蔻 0.04kg、白糖 0.20kg、八角 0.20kg、小茴香 0.10kg、草果 0.10kg、葱 1.00kg、鲜姜 0.50kg、盐粒 5.00～6.00kg。

此配方需要指出的是盐粒的量为第一次加盐量，以后根据情况适当增补；将各种香辛调味料放入宽松的纱布袋内，扎紧袋口，不宜装得太满，以免香料遇水胀破纱袋，影响酱汁质量；葱和鲜姜另装一个料袋，这种料一般只适宜一次性使用。

（3）糖色的加工。用一口小铁锅，置火上加热。放少许油，使其在锅内分布均匀。再加入白砂糖，用铁勺不断推炒，将糖炒化，炒至泛大泡后，又渐渐变为小泡。此时，糖和油逐渐分离，糖汁开始变色，由白变黄，由黄变褐，待糖色变成浅黄色时，马上倒入适量的热水熬制一下，即为"糖色"。糖色的口感应是苦中略带一点甜，不可甜中带一点苦。

（4）操作要点。

①原料选择与整理：选用卫生检验合格、肥度适中的羊肉，首先去掉羊杂骨、碎骨、软骨、淋巴、杂污及板油等，以肘子、五花等部位为佳，按部位切成 0.5～1kg 的肉块，靠近后腿关节部位的含筋腱较多的部位，切块宜小；而肉质较嫩部位切块可稍大些，便于煮制均匀。把切好的肉块放入有流动自来水的容器内，浸泡 4 小时左右，以除去血腥味。捞出控净水分，分别存放，以备入锅酱制。

②焯水：是酱前预制的常用方法。目的是排除血污和腥、膻、臊等异味。所谓焯水就是将准备好的原料肉投入沸水锅内加热，煮至半熟或刚熟的操作。按配方先用一定数量的水和干黄酱拌匀，然后过滤入锅，煮沸 1 小时，把浮在汤面上的酱沫撇净，以除去膻味和腥气，然后盛入容器内备用。原料肉经过处理后，再入酱锅酱制。其成品表面光洁，味道醇香，质量好，易保存。操作时，把准备好的料袋、盐和水同时放入铁锅内，烧开、熬煮。水量要一次掺足，不要中途加生水，以免使原料因受热不均匀而影响产品质量。一般控制在刚好淹没原料肉为好，控制好火力大小，以保持液面微沸和原料肉的鲜香及滋润度。根据需要，视原料肉老嫩，适时、有区别地从汤面沸腾处捞出原料肉。要一次性地把原料肉同时放入锅内，不要边煮边捞又边下料，影响原料肉的鲜香味和色泽。再把原料肉

放入开水锅内煮40分钟左右，不盖锅盖，随时撇出油和浮沫。然后捞出放入容器内，用凉水洗净原料肉上的血沫和油脂。同时，把原料肉分成肥瘦、软硬2种，以待码锅。

③清汤：待原料肉捞出后，再把锅内的汤过1次箩，去尽锅底和汤中的肉渣，并把汤面浮油撇净。如果发现汤要沸腾，应适当加入一些凉水，不使其沸腾，直到把杂质、浮沫撇净，汤呈微青的透明状即可。

④码锅：锅内不得有杂质、油污，并放入1.5~2kg的净水，以防干锅。锅底垫上圆铁箅，再用20cm长、6cm宽的竹板整齐地垫在铁箅上，然后将筋腿较多的肉块码放在底层，肉质较嫩的肉块码放在上层。注意一定要码紧、码实，防止开锅时沸腾的汤把原料肉冲散，并把经热水冲洗干净的料袋放在锅中心附近，注意码锅时不要使肉渣掉入锅底。把清好的汤放入码好原料肉的锅内，并漫过肉面。不要中途加凉水，以免使原料肉受热不均匀。锅内先用羊骨头垫底，加入调好的酱汁和食盐。

⑤酱制：酱肉制作的关键在于能否熟练地掌握好酱制过程的各个环节及其操作方法。主要掌握好酱前预制、酱中煮制、酱后出锅这3个环节。

码锅后，盖上锅盖，用旺火煮制2~3小时。然后打开锅盖，适量放糖色，达到枣红色，以弥补煮制中的不足。等到汤逐渐变浓时，改用中火焖煮1小时，检查肉块是否熟软，尤其是腱膜。从锅内捞出的肉汤，达到黏稠，汤面保留面原料肉的1/3，即为半成品。

⑥出锅：达到半成品时应及时把中火改为小火，小火不能停，汤汁要起小泡，否则酱汁出油。酱制好的羊肉出锅时，要注意手法，做到轻钩轻托，保持肉块完整，将酱肉块整齐地码放在盘内，然后把锅内的竹板、铁箅、铁筒取出，使用微火，不停地搅拌汤汁，始终要保持汤汁有小泡沫，直到黏稠状。如果颜色浅，在搅拌当中可继续放一些糖色。成品达到栗色时，尽快把酱汁从铁锅中倒出，放入洁净的容器中。继续用铁勺搅拌，使酱汁的温度降到50~60℃，点刷在酱肉上晾凉即为酱肉成品。

如果熬酱汁把握不好，又没老汤，可用羊骨和酱肉同时酱制，并码放在原料肉的最下层，可克服酱汁质量或酱汁不足的缺陷。

（5）五香酱羊肉的特点。色泽红亮、酥而不烂、汁浓味醇、香气四溢，为秋冬营养滋补佳品。

3. 新型酱羊肉加工

（1）工艺流程（图12-9）。

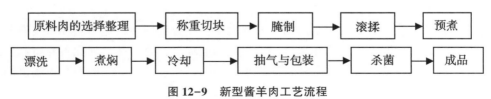

图12-9　新型酱羊肉工艺流程

（2）调味配方（按10kg羊肉计）。清水50kg，精盐750g，八角100g，桂皮100g，良姜50g，砂仁80g，肉蔻50g，香叶50g，丁香50g，小茴香50g，料酒50g，葱500g，姜500g，干黄酱、蚝油为3∶1，亚硝酸钠0.10g/kg，红曲200g。

（3）操作要点。

①选择原料：羊后腿肉，要求块大肉厚。

②切块：将羊肉去骨清洗干净后，切成肉块，便于入味。

③腌制：原料中加入硝水、盐、花椒、葱、姜，根据季节的不同调整硝用量与腌制时间。研究结果表明，影响腌制效果的主次顺序为发色剂用量>腌制温度>腌制时间>搅拌时间。发色剂用量为 0.008%，腌制温度 20℃，腌制时间 24 小时，搅拌时间 10 分钟，腌制效果最佳。产品色泽主要来源于腌制过程中肌肉的肌红蛋白和血红蛋白与亚硝酸钠发生化学反应，生成鲜艳的亚硝基肌红蛋白和亚硝基血红蛋白，表现出肉制品特有的鲜艳色泽。此外，添加 0.02% 维生素 C，不仅可以助色，还可以增加产品风味与营养，抗脂肪氧化及阻断亚硝胺合成并降低亚硝酸盐（NO_2）残留量。

④滚揉：羊肉滚揉时间不低于 1 小时，可增加其嫩度。

⑤预煮：将羊肉放入沸水中短时间预煮，可减少营养成分的损失，提高出品率，同时撇去表面浮沫和浮油，也可加入料酒去除腥膻味。

⑥调味：在卤制过程中调味是关键。采用白酱油、干黄酱、蚝油 3 种稳定剂。干黄酱与蚝油的复配效果最佳，在考虑消费者饮食习惯的基础上，将成本降低到最少，所以，采用干黄酱与蚝油比例为 3：1 的复合稳定剂，总用量为 0.06%。

⑦煮焖：将羊肉放入烧沸的卤汤中，旺火烧煮 15 分钟，以除去腥膻味，然后加入香料袋和老汤以炆火焖煮 2 小时即可，切勿沸腾。煮好后分层一块块捞出，保持肉块完整，用锅中原汤冲去肉上辅料。

在以炆火煮制时，温度保持 85℃ 左右，煮制 120 分钟，煮出的羊肉质量最佳。

⑧出品率：羊肉出品率应该是 500g，不得低 325g。

⑨抽气包装：每袋定量为 250g，并在袋中加入少量酱汁，真空抽气，密封。

（4）产品感官质量。羊肉色泽酱红、油亮，切断面色泽一致，肉质酥软可口，不膻不腻，酱味突出，后味余长，无异味。

（四）熏烤羊肉制品

熏烤羊肉制品一般指以熏烤为主要加工方法生产的羊肉制品。熏和烤为两种不同的加工方法，加工的产品可分为熏烟制品和烧烤羊肉制品两类。烧烤制品指原料肉经预处理、腌制、烤制等工序加工而成的一类熟肉制品，具有色泽诱人，香味浓郁，咸味适中，皮脆肉嫩等特点。

近年来食品科技工作者，在羊肉制品的开发中，充分利用现代化工艺技术及设备条件对传统熏烤产品进行改进，使之在保持传统特色的前提下，改善其感观和营养特性，延长保存期。随着人们生活条件的改善和营养水平的提高，这一传统产品的消费市场也逐渐步向营养化、方便化和系列化发展。

1. 新型烤羊肉的加工

这是一种以后腿羊肉为原料，采用盐水注射、真空滚揉的西式工艺，辅以中草药成分，再经烧烤、真空包装和杀菌等工序，制成的一种食用方便、营养丰富、可贮性较佳的新型烤羊肉。该产品便于携带，开袋即可食用，适合配餐、旅游等不同需要。

（1）工艺流程（图12-10）。

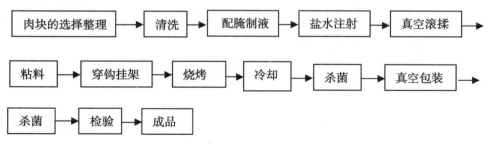

图12-10　新型烤羊肉工艺流程

（2）配方。腌制液配比（以50kg原料绵羊肉块计）。

食盐1250g，草果150g，焦磷酸钠60g，砂仁100g，三聚磷酸钠60g，八角50g，六偏磷酸钠30g，花椒100g，$NaNO_2$ 5g，香菇50g，KNO_3 7.5g，烟熏液100g，味精25g，异抗坏血酸钠20g，白酒500g，葡萄糖25g，白糖45g，葱250g，生姜250g，水10kg。

（3）粘料配方。鲜辣粉200g，孜然粉200g，小茴香粉100g，味精100g。

（4）操作要点。

①原料选择与处理：选择合格的绵羊后腿肉为原料，修去表面筋膜，清水漂洗除尽血水，捞出沥干水分。切成1.5kg左右的大块。

②腌制液配制：腌制液需提前1小时配好，配制时要严格按照配制顺序进行。顺序是：磷酸盐→葡萄糖→香辛料水（煮沸10分钟冷凉）→精盐→亚硝酸盐、异抗坏血酸钠→烟熏液等。每种添加料都要待完全溶解后再放另一种，待所有添加料全部加入搅拌溶解后，放入4~5℃的冷库内备用。

③盐水注射：将整理好的肉块，用盐水注射机注射。注射针应在肉层中适当地上下移动，使盐水能正常地注入肉块组织中。操作时尽可能注射均匀，盐水量控制在肉重量的4%~5%。

④真空滚揉：通过滚揉，能促进腌制液的渗透，疏松肌肉组织结构，有利于肌球蛋白溶出，并且由于添加剂对原料肉离子强度的增强作用和蛋白等电点的调整作用，从而提高制品的出品率，改善制品的嫩度和口感。将滚揉机放在0~3℃左右的冷库中进行，防止肉温超过10℃，一般采用间歇式滚揉，即滚揉10分钟，停止20分钟，滚揉总时间10小时。

⑤粘料：将所配制的粘料均匀地撒在每块肉上。

⑥烧烤：将粘好料的肉块一一穿在钩架上，挂入远红外线烤炉进行烤制，温度130~140℃，时间50分钟。

⑦真空包装、杀菌：冷却后的烤羊肉用蒸煮袋进行真空小包装（200g/袋）；真空封口后低温二次杀菌，即85~90℃煮制30分钟，急速冷却30分钟，再次在85~90℃杀菌30分钟。

⑧检验贮存：按软罐头标准保温试验，质量抽检。合格产品进行外包装，入库贮存。

（5）质量标准。

①感官指标：色泽红润，香味浓郁，兼具腌腊、烧烤风味，新颖别致。同时由于采用

先进的西式技术与工艺,产品柔嫩多汁。

②理化指标:水分 32%~34%,食盐 2.5%~3.0%,糖 5%~6%,蛋白质 28%~30%,脂肪 8%~9%,矿物质 7.5%~7.9%,硝酸盐残留(以 $NaNO_2$)计≤15mg/kg。

③微生物指标:符合软罐头肉制品标准。

④贮存及食用特性:常温下保质期 6 个月,营养丰富,开袋即食,适应配餐旅游、消闲等不同需要。

(6)加工关键控制点。

①严把绵羊肉卫生质量,以经充分排酸的鲜绵羊肉为佳,冻绵羊肉贮存期不超过 3 个月,并采用较低温下自然解冻法解冻。

②腌制液中辅以有效抑腥增香料,如砂仁、草果、生姜等,注意严把铺料的质量。

③烧烤温度不低于 125℃,时间根据原料而定,至表面色泽黄红,香味四溢,外酥里嫩即可。

2. 生羊肉串的加工

(1)羊肉串酶法嫩化工艺流程。

以羊腿肉为原料,采用独特的生产工艺制作而成的冷冻半方便食品,风味独特,口感细腻。食用时无需解冻,油炸或少许油煎 2~3 分钟,也是明火烧烤或涮火锅的方便食品。作为方便营养食品推向市场,受到消费者的欢迎。

①工艺流程(图 12-11):

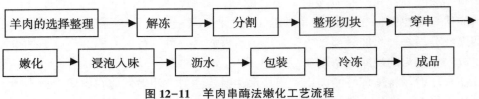

图 12-11 羊肉串酶法嫩化工艺流程

②配方(以原料肉质量计):食盐 10%,白糖 10%,香辛料 17%,孜然 6%。

③操作要点:

a. 选择及修整 选择屠宰合格的无病变组织、无伤斑、无残留小片皮、无浮毛、无粪污、无胆汁污和无凝血块的羊后腿,冲洗干净,修去板筋、淋巴、筋膜及软骨。为防止肉色氧化而变暗,采用-35℃的温度速冻至中心温度为-35℃,在-18℃的温度下冷藏,待用。

b. 解冻 解冻肉的目的是便于切块和嫩化入味。解冻的方法有空气解冻、水解冻、电解冻、加热解冻以及上述方法的组合解冻。试验中采取空气(室温)解冻至半冻状态,以 1kg 量计,解冻时间为 25 分钟,汁液流出 0.06kg。这种方法较其他解冻所用时间长,但汁液流出量少,肉色及滋味变化不明显。

c. 切块 原料肉经解冻分割,切除筋腱、血管、淋巴筋膜及软骨,分割成 1kg 的肉块,以便切块。

将精瘦肉切成(长×宽×高)15mm×15mm×10mm 的块状。块太大既影响肉串的外观,又不利于嫩化及浸泡入味。按切块的对角线穿串,每串长约 1cm。工艺上选择先穿串,后嫩化和浸泡入味。

d. 穿串　用竹扦或钢钎，每串肉肥瘦搭配，一一穿在竹扦或铜钎上。撞切块的对角线穿串，穿串方向与肉的肌纤维方向呈45°角，则肉块不易掉。每串长约10cm，利于嫩化和入味。

e. 嫩化　嫩化的最佳工艺条件为木瓜蛋白酶0.1%、嫩化时间30分钟、嫩化用水温度30%。在此工艺条件下嫩化的肉口感较好，嫩度适中，嫩化效果最佳，产品细腻，弹性好。

f. 浸泡　香辛料在100℃水中浸提3次，用其溶液将羊肉浸泡入味。

将香辛料按配方称取，用100℃的水浸提3次。加入适量水用大火煮沸后，小火浸提30分钟，将浸液倒出；用同样的方法加入适量水浸提25分钟；最后一次浸提时间为20分钟。将3次浸液混匀冷却到55℃加入食盐、孜然、白砂糖待用。浸泡液可重复利用。

入味是决定羊肉串色、香、风味、组织的关键步骤。复合香辛料浸提液冷却至30℃后，加入食盐、孜然、白砂糖等辅料。浸泡过程中用水浴锅保持温度100℃，并不停翻动，有利于羊肉串更好地入味。

g. 包装及冷冻　用高压聚乙烯袋包装，包装前沥去表面水分，否则冷冻后表面会出现明显冻结现象。原料肉在半解冻后经嫩化浸泡已完全解冻，若不及时冷冻，颜色会变暗，失去新鲜感，冷冻温度-18℃，时间3小时。

（2）羊肉串真空滚揉工艺。

①工艺流程（图12-12）：

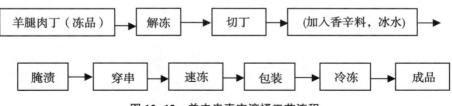

图12-12　羊肉串真空滚揉工艺流程

②配方：羊腿肉丁70kg，冰水20kg，羊油丁5kg，食盐1.3kg，白砂糖0.6kg，复合磷酸盐0.25kg，味精0.3kg，白胡椒粉0.16kg，孜然粉1kg，孜然精油0.2kg，羊肉香精适量，花椒精油0.2kg，辣椒粉0.5kg等。

③操作要点：

a. 原辅料选择　羊后腿肉经兽医卫检合格，要求新鲜，解冻水在6%以下级。

b. 解冻　将经兽医检验合格的羊腿肉，拆去外包装纸箱及内包装塑料袋，放在解冻室不锈钢案板上自然解冻至肉中心温度-2℃即可。

c. 切丁　将羊肉切成3g大小的肉丁。

d. 真空滚揉腌渍　将羊腿肉丁、香辛料和冰水放在滚肉机里，盖好盖子，抽真空，真空度-0.9Mpa，正转20分钟，反转20分钟，共40分钟。

e. 腌渍　在0~4℃的冷藏间静止放置12小时，以利于肌肉对盐水的充分吸收入味。插签。将羊肉丁用竹签依次串连起来，要求规格在30g，把羊肥油丁穿在倒数第一个肉丁上，保持形状整齐完美。

f. 速冻　将羊肉串平铺在不锈钢盘上，注意不要积压和重叠，放进速冻机中速冻。速冻机温度-35℃，时间30分钟。要求速冻后的中心温度-8℃以下。

g. 包装　入库。

④注意事项：

a. 羊肉的肉质较紧，要做的鲜嫩多汁，要加入一定的保水剂来保水，这样在烤制的过程中就不会因为肉汁流失太多，而导致肉老化，不宜咀嚼。

b. 腌渍的时间一般以12小时为最低时间，经过充分的腌渍入味，会除去羊肉的膻腥味，而充分体现羊肉的鲜美和孜然、辣椒的风味。

c. 羊肉应在其中加羊尾油丁，使口感香嫩。

d. 羊肉串的咸甜要掌握好，可以根据当地的口味调整，尽量不要过咸，以适中为好。

e. 加入羊肉香精以突出羊肉的香味为特点，掩盖羊肉的膻腥等不良风味，在使用时要掌握添加量，以2‰为好，也可根据当地的风味来调整。

3. 烤羊肉串的加工

烤羊肉串是羊肉制品中最为著名的地方小吃，以其风味独特，味道适宜，嚼劲好，而受到广大消费者的青睐。但长期以来，它的制作往往是将肉块串在铁钎或竹签上，用炭火熏烤，街头叫卖。这种制作方式，不仅生产规模受到限制而且熏烟中可能有苯并芘和二苯并蒽致癌物的存在，人体过多食用后可导致人体生癌的可能性。目前食品工作者在保留原产品风味特点的基础上，借鉴其他肉制品的生产特点，将原来炭火熏烤，改为加热炒制，简化了生产工序，结合真空软包装，改善了产品的卫生质量。

（1）工艺流程（图12-13）。

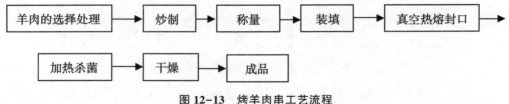

图12-13　烤羊肉串工艺流程

（2）配方。羊肉100kg，食盐2.5kg，植物油10kg，辣椒粉1.9kg，孜然粉1.2kg。操作要点。

①原料处理：选取健康无病，宰前宰后经兽医检验合格的新鲜去势绵羊羊肉，肉肥度不低于三级。将选好的肉料，洗涤后切去皮、骨、淋巴等不宜加工部分，将肉块切成1cm方的肉丁，然后用水清洗干净。

②调味：将炒锅或夹层锅中放入植物油烧热至180~200℃，将肉料按配方放入锅中不断炒翻，直至肉色变褐后，依次加入食盐、辣椒粉和孜然粉，并不断翻炒。炒好后，将肉料放入容器中备用，整个炒制时间约3分钟。

③真空热熔封口：将炒好的肉块，称重后，装入蒸煮袋中。采用聚酯/铝箔/聚丙烯（PET/AL/PP）复合蒸煮袋，规格170mm×130mm蒸煮袋，净重180g，厚度15mm。然后用真空包装机，进行抽真空和热熔密封。真空度-0.08~-1.0Mpa，热封温度220℃，时间

3~5 秒钟。

④加热杀菌：采用杀菌公式为 10′~30′–反压冷却/121℃，反压（1.4~1.5kgf/cm²）的效果较好。

⑤保温检验：将杀菌后软罐头置于 37℃下，放置 7 天，然后冷却至室温下，观察软罐头袋有无膨胀，开袋检查内容物有无腐败特征。

⑥干燥：软罐头杀菌冷却后，表面带有水珠需用手工擦干或烘干。

产品特点：采用此法所制得的产品，为褐色小块状物，食之咸辣适口，有一定嚼劲，不僵硬，无软烂感，具有羊肉串特有的风味，在常温下可贮藏 6 个月以上。

（3）羊肉串加工应注意的问题。

①原料选择：羊肉串的原料一定要选择新鲜优质的羊肉作为加工的原料，并要经过当地卫生防疫部门检验合格的原料，对于过保质期的羊肉，或者腐烂的、变质的羊肉坚决不能使用，原料质量好，才能保证最终的产品品质优良。

②在解冻时，最好要采用自然解冻，室温保持 10℃ 以下；或者在冷藏条件下解冻，这样保持更多的肉汁，肉的品质破坏降低到最小，如果采用大量的流水解冻，虽然也能达到解冻的目的，但是流失的水溶蛋白过多，使产品的营养和保水性降低。

③要保持肉的新鲜和嫩度，达到肉串速冻后肉色和形状的完整，最好采用真空滚揉的技术，因为传统的静止腌渍虽然也能达到一定的效果，但是在提高产品的嫩度和加速腌渍的过程上面，还是没有滚揉的效果好。

④大块的腌渍肉没有切丁后再配料腌渍效果好，其原因在于小块肉增大了与腌料的接触面，腌渍液更容易渗透到肌肉纤维里，加快腌渍的时间。

⑤在产品的速冻方面，一定要严格按照速冻的生产条件操作，产品的包装最好采用真空包装。

⑥添加剂香辛料：在香辛料的选择上一定要选择干净卫生的香辛料，辣椒粉和孜然粉等香辛料，要求干爽无杂质，像一些草根、树叶、铁丝、螺丝等杂物不得在辅料中检查出来，要及时的挑拣出来，以免给消费者造成危害。

⑦保水剂方面选择保水效果好的复合磷酸盐，因为羊肉的肉质还是粗点，要想口感鲜嫩，必须加入一定的保水剂来提高肉的嫩度。

⑧发色剂的添加也很重要，肉串如果不经过发色，在烤熟之后，颜色发暗，没有成熟的诱人红色，所以添加一定的发色剂硝酸盐很有必要。

（五）羊肉香肠制品

羊肉香肠是羊肉常见的初加工产品，也是家庭制作和保存羊肉最常用和有效的方法之一。它是指按我国传统香肠生产程序，经过干燥发酵等工艺生产的具有非冷耐贮特性的生干肠制品，属于高档肉制品，可通过加入不同调料、调整用料比或改变某些工艺流程来制作出不同风味和品种的香肠制品。

1. 嫩化羊肉火腿肠

嫩化羊肉火腿肠是指以新鲜羊肉、羊脂、嫩化液调味料、大豆蛋白、淀粉等为原料，通过嫩化、低温低热腌制增香、煮制等一系列过程而制成的产品。嫩化羊肉火腿肠是近期研制开发的一种新型羊肉加工制品，它改变了目前在火腿肠制品中以猪肉、鸡肉、牛肉居多而羊肉制品较少的现状，为广大穆斯林及喜食羊肉的消费者提供了一种优质肉制品。其具体加工要求及方法如下。

（1）工艺流程（图 12-14）。

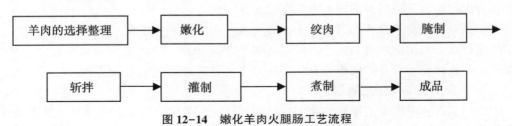

图 12-14　嫩化羊肉火腿肠工艺流程

（3）配方：腌制剂配方如下（以 50kg 羊肉为准，%）。

精盐 2.5、亚硝酸盐 0.01、硝仁 0.2、葡萄糖 0.05、草果 0.30、八角 0.10、花椒0.20、焦磷酸钠 0.12、味精 0.05、白糖 2.00、香菇 0.10、异康坏血酸钠 0.05、生姜1.00、黄酒 3.00、青葱 1.00、辣椒粉 0.50、五香粉 0.60、酱油 4.00、蒜粉 0.80、大豆蛋白 3.00、淀粉 6.00、羊脂 5.00、冰水 20。

（3）操作要点。

①原料肉整理：选择经卫生检验合格的新鲜羊肉，剔除脂肪、筋、软骨等，切成 1~2kg 的块状。

②嫩化：自制嫩化液 2kg，嫩化液配方由 3%氯化钙、0.01%菠萝蛋白酶、0.4%复合磷酸盐组成。嫩化方法为：温度保持在 7℃左右，嫩化时间 15 分钟，至羊肉不散不硬即可。

③绞肉：将嫩化后羊肉切成 3cm³ 左右的方块，用绞肉机粗孔筛板绞碎成肉糜状。

④腌制：加入腌制剂，混合均匀，在 2~6℃的温度环境下腌制 24 小时。

⑤斩拌：将腌制好的羊肉糜放入斩拌机中，中档斩拌 6 分钟，斩拌时温度应低于10℃，斩拌肉馅至随手拍打而颤动时即可。

斩拌时加料顺序：羊肉糜→大豆蛋白→冰水→羊脂→调味料→淀粉

⑥灌制打卡：采用手动灌肠机和手动打卡机进行。

⑦煮制：应采用不锈钢夹层蒸煮锅进行熟制，控制水温 80~85℃，时间 25 分钟左右，待其中心温度达 75℃时，维持到规定时间即可。

⑧冷却：在煮制即将结束时快速升高水温到 100℃，煮 2~3 分钟后捞出，快速冷却到0~8℃。

成品质量：要求色泽红润，香味浓郁，肉质细嫩，弹性好，兼具有腌制、煮制的特殊风味、无异味。

（4）制作羊肉香肠应注意的问题。

①保持加工器具的清洁卫生，严格按低温要求制作，一般情况温度应保持在 4~10℃以下。

②应注意将肉绞磨（或刀切）成均匀的肉粒，同其他配料充分拌和均匀。

③为了长期保存香肠，必须进行腌制。常用腌制香肠的调味品及防腐剂的作用和用量如下。

食盐　盐能使肉中水分析出，改变其渗透压，抑制细菌生长，有利于香肠干燥、黏合，从而使其变得紧实。通常情况下用盐量为鲜肉重的 1.50%~2.00%。

食糖　调味、能使香肠口感柔嫩，当加热蒸煮时可使香肠产生漂亮的棕色。其用量因口味不同差异较大，一般情况下为产品湿重的 0.25%~2.00%。

混合香料　可使香肠产生不同风格的香味和口感。常用的香料有胡椒、花椒、桂皮和草果等，其用量为产品湿重的 0.25%~0.5%。

亚硝酸盐/硝酸盐　主要作用是防止香肠产生肉毒素或腐败变质，保持色泽稳定。美国食品管理局规定，45kg 鲜肉中的亚硝酸盐用量不得超过 7g。我国一些肉品加工企业的常用量为 100kg 鲜肉中加 10~30g。

其他辅料　在制作商业性香肠中，可加入部分非肉成分，通常称为品质改良剂或填充物。常用的品质改质剂有谷物类、大豆粉、淀粉和脱脂乳等。其主要目的是降低生产成本、提高产量，补充香味或使香味更浓，易于切片，溶解脂肪和水，起稳定乳化作用。一般用量为总重的 10% 左右。

烟熏剂：熏制香肠的目的是增加风味，便于长期保存，增色及防止氧化。通过烟熏可制作不同品种的香肠，多采用硬质木材或木屑作烟熏燃料。

2. 几丁聚糖营养羊肉肠的加工工艺

在肉制品中添加几丁聚糖，利用其与酸性多糖类物质结合所生成的絮状产物，以达到降低热能的目的，制成减肥食品，是目前肉制品加工领域重点研究的内容。

几丁聚糖是一种主要存在于甲壳类动物中的动物性膳食纤维，它有一定降低血脂和血糖的作用，可吸附达自身重量数倍的脂肪，可以大大降低肉肠中的脂肪吸收量，解除消费者购买肉肠时的后顾之忧。同时，几丁聚糖的增稠、乳化和吸脂肪特性可减少肉肠加热中的脂肪流失，使肉肠的品质得到改善。

几丁聚糖营养羊肉肠正是基于此原理而研制的一种新型羊肉制品。在制作过程中又强化了维生素 A、维生素 D，从而使产品具有低脂肪、低热能、营养全面的特点。

（1）工艺流程（图 12-15）。

（2）操作要点。

①原辅料选择：原料主要为羊肉、鸡蛋、脱脂奶粉、磷酸淀粉、卡拉胶；调味料主要有茴香粉、胡椒粉、姜粉、五香粉、孜然粉、黄酒、生抽、香油等；添加剂为红曲粉、硝酸钠、维生素 C、维生素 A（视黄醇棕榈酸酯）、维生素 D。

②原料肉处理和腌渍：将新鲜的原料肉整理后切成 1cm×10cm 长条，加盐和硝酸钠腌制过夜。

③维生素 A、维生素 D 预混液的制备：将维生素 A、维生素 D 溶于香油中，搅拌均匀。

④斩拌：用绞肉机先将肉条绞碎，置斩拌机内斩拌。将所有调味料、红曲粉、磷酸淀粉、卡拉胶、奶粉、几丁聚糖粉末等加入肉馅内搅拌，并加入适量的冰水。

⑤灌肠：用灌肠机充填成 2.5cm×15cm 的肉肠，针刺放气后将肉肠放入微波炉中，中

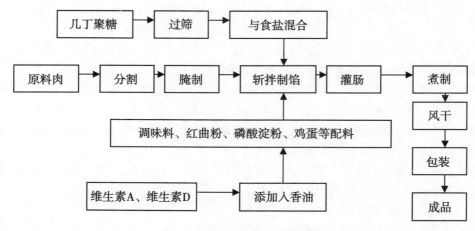

图 12-15　几丁聚糖营养羊肉肠工艺流程

火加热 30 分钟，然后在 95℃水中加热 15 分钟。从水中取出后，风干 2 小时。

⑥保存：制成后立刻取样切片检查，进行感官评价；余下部分储存在 6℃下，观察其保质期的差别。

产品的营养特点：本产品以脂肪含量较低、蛋白质含量较高的羊肉代替猪肉作为主要原料，制作中容器加肥肉丁，而且加入卡拉胶、磷酸淀粉和几丁聚糖等增稠剂结合水分，使产品脂肪含量仅为 11.20%，大大低于普通灌肠制品（多为 20%~30%），而蛋白质含量为 14%，达到灌肠制品一般水平。这个特点对改善肉内制品的营养价值十分有益。

（3）产品质量标准。

①色泽：表面干燥，棕红色，切面浅棕红色，滋润有光泽，色泽均匀一致。

②组织状态：质地均匀，组织紧密而有弹性，切片平整光滑，口感柔软而不油腻，无沙粒感。

③滋味和香气：具有羊肉和孜然特有的芳香味，鲜美可口，无异味、膻味。

（六）发酵羊肉制品

发酵肉制品是指肉在自然或人工条件下经特定有益微生物发酵所生产的一类肉制品。发酵羊肉制品是指在自然或人工控制条件下，利用微生物发酵作用产生具有特殊风味、色泽和质地，且具有较长保存期的肉制品。发酵用的微生物主要是乳酸菌、发酵肉制品因其较低的 pH 值和较低的 Aw 使其得以保藏。在发酵、干燥过程中产生的酸、醇、非蛋白态含氮化合物、脂及酸使发酵肉制品具有独特的风味。

用乳酸菌作发酵剂制作发酵香肠，不仅能缩短发酵时间，改善产品的色泽和风味，延长制品的保存期，而且还能抑制有害菌的生长，防止产生毒素，同时不受季节限制。因此，自 1955 年 Niven 等在美国最早采用乳酸片球菌作发酵剂生产夏季香肠以来，乳酸菌在发酵肉制品生产中被广泛用作发酵剂。

发酵羊肉香肠是选用正常屠宰的健康羊肉，绞碎后同糖、盐、发酵剂和香辛料等混合后灌入肠衣，经微生物对碳水化合物、蛋白质、脂肪等底物的分解、降解等作用而制成的具有发酵香味的肉制品。

发酵香肠发酵剂的乳酸菌应满足的条件。

一是微球菌和葡萄球菌：分解脂肪和蛋白质；还原硝酸钠为亚硝酸钠，改善产品的风味，产生过氧化氢酶—色泽和风味；

二是灰色链球菌：改善发酵香肠的风味；

三是产气单胞菌：有利于风味的形成；

四是乳杆菌：有利于降低 pH 值但退色严重，微球菌能改善产品颜色但 pH 值降低速度慢，两者结合保用可得到较好的效果。

1. 发酵羊肉香肠

（1）工艺流程（图 12-16）。

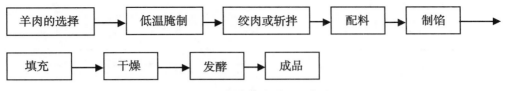

图 12-16　发酵羊肉香肠工艺流程

（2）配方。羊肉 100kg，调味葡萄糖 2kg，食盐 2.5kg，蔗糖 2kg，胡椒粉 370g，姜粉 140g，肉豆蔻粉 40g，大蒜粉 100g，味精 300g。

（3）操作要点。

①原料肉的选择：应选择卫生检验合格、肥瘦适中的羊肉做原料，剔除骨、筋腱、肌膜、淋巴组织等。

②低温腌制：将选好的肉切成一定大小的肉块，加入原料肉重 2%～3% 的食盐，0.02%～0.04% 亚硝酸钠，拌匀后在低于 10℃ 的温度下，腌制 4～8 小时。

③绞肉或斩拌：腌制好的肉用绞肉机绞碎或用斩拌机斩拌。斩拌时应加入原料肉重 30% 左右的冰水，在低于 10℃ 的条件下斩拌 10～12 分钟，待肉馅随手拍打而颤动时即可。

④配料与制馅：原料肉经绞碎或斩拌后，按配方加入调味料，充分拌匀或在斩拌机中斩拌 3～5 分钟，使其混合均匀。但拌和时间不宜太长，以保证低温制作要求。

⑤充填：将拌匀的肉馅移入灌肠机内进行充填。充填时要求松紧均匀，最好采用真空连续灌肠机充填。若条件限制没有真空连续灌肠机，可采用其他方法充填，但应及时针刺放气。灌好的湿肠应按要求打结，用清水除去表面的油污。

⑥干燥：把湿肠挂在晒肠架上晾晒，使水分蒸发，干燥至肠表面有油脂形成。也可用烘房、烘炉进行烘烤干燥。

条件控制　半干香肠：37～66℃；干香肠 12～15℃，时间取决于香肠的直径，不需加热。

干燥程序　商业上可分阶段进行。

烟熏　许多香肠在干燥的同时进行烟熏，熏烟成分可以抑制真菌的生长，提高香肠的适口性。

成熟　干燥的过程也是成熟的过程，并持续到消费。

⑦发酵：对于羊肉香肠，为使蛋白质继续分解产生香味，可将干燥后的香肠进一步晾挂后，置于密闭的容器内让其自然发酵2周左右，逐渐产生更加浓郁的肉香味。

发酵工艺条件 温度越高，发酵时间越短，pH值下降越快。

传统发酵 低温（15.6~23.9℃），较长时间（48~72小时）发酵，风味及其他特性较好。

现代发酵 21~37.7℃，12~24小时。

相对湿度 香肠外壳的形成和预防真菌和酵母菌的过度生长，一般为80%~90%。高温短时发酵98%；低温发酵低于香肠内部湿度。

结束酸度 pH值低于5.0。

⑧包装：便于运输和储藏，保持产品的颜色和避免脂肪氧化，常用真空包装。

2. 羊肉发酵香肠（熏烤型）

（1）工艺流程（图12-17）。

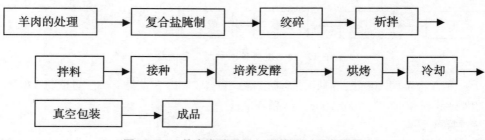

图12-17 羊肉发酵香肠（熏烤型）工艺流程

（2）配方。

①发酵香肠的基本配方：羊肉100%（瘦肉85%、肥肉15%）、味精0.2%、蔗糖1.2%、葡萄糖0.5%、白胡椒0.25%、陈皮0.1%、卡拉胶0.3%、β—环状糊精0.3%、鲜姜0.5%、丁香0.2%、桂皮0.2%、蔗糖酯0.3%、红曲适量、大豆蛋白1.0%、白酒1.0%、冰水25%。

②混合盐（腌制盐）配方：氯化钠2.0%、亚硝酸钠0.015%、V_C0.04%、硝酸钠0.05%、磷酸盐0.35%（三聚磷酸盐：焦磷酸钠：磷酸氢二钠＝2:2:1）。

（3）操作要点。

①原料处理：选用符合食品标准的羊后腿肉，经修割剔骨，去除筋腱，将瘦肉切成2~3cm的肉块，将肥肉微冻后切成1~2mm小肉丁，放入冷藏室微冻24小时。

②原料肉的腌制：将切好的瘦肉用配好的复合盐充分混合，置于0~4℃环境下腌制24小时，使其充分发色。

③绞肉、斩拌：把腌好的瘦肉通过5mm孔板的绞肉机绞成粗颗粒，再倒入斩拌机内，加入冰水、调味料、香辛料等辅料进行斩拌，斩拌好后与微冻好的肥肉丁充分混合，待各种原料均一分散后即可停止斩拌。

顺序 精肉、脂肪混匀后添加食盐、腌制剂、发酵剂和其他辅料。

时间 取决于产品类型，一般肉馅中脂肪颗粒为2mm左右。

④接种、拌料：将活化后的发酵剂接种于斩拌好的肉料中。接种后，进行拌料，混合均匀。

发酵剂的使用：复活 18~24 小时，接种量一般为 10^6 ~ 10^7 cfu/g，最佳配方为接种量 10^6 cfu/g，植物乳杆菌、啤酒片球菌和木糖葡萄球菌之比为 2：2：1，发酵温度为 30℃，葡萄糖添加量为 1%。

⑤灌肠：接种后的肉料，充填于肠衣中。

充填均匀，松紧适度，肠馅温度为 0~1℃，最好用真空灌肠；肠衣允许水分通透，天然肠衣有助于酵母菌的生长，优于人造肠衣。

⑥发酵：经灌肠后的湿香肠，吊挂在恒温恒湿培养箱中培养，直到 pH 值下降到 5.1 以下即可终止，发酵时间为 12~15 小时。

⑦烘烤：将发酵结束后的肠体移入烘烤室内进行。温度控制在 68℃，加热 1.5 小时即可。

若想使羊肉香肠具有熏肠香味，可采用熏制的方法进行处理。具体方法是：将香肠吊挂在烟熏房内，用硬质木材或木屑作烟熏燃料，保持室温在 65~70℃，烟熏时间 10~24 小时，以使香肠中心温度达到 50~65℃。为提高风味，应选择核桃木为烟熏燃料。

⑧真空包装：烘烤后的肠体待冷却后，用电脑自动真空包装机进行压膜包装即为成品。

（4）菌种及培养基。

①菌种：木糖葡萄球菌（Staphlocococcus xylocus，简称 Sx）、植物乳杆菌（Lactobacillus plantarum，简称 Lp）、啤酒片球菌（Pediococcus cerevisiae，简称 Pc）。

植物乳杆菌因其具有较强的耐盐、耐亚硝酸盐能力而广泛应用于发酵香肠的生产中。它能有效保证香肠的食用安全性，并改善产品的风味和质地；片球菌是发酵肉制品中广为使用的另一种微生物。为革兰阳性菌，它分解可发酵的碳水化合物产生乳酸，不产生气体，不能分解蛋白质，不能还原硝酸盐，啤酒片球菌是使用较早的菌种；微球菌除了具有硝酸盐和亚硝酸盐的还原能力外，还有分解蛋白质和脂肪的能力，通过分解肌肉蛋白质和脂肪，产生游离氨基酸和脂肪酸，从而促进发酵肉制品风味的生成。

采用植物乳杆菌、啤酒片球菌和木糖葡萄球菌按一定比例混合生产发酵香肠，完全符合发酵肉制品对发酵剂的要求，并可使 3 种菌的优势得到互补，使发酵速度加快，提高了营养价值，增加了风味。采用这 3 种菌生产发酵香肠是切实可行的，并且植物乳杆菌、啤酒片球菌和木糖葡萄球菌按 2：2：1 的比例配合使用生产的羊肉发酵香肠酸味柔和，口味适中，产品质地较好。

②培养基：液体 MRS 培养基用于植物乳杆菌、啤酒片球菌和木糖葡萄球菌的活化和制备生产发酵剂；BPC 培养基，乳酸菌计数用；营养琼脂培养基，检验细菌总数%。

产品特点：具有稳定的微生物特性和典型的发酵香味；在常温下储存、运输，不经过熟制可直接食用；在乳酸菌发酵碳水化合物形成的乳酸作用下，香肠的 pH 值为 4.5~5.5，使肉中的盐溶性蛋白质变性，形成具有切片性的凝胶结构；较低的 pH 值、食盐和较低的水分活度，保证了产品的稳定性和安全性。

（七）油炸羊肉制品

1. 油炸的基本知识

（1）油炸。油炸是利用油脂在较高温度下对食品进行高温热加工的过程。油炸具有最大限度地保持食品的营养成分，赋予食品特有的油香味和金黄色，使食品高温灭菌可短时期贮存等作用。

（2）油炸肉制品的概念。油炸肉制品是指经过加工调味或挂糊后的肉（包括生原料、半成品、熟制品）或只经过干制的生原料，以食用油为加热介质，经过高温炸制或浇淋而制成的熟肉类制品，如油炸羊肉丸等。

（3）油炸肉制品的特点。一是香味扩散快，更浓郁；二是迅速在表面形成干燥层，制品外焦里嫩，营养成分保持好；三是经过焦糖化作用，产生金黄的色泽；四是加热温度高，保存期较长（取决于油炸工艺及物料）。

（4）油炸基本原理。一是表层水分迅速蒸发，形成硬壳和一定的孔隙；二是内部温度慢慢升高到100℃；三是表面发生焦糖化反应及蛋白质变性，产生颜色及油炸香味；四是硬壳对内部水分蒸汽的阻挡作用使之形成一定的蒸汽压，使食品快速熟化。

2. 马铃薯保健羊肉丸

羊肉是一种营养丰富，具有一定食疗功效的低胆固醇食品，把马铃薯添加到羊肉馅中，制成的马铃薯保健羊肉丸，不但具有丰富的营养价值，而且具有一定的保健功效。

（1）工艺流程（图12-18）。

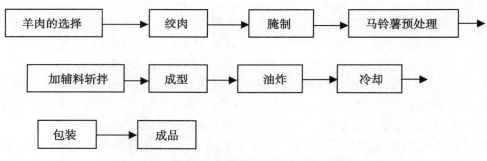

图12-18　马铃薯保健羊肉丸工艺流程

（2）配方。绵羊羊肉丸的配方（以羊瘦肉800g、羊脂200g为标准,%）。

亚硝酸钠0.015，砂仁0.10，蒜15.0，葱15.0，生姜15.0，草果0.10，冰水5.0，八角0.10，花椒0.10，黄酒3.00，淀粉5.00，味精0.10，食盐1.00，酱油2.00，马铃薯30.00，木糖醇2。

（3）操作要点。

①选料：选择经卫生检疫合格的新鲜或冷冻绵羊肉，剔除脂肪、筋、软骨、杂物等，清洗干净。

②绞肉、腌制：将整理好的绵羊肉切成3cm左右的方块，用绞肉机绞成糜状，加入腌制剂，混合均匀，在室温下腌制15分钟。

③马铃薯预处理：取色泽好、无长芽的马铃薯为原料，清洗削皮后，切成 1cm 左右的小片，放入蒸锅内蒸至软熟，自然冷却后备用。

④斩拌：斩拌可以将各种原辅料混合均匀，增加肉馅的持水性，提高嫩度，使制品富有弹性。将腌制好的羊肉糜与预处理后的马铃薯混合，在斩拌混合的同时依次加入羊脂、淀粉、冰水（0~5℃）。

斩拌好的肉馅在感官上为肥瘦肉和辅料分布均匀，色泽呈均匀的淡红色，肉馅干湿得当，整体稀稠一致，随手拍打而颤动为最佳。

⑤成型：将斩拌好的肉馅团成直径为 2~3cm 的圆形即可。

⑥油炸：将成型后的丸子在 160~180℃ 的热油中煎炸 2~3 分钟，待丸子色泽一致且呈金黄色、香味突出即可。

⑦冷却：将炸熟的丸子冷却至室温即可。

⑧包装：用洁净的真空包装袋进行真空包装随后自然冷却，检验入库即为成品。

（4）产品质量标准。

①感官指标：

色泽　呈金黄色、富有光泽；

口感　香味浓郁、滑爽可口、咸甜适中、富有弹性；

滋味　富有羊肉的浓香和马铃薯特有的清香。

②理化指标：蛋白质 23%~25%，食盐 ≤1%，水分 ≤15%，脂肪 ≤30%，硝酸盐残留量 ≤15mg/kg（以 $NaNO_2$ 计）。

③微生物指标：细菌总数 <100 个/g，大肠菌群 <30 个/100g，致病菌不得检出。

（5）注意事项。

①亚硝酸盐的添加量：在肉制品中，亚硝酸钠最大使用量为 0.15g/kg，最大残留量不得超过 0.03g/kg。

②抑膻香料对羊肉丸风味的影响：在调味料中加入有效的抑膻香料，如草果、生姜、砂仁等，有效地抑制了羊肉丸中的膻味，赋予了羊肉丸特有的风味。

③木糖醇对羊肉丸风味的影响：木糖醇为白色结晶状粉末，熔点 90~94℃，化学性质稳定，易溶于水，是集甜味剂、营养剂、治疗剂于一体的一种多元醇。木糖醇的甜度与发热量与普通蔗糖相近，在被人体吸收时不需胰岛素的促进，便能进入细胞组织机体进行正常的新陈代谢，而且能够促进胰脏分泌胰岛素，是糖尿病的良药。木糖醇能够明显的降低转氨酶，促进肝糖原的增加，适用治疗各型肝炎，是良好的护肝药物，还具有抑制龋齿细菌的作用，在口腔中不产酸，防止牙齿的酸蚀。除此之外，木糖醇还具有调节肠胃功能，可作为非肠道营养的能量来源。但过量食用会引起腹泻和肠胃不适。

3. 南瓜保健羊肉丸

把南瓜添加到肉馅中制成的南瓜营养保健羊肉丸，不仅降低了成本，而且还改善了风味，强化了营养，起到了动植物营养互补的作用，并对糖尿病人群起到辅助治疗的作用。

（1）工艺流程（图 12-19）。

（2）绵羊羊肉丸的配方（以 10kg 绵羊肉为标准）。

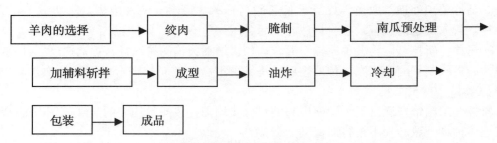

图 12-19　南瓜保健羊肉丸工艺流程

绵羊瘦肉 7kg，绵羊脂 3kg，亚硝酸钠 0.01%，砂仁 0.20%，焦磷酸钠 0.12%，草果 0.30%，淀粉 6.00%，葡萄糖 0.05%，生姜 1.00%，冰水 20%，辣椒粉 0.50%，八角 0.10%，酱油 4.00%，白糖 2.00%，蒜 0.80%，黄酒 3.00%，卡拉胶 0.20%，花椒 0.20%，味精 0.05%，五香粉 0.60%，葱 1.00%，精盐 2.50%，南瓜片 10%。

（3）操作要点。

①选料：选择经卫生检验合格的新鲜羊肉，剔除脂肪、筋、软骨、杂物等，保持新鲜干净。

②绞肉：将整理后的羊肉切成 3cm³ 左右的方块，用绞肉机绞碎成肉糜状，把配方加入腌制剂、抑膻剂，混合均匀，在 2~6℃ 的环境下腌制 24 小时。

③南瓜预处理：取肉厚、色黄、成熟的南瓜为原料，清洗削皮后切开，挖出瓜瓤，切成 4mm 左右厚的小片。将小片用 0.10% 的焦磷酸盐浸泡 3 分钟，进行护色处理。然后捞出，放入蒸锅内蒸至南瓜软熟，自然冷却后备用。

④斩拌：斩拌可以将各种原辅料混合均匀，同时起乳化作用，增加肉馅的持水性，提高嫩度、出品率和制品的弹性。将腌制好的羊肉糜放入斩拌机中，中档斩拌 6 分钟，温度小于 10℃。

斩拌时配料放入顺序：羊肉糜→南瓜片→冰水→羊脂→调味料→淀粉。

斩拌好的肉馅在感官上应体现为肥瘦肉和辅料分布均匀，色泽呈均匀的淡红色，肉馅干湿得当，整体稠稀一致，待其肉馅随手拍打而颤动为最佳。

⑤成型：将斩拌好的肉馅放入肉丸成型机中，调节孔径 4~5mm，使制出的丸子成圆形即可。

⑥定型：成型后的丸子直接投入 70℃ 左右的热水中定型 20 分钟左右，成型后肉丸圆润光滑。

⑦油炸：定型后的肉丸在 180~200℃ 的热油中煎炸 2~3 分钟，待丸子表面色泽一致且呈均匀的金黄色，弹性良好，香味突出时即可（表 12-4）。

表 12-4　油炸条件对制品品质的影响

温度（℃）	时间（分钟）	制品品质
200~220	1~2	色泽均匀呈黄色，鲜嫩爽口，有弹性，含水较多
180~200	1~2	色泽均匀呈黄色，鲜嫩爽口，富有弹性，干湿适中
160~180	3~4	色泽均匀呈黄色，鲜嫩爽口，有弹性，含油较多，过干枯

⑧冷却：将炸熟的丸子冷却至室温即可。

⑨包装：用洁净的真空包装袋进行真空包装。

⑩成品：成品羊肉丸子可鲜售，也可冷藏销售。-18℃以下贮存半年以上。

（4）产品质量标准。

①感官指标：色泽均匀呈金黄色，香味浓郁，鲜嫩滑爽，咸甜适中，具有南瓜清香的风味，富有光泽和弹性，无异味。

②理化指标：蛋白质23%～25%，食盐2.5%，水分≤20%，脂肪≤30%，硝酸盐的残留≤15mg/kg。

③微生物指标：细菌总数≤30 000cfu/g，大肠菌群≤90MPN/g，致病菌（沙门氏菌、金黄色葡萄球菌、志贺氏菌）不得检出。

（5）注意事项。

①南瓜添加量对羊肉丸品质的影响：羊肉丸中南瓜的添加量以10%为最佳，其丸子富有弹性，香味浓郁，持水性好；大于10%，弹性较弱，肉丸的香味不浓，黏着性、持水性不好；而小于10%，略有弹性，带有香味，持水性较弱，营养强化不够，成本较高。

②脂肪的添加对羊肉丸品质的影响：羊肉丸添加3kg的脂肪，不但可以改善制品的风味，而且脂肪组织具有一定的滋润作用，可以与蛋白质、水发生乳化作用，有利于肉丸质地、口感的改善，使肉丸的口感更滑爽香嫩。

③增稠剂、磷酸盐对羊肉丸品质的影响：添加淀粉、卡拉胶作为增稠剂，不但可以提高出品率，对产品的营养及保水性也有一定作用，还可保护加工过程中形成稳定的弹性胶体。当制作肉丸的原料不很理想时，添加磷酸盐可以提高肌肉蛋白质的持水性，使肉丸具有鲜嫩的口感。

④抑膻香料对羊肉丸风味的影响：由于在调味料中辅以有效抑膻香料，如砂仁、草果、生姜等，有效控制了羊肉丸中的膻味，使羊肉丸具有特殊的风味和滋味。

（八）羊肉类罐头

羊肉类罐头是将羊肉装入镀锡薄钢板罐、玻璃瓶等容器中，经排气、密封、杀菌而制成的食品；而软罐头是指高压杀菌复合塑料薄膜袋装罐头，是用复合塑料薄膜袋袋装食品，并经杀菌后能长期贮存的袋装食品。目前，生产的羊肉类罐头主要有咖喱羊肉罐头、黄焖羊肉软罐头、软罐头"扒羊蹄"等。

1. 手抓羊肉软罐头

羊肉生产及消费量的增长，一方面反映人们经济收入的增长，营养意识的提高；另一方面也说明肉食消费转向多元化。尤其是以"手抓肉"烹饪方式食用，在藏族、蒙古族及穆斯林中既是一种招待亲朋好友的上等佳肴，也是一种可随时食用的风味小吃，一直以来特别受人们喜爱。结合传统制作工艺，通过现代实验设备制作出地方特色食品—方便袋装手抓肉，可满足广大消费者对手抓肉的垂慕。

（1）工艺流程（图12-20）。

（2）腌制液配方。精盐1%、生姜2.5%（制成姜汁）、白糖0.60%、多聚磷酸钠0.10%、异V_C 0.08%

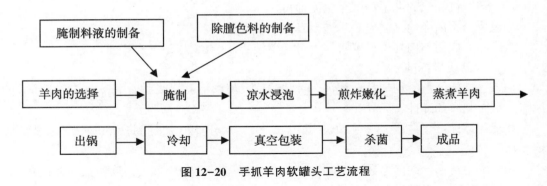

图 12-20　手抓羊肉软罐头工艺流程

（3）操作要点。

①原料：将选好的鲜羊肉剁成块状，一般为 13cm 长、7cm 宽的长条，入冷水浸泡，洗净血水。

②腌制料液的制备：将一定量纯净水入腌制缸，溶解精盐、生姜（制成姜汁）、白糖、多聚磷酸钠、异 Vc 等，全部溶解并冷却至 0~4℃待用。

③除膻色料的制备：纯净的冰糖、植物油称量入不锈钢锅中，加温溶解、连续不断搅拌，使冰糖在一定温度时段产生褐变反应，待达到感官所需的色泽后，此时加入 8 倍 75℃以上的水，同时，加入脱膻料备用。

④腌制：按腌制料液的制备方法，配成适量的腌制溶液于盛有鲜羊肉块的容器中，并加以冷却至 0~4℃，拌和均匀腌制 40 分钟。

⑤煎炸嫩化：锅中倒入色拉油，以每次所下入的羊肉块能较松散的翻动为准，控制油温在 180~200℃，油温达到后放入肉块炸制，用焯子拨动羊肉块让其不停翻滚，2 分钟后肉块成粉红色捞出，放到不锈钢网篮或是竹筐中控油。煎炸的时候可以一批一批的进行，这样不但可以控制煎炸的时间和成色，而且使羊肉块煎炸得均匀。

⑥蒸煮：煎炸好的肉块进入下面的配料蒸煮工序。将香料装（花椒 30~60g、小茴香 60~100g）入纱布袋中扎好口，放入盛有除膻味的料汤夹层锅中。此时打开夹层锅进汽阀门，并在汤中加入葱 1.5kg，鲜生姜 500g，香菜 600g（取汁），恰麻古适量，盐和味精。将控干油的肉块放入料汤中，料汤要淹没过羊肉块，以 1.2~1.8kg f/cm² 压力蒸 1~2 小时，2 岁的羊要 1~2 小时，2 岁以上的羊要 2 小时以上，待沸腾 30 分钟之后将大葱捞出，以防大葱由于长时间煮制而产生一种不愉快的气味。蒸煮时要搅拌，翻动肉块，然后改用文火焖制。

⑦冷却：将煮制好的羊肉块捞出放在消毒后的不锈钢晾肉架上，或者入筐中存入 2~5℃冷却间，降温至室温。

⑧包装：将凉透的羊肉块分别装入真空袋内真空包装。

⑨杀菌：把产品放入杀菌水池中，采用水浴巴氏杀菌，以 85~90℃/30 分钟/杀菌 2 次，中间迅速冷却，以达到充分杀菌的目的。

（4）产品特点。手抓羊肉软罐头肉赤膘白，不膻不腻，肉质滑软可口，滋味鲜美，营养丰富，便于携带和储存。

（5）注意事项。根据各地不同消费者饮食习惯需要，还可以装入特制汤料包。

（6）汤料的制作。

包1：羊骨头熬制一定时间加入羊油浓缩定量包装；

包2：干香菜末，洋葱粉，胡椒粉，少量花椒粉，精盐定量包装），装箱入库待销。

2. 咖喱羊肉罐头

咖喱羊肉罐头是传统羊肉制品，风味独特，深受消费者喜爱。

（1）工艺流程（图12-21）。

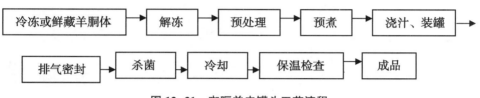

图12-21 咖喱羊肉罐头工艺流程

（2）汁液配方。花生油8kg、砂糖1.6kg、精盐2.5kg、面粉8kg、咖喱粉1.4kg、红辣椒粉16g、黄酒36g、清水36kg、味精320g、生姜500g、羊肉香精100g。

（3）操作要点。

①原料选择：采用绵羊肉，经兽医卫检合格；食盐、味精、白砂糖、羊肉香精、香辛料、小麦粉、复合磷酸盐等。

②原料肉解冻：室内环境自然解冻，夏季室温16~20℃，相对湿度85%~90%，6~12小时；冬季10~15℃，相对湿度85%~90%，18~20小时。

③预处理：包括剔骨、整理、切块等。将已解冻的羊肉胴体清洗后分割，分别剔骨，剔骨后的羊肉要求整齐，无碎骨、无碎肉，切成2~3cm大小的肉块。

④预煮：水肉的比例一般在1.5：1，以浸没肉块为度，先在水中加入用纱布包好的洋葱干和生姜，煮沸3分钟。然后倒入40~50kg的羊肉块，再煮沸15分钟，捞出即放入冷水中降温，以备装灌。

⑤配置汁液：将开水浸涨的洋葱干和已剁成小块的去皮生姜混合，经3mm绞板后倒入夹层锅中，倒入180℃花生油，不断翻炒，加入精盐、砂糖、红辣椒粉，在锅中不断搅拌，整个配汁时间20分钟，即可停气出锅，汁液要求橙红色黏稠状。

⑥浇汁、装灌：先在经沸水消毒的空罐中注入少量汁液，然后装入180g羊肉，再注入汁液，羊肉和汁液公重312g。注意肥瘦搭配均匀。

⑦排气、密封：排气时，罐内的中心温度不小于70℃，时间10~15分钟，而后立即封罐，抽气400mmHg。

⑧杀菌及冷却：升温15分钟，121℃杀菌60分钟，降温压15分钟。

⑨保温检查：经检查后即为正品。

3. 黄焖羊肉软罐头

（1）工艺流程（图12-22）。

（2）配方。调味配方（以100kg羊肉计）：八角、良姜各0.8kg，茴香、桂皮、肉蔻、花椒各0.5kg，食盐1.3kg，大蒜0.8kg，葱1kg，姜0.5kg，味精0.4kg。

由于八角、良姜、花椒、桂皮等香料有抑菌和抗氧化作用，因此，腌制过程中，对羊

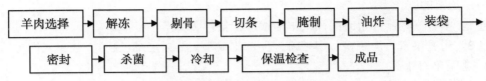

图 12-22　黄焖羊肉软罐头工艺流程

肉增香增味的同时，还可有效防止微生物的污染，减少杀菌前的带菌数。

（3）操作要点。

①原料：要求为新鲜或冷冻绵羊肉，解冻，剔除骨头，切成长 5cm，宽 3cm，厚 2cm 的长方条。

②腌制：先将香辛料包在纱布中，放入锅内，加水煮成香料液，再加调味料配成腌制液，放入绵羊肉，腌制 4~6 小时。

③油炸：用鸡蛋清、淀粉勾芡，把腌制好的绵羊肉包裹，放入油中炸至金黄色捞出，沥油。

采用油炸工序，能明显反映出制品独特的色、香、味，减少水分和细菌数，对制品风味形成有显效，也有利于杀菌。油炸工序中油温和炸制时间对产品质量有很大影响，油温过高，炸制时间太长，则制品表面发焦，口感发苦；温度过低，则风味不够，肉质干硬无酥脆感。油炸参数：180℃油温，炸制 2 分钟左右。

④装袋密封：油炸后的绵羊肉加入葱丝，按每袋200g 计量分装，装袋时防止物料和油粘在袋口影响封口质量。装袋后真空包装机封口，封口条件为：真空度 0.083MPa，封热电压 36kv。

包装材料：聚酯（12μm）/铝箔（9μm）/特殊聚丙烯（70μm）复合薄膜高温蒸煮袋，规格 130mm×170mm；

⑤杀菌、冷却：包装好的袋尽快放入高压杀菌锅采用蒸汽和空气的混合气体杀菌，冷水反压冷却。

⑥保温检查：经检查后即为正品。

（4）产品质量标准。

①感官指标：

色泽　黄褐色，有光泽；

风味　具有羊肉浓郁香味，口感适宜，酥软爽食；

组织形态　肉块柔嫩适度，形态分明。

②理化指标：固形物 > 90%，净重 200g/袋，公差 ± 3%，Cu ≤ 10mg/kg，Pb ≤ 0.5mg/kg。

4. 羊肉串软罐头

羊肉串是羊肉制品中最为著名的地方小吃，以其风味独特，味道适宜，嚼劲好，而受到广大消费者的青睐。但长期以来，它的制作往往是将肉块串在铁钎或竿扦上，用炭火熏烤，街头叫卖。这种制作方式，不仅生产规模受到限制而且熏烟中可能有苯并芘和二苯并蒽致癌物的存在，人体过多食用后可导致人体生癌的可能性。将原来炭火熏烤，改为加热炒制，简化了生产工序，结合真空软包装，改善了产品的卫生质量。

（1）工艺流程（图 12-23）。

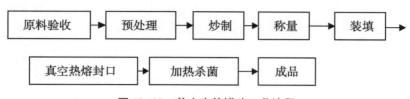

图 12-23 羊肉串软罐头工艺流程

（2）配方。绵羊肉 100kg，食盐 2.50kg，植物油 8kg，辣椒粉 1.90kg，孜然粉 1.20kg。

（3）操作要点。

①原料处理：选取健康无病，宰前宰后经兽医检验合格的新鲜绵羊肉，肉肥度不低于三级。将选好的肉料，洗涤后切去皮、骨、淋巴等不宜加工部分，将肉块切成 1cm 方的肉丁，然后用水清洗干净。

辅料：食用植物油，食盐辣椒面，要求辣味适中，颜色深红，杂质少；孜然粉，暗褐色粉末，要求杂质少。

②调味：将炒锅或夹层锅中放入植物油烧热至 180~200℃，将肉料按配方放入锅中不断炒翻，直至肉色变褐后，依次加入食盐、辣椒粉和孜然粉，并不断翻炒。炒好后，将肉料放入容器中备用，整个炒制时间约 3 分钟。

③真空热熔封口：将炒好的肉块，称重后，装入蒸煮袋中，规格 170mm×130mm 蒸煮袋，净重 180g，厚度 15mm。然后用真空充气机，进行抽真空和热熔密封。真空度 400mmHg，热封温度 220℃延续 3 秒钟。

④加热杀菌：杀菌条件：10′~30′-反压冷却/121℃（反压力 1.4~1.5kgf/cm^2）的效果为好。

软罐头在 100℃以上加热杀菌时，由于封入袋内的空气及内容物受热膨胀，产生内压力，对于马口铁罐及玻璃瓶可承受这种压力，但对蒸煮袋来说，容易使袋破裂。为了防止破裂，除了注意在冷却过程中加入反压外，还需要在蒸汽杀菌过程中采用空气加压杀菌。在 121℃杀菌时，如果杀菌锅中的压力低于 1.35kgf/cm^{2}时，破袋率急剧上升；当杀菌锅中的压力高于 1.35kgf/cm^{2}时，破袋率减少到零。因此，在杀菌后期，应加 0.3~0.4kgf/cm^{2}的反压力，进行空气加压蒸汽杀菌，冷却时必须补充足够的压缩空气以抵消因蒸汽瞬时冷凝而造成的压降，保持杀菌锅表压在 1.4~1.5kgf/cm^{2}安全范围内。

⑤保温检验：将杀菌后软罐头置于 37℃下，放置 3 个月，然后冷却至室温下，观察软罐头袋有无膨胀，开袋检查内容物有无腐败特征。

⑥干燥：软罐头杀菌冷却后，表面带有水珠等，用手工擦干或烘干。

（4）产品质量标准。

①感官指标：

色泽 褐色小块状物，有光泽；

风味 食之咸辣适口，有一定嚼劲，不僵硬，无软烂感，具有羊肉串特有的风味。

②贮藏期：常温下可贮藏 6 个月以上。

5. 软罐头"扒羊蹄"

"扒羊蹄"是西北地区独具特色的风味食品。采用精选传统配料，复合薄膜包装，高温高压杀菌，冷水反压冷却的先进工艺研制成软罐头"扒羊蹄"。产品保留了特有的地方风味和营养，而且耐贮藏，便携带，可增加软罐头的花色品种，更好地满足市场需求。

（1）工艺流程（图 12-24）。

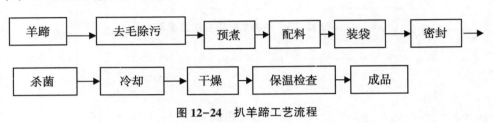

图 12-24 扒羊蹄工艺流程

（2）配方。300 个羊蹄、花椒 50g、八角 100g、草蔻 60g、肉蔻 100g、桂皮 60g、良姜 60g、干姜 60g。

（3）操作要点。

①原料：采用来自非疫区健康活羊经屠宰检疫合格的新鲜羊蹄，大小适宜，去净毛、污物。

②预煮：洗净后的羊蹄放入水中煮沸 15 分钟。

③配料：花椒、八角、草蔻、肉蔻、桂皮、良姜、干姜等包成料包，与羊蹄一起放入水中文火加热，在 100℃ 水温保持 1 小时后取出汁液，反复 2 次，并将两次汁液混合待用；琼脂 100g 加水溶解，加入盐、醋、黄酒与料液混为一体，冷却后置于-4℃间冷却成凝冻状。

配料中采用水煮提取香辛料的办法，使其有效成分充分溶出，能够增加产品风味并有一定的防腐抑菌作用；加入适量琼脂，可以吸收水分，降低杀菌时袋内水蒸气压。

④装袋：袋中装入凝冻好的汤料葱段、蒜片再加入羊蹄，排列整齐，每袋装 3 只，净重 350g；装袋时采用双层漏斗，避免料液黏附在袋口上。

包装材料 聚酯（12μm）/铝箔（9μm）/特殊聚丙烯（70μm）复合薄膜高温蒸煮袋，具有良好地隔氧避光性；0.086 MPa 真空包装，降低氧气含量，有效地保持产品品质。包装时应避免袋口污染，保证封口强度。

⑤密封：装袋后进入包装机中，以 0.086Mpa 真空度，220℃ 温度封口。封口时袋口保持平整，两层长度一致，封口机压模要平行，以防出现皱纹而报废。

⑥杀菌与冷却：采用蒸汽和空气的混和气体杀菌，冷水反压冷却。

杀菌公式：10′—40′—15′/121℃ ×0.15MPa，冷却终了温度 40~45℃。

"扒羊蹄"的 pH 值为 6.2，水分活度>0.85，为低酸性食品。低酸性食品杀菌的理论依据是以杀灭肉毒杆菌为最低要求，并以更耐热的嗜热脂肪芽孢杆菌作为对象菌，以保证杀菌的可靠性。

从对象菌耐热性和软罐头传热特性出发，根据最大限度地杀死腐败菌和致病菌而尽可能地保持食品色、香、味的原则，确定杀菌工艺式为：10′—45′—10′/121℃。杀菌和冷却时，由于袋内水分和空气受热膨胀，则产生胀袋破裂现象。为了防止破袋，杀菌升温至95℃时，加入0.15MPa的空气压以抑制袋内压力。杀菌结束时，维持空气压通入冷却水将软罐头冷却至45℃，以防因杀菌锅内压力急剧下降而导致破袋。冷却后除尽袋面水分。

⑦干燥：杀菌后的蒸煮袋外表有水珠，水珠将成为微生物污染源，影响外观质量，可采用手工擦干或热风烘干。

⑧产品检验：

保温试验　杀菌冷却后的软罐头，取样置于37℃下保温14天，然后冷却到20℃左右，观察有无胀袋现象。

微生物检验　保温后的产品做微生物检验；对同批产品进行贮藏试验，定期抽查进行微生物检验，产品保质期可达6个月以上。

（4）产品感官品质。

产品为黄褐色，口感适宜，鲜香无腥味，柔软耐嚼，羊蹄呈完整形状。

软罐头"扒羊蹄"是一种营养丰富，风味独特，便于携带的方便肉食品，成本低，食用方便，保质期可达6个月以上。

（九）羊肉的其他产品

1. 软包装白切羊肉

白切羊肉制品是以羊肉为主要原料，通过脱膻、嫩化、增香处理，采用铝箔复合材料真空包装的一种新型方便羊肉制品。该产品色泽清淡、香气浓郁、美味可口、保存期长、食用方便，具有较高的营养滋补作用，便于运输和销售。

（1）工艺流程（图12-25）。

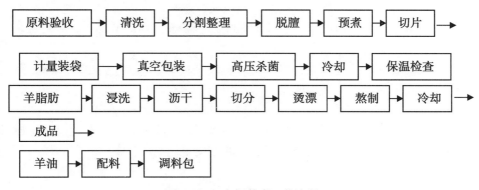

图12-25　白切羊肉工艺流程

（2）配方。

①复合脱膻剂：精盐82.5%，白糖1.50%，异抗坏血酸钠2.50%，β-环状糊精12.50%，品质改良剂1.00%。

②香辛料（以预煮100kg肉量计）：肉蔻、白芷、良姜、花椒、小茴香各100g；陈皮、草果、砂仁、丁香、荜菝、大料、山茶各50g，鲜姜200g。

③调料包：羊油 25g，食盐 5g，姜粉 2.5g，白糖 1g，胡椒粉 2.5 克，花椒粉 1g，味精 5g。

（3）操作要点。

①原料验收及预处理：原料应来自健康羊，宰前宰后经兽医卫生检验合格。鲜肉经分割整理、切除筋腱、血管、淋巴等，切分成 0.5kg、厚为 5~7cm 的肉块，注意刀口整齐。

②脱膻：脱膻是很重要的环节，可采用具有保水性、抗氧化性、发色性、嫩化性、防菌性以及有效地脱除羊肉膻味等多种功能的脱膻剂。按 100kg 原料肉添加复合脱膻剂 2kg，干腌法腌制，腌制温度 4~8℃，时间 48 小时，腌制过程中翻转 4~5 次。

③预煮：将香辛料用布袋包裹，投入夹层锅内清水煮制 1 小时，待香味郁出后，将脱膻处理过的肉块，放入沸水的香辛料液中预煮 5~8 分钟，肉与料液比为 1∶1，随时撇去浮沫，至肉块中心完全硬化为度。

④切片与计量装袋：将预煮好的肉块切成大小均匀的薄片，要求片形整齐完好。采用复合铝箔袋包装，每袋装 200g，肥瘦搭配适当。

⑤真空封口：采用真空包装机，真空度为 -0.10~-0.08MPa，温度为 160~180℃进行封口。

⑥杀菌冷却：杀菌公式：10′~20′—反压冷却/121℃，反压冷却 0.2MPa。杀菌冷却后，表面带有水珠等，易造成微生物生长繁殖影响成品质量，因此，必须进行烘干或人工擦干。

⑦保温试验：将杀菌擦干后的软包装袋，随机取样，置于恒温箱内（37±2）℃保温 7 昼夜。

⑧调味包：将羊脂肪用水浸洗，洗去沾污的血斑、污物等，沥干，切分成 3cm×5cm 的长条，再用 90~95℃的热水浸烫 3~5 分钟，使脂肪中毛细血管的血液随浸烫的水带出，但浸烫时间不宜过久，以免非脂肪组织溶解成胶质，影响成品的透明度。浸烫后沥干，入锅熬制，冷却，最后得到洁白的羊油。加上调味料，置于复合铝箔袋中，真空包装，即为调料包。

⑨包装：保温后的产品经检验合格后，外包装袋内装入真空包装好的 200g 重的白切羊肉袋 1 包及调料包后封口，即为成品。

（4）产品特点。产品肉质嫩酥，不腥不膻，味香鲜美，清爽适口。

采用上述方法制作的产品可以直接冷食，如果配以调味料包，即可迅速加工出各种风味的羊肉冷盘、火锅等，是一种大众化普及型的方便羊肉制品。

2. 羊肉酱

（1）工艺流程（图 12-26）。

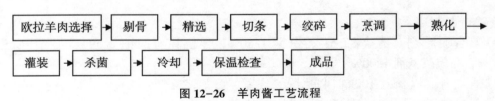

图 12-26 羊肉酱工艺流程

（2）配方。

①原料：绵羊肉 6kg。

②辅料：番茄酱 1kg。

③调味料（单位：g）：花椒粉 2、胡椒粉 3、辣椒粉 6、孜然粉 7.5、生姜粉 2.5、茴香粉 3、八角粉 4.5、植物油 30、食盐 16、酱油 20、食糖 20、味精 7.5、豆瓣酱 25、水 153。

（3）操作要点。

①精选羊肉：选用无病、新鲜、肉质细嫩、膻味小的绵羊肉。剔净羊骨，切除淋巴组织和皮筋，刮净肉皮表面污物。

②切分、绞碎（斩肉）：将精选的羊肉切成细条，用绞肉机或斩拌机绞成粒径 3~5mm 的碎肉。

③烹调、熟化：锅内倒入少量植物油，加热至油起烟时（200℃），将羊肉倒入锅内翻炒。炒至羊肉大部分水分蒸发掉时，将各种调味料按配比顺序投入锅内。翻炒至锅内羊肉水分完全蒸发时，加入所配的蔬菜（番茄酱、胡萝卜或洋葱），加入适量水，先用旺火将肉酱烧开 5 分钟，然后用文火熬煮到羊肉完全软熟。起锅前加入炒花生、炒芝麻和味精。

④灌装：绵羊肉酱出锅后趁热灌装，以尽可能减轻微生物污染。不宜灌得太满，距离瓶口应留 0.5cm 顶隙，以防二次杀菌时热胀顶开瓶盖。灌装完毕，旋紧瓶盖，倒瓶放置 1~2 分钟。袋装绵羊肉酱的包装材料选用安全无毒耐高温真空度高的蒸煮袋，灌装酱不宜太满，以便于封口。灌装之后用真空封口机将袋口封严。

包装材料：260mm 圆柱四旋盖玻璃瓶、120mL 六棱柱四旋盖玻璃瓶；170mm×18mm、210mm×158mm、320mm×178mm 蒸煮袋。

⑤杀菌：采用湿热杀菌法（沸水灭菌）对绵羊肉酱进行后杀菌。当瓶装或袋装羊肉酱灌装后，趁热杀菌。先将杀菌锅中的水升温到 50~60℃，把刚灌装后的产品放入杀菌锅内，加热至锅内水沸（100℃）时计算杀菌时间：120mL 瓶装酱杀菌 25 分钟，260mL 瓶装酱杀菌 40 分钟，170mm×18mm、210mm×158mm、320mm×178mm 蒸煮袋杀菌时间分别为 20 分钟、30 分钟、40 分钟。

⑥冷却：羊肉酱经杀菌后，从杀菌锅中取出。瓶装酱在室温下自然冷却到 37℃。袋装酱可用凉水快速冷却至室温。

⑦检验：经冷却后的羊肉酱在常温（20~30℃）下保存 3 天，剔出胀盖、胀袋或有异味的不合格品。

⑧贴标、装箱、入库：经检验合格的产品，将瓶、袋擦干净后，贴上产品标签，装箱入库。库温稳定在 20~25℃。

3. 香辣羊肉丝

为了能满足旅游、休闲、配餐等不同消费者的需要，以绵羊小腿肉为原料，采用盐水注射、真空滚揉等工艺，辅之中草药成分，经卤煮、烧烤、真空包装和杀菌等工序生产的一种兼具腌腊、酱卤、烧烤风味的新型方便熟肉制品——香辣绵羊肉丝。

（1）工艺流程（图12-27）。

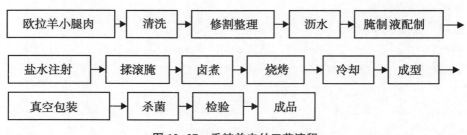

图12-27　香辣羊肉丝工艺流程

（2）配方。

①腌制液配比（每100kg原料绵羊肉）：食盐2.5kg、六偏磷酸钠100g、焦磷酸钠100g、三聚磷酸钠100g、亚硝酸钠12g、白糖200g、葡萄糖50g、味精50g、乙基麦芽酚12g、水20kg。

②煮制料配方（每100kg原料羊肉）：大茴香0.8kg、花椒0.5kg、桂皮0.8kg、肉蔻0.5kg、良姜0.5kg、小茴香0.5kg。

③成型增香料配方：

香辣味　花生油100份、花椒粉8份、干尖辣椒8份、小茴香粉3份、胡椒粉1份。

孜然味　花生油100份、小茴香粉3份、孜然粉5份、花椒粉5份、辣椒粉2份。

（3）操作要点。

①原料：选取检验合格的绵羊小腿肉为原料，去表面筋膜同时漂洗，捞出沥尽血水。

②腌制剂配制：腌制液要求：在肉块盐水注射前1小时配好，待所有添加料全部加入搅拌溶解后，放入5℃左右的冷藏库内冷却备用。

③盐水注射：将沥尽血水的肉块，用盐水注射机注射。操作时尽可能注射均匀。盐水注射重量为原料肉重量的5%～10%。

④滚揉腌制：在真空状态下，3℃左右对盐水注射后加入腌制剂的肉进行间歇式揉滚，揉滚总时间<12小时，肉温要控制在10℃以下。

⑤卤煮：将腌制好的肉放入用煮制料配成的老汤锅中，90℃下煮制50分钟（切面断红为止）。

⑥烧烤：煮制好的肉块入远红外线烤炉进行烤制，温度50℃，4小时后，提高温度60℃，3小时，最后在125～130℃烤制30分钟。

⑦真空包装：将烤制好的肉趁热撕成1.3cm的长条。冷却后拌入增香料后用蒸煮袋（PET/AL/CPP）进行真空小包装（200g/袋），真空热封温度160～200℃，真空度大 −0.09MPa。

⑧反压杀菌：杀菌式10′-25′-15′/120℃，反压冷却，达38℃时出高压杀菌釜。

⑨检验贮存：杀菌冷却后进行产品保温（37℃±2℃）检查，保温时间7天，合格产品外袋封口即成成品。

（4）产品特点。按此方法生产的产品外观美观，香味浓郁，营养丰富，食用方便，保质期长。

4. 羊肉方便面汤料

汤料是方便面的重要组成部分，方便面的风味很大程度上依赖汤料配制出的滋味，方便面的名称大多以汤料的风味命名，如牛肉面、鸡肉面突出的是牛肉风味、鸡肉风味。因此，研制开发和生产"羊肉酱风味"汤料，具有良好的市场前景。

（1）工艺流程。

①浓缩羊骨汤制备（图12-28）：

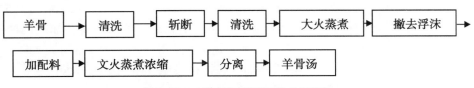

图12-28 羊肉方便面汤料工艺流程

②炼制羊油（图12-29）：

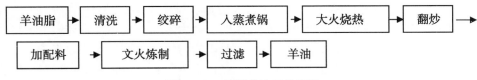

图12-29 炼制羊油工艺流程

③酱状汤料（图12-30）：

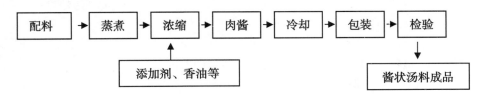

图12-30 酱状汤料工艺流程

（2）配方。羊肉100kg，色拉油20kg，棕榈油20kg，羊油10kg，香油2kg，鲜葱3.2kg，鲜姜1.6kg，辣椒面1.0kg，胡椒面0.5kg，白砂糖2.5kg，食盐2.5kg，八角0.16kg，羊骨汤60kg，酱油25kg，味精0.5kg，山梨酸钾0.05kg，异抗坏血酸钠0.05kg，卡拉胶0.24kg，成品酱合计150~160kg。

（3）操作要点。

①原料预处理：羊肉、羊骨、羊脂、鲜葱、鲜姜分选清洗干净，羊肉、羊脂用刀切成条放入绞肉机中绞成馅；羊棒骨斩断，羊腔骨斩成约8cm×8cm小块；鲜葱、鲜姜送入斩拌机中斩成葱末和姜末。羊肉绞馅时控制肉粒直径为5mm左右，既可以保证成品酱中羊肉有颗粒感，又有明显羊肉特征。确实能让消费者感到汤料实在，食用口感好。

②浓缩羊骨汤的制备：羊骨、水加入蒸煮锅中，先大火煮开撇去浮沫、血块，加入花椒、葱段、姜片等香辛料，改文火蒸煮浓缩，3~4小时后羊骨出锅，过滤后得浓缩羊骨汤。

③炼制羊油：羊油脂绞碎加入蒸煮锅，大火烧热出油后改炆火，不断翻炒，加入配料炼制。羊脂末和配料不得黏结在锅壁上，当油渣为浅黄色或金黄色时，羊油出锅用40目筛过滤。羊脂在炼油时则以除去水分，破坏脂肪组织的球形细胞膜为限，应在羊脂的烟点以下，以150℃左右为宜。

④酱状汤料的制作：取肉重1/10的植物油，置于锅中，烧热后，放入绞碎的羊肉馅、葱末、煸炒，控制好火候，炒至羊肉馅失掉水分变干；加葱末、姜末、料酒、糖翻炒；加足羊骨汤、八角、酱油、食盐、大火煮沸10分钟，然后用文火煮制1小时，肉烂成肉酱，将八角拣出弃去。另取肉重3/10的植物油，烧热，加葱末、姜末炒香，加入肉酱中。再取肉重1/10的羊油，烧热，加辣椒末，炒香，加入肉酱中。煮制结束前10分钟，依次加入添加剂、胡椒面、味精、香油、翻搅均匀，将酱体迅速冷却至室温后进行包装。

作为方便面调料，制作羊肉酱汤料时必须保证营养价值，而烹调过程则是配料确定情况下维护营养成分的关键。一定要掌握好火候，尤以控制加热温度，加热时间最为重要。肉类蛋白质的氨基酸中胱氨酸、半胱氨酸、蛋氨酸、色氨酸在120℃下长时间加热会受损失，但一般加热条件下不会影响蛋白质的营养价值。维生素B_1耐热性稍差，在烹调过程中会损失15%~25%。核黄素、烟酸、维生素B_6也会由于加热受到一定损失，加热时间一般掌握在100℃左右，加热时间控制在3~4小时以内为佳，过长会降低肉香味。

⑤包装、检验：采用酱状连续自动包装机进行定量包装，每袋重10g左右。包装后的产品须进行抽检，要求微生物指标符合国家有关标准。

羊肉方便面调味料是利用羊油、羊骨汤、碎肉和其他配料等研制出用于方便面的酱料包，若配以粉料包和蔬菜包，将得到风味纯正，香味浓郁的羊肉方便面调味料。

5. 羊肉糕

羊肉糕是通过对肉的斩拌、烘烤、包装等制作工艺，生产出的风味独特，外形新颖，适合中老年及儿童食用的有别于其他肉制品的新型肉制品。

（1）工艺流程（图12-31）。

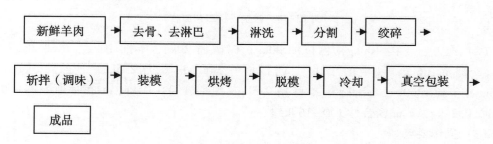

图12-31 羊肉糕工艺流程

（2）调味配方（g）。羊肉100、食盐3、味精0.7、亚硝酸钠0.015、复合磷酸盐0.2、白砂糖1.5、异抗坏血酸钠0.05、五香粉0.3、大蒜4.5、生姜2.5、膨松剂0.2、淀粉5、面粉25、冰水100。

（3）操作要点。

①斩拌：选用新鲜羊肉，修去淤血、筋腱、剔去碎骨、淋巴等影响质构的部分，然后在水槽中淋洗干净。斩拌是肉糜的乳化工序，是生产中至关重要的过程。此工序的各种工

艺参数要求相当严格，斩拌工序要求肉糜温度在 6℃，所以，投料温度不应过高，斩刀要锋利，斩拌时间不应过长，我们采用添加冰水的方法，且分批加入严格控制斩拌时间，不超过 5 分钟。

②调味：先将酱油、料酒倒入斩拌机内再加入绞碎的肉糜，斩拌 2~3 分钟，均匀地加入精盐、砂糖、味精、五香粉、胡椒粉等调料，继续斩拌 5~6 分钟，最后加入面粉、淀粉，搅拌均匀即可。

③烘烤：烘烤温度有 3 种选择：90℃、50 分钟；130℃、30 分钟；250℃、15 分钟。

（4）产品特点。按以上配方及其烘温制得的成品，外形良好，剖面色泽粉红一致，产品弹性良好，咸淡适中，有烘烤香味，无异味。

6. 速食羊肉片

目前，我国大众食用涮羊肉，是将切好的生羊肉片放入用炭加热或用电加热的火锅的汤中涮熟，拌上调料来吃，但是只限于饭馆和家庭制作，不便携带和长期贮存，更不能满足旅游者和野外作业者等需要。

采用以下方法生产的速食羊肉片则具有易于包装和存放和便于旅游携带的特点，用开水冲泡后即可食用，适于快餐食用、方便、省时、风味独特。

（1）工艺流程（图 12-32）。

图 12-32　速食羊肉片工艺流程

（2）配方。精选羊肉 20~100 份、蟹块 5~20、虾仁 5~20 份、蒜块 5~15 份、脱水菜5~25、辣椒 5~10 份、葱丝 5~10 份、姜丝 5~10 份、山梨酸 3~8 份、虾油 2~5 份、辣椒油 2~5 份、香油 2~6 份、植物油 3~7 份、味精 2~4 份、食盐 5~10 份。

（3）操作要点。

①熬制汤料：将蟹块、虾仁、葱丝、姜块、蒜块、味精、食盐、辣椒放入开水锅内煮15~20 分钟。

②煮制羊肉：将精选好的羊肉切成宽 4.5cm，长 6~9cm 寸的薄片，放入以上加入 8种调味品烧好的开水锅内，待羊肉煮得变色后迅速捞出。

③羊肉调味将捞出的：羊肉片放入容器内与虾油、辣椒油、香油、植物油、脱水菜、山梨酸、味精、食盐进行搅拌均匀即可。

④封口包装：将搅拌好的肉片，装袋真空封口，经高压杀菌包装后，再装入食品盒内。

第十三章　绵羊副产品加工

一、绵羊羊杂加工

羊杂是滋补美食，属传统羊肉制品，将其制作成方便食品，可满足大众口味，既方便又实用。其中羊肝性温，味甘，富含 V_A 及磷质，对反胃、肌肉消瘦、食量减少、虚汗多、小便频繁等有治疗作用，具有益血、补肝、明目之功效；羊肚即羊的胃脏，性温、味甘，能补虚，对虚劳赢瘦、食欲缺乏、盗汗尿频等病症有疗效。羊肺能通肺气，调水道，利小便；羊心可解郁补心。羊杂碎加入羊肉、羊骨汤煮制，产品不仅新鲜味美，而且富含多种有机活性物质、维生素和微量元素，是不可多得的滋补美食。目前，主要的产品有方便羊杂、软包装快餐羊杂割、明眼羊肝、软包装清蒸卤羊头等。

（一）方便羊杂

1. 原辅材料

主料：市售新鲜或冷冻的羊心、羊肺、羊肚、羊肝、羊肉、羊骨。

配料：八角、桂皮、花椒、小茴香、白芷、草蔻、香叶、绿豆、葱、姜、蒜、食盐等香辛料和调料。

包装材料：聚酯/铝箔/聚丙烯复合薄膜高温蒸煮袋。

2. 主要设备

不锈钢锅，电磁炉，多功能气调包装机，立式自动电热压力蒸汽灭菌器，电热恒温培养箱，电子秤，双面度盘弹簧秤等。

3. 羊杂制作工艺流程（图 13-1）

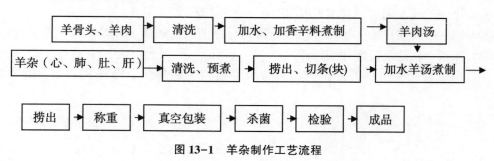

图 13-1　羊杂制作工艺流程

4. 操作要点

（1）羊肉汤煮制工艺参数。羊肉汤煮制时，保温时间越长，羊肉汤感官评分越高，而随着加水量的增多羊肉汤的味道明显变淡；考虑生产成本，最后确定最佳的羊肉汤生产工艺参数与配方为：羊肉羊骨比 1∶1，添加 2 倍质量的水、0.8%香辛料、0.8%食盐，100℃保温煮制 90 分钟。

（2）羊杂煮制工艺参数。羊杂 50kg，保温 40 分钟、加入 2 倍质量的水、1.60%的香辛料、羊肉汤与加水量比 2/5 为最佳的羊杂煮制工艺参数与配方。

羊杂煮制过程中，羊杂汤的保温时间越长，煮制的汤汁味道越浓，其感观评分越高，而随着加水量的增多羊杂汤的香味明显变淡，其综合评分呈明显下降趋势；香辛料包的添加量需适中；羊肉汤的添加量越多羊杂汤的味道越鲜美，其感观评分明显增高。

（3）杀菌。采用 121℃水蒸气杀菌的方式进行杀菌，羊杂风味较好，可最大限度保存羊杂的营养物质和风味，同时，降低能耗，可采取的适宜杀菌条件为 10′-35′-15′/121℃。

（4）包装。羊杂采用铝箔包装，121℃水蒸气杀菌 5 分钟，感官和营养品质最好，并达到商业无菌要求。此袋具有良好的隔氧、避光、防潮特性，采用铝箔包装的羊杂品质最稳定。

（二）软包装快餐羊杂割

软包装快餐羊杂割，使羊肉及其副产品的保健滋补作用明显提高，食用起来同方便面一样方便快捷。它是把羊副产品按一定比例配合，充分利用各内脏器官独特的营养保健功能，起到对人体的滋补作用。

1. 工艺流程（图 13-2）

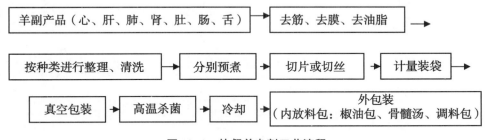

图 13-2　快餐羊杂割工艺流程

2. 工艺要点

（1）原料预处理。将羊肉剔除筋膜、肥脂后同羊肝、心脏、肾及羊骨同煮，至断血后捞出，分别切片。

（2）煮制骨汤。羊骨继续煮至酥烂，汤呈乳白色，将煮羊骨的汤过滤，加调味品并适量加明胶，使之冷却后凝成块状。

（3）称重包装。将羊肉、羊肝、心、肚、肾、肺及生羊血按一定比例称量后装入铝箔袋中，再将适量羊骨冻块装入上述袋中。

（4）杀菌。真空包装后送入高温高压杀菌锅中，经 121℃，30 分钟杀菌后迅速冷却至室温。

（5）外包装。装外袋时再将辣椒油包、骨髓汤和调料包一同装入。

（三）明眼羊肝

明眼羊肝工艺流程（图13-3）。

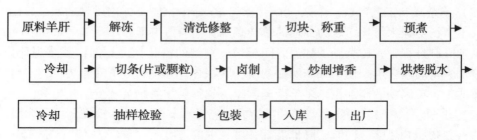

图13-3 明眼羊肝工艺流程

以羊肝为原料，加工出香味浓郁、保质期长的"明眼羊肝"干制品，为羊肝的利用和开发找到了一条新途径。此外，以羊肝为主要原料，配以花生、核桃、杏仁等辅料和各种调料可加工成明眼羊肝酱。

（四）软包装清蒸卤羊头

羊头中有羊脑髓，含有丰富的蛋白质、脂肪及矿物元素等营养。但经屠宰后的羊头通常流到市场经简单煮制消费，卫生条件不能保障，加工转化率低，制约了这一特色资源的商品化流通。如采用以下软包装清真卤羊头肉的加工工艺，解决羊头肉的区域消费模式，使这一产业能够积极发挥它的经济作用。

1. 工艺流程（图13-4）

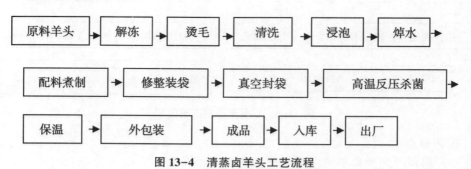

图13-4 清蒸卤羊头工艺流程

2. 配方（50kg羊头肉）

食盐1.75kg、白砂糖1kg、料酒1kg、酱油1kg、洋葱500g、焦糖色500g、鲜生姜250g、干辣椒200g、小茴香150g、花椒75g、八角50g、陈皮50g、山奈50g、味精50g、草果40g、白芷20g、亚硝酸钠5g。

3. 操作要点

（1）原料。来自非疫区正规屠宰点合格的新鲜或冷冻羊头。

（2）解冻。依据加工量的大小，将需解冻的羊头放入解冻清水池（最好在冷藏之前将原料上的毛脱除干净，再进行冷藏），解冻过程每2~3小时换一次水，或以流动水浸泡2小时，同时，也能使血水浸出，有利减轻羊膻味。

（3）烫毛。脱毛缸加水配制成3%的火碱水溶液，并加热水溶液60~70℃，投入需脱毛的原料加以搅动，常检查，对已脱掉毛的及时出缸，转入0.1%的盐酸水溶液中浸泡冲洗，酸碱中和去掉碱味，再用清水冲洗。羊头从两腮纵向划开，将上下颌分开，彻底清洗除去口腔异物。

（4）焯水脱脂去膻。将清洗过的羊头浸于2倍质量的混合溶液中，时间为60~90分钟，该溶液是0.2%的氯化钙和0.15%~0.18%的冰醋酸的混合物，之后漂洗至中性。把羊头入85~95℃的水中恒温煮制15分钟，以除去血末等羊膻味。

（5）卤制。将各种香料装入洁净的布袋中，在夹层锅中加入适量的水及部分辅料，沸煮20分钟后把羊头放入其中，使卤水漫过羊头，以95℃煮制50分钟。后期加入料酒和味精，按原料大小分批出锅。

（6）包装。出锅的羊头送入空气净化风冷间冷却，经冷却后真空包装。因卤制的羊头是带骨制品，并需脱骨、修整。之后冷却计量用蒸煮袋进行包装。

（7）杀菌。经85~90℃/30分钟/杀菌2次，中间急速冷却。

（8）保温。杀菌冷却后随机抽样置于保温箱或专门的恒温室，在37℃的环境条件下，保温10天检验。产品经检验合格后进行外包装，即为成品。

（五）其他副产品

目前，五香羊蹄、五香羊舌、五香羊耳、层层碎羊头肉、风味油茶等产品已经研制开发成功，其产品的工艺流程如下。

1. 五香羊蹄
羊蹄退毛与整理→腌制→煮制→拆骨→真空包装→高压杀菌→冷却→成品。

2. 五香羊舌
羊头→去毛→腌制→煮制→羊舌→真空包装→杀菌→冷却→五香羊舌。

3. 五香羊耳
羊头→去毛→腌制→煮制→羊耳→切丝→真空包装→杀菌→五香羊耳羊。

4. 层层碎羊头肉
羊头→去毛→腌制→煮制→剔骨后碎肉→装入模具→冷却成型→切块→真空包装→杀菌→冷却→层层碎羊头肉。

5. 风味油茶

豆面和白面→蒸熟→粉碎
羊油→脱膻和乳化处理→加辅料炒制→包装→成品
花生仁、核桃仁等→烤制→粉碎

二、羊肠衣加工

（一）术语

（1）品质。新鲜、无粪污、气味正常、无异味。

（2）破洞。3mm 以上（含 3mm）的洞（不含软洞）。

（3）软洞。灌水后拢水继续扩大者。

（4）沙眼。1mm 以下（含 1mm）的硬孔。

（5）气味正常。肠衣的自然气味。

（6）靛点。肠衣出现的黑灰色斑点。

（7）盐蚀。肠壁上出现斑疤，手感粗糙，失去韧力。

（8）并条。腌肠时盐少所致，肠衣相互粘连。

（9）干皮。肠壁上出现白色或浅白色的片状斑。

（10）杂质。肠衣上沾的泥沙、毛发、粪污等。

（11）锈蚀。肠衣接触铁器出现的铁锈色点。

（12）痘盘。肠衣刮去肠结节的痕迹。

（13）粪蚀。原肠倒粪不净而引起的腐蚀。

（14）毛头。肠衣两端不齐。

（15）软皮。肠衣灌水后拢水扩大部变形。

（16）次色。不符合色泽要求的肠衣。

（17）口径。肠衣的直径。

（18）两端完整。由十二指肠到盲肠止，俗称大小头齐全。

（二）加工工艺

羊肠衣可用于灌制各种香肠，制作外科手术缝合线、网球、羽毛球的拍弦、琴弦等，是传统的出口商品之一，每年为国家换取大量外汇。

1. 原肠及其结构

宰羊时取出胃肠，及时扯除小肠上的网油，使与小肠外层分离。然后摘下小肠，两个肠口向下。用手轻轻捋肠，倒粪、灌水冲洗干净即为原肠。加工肠衣必须除去原肠壁上不需要的组织。羊的肠壁共分四层，即黏膜层、黏膜下层、肌肉层和浆膜层。黏膜层为肠壁的最内一层，由上皮组织和疏松结缔组织构成，在加工肠衣时被除掉。黏膜下层称为透明层，位于黏膜层下面，在刮肠时保留下来，即为肠衣。在加工肠衣时要特别注意保护，使其不受损伤。肌肉层位于黏膜下层外周，由内环外纵的平滑肌组成，加工肠衣时被除去。肠壁的最外层是浆膜层，刮肠衣时也被除掉。

2. 原肠、半成品的收购及加工要求

（1）原肠取自经兽医宰前宰后检验合格的绵羊小肠，及时去油倒粪，冲洗干净，保

持清洁，不得有杂物，保持品质新鲜，两端完整无破损。

（2）绵羊原肠无光，手摸肠壁感觉较平直，比较结实，拉力较大。

（3）品质：色泽、气味正常，新鲜；保持洁净，不得接触金属物品或沾染杂质；腐败变质、失去拉力或有腐败气味及异味不收购。

（4）一根完整的羊小肠包括十二指肠、空肠和回肠，完整的羊肠每根自然展后在20m以上，长的可达30m。

（5）半成品收购。除用肠衣专用盐腌渍外，不得使用含有损坏肠质或妨碍食用卫生的化学物质，无粪污、杂质、锈蚀、破洞割齐，不带毛头。干皮、盐蚀、次色、痘盘、软皮根据使用价值酌情收购。

①气味正常：无腐败及其他异味；

②色泽：白色、青白色、黄白色、灰白色；

③规格：打成折叠把，每把长度100m、13节；最短节不短于3m；

④口径：14mm以上（含14mm）；

⑤短码：每把长度100m，最短节不短于1m。

3. 加工工艺

（1）工艺流程（图13-5）。

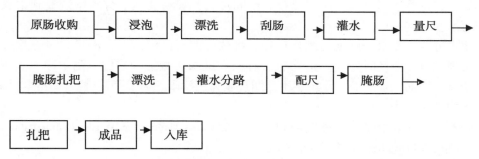

图13-5 原肠工艺流程

（2）操作要点。

①浸泡漂洗：浸泡是在水缸或塑料桶内进行。首先把收购的原肠放入桶内，解开结，每根灌入少量水，然后每5根组成一把，放入清水中浸泡。1份原肠9份水。用水应清洁，不可含有矾、硝、碱等物质。要求将原肠泡软，利于刮肠。冬季浸泡水温30℃左右，夏季用凉水浸泡，春秋季水温在25℃左右为宜。浸泡18~24小时。浸泡温度低，需要时间长，浸泡温度高，需要时间短。浸泡时间过长或过短都不好，过长则原肠容易发黑，过短则不易刮下肠膜。浸泡期间每4~5小时换水1次。

②刮肠：将泡好的原肠取出，放在木板上用竹制刮刀或塑料刮刀刮制，或用刮肠机刮制。手工刮肠是，一手按肠，一手持刮刀刮去不需要的黏膜层、肌肉层和浆膜，直至全根呈透明的薄膜。刮肠时用力要均匀，持刀平稳，避免刮破。遇到难刮的部位，可用刀背轻轻拍松后再刮。刮肠时要用少量水冲洗，否则黏度大，不易刮肠。

③灌水：刮好的肠胚用水冲洗。用自来水龙头插入肠管的一端灌入冲洗，同时检查有无破洞或溃疡、松皮、薄皮肠衣，或不净处等。若有不净处，要重新刮制。若有过大破洞

等不符合要求部分，须割除。最后割掉十二指肠和回肠。

④量尺：经过水洗和灌水检查的肠胚，要进行量长度、配尺。每把羊肠的长度为100m，不能超过16节，合成节数越少越好，短于1m的肠衣不能用。不符合要求的肠衣可单独扎把，节数不限。量足尺码后，沥干水分，以待腌肠。

⑤腌肠：将配足尺码打好把的肠衣散开，用精盐或专用盐均匀腌渍。每把用盐400g左右，一次腌透、腌匀。腌肠时，可将解开把的肠衣按顺序平铺在桶内，不得乱放。腌好后重新打把并放在竹筛内，沥出盐水。

⑥扎把：取出头一天沥出盐水的肠衣，即呈半干状态的肠衣，进行扎把，至此工序的肠衣，称为半成品，又叫光肠、坯子。要求光肠品质新鲜，无粪便杂质，无破孔，气味正常，无腐败气味及其他异味，色泽白色或乳白色者为佳，青白色、黄白色和青褐色者次之。

半成品光肠可用大缸或水泥池贮存起来。入缸或入池前，须把容器刷洗干净，除去水，撒放精盐，然后将光肠一把把平铺在里面。用24℃的热盐卤浸泡。卤水要淹没肠勇5cm左右。为避免肠衣上浮，上面可放置竹箅子，竹箅子上面压放石块，加盖密封。贮存期间要定期检查，防腐保鲜。如发现卤水混浊，应及时更换卤水，或及时加工处理。

⑦漂洗：将光肠放入清水浸泡漂洗数次，直至肠内外都洗净为止。漂洗时间夏季不超过2小时，冬季可适当延长，不得过夜。时间过长，容易变质。待肠壁恢复到柔软光滑时，便可灌水分路。

⑧灌水分路：灌水分路就是测量口径。将洗好的光肠灌入水，测量口径、检查和分路。如发现庇点，要及时处理。常见庇点有肠衣破损、盐蚀、粪蚀、刮不净、黑斑、黄斑、铁锈斑、紫筋、老麻筋、干皮、不透明、硬孔、沙眼、失去弹性等。硬孔似小米粒大小，沙眼为针尖大小。

羊肠衣可分为6个路：一路22mm以上；二路20~21mm；三路18~19mm；四路16~17mm；五路14~15mm；六路12~13mm。

⑨配尺：把同一路分的肠衣按一定的规格扎成把，要求每根全长31m，每3根合成一把，总长93m。每把节头总数不超过16个，每节不得短于1m。

⑩腌肠及扎把：配尺扎把以后，要进行腌肠。腌肠时要分路进行，以免混乱。待沥干水分后再扎把，即为成品。扎把时要求除掉肠衣上过多的盐，剔除次品肠衣，扎把后肠头不得窜出。然后分路检验和包装。

4. 质量要求

（1）色泽。绵羊肠衣以白色及乳白色为上等，青白色、青灰色、青褐色次之。

（2）气味。不得带有腐败味和腥臭味。

（3）质地。薄韧透明、均匀，不得有沙眼破洞、硝蚀、盐蚀、不得有寄生虫痕迹，无刀伤。带有老麻筋（显著的筋络）的肠衣为次品。

（4）等级规格。

一等：两端完整，不带破伤，以自然长度为一根；或两端不完整，但长度在25m以上，不带破伤者，亦做一根计算。

二等：两端不完整，无显著痘盘，长度在25m以上，带一个破洞或两节，短节不短于 4m。

三等：无显著痘盘，长度在 25m 以上，可带两个洞或三节，最短节不短于 4m。

（5）等级比差。一等为 100%，二等为 80%，三等为 60%。

5. 检验方法

（1）色泽、洁净、气味的检验。采取感官检验。应在自然光线下查看色泽，外观的洁净，同时用鼻嗅其气味。

（2）伤残程度的检验。采取逐根灌水检验，使肠衣胀满，检查肠壁的刮制、伤痕、筋络及韧力。

（3）长度的检验。

①用具及设备：米尺、操作台；

②原肠长度的测量：原肠自然平直置于操作台，用米尺准确测量；

③半成品长度的测量：半成品自然平直地置于操作台，用米尺接头衔接地测量长度。

（4）口径的检验。

①用具和设备：卡尺、操作台；

②肠衣冲水后，拢水用卡尺准确测量口径的大小。

6. 检验规则

（1）清点数量；

（2）取样，比例 10%；

（3）感官检验；

（4）冲水检验；

（5）检验后不符合质量要求的半成品，由交接双方协商处理；

（6）抽样检验结果发生争议，交接双方共同取样复验，以复验结果为最终结果。

7. 储藏、包装、运输

（1）肠衣下缸（桶、池）前，先于缸（桶、池）底铺少许肠衣专用盐，将已盐渍之肠逐把拧紧层层排紧于缸（桶、池）内，中心留有空隙，肠衣上覆盖清洁白布，并灌入波美 24 度以上浓度的澄清饱和盐卤，盐卤应超过肠把 6cm，务使肠把浸没于盐卤内，以免变质。

（2）肠衣下缸（桶、池）时，发现缺盐、并条的半成品，应剔出加盐重腌，库存半成品应经常检查，必要时，应翻缸（桶、池）换卤，防止变质。

（3）半成品入缸（桶、池）后，应做好标记（品名、日期、数量、产地）。

（4）冷库卫生条件要符合食品卫生法规定的卫生要求，严禁污染及存放其他物品，冷库温度为 0~10℃。

（5）包装。

①容器须坚固、清洁，符合食品卫生要求；

②包装完毕后，应做好品名、规格、数量、生产日期、产地等标记；

③肠衣多采用塑料桶或木桶包装，每桶装 1 500 根。每放一层肠衣就撒一些精盐，一般每把肠衣用盐 250~400g，夏季用盐量稍大；

④肠衣不能接触铁器、沙土和杂质；装好封盖后，最好放在 0~5℃下保存。也可放在

地下室凉爽处贮存。每周检查 1 次，如有漏卤、肠衣变质，应及时处理。

（6）运输：及时调运，防日晒，防雨淋，防污染。

三、绵羊羊皮加工

羊皮的价值很高。一张好皮的价值占活羊总值的 45%～50%，搞好羊皮的加工，是增加收入，提高经济效益的重要一环。

（一）绵羊的宰杀方法

比较好的屠宰方法是在羊只的颈部将皮肤纵向切开 15cm 左右，然后用力将刀子伸入切口内挑断气管，再把血管切断放血。注意不要让血液污染了毛皮，放完血后，要马上进行剥皮。

（二）剥皮

最好趁羊身上体温未降低时进行剥皮。目前，一般采取拳剥和挂剥 2 种方法。

1. 拳剥法

就是把羊只放在一个槽型的木板上，用刀尖在腹中线先挑开皮层，继续向前沿着胸部中线挑至下颚的唇边，然后回手沿中线向后挑至肛门外，再以两前肢和两后肢内侧切开两横线，直达蹄间，垂直于胸腹部的纵线。接着用刀沿着胸腹部挑开的皮层向里剥开 8cm 左右，一手拉开胸腹部挑开的皮边，一手用拳头捶肉，一边拉，一边捶，很快就剥下来。

2. 挂剥法

就是用铁钩将羊只的上颚钩住，挂在木架上进行剥皮，从剥开的头皮开始，顺序拉剥到尾部，最后抽掉尾骨。在以上两种剥皮过程中，要随时用刀将残留在皮上的肉屑、油脂刮掉。剥下的皮毛，必须形状完整，不能缺少任何一个部分，特别是羔羊，要求保持全头、全耳、全腿，并去掉耳骨、腿骨、尾骨。公羔的阴囊皮要尽可能留在羔皮上。剥下的鲜皮，可暂时放在干净的木板上或草席及箩筐里，以免鲜皮沾上血污、泥土、羊粪等。如果皮上沾上血污，可以用抹布擦去，千万不要用清水洗，因为，用水洗的皮会失去油亮光泽，成为"水浸皮"，会降低皮的价值。

（三）加工整理

1. 刮皮

剥下的鲜皮应及时加工整理。剥下的鲜皮用钝刀刮掉皮板上的肉屑、脂肪、凝血、杂质等，注意不要损伤皮形和皮板；然后再去掉中唇、耳肉、爪瓣、尾骨及有碍皮形整齐的皮角、边皮等。

2. 舒展

按照皮张的自然形状和伸缩性，把皮张各个部位平坦的舒展开，使皮形均匀方正，成自然形状。皮张腹部和左右两肷处因皮薄，不要过于抻拉，母羊皮腹部更松，要适当向里推一推；公羊皮的颈部皮厚，可以抻一抻。

（四）干制贮藏

把剥下的毛皮（也叫生皮）用盐进行腌制和晾晒，其目的是防止毛皮（生皮）腐败变质。

1. 盐腌法

（1）干盐腌法。就是把纯净干燥的细盐均匀地撒在鲜皮内面上，细盐的用量可为鲜皮重量的40%。食盐撒在皮板上需要腌制7天左右。为了更好的防腐，保证生皮的质量，食盐中加入萘效果更好（萘占盐重的2%）。

（2）盐水腌法。先用水缸或其他容器把食盐配成25%的食盐溶液，将鲜皮放入缸中，食盐逐渐渗入皮中，缸中的食盐溶液浓度降低，因此，每隔6小时加食盐1次，加的数量使其浓度再恢复到25%为止。盐液的温度不宜过高或过低，最高不要超过20℃，最低不要低于10℃，盐液最适宜的温度可掌握在15℃。整个过程可加盐4次，浸泡24小时后即可将鲜皮捞出，搭在绳子或棍子上，让其滴液48小时，再用鲜皮重量的25%食盐撒在皮板上堆置。此法使鲜皮渗盐迅速而均匀，不容易造成掉毛现象，使皮更耐贮藏。

2. 干燥法

干燥法就是晾晒。鲜皮经过加工整理后，要及时晾晒。晾晒时要把皮的毛面向下，板面向上，展开在木板上（或席子、草地、平坦的沙土地上）。鲜皮干燥最适宜的温度为25℃。在炎热的夏天晾晒生皮，切记不要在烈日下暴晒，以防变成"油浸板"；也不要放在灼热的石头上或水泥板上晾晒，避免"石灼伤"。冬天晾晒皮张，要注意防止冰冻，如果皮面结了冰，板面发白就成了"冻糠板"。也不要放在火旁烘烤，以防变成"焦板"或"烟熏板"，而降低皮张的质量。因此，冬天晾晒皮应选在天气晴朗，有阳光的日子。如果当日晒不干，可将皮收起来散放，次日再接着晒羊皮。经一系列的加工晾晒干燥后，最好及时出售。

（五）保管防蛀

羊皮怕热、怕潮、怕虫，如果贮藏，库内要保持干燥、通风、阴凉。加工好的板皮应放在干燥、通风、阴凉的地方。数量少时，可平摊散放；数量较大时，应按等级捆放，堆放要用石头或木板垫平。羊皮堆放久了，易虫蛀，应隔一段时间晾晒1次，也可在板皮上撒少许食盐，以防虫蛀。

四、绵羊骨的加工利用

羊骨因部位、年龄等之不同，骨的化学组成亦有差异。其中，变动最大的是水分与脂类。骨质中含有大量的无机物，其中，一半以上是磷酸钙。此外，又含少量的碳酸钙、磷酸镁和微量的氟、氯、钠、钾、铁、铝等。氟含量虽然很少，但它是骨的重要成分。骨的有机物有骨胶原、骨类粘蛋白、弹性硬蛋白样物质；尚有中性脂肪（量比较多）、磷脂和少量的糖原等，具有很高的食用及保健价值。其性味肝温，有补肾、强筋的作用。可用于血小板减少性紫癜、再生不良性贫血、虚劳羸瘦、腰膝无力、筋骨疼痛、白浊、淋痛、久泻、久痢等病症。但由于加工比较困难，不能方便食用，制约了羊骨食品的发展。

随着科学的进步和人们文化素质的提高，人们的保健意识及对自身身体状况的关注也越来越强。必然导致人们对天然的药食同源食品的需求增大，进而促进该领域科研工作的进一步深入开展。目前，羊骨的后处理技术已研究完成，开发出羊骨汤料、速溶羊骨粉、羊骨肉脯、羊骨精、羊骨营养素等系列产品。

1. 麦冬复配汤料

提取羊骨有效功能成分，然后进行复配，增强其养阴生津、补肾的作用，研制出色、香、味俱佳的，具有生津止渴、补肾健脾作用的保健汤料。

（1）产品特点。具有淡淡的羊肉香味，但无膻味。

（2）适用群体。全部人群，特别是高级白领、旅游者。

（3）产品形式。塑杯装、塑瓶装、易拉罐、利乐包、利乐屋等。

2. 速溶羊骨粉

将经过提取后的羊骨残渣，进行护色、粉碎、复配，然后用现代高新食品技术进行加工，生产出携带、食用方便的速溶羊骨粉。

（1）产品特点。可根据市场需求增强其某项功能，产品速溶，食用方便。

（2）适用群体。全部人群，特别是某种亚健康者，特别适宜生活节奏快的白领阶层。

（3）产品形式。礼品包装。

3. 羊骨肉脯

将经过提取后的羊骨残渣，进行护色、粉碎、复配，然后用现代高新食品技术进行加工，生产出携带、食用方便的羊骨肉脯。

（1）产品特点。可根据市场需求增强其某项功能，色、香、味俱佳，食用方便。

（2）适用群体。全部人群，特别是小孩、儿童、女性。

（3）产品形式。休闲食品。

4. 羊骨精

将经提取后的羊骨残渣，进行护色、粉碎、复配，然后用现代高新食品技术进行加工，生产出携带、食用方便的羊骨精。

（1）产品特点。可根据市场需求增强其某项功能，食用方便。

（2）适用群体。全部人群，特别是某种亚健康者。

（3）产品形式。礼品包装。

5. 羊骨营养素

将经提取后的羊骨残渣，进行护色、粉碎、复配，然后用现代高新食品技术进行加工，生产出携带、食用方便的羊骨营养素。

（1）产品特点。可根据市场需求增强其某项功能，食用方便。

（2）适用群体。全部人群，特别是某种亚健康者。

（3）产品形式。礼品包装。

五、绵羊血的利用

羊血是养羊的副产品，它可作为医学与生物学中细菌培养、细菌鉴别和免疫学检测的重要实验材料。在各种动物的血液（包括人血）中，以羊血作培养基的细菌生长最好。用羊血制成的血液琼脂培养基是医学上许多专用培养基的基础。在畜牧业上，利用羊血生产饲用血粉，具有广阔的市场前景。

羊血含有 4/5 的水分，每 100g 羊血，热量 57 千卡，含碳水化合物 6.9g，脂肪 0.2g，蛋白质 6.8g，硫胺素 0.04mg，核黄素 0.09mg，烟酸 0.20mg，胆固醇 92mg，钙 22mg，磷 7mg，钾 6mg，钠 443.4mg，镁 2mg，铁 18.3mg，锌 0.67mg，硒 15.68μg，铜 0.02mg，锰 0.01mg。蛋白质主要为血红蛋白，其次为血清蛋白，血清球蛋白和少量纤维蛋白，另外，尚含有少量磷脂、胆固醇等脂类及葡萄无机盐等成分。性味咸平有止血、祛淤之功效，可用于吐血、血、肠风痔血、妇女崩漏、产后出血晕、外伤出血、跌打损伤等症的治疗，故《随息居饮食谱》中有"生饮止诸血，解诸素；熟食但止血，患肠风痔血者宜之"的记载。

血粉的常见生产方法

目前，国内外血粉的生产方法有 4 种，包括传统法（蒸煮法），喷雾干燥法，现代蒸煮脱水干燥法，血浆粉生产法，载体血粉生产法，发酵血粉等，还有脱色法，水解法，酶解法等，各有其特点和优缺点。其中，以发酵法所需设备较简，所需能源较省，因而较适合我国国情，是一种很好的鱼粉替代的产品。

1. 传统法

把鲜血倒入锅内，加入相当于血量 1.0%～1.5% 的生石灰，煮熟使之形成松脆的团块，捞出团块切成 5～6cm 的小块，摊放在水泥地上晒干至呈棕褐色，再用粉碎机粉碎成粉末状，即成血粉。

通常在血粉中加入 0.2% 丙酸钙，并将装血粉用的口袋在 2% 丙酸钙水溶液中浸泡，晒干后再装血粉，可以起到较好的防霉作用

注意：对患传染病、寄生虫病、中毒或死因不明的绵羊血液，禁止收集和加工。

传统法生产的饲用血粉存在三大营养缺陷：

（1）适口性差这是它本身的血腥味所造成的。

（2）可消化性差，这一方面是由它本身的血球结构造成，而更重要的另一方面是蒸煮，干燥过程中高温对氨基酸的破坏所致。另外，动物血液是缓冲液，用动物血液制备的血粉也具有缓冲作用。具有缓冲作用的血粉作添加剂的饲料饲喂动物必然会带来消化性差的后果。

（3）氨基酸组成平衡性差，血粉粗蛋白质含量和氨基酸总量都极高，尤以高赖氨酸为主要特点，但血本身亮氨酸与异亮氨酸比例失调。这就导致了传统法生产的蒸煮血粉的实际营养价值很低。

2. 喷雾干燥法

该法生产的血粉可消化性好，但仍未能解决适口性问题，而且在喷雾之前要除去血纤维，故产品得率低，更由于该工艺耗能大，投资大，用于生产饲用血粉已普遍不能接受。

3. 现代蒸煮脱水干燥法

主要被欧美国家采用，主要工艺过程是鲜血蒸气凝结→离心脱水→气流搅拌干燥。

4. 血浆粉生产法

已在德国、丹麦、匈牙利等国应用，主要工艺是鲜血在密闭体系中冷却，然后分离出血浆喷雾干燥，血球另外制成干燥血球粉。

5. 载体血粉生产法

（1）麸皮载体血粉生产法。将 1~2 倍于血量的麸皮（米糠或饼粕粉）与血混合，搅拌均匀后摊晒于水泥地上，勤翻动，一般经 4~6 小时可晒干，然后粉碎即可。用麸皮或米糠制成的血粉含粗蛋白质 30%~35%，用饼粕粉制成的血粉含粗蛋白质 45%~50%。载体血粉在猪日粮中使用量不宜超过 5%，在鸡日粮中一般用 3%左右。

（2）大豆粉载体血粉生产法。大豆磨成粉做载体，加工方法基本同上，但在制作时要把血豆粉做成块状，蒸 20 分钟，待其凉后搓成细条晾干，再粉碎。血豆粉含粗蛋白质 47%左右。用血豆粉喂雏鸡用量不宜超过日粮 3%，喂青年鸡可全部代替鱼粉，喂蛋鸡可部分或全部代替鱼粉。

6. 发酵血粉

利用微生物对血中的蛋白质分解转化为菌体蛋白，从而提高其消化利用率，发酵血粉的制造技术研究，包括菌种选育，营养设计和工艺流程三部分工作。发酵血粉开发由于其投入低，能耗省而被公认为我国饲用血粉开发的一个方向。

选择一种无毒、无害、能够改善和保持血液营养价值并提高血粉适口性的有益微生物，接种到新鲜的绵羊血中，促进其迅速生长繁殖，提高温度，从而杀死或抑制有害微生物的生长发育。其主要过程是：将收集的绵羊血按 1∶1 的比例与孔性载体混合，再加入 2%~3%的菌种，在 38~39℃条件下发酵，时间不能过长，发酵温度不能超过 40℃。然后进行干燥，待含水量降到 13%以下时，即可粉碎、包装。在此过程中，加入的曲种一定要纯，不能含有任何杂菌，孔性载体最好用麦麸，这样可使血粉粗蛋白含量提高，粗纤维含量降低，适口性也好。此法不需要高温处理，营养成分破坏程度小，所生产的血粉质量高，没有腥膻味，畜禽喜食。

六、绵羊脏器的利用

进入 21 世纪，快节奏的现代生活使人们在享受物质文明的同时，也付出了健康的代价。国内不少专家指出，"亚健康"已成为目前和今后相当时期内医药保健行业必须着力解决的问题，由此也形成了巨大的消费市场。羊脏器副产品有脑、脑下垂体、髓、眼、副甲状腺、卵泡脂、催产素、细胞色素丙、能量合剂、肝注射液、肝浸膏、羊肝丸、胰岛素等 30 余种。

以前，牧民对绵羊的利用只限于肉和皮毛，最早对内脏、头蹄等或弃之、或被狗吃狼叼，后来才发展到把下水卖给饭馆，但也仅是几元钱一副的价值而已。用现代生物技术在羊身上提炼出药品、保健品、美容护肤品，使羊的价值成几何级数增加，成为牧民致富的摇钱树。

目前，以绵羊脏器为原料，采用细胞分离技术、膜技术、冻干技术等生物技术开发的生物制药，具有广阔的前景（表 13-1）。

表 13-1 羊脏器提取产品一览表

脏器	提取产品	备注
羊脑	脑磷脂、神经磷脂、脑啡呔、脑活素	
脑垂体	生长素、促黄体激素、加压素、促卵泡激素、促皮质激素	
胰腺	胰腺酶、胰岛素、激肽释放酶、胰蛋白酶、胰高血糖素、胰脂酶、胰凝乳酶、弹性蛋白酶	
羊肾	肾上腺素	
羊肝	维生素、肝细胞生长因子、肝素、RNA	
羊肺	肺活素、肝素	
羊眼睛	眼生素、透明质酸	
羊心	细胞色素 C、辅酶 Q	
羊胆囊	胆红素、胆酸	
羊胸腺	胸腺素、胸腺肽	
羊甲状腺	降钙素	
血液	凝血酶、凝血因子、血红素、血红蛋白、SOD、血浆、白蛋白、免疫球蛋白、纤溶酶	
胃黏膜	胃蛋白酶、胃膜素、双歧因子、凝乳酶	
羊胎盘	小分子生物活性多肽	
羊软骨	硫酸软骨素	

硫酸软骨素生产工艺

硫酸软骨素是糖胺聚糖的一种，由 D-葡萄糖醛酸和 N-乙酰氨基半乳糖以 β-1，4-糖苷键连接而成的重复二糖单位组成的多糖，并在 N-乙酰氨基半乳糖的 C-4 位或 C-6 位羟基上发生硫酸酯化，大量存在于动物软骨中。硫酸软骨素目前具有供不应求和继续上升的市场。硫酸软骨素除了作为药品外，大量的是作为改善关节病的补充品，作为健康食品应用，在美国已经风行多年。经过多年的应用，已经证明硫酸软骨素对改善老年退行性关节炎、风湿性关节炎有一定的效果，因此，市场仍呈快速上升的势头。仅在美国的销量每年就可达 600t 左右，而中国有 13 亿人口，患老年退行性关节病和冠心病的人很多，因此，有着硫酸软骨素消费的巨大潜在市场。

1. 硫酸软骨素的作用

硫酸软骨素是提取于动物软骨的黏多糖类物质，其作用包括以下几方面。

（1）硫酸软骨素作为保健食品或保健药品，可以清除体内血液中的脂质和脂蛋白，清除心脏周围血管的胆固醇，防治动脉粥样硬化，并增加脂质和脂肪酸在细胞内的转换率。

长期的临床应用发现，在动脉和静脉壁上沉积的脂肪等脂质可以被有效地去除或减少，能显著降低血浆胆固醇，从而防止动脉粥样硬化的形成。硫酸软骨素能有效地防治冠心病。对实验性动脉硬化模型具有抗动脉粥样硬化及抗致粥样斑块形成作用；增加动脉粥样硬化的冠状动脉分支或侧支循环，并能加速实验性冠状动脉硬化或栓塞所引起的心肌坏死或变性的愈合、再生和修复。应用于防治冠心病、心绞痛、心肌梗死、冠状动脉粥样硬化、心肌缺血等疾病，无明显的毒副作用，能显著降低冠心病患者的发病率和死亡率。

（2）硫酸软骨素用于治疗神经痛、神经性偏头痛、关节痛、关节炎以及肩胛关节痛，腹腔手术后疼痛等。

（3）预防和治疗链霉素引起的听觉障碍以及各种噪音引起的听觉困难、耳鸣症等，效果显著。

（4）硫酸软骨素还具有抗炎，加速伤口愈合和抗肿瘤等方面的作用。对慢性肾炎、慢性肝炎、角膜炎以及角膜溃疡等有辅助治疗作用。

（5）硫酸软骨素能增加细胞的信使核糖核酸（mRNA）和脱氧核糖核酸（DNA）的生物合成以及具有促进细胞代谢的作用。

（6）硫酸软骨素具有缓和的抗凝血作用，每 1mg 硫酸软骨素 A 相当于 0.45U 肝素的抗凝活性。这种抗凝活性并不依赖于抗凝血酶Ⅲ而发挥作用，它可以通过纤维蛋白原系统而发挥抗凝血活性。

2. 硫酸软骨素的生产工艺

目前，硫酸软骨素的提取工艺主要有浓碱提取工艺、稀碱提取工艺、稀碱稀盐提取工艺及稀碱浓盐提取工艺。

（1）浓碱提取工艺。

软骨碎片 $\xrightarrow[\text{6~8 小时/次（2 次）}]{\text{15\%氢氧化钠（骨重量 1.5 倍）}}$ 浸提液 $\xrightarrow[\text{30 分钟，过滤}]{\text{盐酸，pH 值 2.8~3.2}}$ 滤液

$\xrightarrow[\text{pH 值 8.5~9.0，50~54℃}]{\text{胰酶（骨重量的 4\%），6 小时}}$ 酶解液 $\xrightarrow[\text{80~90℃，过滤}]{\text{活性炭、盐酸，pH 值 6.5}}$ 滤液 $\xrightarrow[\text{80~90℃，过滤}]{\text{活性炭、盐酸，pH 值 6.5}}$

滤液 $\xrightarrow[\text{4 小时}]{\text{乙醇达 60\%}}$ 沉淀 $\xrightarrow[\text{60℃}]{\text{干燥}}$

（2）稀碱提取工艺。

软骨碎片 $\xrightarrow[\text{12 小时/次（2 次），过滤}]{\text{2\%氢氧化钠（骨重量 6 倍）}}$ 浸提液 $\xrightarrow[\text{60℃，过滤}]{\text{盐酸，pH 值 2.5~3.0}}$ 滤液

$\xrightarrow[\text{pH 值 8.5~9.0，53~54℃}]{\text{胰酶（骨重量的 4\%），7 小时}}$ 酶解液 $\xrightarrow[\text{80~90℃，过滤}]{\text{盐酸，pH 值 6.5~7}}$ 滤液 $\xrightarrow[\text{过滤}]{\text{0.5\%活性炭}}$ 滤液

$\xrightarrow[\text{乙醇达 75\%，6 小时}]{\text{1.5\%氯化钠，pH 值 6.0}}$ 沉淀 $\xrightarrow[\text{过滤}]{\text{15\%氯化钠}}$ 滤液 $\xrightarrow{\text{乙醇达 75\%}}$ 沉淀 $\xrightarrow[\text{60~65℃}]{\text{干燥}}$

（3）稀碱稀盐提取工艺。

软骨碎片 $\dfrac{0.5\%氢氧化钠\ 2\%氯化钠（均为骨重量6倍）}{每次15小时（2次）过滤}$ 浸提液

$\dfrac{胰酶（骨重量的4\%）pH值8.5\sim9.0}{}$ 酶解液 $\dfrac{滑石粉（骨重量的1.5\%）}{80\sim90℃，过滤}$ 滤液

$\dfrac{乙醇达65\%}{}$ 沉淀物 $\dfrac{15\%氯化钠}{过滤}$ 滤液 $\dfrac{乙醇达65\%}{}$ 沉淀物 $\dfrac{干燥}{60℃}$

（4）稀碱浓盐提取工艺。

软骨碎片 $\dfrac{0.4\%氢氧化钠\ 20\%氯化钠（均为骨重量5倍）}{每次15小时（2次）过滤}$ 浸提液

$\dfrac{滑石粉（骨重量的4\%），盐酸pH值7.8}{85\sim90乙醇达60\%，20\sim40分钟}$ 盐解液 $\dfrac{盐酸，pH值2\sim3}{1小时，过滤}$ 滤液

$\dfrac{15倍水稀释，pH值6.5}{乙醇达60\%，12小时}$ 沉淀物 $\dfrac{15\%氯化钠}{过滤}$ 滤液 $\dfrac{乙醇达60\%}{8小时}$

沉淀物 $\dfrac{干燥}{60℃}$

七、绵羊油脂制取透明香皂

香皂是一种较高级的洗涤用品，由于香皂的结构严密，质地细腻，去污力强，色泽鲜艳，气味芬芳，留香持久和具有杀菌、护肤的作用，已成为个人卫生必需品之一。羊油制取透明香皂，其天然动植物高级脂肪酸含量达40%，味香润滑，不溶于水，去污力较强，用作洗涤剂。

1. 工艺流程（图13-6）

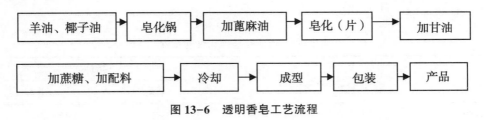

图13-6　透明香皂工艺流程

2. 配方

（1）香皂配方。羊油70份、椰子油30份、水60份、波美38°氢氧化钠30份、香料1份、色素少许。

（2）药皂参考配方。羊油30份，猪油10份，骨油25份，椰子油75份，糠油10份，氢氧化钠14份（配成30%溶液）甲酚1.3份、色料少许。

以上各配方还需添加填充料如陶石粉，可在实践中自己添加，自定比例。

3. 工艺要点

（1）原料的选择与处理。利用羊油制取透明香皂所用的主要原辅料有：羊油、椰子油、氢氧化钠、乙醇、纯甘油、蔗糖、香精、着色剂等。选择90份羊油与100份椰子油混合，直接用火加热至80℃，趁热过滤，注入皂锅中。

（2）皂化。加入 80 份蓖麻油，搅拌下快速加入由 147 份 32%的氢氧化钠与 40 份 95%乙醇组成的混合液，控制料液温度为 75℃，皂化完全时，取样滴入去离子水中，如清晰，表明皂化完全，停止搅拌，加盖，保温静置 30 分钟。

（3）加纯甘油、蔗糖和配料。静置后，在搅拌的情况下加入 15 份纯甘油，搅匀，加入 85 份蔗糖液（溶于 80℃清水中）搅匀，取样检验，氢氧化钠浓度应低于 0.15%，合格后加盖静置。当温度降至 60℃时，加适量香精及着色剂，搅匀，出料。

（4）冷却、成型、包装、成品。将料液冷却至室温，切成所需大小，打印标记，用海绵或布蘸乙醇轻轻揩擦，使块皂透明，然后包装，得成品。

4. 注意事项

（1）着色剂。肥皂中加入 1.5%的香精及 0.5%的着色剂即可，着色剂可选红色的碱性玫瑰精（又称盐基玫瑰精 B）或黄色的酸性金黄 C（又称皂黄）。

（2）防护与安全。乙醇易挥发、易燃，现场禁用明火；氢氧化钠为强碱，操作时注意防护；废液的处理与排放必须遵照国家的有关规定，防止对环境的污染。

5. 羊油透明香皂质量标准与检验方法

（1）感官质量要求。

①外观：要求光洁、细致，图案字迹清晰，手感干硬均匀，表面及内部无裂纹、气泡、斑点、发黏、冒汗等现象；

②形状：各种形状均应符合设计要求，不得出现歪斜、缺角等情况；

③色泽：要求内外均匀一致，鲜艳悦目，不能带有云彩的波浪形；

④香味：要符合规定的香型，留香持久，无油脂酸败等；

⑤包装：要完好端正，包装纸上的图案字迹要清晰，不得褪色。

（2）理化性能。透明香皂的主要理化性能指标应符合 QB/T 2485—2008《香皂》中的规定。具体标准，见表 13-2。

表 13-2　透明香皂理化性能指标

项目		指标	
		I 型	II 型
干钠皂/%	≥	83	—
总有效物含量/%	≥	—	53
水分和挥发物/%	≤	15	30
总游离碱（以 NaOH 计）/%	≤	0.10	0.30
游离苛性碱（以 NaOH 计）/%	≤	0.10	
氯化物（以 NaCl 计）/%	≤	1.0	
总五氧化二膦/%	≤	1.1	
透明度［(6.50∶0.15) mm 切片］/%	≤	25	

注：I 型：仅含脂肪酸钠、助剂的产品

II 型：含脂肪酸钠、表面活性剂、功能性添加剂、助剂的产品

第十四章 绵羊生产经营管理要点

一、绵羊生产管理要点

（一）生产组织

1. 放牧地要求

绵羊生产要求干旱和半干旱的环境条件，对干燥寒冷的地区也具有很好的适应性，不适宜湿热和温寒地条件。放牧条件要求以天然牧草中、短型禾本科、豆科及杂草类为佳，天然草场植被覆盖度大。营养要求有丰富的蛋白质和全年均衡营养。放牧地坡度要小，以15°为宜。流动、半流动沙丘及盐碱地有损羊毛品质。

2. 羊舍建设原则

圈舍建设的原则是建设场地必须开阔干燥，避风向阳，排水良好，便于饲养管理。根据拟定的规模安排场地，面积比理论测算尽量要大些，除满足正常所有的设计和规划外，留足饲草贮备用地和粪场占地。根据要求做好规划，力求科学、合理、符合工艺流程，注意环境保护措施落实。羊舍建成坐北向南，东西走向为宜，羊舍与羊舍之间距离应考虑防疫隔离间距。隔离区之间可植树种草，以净化空气和消音，防止疾病传染。舍内或运动场设置足够的料槽、草架供羊只补饲用。修建时应就地取材，结构简单，方便实用。建好后的羊舍应光线充足，通风良好，冬暖夏凉。圈舍建设的标准是种公羊 $1.5 \sim 2m^2$/只，母羊 $0.8 \sim 1m^2$/只，怀孕母羊 $2 \sim 2.3m^2$/只，哺乳母羊 $2 \sim 2.3m^2$/只，幼龄公羊、幼龄母羊 $0.5 \sim 0.6m^2$/只，育成羊（公、母）$0.8m^2$/只。

（二）羊群组织

1. 羊群分组及组成和周转

羊群一般分为种公羊、成年母羊、育成羊、羔羊和羯羊，其中，成年母羊又可分为空怀母羊、妊娠母羊和哺乳母羊。

羊群组成由种公羊群、繁殖母羊群、育成母羊群、后备母羊群、羔羊群、试情公羊群和羯羊群组成。

羊群周转主要是合理安排繁殖母羊参加当年配种，受胎率95%，分娩率98%，产羔率115%，羔羊成活率90%，育成率98%，公母羔羊比例1∶1。确定羔羊断奶日龄和适时出栏。

2. 羊群结构

羊群结构是指各个组别的羊只在羊群中所占的比例。由饲草料供应、圈舍条件和技术水平决定。对细毛羊和半细毛羊而言，羊群结构一般为，种公羊 2%～4%、成年母羊 50%～70%、育成羊 20%～30%、羔羊和羯羊 20%～30%。

3. 羊群规模

因地制宜，以经济、适用、高效、安全为宗旨。应提倡适度规模，根据资金拥有量、当地资源和技术力量综合因素确定养殖规模。细毛羊和半细毛羊的培育程度较高，羊群规模不宜太大。一般而言，种公羊和育成公羊的群体宜小；母羊群体宜大。根据放牧草场地形和技术水平，合理确定羊群。在起伏的平坦草原区，羊群可大些，丘陵区则小些；在山区与农区，地形崎岖，草场狭小，羊群宜小；集约化程度高、放牧技术水平高时，羊群可大些。羊群一经组成，应保持相对稳定。

（三）劳动组织和劳动定额

1. 劳动组织

为了充分合理的利用劳动力，不断提高劳动生产率，就必须建立健全劳动组织。根据毛用羊经营范围和规模的不同，各羊场建立劳动组织的形式和结构也有所不同。大中型羊场一般包括场长、副场长、总畜牧兽医师、科长、班组长等组织领导结构及场职能机构如生产技术科、销售科、财务科、后勤保障科，并根据生产工艺流程将生产劳动组织细化为种公羊组、配种组、母羊组（1、2、3…）、羔羊组、育成（育肥）组、饲料组、清粪组等。对各部门各班组人员的配备要依各人的劳动态度、技术专长、体力和文化程度等具体条件，合理进行搭配，科学组织，并尽量保持人员和从事工作的相对稳定。

2. 劳动定额

劳动定额是科学组织劳动的重要依据，是羊场计算劳动消耗和核算产品成本的尺度，也是制订劳动力利用计划和定员定编的依据。制订劳动定额必须遵循以下原则。

（1）劳动定额应先进合理，符合实际，切实可行。劳动定额的制订，必须依据以往的经验和目前的生产技术及设施设备等具体条件，以本场中等水平的劳动力所能达到的数量和质量为标准，不可过高，也不能太低。应使具有一般水平的劳动者经过努力能够达到，先进水平的劳动者经过努力能够超产。只有这样的劳动定额才是科学合理的，才能起到鼓励与促进劳动者的作用。

（2）劳动定额的指标应达到数量和质量标准的统一。如确定一个饲养员养羊数量的同时，还要确定羊的成活率、生长速度、饲料报酬、药品费用等指标。

（3）各劳动定额间应平衡。不论是养种公羊还是种母羊或者清粪，各种劳动定额应公平化。

（4）劳动定额应简单明了便于应用。羊场劳动定额及技术指标，见表14-1。

表 14-1　羊场劳动定额及技术指标参考

项目名称	规模羊场参考指标	放牧参考指标
条件	规模舍饲，配合饲料及粗饲料饲喂，人工送料、清粪、人工授精为主，全年均衡产羔	以放牧饲养为主，冬春季少量补饲
劳动定额		
种公羊（只/人）	25	30~50
育成羊（只/人）	100	300
空怀及妊娠后期母羊（只/人）	100	200
哺乳母羊及妊娠后期母羊（只/人）	50	150
育肥羔羊（只/人）	150~200	400
技术指标		
繁殖母羊年产胎次	1.5~2	1
断奶羔羊成活率（%）	90%	85%
育肥期（天）	90~150	70~90
育肥期死亡率（%）	1%~2%	3%~5%
料肉比	4:1（颗粒饲料）	

（四）建立完善的劳动管理体系

一个管理有序的规模羊场，必须建立完善的劳动管理机构，即以场长负责为主的生产、技术、供销、财务、后勤等劳动管理体系。规模羊场要从实际出发，尽可能地精简机构和人员，实施定员定岗责任制。

（1）饲养员的基础定额为每人饲养 100 只羊，具体工作量包括饲草饲料加工，饲养管理、粪便清理和环境卫生消毒等工作。

（2）畜牧兽医技术人员原则上每人负责 500 只羊饲养管理的指导和诊疗工作。

（3）各场部各部门负责人不设副职。行政后勤保障人员应实行一人多岗制。

（4）经营初期不设销售部，销售人员一般采用兼职，随着销售量的增加再考虑设部定员。

（五）生产计划

1. 羔羊的生产计划

羔羊的生产计划主要是指配种分娩计划和羊群周转计划。我国细毛羊和半细毛羊主要分布于北方和青藏高原牧区及半农半牧区和农区，气候条件和牧草生长状况差异较大，应根据实际情况安排羔羊分娩，产冬羔（即 11—12 月分娩）或产春羔（即 3—4 月分娩）。

在编制羊群配种分娩计划和羊群周转计划时，应掌握以下资料：计划年初羊群各组羊的实有只数；去年配种，今年产羔的母羊数；确定的母羊受胎率、产羔率和繁殖成活率等。羊群周转计划的编制，见表14-2；配种分娩计划的编制，见表14-3。

表 14-2　羊群周转计划

月份 羊群类型		上年末存栏数	计划年度月份												计划年末存栏数
			1	2	3	4	5	6	7	8	9	10	11	12	
哺乳羔羊															
育成羊															
后备母羊	月初头数														
	转入														
	转出														
	淘汰														
后备公羊	月初头数														
	转入														
	转出														
	淘汰														
基础母羊	月初头数														
	转入														
	淘汰														
基础公羊	月初头数														
	转入														
	淘汰														
育肥羊	4月龄以下														
	5—6月龄														
	7月龄以上														
月末存栏															
出售种羊															
出售肥羔															
出售育肥羊															

表 14-3 配种分娩计划

年份 含上年度和计划年度	配种				分娩								育成羊
	月份	配种母羊数			计划年月份	分娩胎次			产活羔数				
		基础模样	鉴定母羊	合计		基础模样	鉴定母羊	合计	基础模样	鉴定母羊	合计		
上年度	9												
	10												
	11												
	12												
计划年度	1				1								
	2				2								
	3				3								
	4				4								
	5				5								
	6				6								
	7				7								
	8				8								
	9				9								
	10				10								
	11				11								
	12				12								
	全年				全年								

2. 羊毛生产计划

羊毛生产计划是在一个年度内羊毛生产的预先安排。常以近 3 年的实际产量为重要依据。

3. 饲草料生产和供应计划

饲草料生产和供应计划包括制定饲草料定额、各类型羊的日粮标准、青饲料的生产和供应组织、饲料的留用和管理、饲料的采购与储存以及配合加工等。原则是就地取材，尽量挖掘潜力、降低成本、注重多样性、科学配比、四季均衡，采购渠道要相对稳定。饲草等粗饲料保证贮存一年的库存量，精饲料应保证 1 个月的库存量。有条件的可定期对所进的饲草、饲料进行营养成分检测，保证质量。

4. 羊群发展计划

制定羊群发展计划，应根据本年度和本场（户）历年的繁殖淘汰情况和实际生产水平，结合对市场的估测，科学的估算羊群的发展计划。其基本格式是：$M_n = M_{n-1}$（1-Q）$+M_{n-2}P$，式中 M 为繁殖母羊数（以每年配种时的母羊存栏数为准），Q 为繁殖母羊每年的死亡淘汰率（通常为死亡率、病废淘汰率和老年淘汰率三者之和），P 为繁殖母羊的增添率（通常为繁殖存活率、母羊比例、育成母羊育成率和母羊留种率四者之积），M_n 为 n 年后的繁殖母羊数，M_{n-1} 和 M_{n-2} 分别为前 1 年和前 2 年的繁殖母羊数。

5. 生产技术准备计划

养羊生产技术主要包括饲草料生产和购置、良种的选择和培育、日常管理（如捕捉羊及导羊前进、分群、被毛的草杂去除、年龄识别、羊只编号、去势、药浴、修蹄、饲喂、饮水等）、繁殖、不同类型羊的饲养管理、剪毛及羊毛分级、疫病防治等。应按羊群生产的生产进程和季节要求配套和组织生产技术。

6. 生产作业计划

羊群生产的周年作业计划，见表 14-4。

表 14-4　羊群全年生产作业计划表

季节	月份	管理工作
春季	3 月中旬	羊群整群鉴定、羔羊断奶（冬季产羔）、驱虫、防疫；产羔（春季产羔）；编号、母羊补饲、羔羊补料；断尾；剪毛；药浴
	4	
	5	
夏季	6	放牧抓膘
	7	
	8	
秋季	7 月中旬	配种（冬季产羔）；放牧抓膘；断奶（春季产羔）；羔羊出栏；冬季饲草料准备；妊娠母羊管理
	8	
	9	
	10 月中旬	
冬季	10 月中旬	配种（春季产羔）；妊娠母羊后期补饲；产羔前准备；产羔、编号、母羊补饲、羔羊补料；断尾
	11	
	12	
	1	
	2	
	3 月中旬	

（六）生产控制

1. 生产进度控制

羊群的生产控制是按照市场对羊产品的需求和羊只的生产规律合理安排和调控羊群的

生产进度和生产方向。如果羊毛市场行情看好，可增加羯羊的饲养数量来提高羊毛产量；如果羊肉市场价格上升，可增加繁殖母羊的饲养量，实施 2 年 3 产或 3 年 5 产体系，加快羊群周转，提高肥羔出栏率。

2．生产质量控制

（1）建立严格的选种选育制度。要建立质量较好的基础母羊和种公羊群，每年要引进或调换种公羊，并根据需要选留后备母羊，防止出现近交。对繁育的种羊进行严格的选育，达到种羊标准按种羊出售，达不到标准者进行育肥按肉羊处理或留作羯羊生产羊毛，保证种羊为质量较好的纯种羊。

（2）加强疫病防治。提高羊群的饲养管理水平、加强疾病防治、保证羊群的健康体态是养羊业生存的基础。第一，引进种羊时要充分考察当地疫病的流行情况，要从无疫区购买种羊。第二，要根据当地羊的疫病流行特点，制定合理的免疫程序。按免疫程序搞好防疫接种，提高其免疫能力。第三，要定期做好驱虫工作，使用高效低毒无残留的驱虫药驱除其体内外寄生虫。第四，及时做好消毒工作，定期使用不同种类的消毒剂交叉对羊舍和器具消毒、放牧地进行消毒。同时，尽量减少外来人员入内参观，场内人员要减少外出，外来或外出人员要进入生产区，必须先进行彻底的消毒，严防疾病传入。

（3）加强饲草料和放牧地的安全管理。在饲草料的生产和收购过程，要严把质量关，生产和购置安全优质饲料，并应用全年均衡营养调控饲养技术。严禁有毒、有害物质污染放牧地。

3．生产成本控制

生产成本主要是饲料费、人工费、水电费、医药费、行政办公费和营销费等直接费用，因这类费用的可变性大，是控制成本的主要内容。一般情况下，饲料、饲草费用占羊场生产总成本的 70% 以上，在生产成本中起决定性作用。

二、绵羊经营管理要点

（一）经营模式和管理体制

1．经营模式

绵羊的经营模式一般有种羊场、羊毛生产及育肥羊场、家庭式小羊场、"公司加基地加农户"的产业化经营等。但不管采用那一种经营模式，最终的结果取决于羊毛的品质和市场消费水平。

（1）种羊场。种羊场必须经过相关部门审查批准取得"种羊生产许可证"方能经营，种羊场也有少量的产品作为商品毛用羊进入市场。因为种羊的价格较高，利润空间较大，如果市场销路有保障，其经营就能良性运作。

（2）羊毛生产及育肥羊场。羊毛生产及育肥羊场有自己的种羊繁育体系，但目标是生产商品毛用羊，种羊的培育与繁殖是为商品羊的生产和销售服务。此种经营模式为自繁自养，市场广阔，但羊毛、羊肉生产成本以及市场价格对此种经营模式有很大的影响。

（3）家庭式小羊场。家庭式小羊场饲养规模一般较小，财产自有，利润独享，生产灵活，劳动不计成本，无监督管理费用。

（4）以规模羊场为基础，采用"公司加基地加农户"的产业化经营模式。通过自身的种羊生产，除为市场提供优质种羊外，还为广大农户提供优质能繁母羊，推广人工授精和高效毛用羊饲养技术，组织农户发展羊毛生产，从而形成标准化羊毛生产基地，对外与羊毛加工企业联合，对内组建集约化羊毛生产体系。

2. 管理体制

（1）国有羊场。财产国有，监督管理费用较高。

（2）私营企业。财产包括自有、贷款、政府投资等，经营灵活，劳动效率较高。

（3）家庭式小羊场。家庭式小羊场饲养规模一般较小，财产自有，利润独享，生产灵活，劳动不计成本，无监督管理费用。

3. 管理机制

按照现代企业管理和羊群生产的特点，大中型羊场机构设置一般包括场长、副场长、总畜牧兽医师、科长、班组长等组织领导结构及场职能机构如生产技术科、销售科、财务科、后勤保障科，并根据生产工艺流程将生产劳动组织细化为种公羊组、配种组、母羊组（1、2、3…）、羔羊组、育肥（育成）组、饲料组、清粪组等。对各部门各班组人员的配备要依各人的劳动态度、技术专长、体力和文化程度等具体条件，合理进行搭配，科学组织，并尽量保持人员和从事工作的相对稳定。

4. 劳动形式

（1）生产责任制。实行生产责任制可以充分调动职工生产积极性，加快生产发展，改善经营管理，提高劳动效率，创造良好的经济效益。

根据不同工种配备不同人员及任务，使得每个员工都有明确的职责范围、具体的任务和满负荷工作量。严格考核，奖惩分明。其中场长、技术人员、饲养人员、后勤人员要做到分工明确、责任到人、相互配合、加强合作。

（2）承包责任制。在规模羊场中，这种形式可以减少经营的风险，调动员工的积极性。羊场分片承包，职工会将自己置身于主人位置，可以更好地管理和经营，以承包经营合同的形式，确定了企业与承包者的权、利、责任之间的关系，承包者自主经营、自负盈亏。

（3）股份合作制。股份合作制形式是改革开放的一个产物，可将其应用到羊场经营管理当中。全体劳动者自愿人股，实行按资分红相结合，其利益共享、风险共担，独立核算、自负盈亏。每一个股东即是企业的投资者、所有者，同时又是劳动者、经营者，拥有参与决策和管理的权利。这种经营方式，一方面解决了资金不足的问题；另一方面还明确了产权关系，可以充分地调动全体职工的积极性。

5. 劳动报酬

规模羊场劳动计酬形式可分为4种，即基本工资制、浮动工资制、联产计酬、奖金和津贴。

（1）基本工资制。基本工资是养殖企业对其员工劳动报酬的基本形式。一般是按劳动时间来计量的，即按照一定时间内的一定质量的劳动来支付工资。也就是所谓的计时工资。

（2）浮动工资制。根据企业经营的好坏，企业效益的好坏，以基本工资为水平线，发给职工上下波动的工资。把基本工资分成两部分，大部分作为固定工资，把基本工资的少部分连同奖金、利润留成的一部分作为浮动工资。当企业效益好时把固定工资和浮动工资全部发给职工，当企业效益差时，只发给职工固定工资。

（3）联产计酬。它是以产量为前提的一种计酬方式，它把劳动的最终成果——产量作为衡量劳动报酬的一种尺度，把劳动者的劳动成果和经济利益联系起来，把发展生产和增加劳动者的收入联系起来，一定程度上可调动生产者的积极性。

（4）奖金和津贴。奖金和津贴都是劳动报酬的辅助形式，是对劳动者超过平均水平劳动或者对企业作出贡献的人员支付的一种劳动报酬。

（二）经营方针、经营目标和生产结构

毛用羊羊场经营方针的制定，经营目标的确定和生产结构的调整应以饲料草为主的购入和羊毛及羊的销售为主；深入实际，了解市场；分析供求关系，确定购销计划，保证质量，勤于核算；商品羊当年出栏，羊毛在需求旺季出售。

（三）经营计划

1. 经营计划的编制和调整

经营计划制订仅仅是计划管理工作的开始，在制订了合理的计划之后，只有全面认真地组织执行计划，采取各种有效措施，保证计划的贯彻执行，计划才能在养羊生产经营活动中发挥作用。

经营计划的编制应立足毛用羊生产实际和市场现实合理制订配种分娩计划、饲草料供应计划、劳动定员等。要通过合同形式，责任到人，通过目标管理和各种规章制度落实计划。经营计划的内容一般包括：①分析企业上期毛用羊生产发展情况，概括总结上期计划执行中的经验和教训。②对当前毛用羊生产和市场环境进行分析。③对计划期毛用羊生产和产品市场进行预测。④提出计划期企业生产任务、目标和计划的具体内容，分析实现计划的有利和不利因素。⑤提出完成计划所要采取的组织管理措施和技术措施。计划一经制订，应保持相对的稳定性。

但是，由于经济现象极为复杂，经营计划的制订受许多因素的制约，特别是受经济规律的制约和毛用羊生产规律的制约，加之人们对这些规律认识的局限性，计划的制订很难符合客观实际的需要，因此，对原定计划的适当调整也是非常必要的，以利于更好地符合毛用羊生产经济实际。

2. 合同管理

通过劳动合同、购销合同、劳务承包合同、技术合同、产销合同（订购合同、议购合同、产销合同等）等，沟通供产销渠道，为毛用羊良性生产提供保障。

（四）管理制度

建立、健全毛用羊生产的各种管理制度和强化内部管理是羊场发展壮大的保障。建立

人员、财务、出（人）库、防疫等管理制度。将员工的责、权、利与生产指标挂钩。应该注意的是，制定宜粗不宜细、但必须具有可操作性，树立以制度管人的意识，在执行上对事不对人，重在执行力度持久。第一，应层层下达指标，充分调动全体员工的工作积极性和主动性。建立奖优罚劣、人人争先、进取创新的激励机制；第二，建立一系列完善的管理制度。在制度面前，人人平等，以制度管人，以制度管事；第三，领导者要以身作则，既严于律己，也严于律人，可起到良好的示范带头作用。总之，通过强化内部管理，使全场员工形成遵章守纪、团结互助、齐心付出、刻苦工作的局面。

劳动纪律是广大职工为社会、为自己进行创造性劳动所自觉遵守的一种必要制度。一般规定：坚守岗位，尽职尽责，努力完成本职工作。严格执行生产技术操作规程，进行上岗前的培训工作，做好接替班工作。强调劳动的精神状态，杜绝出现打瞌睡、萎靡不振、心不在焉的现象。服从正确领导，遵守作息时间和请假制度，工作时间不允许闲串，不允许打闹，不允许擅离职守。若有建议或意见，应及时向领导汇报。

为了强调劳动纪律，应制订好生产技术操作规程，并进行上岗前的培训工作。技术操作规程通常包括以下一些内容：对饲养任务提出生产指标，使饲养人员有明确的目标。指出不同饲养阶段羊群的特点及饲养管理要点。按不同的操作内容分别排列，提出切合实际的要求。要尽可能采用先进的技术，反映本场成功的经验。注意在制订技术操作规程时条文要简明具体，拟订的初稿要邀集有关人员共同逐条认真讨论，并结合实际做必要的修改。只有直接生产人员认为切实可行时，各项技术操作才可能得到贯彻，制订的技术操作规程才有真正的价值。

（五）人员管理

人员的管理是毛用羊产业成败的关键所在，意义重大。人员的构成包括管理人员和饲养人员。

1. 管理人员的要求

一是具有良好的道德品质。除具有高度的政治敏锐性和洞察力外，还要有爱岗敬业、廉洁自律、积极奉献、认真负责的理念；有艰苦奋斗、脚踏实地、雷厉风行、团结拼搏、吃苦在先、坚韧不拔的工作作风；有居安思危、市场竞争、持续发展、不断创新的意识；有诚实守信、谦虚谨慎、相信自己、宽容他人的心态。

二是具备多种才能，表现在如下 9 方面。

专业特长：有扎实的畜牧学、兽医学、营养学、环境控制学、环境保护学等方面的理论知识和丰富的实践经验。

管理能力：运用企业管理理论结合本单位的实际，正确使用手中的权力。在用人方面，建立岗位责任制、激励机制和奖励办法，使人员既有分工又有合作，调动员工和积极性；在物料管理上，建立物料进、出库管理制度和使用登记制度，做到账物相符，账账相符；在财务管理上，建立严格的等级审批制度。

政策水平：能潜力钻研法律，运用法律武器保护自己，维护本单位的合法权益。此外，应积极研究国家的政策，走在政策的前面，捕捉国家政策带来的信息，强抓机遇，谋求发展。

领导艺术：作为领导，要带头学习，更新知识，把握时代的潮流，能很好地研究政治，学懂、弄通领导艺术，具备统揽全局的能力，做到科学决策，顾全大局，统筹兼顾，博采众议。这样，才不会出现顾此失彼，手足无措的局面。

经济头脑：畜禽养殖企业的领导必须善于洞察市场的变化，研究市场发展的规律，准确地把握目标和发展方向，确定生产的最佳时机，占领市场制高点，使自己在市场上立于不败之地，取得很好的经济效益。

营销策略，通过市场调研做好市场定位，围绕产品特色加大宣传力度，组建营销队伍，建立营销网络，制定营销政策，搞好售后服务和信息反馈，将产品及时以较好的价格推向市场，减少因产品积压导致的成本增加和资金周转困难。

社交能力：在现代社会里，人与人之间的关系越来越紧密，任何一个人都不可能离开社会而生存。为此，第一要广交朋友，积累、发掘社会关系；第二要经营交情，结识朋友后长期进行感情培养用心经营，将朋友当做知己对待；第三要在自己为他人付出后，得到别人更大的帮助，发挥社交能力在工作中的作用。

创新能力：在市场面前，人人平等，谁不注重市场，谁不注重创新，他有可能随时被市场淘汰，创新是企业发展的根本，是生存发展的灵魂，这是市场经济下的竞争规律。要敢于否定自己，否定过去，逐步解决观念、管理、组织、技术、市场和知识方面的创新，不断推出新思路、新办法，这样企业才能发展。

会用人：会用人，为自己选定副手、中层领导和技术人员，将现有人员因人有宜安排在相应的岗位。

总之，选择养殖企业主要领导就是大胆启用德才兼备的人才。就是大胆启用牢固树立全心全意为人民服务的思想、全面掌握全心全意为人民服务本领的人才。

2. 饲养人员的要求

（1）饲养人员的要求。饲养人员是直接与羊接触的一线人员，完成羊草料、饮水的供应、健康状况的观察，是管理者掌握羊生长状况唯一的信息来源，是沟通管理者与羊的桥梁与纽带，是养殖过程中问题的发展者和处理问题的执行者，作用巨大，雇用一个称职的饲养工，可及早发现问题，将问题消灭在萌芽状态，大大降低经济损失。同时，饲养工又与畜禽直接接触，生活、工作条件差，出入生产区受到严格控制的限制。

标准：爱岗敬业、忠诚厚道、乐于奉献、遵守制度、吃苦耐劳、勤于观察、善于思考、反应敏捷、动作快捷、卫生清洁。

（2）饲养人员的条件。

一是来源清楚。持有效证件、来自经济收入低的贫困地区、离家较远。

二是至少初中左右文化程度，能掌握养殖技能并可作相应记录。

三是年龄在 25~50 岁，有相当的体力从事劳动。

四是家庭负担小，可长期在外，家庭不受影响。

（3）饲养人员的培训。上岗前培训与上岗后跟班现场培训相结合。

（4）饲养人员的待遇。参照当地务工人员工资标准确定，最好实行保底工资+奖励工资的工资制度。

3. 人员管理的注意事项

一是在人格上尊重，人人平等。

二是在生活上关心，改善生活条件。

三是倾听呼声与建议，经常深入基层与之打成一片。

四是不得随意换人，稳定人心。

4. 劳动管理

（1）合理分工，各尽所能。实行分工，有利于提高劳动者的技术熟练程度，做到因才施用，人尽其才，有利于提高劳动效率和劳动经济效果。

（2）全面落实生产责任制，使责、权、利三者统一。根据各场实际情况和工作内容，因地制宜，采取多种不同形式，以有利于调动职工积极性和责任感，提高羊场经济效益为原则制定责任制。

（3）确定合理的劳动报酬。要根据工作难易、技术要求高低程度、劳动强度等给予合理的工资，体现多劳多得的分配原则。采取责任工资和超定额奖励工资相结合，或岗位工资和效益工资相结合的办法，调动职工的劳动生产积极性和创造性。

（4）及时兑现劳动报酬。对劳动者应得的劳动报酬，要按签订的责任书内容和科学的计酬标准严格考核，及时兑现，奖惩分明，以调动职工的劳动积极性。

（5）保持和谐的工作环境。羊场要以人为本，对全场职工在生活上关心，政治上帮助，工作上支持，遇事多与职工商量，充分发挥群众智慧和才能，以不断增强羊场的凝聚力，使大家心系羊场、以场为家，形成上下齐心协力的生产场面。

（六）资源管理

1. 绵羊品种资源的育种管理

育种管理是改善绵羊品质及提高其生产性能的有效措施，可显著提高绵羊生产的经济效益。根据绵羊羊产区品种资源、气候环境及社会经济条件，有计划地开展细毛羊和半细毛羊的纯种繁育或杂交改良，建立健全绵羊生产性能记录体系，建立高效的繁育体系，应用先进的选种选配技术，提高绵羊的良种覆盖率和贡献率。

培育肉羊所使用的方法多为育成杂交。一般先用肉羊品种杂交 3~4 代，等出现理想型公、母羊后再横交固定，经长期选育形成新品种。在育种过程中，为改进某项缺点，也经常采用引入杂交，或级进杂交。以细毛羊为方向的畜牧业新品种培育或杂交改良，除要求杂种羊符合细毛羊羊毛的吸毒和长度外，首先要解决毛色和羊毛的同质性问题，因此，在细毛羊新品种培育或杂交改良中，应加强改良用品种与个体的选择，粗毛母羊个体的选择、杂交代数及杂种羊的选择，配套的饲养管理等。

绵羊新品种的培育可用同质杂种羊作母本，用早熟肉用公羊作父本，采用育成杂交的方法。地方绵羊品种的改良可以直接用肉羊公羊杂交粗毛羊，再加强杂种后代生产性能的选择。同时，要注意后代的适应性。

育种管理措施如下。

（1）整群。整群就是整理羊群，是根据羊的生物学和畜牧学特性，调整其数量、配置羊群内个体间比例的一项畜牧技术措施。具体措施有：①了解和分析羊场现状（羊群质量、数量、饲料供应、设备条件）。②调整羊群分布（公羊、母羊、鉴定母羊、育成羊）。③逐步调整羊群结构（品种、血统、性别、年龄）。④分级分群（核心群、基本群或生产群、淘汰群）。

（2）建立档案制度。①编号和标记（编号、剪耳、烙印、标牌标记）。②记录（配种记录、分娩记录、生长发育记录、生产记录、饲料消耗记录、种羊卡片）。

（3）其他措施。①编制和执行选配计划。②拟订和执行羊群更新和周转计划。③贯彻饲养管理和培育制度。④保证饲料的供应。

2. 放牧地管理

放牧地管理包括草地改良和利用。

（1）草地改良。草地改良按措施施用的对象基本上可以分为两大类：草地的土壤改良和植被的恢复与改善。

① 土壤改良措施：土壤改良通过某些土地耕作措施影响或改变着植被的立地条件，表现为土壤的含水量、温度、孔隙度、坚实度和容重等物理性质以及土壤的养分元素含量和离子浓度等化学性质的变化，并在一定程度直接影响着植被。

② 施肥：草地施肥是改善土壤营养状况，提高牧草产量和改变草群组成的一项重要措施。

③ 植被恢复和改善：植被的恢复与改善主要对草地植被有影响。通过播种优良牧草以恢复逆向演替的原生植被或改变植物群落的组成和结构；清除有毒有害或不理想植物，增加可利用牧草产量和质量，或减少对家畜的危害。

④ 补播改良：补播是在不破坏或少破坏原有植被的情况下，在草地上播种一些适应性强、饲用价值高的牧草，以增加草群种类成分、增加地面覆盖、提高牧草的产量与质量，这是草地治标改良的一项重要措施，也是植被恢复与改良的一项有效措施。

⑤ 清除有毒有害或不良牧草：在我国辽阔富饶的草原上，不仅生长着家畜非常喜食的优良牧草，而且也混生许多牲畜不喜食，甚至是有毒有害植物。它们的存在对家畜生产造成严重损害。如青海高寒草原上的醉马草和黎芦等，对家畜的消化系统、神经系统和呼吸系统造成代谢紊乱和失调，严重时死亡。

（2）草地利用。草地利用主要有放牧利用和牧草刈割利用良种形式。

放牧饲养方式是除极端天气外，如暴风雪和高降雨，羊群一年四季都在天然草场上放牧，是我国北方牧区、青藏高原牧区、云贵高原牧区和半农半牧区细毛羊和半细毛羊的主要生产方式。这些地区天然草地资源广阔，牧草资源充足，生态环境条件适宜放牧生产。细毛羊和半细毛羊的放牧一般选择地势平坦、高燥、灌丛较少，以禾本科为主的低矮型草场。

放牧饲养投资小，成本低，饲养效果取决于草畜平衡，关键在于控制羊群的数量，提高单产，合理保护和利用天然草场。应注意的是，在春季牧草返青前后，冬季冻土之前的一段时间，要适当降低放牧强度，组织好放牧管理，兼顾羊群和草原双重生产性能。

牧草刈割利用就是直接刈割牧草进行饲喂牲畜或贮存越冬。牧草刈割时期一般根据饲喂对象和需要来确定，但也必须考虑牧草本身的生长情况。刈割太早、产量低；刈割晚，草质粗老，营养下降，不利再生；一般豆科牧草多在初花期，禾本科牧草在初穗期刈割，这样既能有较高的产量，同时营养也较丰富。不能刈割留茬太低和过频刈割，留茬太低将影响牧草的生长，一般留茬 10cm 左右。过频刈割可导致牧草地的衰退，应根据目的不同，利用刈割次数来控制其品质与产量，如果要草质嫩，叶量多，就增加刈割次数；如果用作青贮，需要更高的产量，则减少刈割次数，甚至只在青贮时一次性刈割。

3. 基础设施的管理

对羊舍、围栏及饮水设施要定期检查，羊舍、围栏等设施松动或损坏时要及时进行维修，防止畜群放牧时穿越围栏。饮水设施有破损要及时检修，饮水槽等设施妥善保管以备来年使用。

（七）销售管理

1. 销售预测

销售预测是在市场调查的基础上，对羊产品的趋势作出正确的估计。羊产品市场是销售预测的基础，羊市场调查的对象是已经存在的市场情况，而销售预测的对象是尚未形成的市场情况。羊产品销售预测分为长期预测、中期预测和短期预测。长期预测指 5~10 年的预测；中期预测一般指 2~3 年的预测；短期预测一般为每年内各季度月份的预测，主要用于指导短期生产活动。进行预测时可采用定性预测和定量预测两种方法，定性预测是指对对象未来发展的性质方向进行判断性、经验性的预测，定量预测是通过定量分析对预测对象及其影响因素之间的密切程度进行预测。两种方法各有所长，应从当前实际情况出发，结合使用。

2. 销售决策

影响企业销售规模的因素有 2 个：一是市场需求；二是羊场的销售能力。市场需求是外因，是羊场外部环境对企业产品销售提供的机会；销售能力是内因，是羊场内部自身可控制的因素。对具有较高市场开发潜力，但目前在市场上占有率低的产品，应加强产品的销售推广宣传工作，尽力扩大市场占有率；对具有较高的市场开发潜力，且在市场有较高占有率的产品应有足够的投资维持市场占有率。但由于其成长期潜力有限，过多投资则无益；对那些市场开发潜力小，市场占有率低的产品，因考虑调整企业产品组合。

3. 销售计划

羊产品的销售计划是羊场经营计划的重要组成部分，科学地制订羊产品销售计划，是做好销售工作的必要条件，也是科学地制订羊场生产经营计划的前提。主要内容包括销售量、销售额、销售费用、销售利润等。制订销售计划的中心问题是要完成企业的销售管理任务，能够在最短的时间内销售产品，争取到理想的价格，及时收回贷款，取得较好的经济效益。

4. 销售形式

销售形式指羊产品从生产领域进入消费领域，由生产单位传送到消费者手中所经过的途径和采取的购销形式。依据不同服务领域和收购部门经销范围的不同而各有不同，主要包括国家预购、国家订购、外贸流通、羊场自行销售、联合销售、合同销售 6 种形式。合理的销售形式可以加速产品的传送过程，节约流通费用，减少流通过程的消耗，更好地提高产品的价值。

5. 销售管理要点

搞好销售管理工作是毛用羊业生存的根本保证，销售管理工作要从以下几点抓起。

（1）做好宣传工作，提高种羊场的知名度。一要在知名度高、发行量大、影响面广的报纸杂志做广告宣传，让广大养殖户了解种羊及产品，认识到该种羊品种和产品的优良性能，便于种羊的推广。二要积极参加有关养羊方面的会议和产品交易会，与广大养羊同行和加工企业共同探讨养羊存在的问题，交流经验，取长补短，及时了解种羊级产品的市场行情，提高羊场的知名度和影响力。

（2）坚持诚信的原则。坚持诚信的原则是建立种羊场的必备条件。对客户要认真细致的介绍自己的产品，详细的回答广大养殖户提出的养羊生产中出现的问题。对所售种羊保证种纯质优，提供三代系谱、引种证明、检疫证明和防疫记录，并做好销售记录。对所销售的产品要保证质量。以诚信的原则对待客户，提高信誉度，增强客户的信赖度。

（3）做好售后服务。售出种羊后及时对客户进行回访，并为养殖户培训技术人员，传授采精、人工授精技术和羊的饲养管理和防疫灭病知识，对养殖户在生产中出现的实际问题给予认真的回答和解决，有条件的话，还可与肉联厂、羊毛、羊绒经销商和加工户保持联系，解决养殖户的后顾之忧，总之要努力达到让广大客户满意，多发展回头客。

（八）财务管理和成本管理

1. 财务管理

财务管理是有关筹集、分配、使用资金（或经费）以及处理财务关系方面的管理工作的总称。制订财务计划是搞好财务管理的前提和基础。制订财务计划时应贯彻增产节约、勤俭办场的方针，遵循既充分挖掘各方面的潜力，又注意留有余地的原则，并与生产计划相衔接。在实际操作中，除会计和物资保管外，羊场中的每个部门都尽可能地参与到涉及的财务管理工作中，充分调动全体职工的积极性，做好财务管理的工作。

（1）筹资管理。羊场筹资是指羊场通过各种渠道，采用不同方式向资金供应者筹措和集中生产经营资金的一种财务活动，它是羊场资金运动的起点。目前，羊场的筹资渠道包括国家财政资金和集体积累资金、专业银行信贷资金、非银行金融机构（如信托投资公司，租赁公司，保险公司，城乡信用合作社等）资金、羊场内部积累资金、其他企业资金、社会闲置资金等。取得筹资方式有财政拨款、补偿贸易、发行股票和债券等。无论如何筹资，应力求羊场总资金成本最低为好。

（2）投资管理。在羊场投资决算前运用多种科学方法对拟建项目进行综合技术经济论证，即可行性论证。筹集到的资金一旦投入生产，便形成了各类资产如固定资产、流动资产、无形资产等，加强固定资产及流动资产的管理是提高投资效益的重要途径。

2. 成本核算

成本核算必须要有详细的收入与支出记录，主要内容如下。

（1）支出部分。购买羊只及饲草料费用，劳动力投入，工资与奖金，购置养羊工具设备等，水电燃料费用，医疗防疫费，圈舍修建与维修，草地改良和建设，产品运输销售，税金与管理费等。

（2）收入部分。包括毛、肉、皮等的销售收入，出售种羊、育肥羊的销售收入，产品加工增值的收入，羊粪尿及加工副产品的收入等。

在以上记录的基础上，可根据下列公式计算成本：

养羊生产总成本＝劳动力支出＋饲草料消耗支出＋固定资产折旧费＋医疗防疫费＋上缴税金等

3. 经济效益分析

一般用投入产出比较进行养羊生产的经济效益分析，分析指标有总产值、净产值、盈利、利润等。

（1）总产值。指各项养羊生产的总收入，包括销售产品（毛、肉、皮等）的收入，自是自用产品的收入，出售种羊、育肥羊的销售收入，淘汰死亡收入，羊群存栏折价收入等。

（2）净产值。指通过养羊生产创造的价值，计算的原则是用总产值减去养羊人工费用、饲草料消耗费、医疗防疫费等。

（3）盈利额。指养羊生产创造的剩余价值，是从总产值中扣除生产成本后的剩余部分。计算公式为：

$$盈利额＝总产值－养羊生产总成本$$

（4）利润额。养羊生产创造的剩余价值（盈利）并不是养羊生产者所得的全部利润，还必须尽一定义务，向国家缴纳一定的税金和向地方缴纳有关生产管理和公益事业建设费，余下的才是养羊生产者为自己创造的经济价值。计算公式为：

$$养羊生产利润＝养羊生产盈利－税金－其他费用$$

4. 成本控制

（1）建立完善的劳动管理体系。一个管理有序的羊场，必须建立完善的劳动管理机构，即以场长负责为主的生产、技术、供销、财务、后勤等劳动管理体系。羊场要从实际出发，尽可能地精简机构和人员，实施定员定岗责任制。

（2）有效监控生产经营成本。

①生产成本预算由财务部全面负责，应根据羊场生产经营计划和实际情况编制生产成本预算，对全年的经营收入、支出等编制基本概算，制订资金需求和来源的计划，并对全年的生产经营成本进行控制管理。

②生产计划由生产部负责，主要内容为饲养规模、羊群结构、繁殖及羊群周转计划等。

（3）努力降低生产经营成本。生产经营成本主要是饲料费、人工费、水电费、医药费、行政办公费和营销费等直接费用，因这类费用的可变性大，是控制成本的主要内容。一般情况下，饲料、饲草费用占羊场生产总成本的 70% 以上，在生产成本中起决定性作用。

（九）经营诊断

经营诊断即养羊生产的经济活动分析，是根据经济核算所反映的生产经营管理状况。对养羊生产的茶农产量、劳动生产率、羊群及其他生产资料的利用情况、饲草料等物资供应程度、生产成本等情况，经常进行全面系统的分析，检查生产计划完成情况以及影响完成的各种有利因素和不利因素，对养羊生产的经济活动作出正确的评价，并在此基础上制定下一阶段保证完成和超额完成生产任务的措施。经济活动分析的常用方法是根据核算资料，以生产计划为起点，对经济活动的各个部分进行分析研究。首先是检查本年度计划完成情况，比较本年度与上年度同期的生产结果，检查生产的增长及其措施，比较本年度和历年的生产结果等，然后查明造成本年度生产高低的原因，制定今后的生产经验管理措施。经济活动分析的主要项目是畜群结构、饲草料消耗（包括定额、饲料利用率和饲料口粮）、劳动力利用情况（包括配置情况、利用率和劳动生产率）、资金利用情况、产品率状况（主要指繁殖率、产羔率、成活率、日增率、饲料报酬等技术指标）、产品成本分析和盈亏状况等。